Bibliothek des Leders

Band 6

Rudolf Schubert

Lederzurichtung
Oberflächenbehandlung des Leders

Bibliothek des Leders

Herausgegeben von

Prof. Dr.-Ing. habil. Hans Herfeld
Reutlingen

UMSCHAU VERLAG · FRANKFURT AM MAIN

Übersicht über den Gesamtinhalt der Bibliothek des Leders

Herausgeber: Hans Herfeld

Band 1 Hans Herfeld und Benno Schubert
Die tierische Haut

Band 2 Alfred Zissel
Arbeiten der Wasserwerkstatt bei der Lederherstellung

Band 3 Kurt Faber
Gerbemittel, Gerbung und Nachgerbung

Band 4 Martin Hollstein
Entfetten, Fetten und Hydrophobieren bei der Lederherstellung

Band 5 Kurt Eitel
Das Färben von Leder

Band 6 Rudolf Schubert
Lederzurichtung – Oberflächenbehandlung des Leders

Band 7 Hans Herfeld
Rationalisierung der Lederherstellung durch Mechanisierung und Automatisierung – Gerbereimaschinen –

Band 8 Lieselotte Feikes
Ökologische Probleme der Lederindustrie

Band 9 Hans Pfisterer
Energieeinsatz in der Lederindustrie

Band 10 Joachim Lange
Qualitätsbeurteilung von Leder – Lederfehler, -lagerung und -pflege

Band 11 Klaus Mattil und Wilhelm Fischer
Industrielle Fertigung von Schuhen

Bibliothek des Leders

Herausgeber Prof. Dr.-Ing. habil. Hans Herfeld
Reutlingen

Band 6

Lederzurichtung
Oberflächenbehandlung des Leders

Von

Dr.-Ing. Rudolf Schubert

Mutterstadt/Pfalz

Mit 40 Abbildungen und 10 Tabellen

UMSCHAU VERLAG · FRANKFURT AM MAIN

CIP-Kurztitelaufnahme der Deutschen Bibliothek

Bibliothek des Leders: 11 Bd. / hrsg. von
Hans Herfeld. – Frankfurt am Main:
Umschau-Verlag
NE: Herfeld, Hans [Hrsg.]
Bd. 6. → Schubert, Rudolf: Lederzurichtung –
Oberflächenbehandlung des Leders

Schubert, Rudolf:
Lederzurichtung – Oberflächenbehandlung
des Leders / von Rudolf Schubert. –
Frankfurt am Main: Umschau-Verlag, 1982.
(Bibliothek des Leders; Bd. 6)
ISBN 3-524-82001-8

Gesamtherstellung: Süddeutsche Verlagsanstalt und Druckerei GmbH, Ludwigsburg

ISBN 3-524-82001-8 · Printed in Germany

INHALT

Einführung des Herausgebers

Die »Bibliothek des Leders« soll den bei der Lederherstellung und in den zugehörigen Hilfsindustrien Tätigen für ihre tägliche Arbeit in der Praxis und ihre Weiterbildung, dem fachlichen Nachwuchs für seine Ausbildung in Form einer Vielzahl von Einzelbüchern ein fachliches Nachschlagewerk an die Hand geben. Alle, die an diesem Werk als Autoren, Herausgeber und Verleger arbeiten, wollen so den großen Mangel an moderner Fachliteratur auf diesem Spezialgebiet beheben. Durch eine ausgewogene Abstimmung zwischen theoretischen Grundlagen und praktischer Anwendung soll eine gute Praxisnähe der Bücher dieser Reihe im Vordergrund stehen.

Ich freue mich, den Interessenten ein weiteres Buch unserer Bibliothek vorstellen zu können, das sich mit der Lederzurichtung, also der abschließenden Oberflächenbehandlung des Leders, beschäftigt. Die Deckfarbenzurichtung wird schon seit vielen Jahrzehnten angewendet, aber erst in den Jahren nach dem Zweiten Weltkrieg erlebte sie eine großartige Entwicklung. Mit Dr. Rudolf Schubert konnte für dieses Gebiet ein Autor gewonnen werden, der maßgebend an dieser Entwicklung in den verschiedenen Stadien beteiligt war, sie durch seine eigenen Arbeiten entscheidend mit beeinflußt hat und daher wie kein anderer dazu berufen war, die Bearbeitung dieses Buches zu übernehmen. Diese Aufgabe war wegen der Heterogenität in der Aufgabenstellung, der Lösungswege und der Vielzahl an Faktoren, die das Ergebnis beeinflussen können, nicht einfach zu bewältigen.

Natürlich gibt es auch auf diesem Gebiet viele systematische Untersuchungen, aber der Einfluß der Empirie ist nach wie vor groß und daher eine Systematik nur schwer, ein Zurückführen auf wenige einfache Regeln überhaupt nicht zu erreichen. Trotzdem gelang es dem pädagogischen Geschick Dr. Rudolf Schuberts, die vielseitigen Probleme der Deckfarbenzurichtung klar zu formulieren und dem Leser nahezubringen. Ich bin sicher, gerade der Praktiker wird dieses Buch als Nachschlagewerk, aber auch zum anregenden Studium über die vielen auf diesem Gebiet bestehenden Zusammenhänge immer in seiner Nähe haben wollen.

Ich danke dem Autor für seine sorgfältige, sachverständige und anregende Arbeit, dem Umschau Verlag für eine verständnisvolle Zusammenarbeit bei der Drucklegung und wünsche diesem Band in unserer »Bibliothek des Leders« einen guten Weg.

Reutlingen, Januar 1982 Hans Herfeld

Vorwort des Autors

In der Technik der Lederherstellung kommt der Lederzurichtung eine bedeutungsvolle Aufgabe zu. Mit der die Lederoberfläche abschließenden Beschichtung und der dazugehörigen maschinellen Behandlung werden sowohl das endgültige Aussehen wie auch der charakteristische Griff und viele Qualitätseigenschaften maßgeblich beeinflußt. Diese Eigenschaften bestimmen zu einem großen Anteil den Gebrauchswert des Leders.

Die wichtige Bedeutung der Lederzurichtung hat bisher in der Fachliteratur nur verhältnismäßig wenig Niederschlag gefunden. Wer nach Veröffentlichungen über das Gebiet der Lederzurichtung sucht, kann wohl Ausführungen über einzelne Teilgebiete finden, eine zusammenfassende Darstellung der Zurichttechnik oder ein Überblick über die Zusammenhänge von Produktauswahl, Anwendungsweise und Ledereigenschaften fehlen dagegen praktisch völlig. Trotz der umfangreichen Entwicklung, welche in der zweiten Hälfte dieses Jahrhunderts stattgefunden hat, ist die Lederzurichtung das am meisten geheimnisumwitterte Gebiet der modernen Lederherstellung geblieben. Der technische Fortschritt basiert zum wesentlichen Teil auf empirisch erworbenen Kenntnissen, welche von den Anwendungstechnikern der Lieferfirmen an die Lederindustrie weitergegeben werden. Der Erfolg einer Zurichtweise hängt zwar vom chemischen Aufbau der Zurichtmittel, zugleich aber auch vom physikalischen Ablauf der Schichtbildung auf dem Leder ab. Gleiche Rezepturen können zu sehr unterschiedlichen Ergebnissen führen; sehr ähnliche Zurichtergebnisse können durch völlig unterschiedliche Rezepturen erreicht werden.

In dieser scheinbar wirren Situation erscheint es angezeigt, einen systematischen Überblick aufzustellen, der die verschiedenen Zurichtarten, die dafür zur Verwendung stehenden Typen von Zurichtmitteln, deren Anwendungsweise und Auswirkung auf das Verhalten des zugerichteten Leders angibt. Verständlicherweise können nur die grundlegenden Richtlinien aufgezeigt werden. Die Variationsmöglichkeiten sind derart vielfältig, daß es für jede Regel, die man aufstellen wollte, nicht nur eine, sondern eine große Anzahl von Ausnahmen gibt.

Der Leser dieses Buches irrt sich auf jeden Fall, wenn er glaubt, daß er damit die Lederzurichtung erlernen kann. Lederzurichtung läßt sich nicht erlesen, sie muß erprobt werden.

Während meiner 26jährigen Zugehörigkeit zum Ledertechnischen Laboratorium der Badischen Anilin- und Soda-Fabrik hatte ich Gelegenheit, mich ausführlich mit den Problemen der Lederzurichtung in der Produktenentwicklung, der Anwendungstechnik und der Prüfung von Ledereigenschaften zu beschäftigen. Die in Zusammenarbeit mit den Kollegen der chemischen Industrie, in Diskussionen mit Fachleuten aus der Leder- und Schuhindustrie, in zahllosen Versuchsreihen gesammelten Erfahrungen und Erkenntnisse sind in diesem Buch zusammengefaßt. Sie sollen dazu beitragen, dem technischen Nachwuchs die Grundlagen der Lederzurichtung nahezubringen und die mit der Lederzurichtung befaßten Fachkräfte zum kritischen Beobachten und Nachdenken über die Zusammenhänge anregen, damit sie vor Fehlschlägen möglichst bewahrt bleiben.

Allen Kollegen, die mich bei der Zusammenstellung der Unterlagen für dieses Fachbuch unterstützt haben, und der Firma BASF AG, die mir die Möglichkeit zum Sammeln der Erfahrungen auf dem Gebiet der Lederzurichtung gegeben hat, danke ich recht herzlich.

Mutterstadt, Januar 1982 Rudolf Schubert

I. Grundlagen der Lederzurichtung

1. Definition der Zurichtung

Der Begriff »Lederzurichtung« umfaßt nach der klassischen Definition eine weitgespannte Reihe von Behandlungen. Der Zurichtung werden in diesem Sinne alle jene Arbeiten zugezählt, denen das Leder nach der Gerbung unterzogen wird, um ihm die Eigenschaften zu erteilen, welche für den fertigen Handelsartikel jeweils gewünscht werden. In der älteren Fachliteratur[1, 2, 3] werden der Zurichtung Auswaschen, Entfetten, Bleichen, Fetten, Färben, Behandlung mit Deckfarben, Lacken und Appreturen sowie maschinelle Behandlung, wie Abpressen oder Abwelken, Ausstoßen und Ausrecken, Spalten, Falzen, Dollieren und Schleifen, Glanzstoßen, Bügeln, Bürsten oder Plüschen, Narbenpressen, Krispeln und Pantoffeln, Schlichten oder Stollen, Walzen und Hämmern von Bodenleder zugerechnet. In der modernen Technologie wird jedoch der Zurichtungsbegriff viel enger gefaßt. Er wird auf Behandlungen eingeschränkt, welche am gegerbten, gefetteten, gefärbten und getrockneten Leder durchgeführt werden, um das Leder zu veredeln und der Lederoberfläche besondere Eigenschaften zu erteilen[4].

Eine exakte Definition des Begriffs Lederzurichtung wird dadurch erschwert, daß in der Fachsprache als Zurichtung oder Finish sowohl die Arbeitsweise für das Auftragen von Zurichtmitteln und Appreturen als auch die dabei auf dem Leder ausgebildete Schutzschicht bezeichnet wird[5]. Als grundlegender Unterschied zwischen Gerbung, Färbung und Fettung einerseits und Zurichtung andererseits kann angeführt werden, daß für die Zurichtung »lederfremde« Substanzen angewendet werden, welche keine chemische Bindung mit der Haut- oder Ledersubstanz eingehen, sondern durch physikalische Kräfte auf der Lederoberfläche bzw. auf dem Lederfasergefüge haften.

Bei der Zurichtung werden mehrere, verschiedenartig zusammengesetzte Schichten mit meistens unterschiedlicher Dicke auf die Lederoberfläche aufgetragen. Diese Schichten entstehen im allgemeinen durch Auftrocknen der im flüssigen Zustand aufgebrachten und möglichst gleichmäßig verteilten Zurichtmittel[6].

1.1 Zweck der Zurichtung. Um die Probleme der Lederzurichtung zu erfassen, muß man zunächst Aufschluß darüber erlangen, warum Leder zugerichtet wird und welchen Zweck die Zurichtbehandlung zu erfüllen hat. Wenn Leder nach dem Gerben, Färben und Fetten getrocknet ist, hat es noch nicht den verarbeitungsfertigen Zustand erreicht. Es muß noch veredelt werden, damit es ein zum Kauf anregendes, gefälliges Aussehen und die Lederoberfläche besondere, auf den jeweiligen Verwendungszweck abgestimmte Eigenschaften erhält.

Durch die Möglichkeit, daß bei der Zurichtung sehr verschiedenartige Substanzen auf das Leder aufgetragen und daß unterschiedliche maschinelle Behandlungen vorgenommen werden können, läßt sich das Aussehen der Lederoberfläche in weiten Grenzen beeinflussen. Farbtöne, einheitliche Farbfläche oder verschiedenartige Musterung, glatte oder genarbte

Oberfläche, Hochglanz, Seidenglanz, Matteffekt oder kombinierte Glanz-Matt-Wirkung (Spitzenglanz), glatter und trockener oder wachsig-schmalziger Griff sind ebenso Auswirkungen der Zurichtung wie brillantes und lebhaftes oder gedecktes und ruhiges, einfarbiges oder mehrfarbiges Aussehen der Lederoberfläche.

Die Zurichtschichten können in ihrem Aufbau und auch in ihren Eigenschaften von dem Verhalten des Leders stark abweichen[7]. Sie können die Eigenschaften des Leders weitgehend verändern, je nachdem, wie intensiv sie die Lederoberfläche beschichten und abschließen. Zugerichtetes Leder ist daher fast immer weniger nässeempfindlich und weniger wasserdurchlässig als unzugerichtetes. Es verschmutzt weniger und läßt sich leichter reinigen; bei geeigneter Zurichtart kann es sogar gewaschen werden, ohne sein ursprüngliches Aussehen zu verändern.

Weiteres Ziel der Zurichtung ist es, nachteilige Eigenschaften des Leders zu verbessern. Ungleichmäßige, wolkige Färbungen oder Stellen mit dunklem Untergrund sollen egalisiert, modische Schwankungen der Farbtöne sollen möglichst gleichartig wiederkehrend über die gesamte Lederfläche verteilt werden. Weißes oder hellfarbiges Leder soll möglichst weitgehend lichtbeständig werden und buntfarbiges Leder soll bei gemeinsamer Verarbeitung mit weißem Leder nicht auf dieses abfärben. Das Narbenbild soll möglichst feinporig aussehen und Narbenschäden sollen möglichst unsichtbar gemacht werden[8]. Dem Zurichteffekt sind jedoch Grenzen gesetzt. Narbenschäden lassen sich zwar durch starkes Beschichten überdekken, doch geht der Ledercharakter immer mehr verloren, und das Leder kann meistens um so weniger beansprucht werden, je stärker die Oberfläche beschichtet wird.

Zweck und Wert des Zurichteffekts liegen in der Veredlung des Leders. Die Zurichtung sollte deshalb darauf abgestimmt sein, der Lederoberfläche die gewünschten Eigenschaften zu erteilen und dabei das natürliche Aussehen des Leders nicht nur weitgehend zu erhalten, sondern es womöglich noch besonders hervorzuheben.

1.2 Anforderungen an die Zurichtung. Leder ist als Handelsartikel kein Endprodukt. Es ist Rohstoff für die daraus hergestellten Lederwaren, z. B. Schuhe, Mäntel und Sportjacken, Möbelpolster, Koffer, Handtaschen, Reise- oder Sportartikel. Je nach dem Verwendungszweck wird das Leder unterschiedlich beansprucht. Entsprechend weichen auch die an das zugerichtete Leder gestellten Anforderungen in bezug auf einzelne Eigenschaften voneinander ab. Grundsätzliche Anforderungen müssen jedoch von jeder Zurichtung erfüllt werden. Sie gelten für den Einfluß der Zurichtung auf die Beschaffenheit des Leders, auf das Verhalten bei der Verarbeitung des Leders, auf die Beständigkeit beim Gebrauch der Lederartikel und auf das physiologische Verhalten der für menschliche Bekleidung dienenden Lederwaren.

1.2.1 Einfluß auf die Beschaffenheit des Leders. Die bei der Zurichtung aufgetragene Schutzschicht soll dem Leder farbiges, attraktives Aussehen verleihen. Sie soll sich fest und dauerhaft mit dem Leder verbinden. Die einzelnen Aufträge sollen sich gleichmäßig verteilen lassen, ohne daß Streifen oder unerwünsche Flecken entstehen. Die in flüssiger Form angewendeten Zurichtmittel sollen möglichst rasch auf dem Leder antrocknen, damit die aufeinander gestapelten Leder auch in den Zwischenstadien der Zurichtbehandlung nicht zusammenkleben. Andererseits müssen sich die getrockneten Zurichtschichten genügend leicht wieder anquellen lassen, damit der nachfolgende Auftrag gut abbindet. Trotzdem dürfen sie nicht zu leicht anquellen, damit bei einem weiteren Streichauftrag die bereits angetrocknete Schicht nicht wieder aufgerissen oder abgerieben wird. Die Zurichtung soll das Aussehen der gesamten Lederfläche möglichst weitgehend egalisieren. Die Schutzschicht soll dabei entweder transparent bleiben. z. B. bei Anilinleder, oder sie soll die Lederoberfläche vollständig undurchsichtig abdecken, z. B. bei Spaltleder. Zwischen diesen beiden Extremen können beliebige Zwischenstufen angestrebt werden. Die Zurichtung soll, mit Ausnahme der Imprägniermittel und Lüster für Rauhleder, die Lederoberfläche gleichmäßig abschließen. Die Schichten sollen jedoch das Leder möglichst wenig »belasten« und es nicht »verkrusten«, das heißt, sie sollen sich der Lederoberfläche so weit anpassen, daß beim Biegen des Leders kein »doppelschichtiger« Faltenwurf entsteht und daß der »natürliche Griff« möglichst weitgehend erhalten bleibt.

1.2.2 Verhalten bei der Verarbeitung des Leders. Für die Verarbeitung wird weitgehend gleichmäßiges oder bei modischen Effekten gleichmäßig verteiltes, unregelmäßiges Aussehen der gesamten Lederoberfläche gewünscht, z. B. Imitation von Reptilleder, Wischeffekt, Schatteneffekt. Das bestimmt maßgeblich den Zuschnitt und damit das Ausnutzungsrendement des Leders, besonders dann, wenn die Zuschnitte serienmäßig ausgestanzt werden. Die Lederoberfläche soll durch die Zurichtung so weitgehend abgeschlossen werden, daß das Leder bei Transport, Lagerung und Verarbeitung möglichst wenig Staub und Schmutz annimmt, daß keine Fingerabdrücke verbleiben oder daß das Leder zumindest nach der Verarbeitung wieder vollständig gereinigt werden kann. Die Zurichtschicht muß genügend elastisch sein, damit sie auch bei scharfem Biegen des Leders, z. B. beim Buggen oder Kanteneinschlagen, nicht aufreißt. Sie soll andererseits genügend hart sein, so daß sie sich an den umgeschlagenen Kanten nicht innerhalb kurzer Zeit durchreibt. Sie darf beim Nähen nicht an den Einstichstellen platzen, darf von den aufliegenden Nähfäden nicht durchgeschnitten werden und soll die Nähfäden schlingenfrei durch das Einstichloch gleiten lassen. Sie darf bei Anfeuchten des Leders, z. B. Dämpfen von Schuhoberleder, Einschlagen in feuchte Tücher bei Handschuhen oder Kleinlederwaren, Eintauchen in Wasser bei vegetabil gegerbtem Polster-, Schuhrahmen- oder Fototaschenleder, nicht so stark quellen, daß sie nicht mehr genügend haftet; sie muß aber, zumindest bei der Schuhherstellung, beim Abwaschen in gewissem Ausmaß anquellen, damit wäßrige Schuhfinishmittel gleichmäßig angenommen werden, nicht abperlen oder zu größeren Tropfen zusammenlaufen. Die Zurichtschicht soll weiterhin in vielen Fällen gegen Klebstoffe beständig sein, sie soll sich durch deren Einfluß nicht verfärben, besonders nicht bei weißem Leder, nicht vom Leder lösen, nicht klebrig-weich bleiben, aber auch nicht verhärten. Sie soll sich bügeln lassen, ohne daß das Bügeleisen klebt und die Schutzschicht stellenweise abzieht, oder sie soll mit Heißluft gefönt werden können, ohne daß sich der Farbton verändert. Die Zurichtschicht soll schließlich auch gegen die Einwirkung organischer Lösemittel, z. B. von Schuhkappen oder Klebstoffen, zumindest bei deren maßvoller Anwendung, beständig sein.

Die Anforderungen hinsichtlich des Verhaltens bei der Verarbeitung des Leders können je nach den Arbeitsmethoden bei der Herstellung der Lederartikel sehr unterschiedlich sein. Sie lassen sich meistens nicht allesamt zugleich erfüllen. Hersteller und Verarbeiter des Leders sollten sich daher möglichst schon vor der Zurichtung, auf jeden Fall aber vor der Verarbeitung über Beanspruchung und Möglichkeiten von Schadensverhütung gegenseitig informieren.

1.2.3 Beständigkeit beim Gebrauch der Lederartikel. Die Zurichtung soll dem Leder gute Gebrauchsfähigkeit verleihen, damit die Lederartikel möglichst lange den gleich schönen Zustand beibehalten, den sie in ungebrauchter Form aufweisen. Die Zurichtschicht soll möglichst keinen Schmutz annehmen und soll sich leicht und einfach reinigen lassen, ohne durch die Reinigungsbehandlung zu leiden. Das Leder soll sich nicht verfärben, es soll bei glänzender Oberfläche nicht stumpf und bei matter Oberfläche nicht stellenweise glänzend werden. Es soll Nässe abstoßen, darf durch Wasser nicht fleckig werden, nicht abfärben und nicht aufquellen; zumindest dürfen nach dem Auftrocknen keine warzenartigen Flecken zurückbleiben. Die Zurichtschicht soll auch nach Nässeeinwirkung einwandfrei auf dem Leder haften, sie darf weder abplatzen noch sich abschälen. Sie soll genügend elastisch sein, damit sie auch bei häufiger Biegebeanspruchung an den Biegestellen nicht aufbricht, soll aber auch hart genug sein, damit sie nicht leicht verkratzt wird oder sich abscheuert. Sie soll weder in der Wärme, z. B. bei kräftiger Sonnenbestrahlung, klebrig werden, noch darf sie in der Kälte verspröden.

1.2.4 Einfluß auf das physiologische Verhalten des Leders. Leder wird in großem Umfang zu Artikeln verarbeitet, die als Bekleidung zum Schutz gegen die Unbilden der Witterung dienen. An erster Stelle steht hierbei das Schuhwerk, zu dessen Herstellung 60 bis 70 % der verarbeiteten Häute verwendet werden[9]. Leder wird auch für Mäntel, Jacken, Handschuhe eingesetzt. Bei diesen Verwendungszwecken kommt es darauf an, daß der Träger sich in der Bekleidung wohlfühlt, daß er nicht nur gegen Nässe und Kälte geschützt wird, sondern daß kein Hitzestau auftritt, welcher übergroße Schweißabsonderung verursacht, daß sich der in standardisierter Form gefertigte Schuh individuell dem Fuß anpaßt, daß er die bei Gehbeanspruchung auftretende Fußfeuchtigkeit täglich neu wieder aufnimmt und daß er sich durch Vergrößerung der Schaftoberfläche unter Wärme- und Feuchtigkeitseinfluß dem im Tagesrhythmus anwachsenden Fußvolumen anpaßt[10–14]. Dieses Verhalten wird durch Eigenschaften bestimmt, welche durch den Aufbau des Lederfasergefüges und durch die Eigenart der Kollagenfasern von Natur aus vorgegeben sind. Sie sind gekennzeichnet durch Luft- und Wasserdampfdurchlässigkeit, Aufnahme und Abgabe von Wasserdampf, Wärmeisoliervermögen, reversible Flächenänderung durch den Einfluß von Feuchtigkeit und Wärme und durch bleibendes Verformen bei Einwirkung von Zug oder Druck. Diese Eigenschaften machen Leder für Bekleidungszwecke und besonders für die Schuhherstellung den als Austauschstoffe herangezogenen synthetischen Materialien überlegen[15–19].

Die Porosität des Lederfasergefüges kann sich bei Nässeeinwirkung nachteilig in hoher Wasseraufnahme und Wasserdurchlässigkeit auswirken. Hier muß die Zurichtung den erforderlichen Nässeschutz durch wasserabweisende, möglichst völlig wasserundurchlässige Beschichtung geben. Bei den meisten filmbildenden Zurichtschichten wird dadurch gleichzeitig die Luftdurchlässigkeit deutlich zurückgedrängt. Ausnahmen bilden die rasterartig strukturierte Casein-Zurichtung oder die Zurichtung mit Nitrocelluloseemulsionen. Nach neueren Erkenntnissen ist jedoch die Wasserdampfaufnahme ein ausschlaggebendes Kriterium für Fußkomfort und Tragehygiene[20–21], so daß auch eine unporöse, kompakte Beschichtung die Verwendbarkeit des zugerichteten Leders nicht beeinträchtigt. Voraussetzung ist, daß in solchen Fällen die unzugerichtete Rückseite voll saugfähig bleibt. Sie darf nicht hydrophobiert und nicht mit einer abdichtenden Aasseitenappretur behandelt sein.

Bei Polsterleder kann eine kräftig beschichtende Zurichtung mit einem kompakten Lackfilm dazu führen, daß längeres Sitzen zu unangenehmem Hitzegefühl und stärkerer Transpiration führt. Dünnere Appreturen, die allerdings die geforderte Reibbeanspruchung erfüllen müssen, ergeben im allgemeinen einen angenehmeren, natürlicheren Griff der Lederoberfläche und sind sitzbequemer.

1.3 Aufbau der Zurichtung. Die vielen, verschiedenartigen Eigenschaften, welche von dem zugerichteten Leder gefordert werden, scheinen zum Teil einander zu widersprechen, z. B. Flexibilität und Oberflächenhärte bzw. Abreibfestigkeit, Wasserdichtheit und Atmungsfähigkeit, Widerstandsfähigkeit gegen heißes Bügeln und Biegebeständigkeit in der Kälte. Es ist verständlich, daß diese Anforderungen nicht durch ein einzelnes Zurichtmittel und auch nicht durch Auftragen einer einzelnen Zurichtschicht erfüllt werden können. Die vielfältigen Variationen, welche je nach Lederart und Verwendungszweck des Leders erforderlich sind, lassen sich nur dadurch soweit wie möglich erfüllen, daß bei der Zurichtung mehrere dünne Schichten aufgetragen werden. Diese Schichten werden aus verschiedenen Zurichtflotten gebildet, die durch Zwischentrocknen und häufig auch durch Zwischenbügeln oder Prägen miteinander kombiniert werden. Die einzelnen Zurichtschichten sind zwar aufeinander abgestimmt, sie können aber in ihrer Zusammensetzung mehr oder weniger stark voneinander abweichen und sehr unterschiedliche physikalische Eigenschaften besitzen.

Als Grundprinzip für den Aufbau der Zurichtung kann gelten, daß die untersten Schichten möglichst weich und zügig sein und daß die weiteren Schichten nach oben hin in kontinuierlichem Übergang immer härter und stärker widerstandsfähig werden sollen[5]. Dabei lassen sich im wesentlichen drei Auftragsschichten herausstellen:

Grundierung
Farbschicht
Appretur

Es ist jedoch nicht unbedingt erforderlich, daß dieser Dreischichtenaufbau eingehalten wird. Je feinporiger und je stärker abgeschlossen die Lederoberfläche vor der Zurichtung ist, um so mehr können die unteren Schichten entfallen. Unabdingbar ist nur der Auftrag der Appretur oder einer in ihrer Funktion ähnlichen Schicht. Der Aufbau der Zurichtung hängt sowohl von der Lederart bzw. von der Beschaffenheit der Lederoberfläche als auch von der Zurichtart und dem durch die Zurichtung angestrebten Aspekt des Leders ab (Abb. 1).

Die *Grundierung* bereitet das Leder für den Auftrag der Farbschicht vor. Sie soll die Saugfähigkeit, welche von Haut zu Haut oder auch innerhalb der Fläche einundderselben Haut schwanken kann, ausgleichen, damit die Farbschicht nicht zu tief und vor allem nicht unterschiedlich tief in das Leder einzieht. Bei Zurichtungen mit Nitrocellulosefarben und -lacken kommt der Grundierung außerdem eine Blockierwirkung gegen das Abwandern von Weichmacheranteilen aus dem Nitrocellulosefilm in das Leder und damit gegen ein Verspröden der Zurichtung mit zunehmender Alterung zu. Die Grundierung ist möglichst weich eingestellt, um den Narben bzw. das Fasergefüge der Lederoberfläche geschmeidig und elastisch zu erhalten. Sie muß sich fest mit der Lederoberfläche verbinden, da hiervon die Haftfestigkeit der gesamten Zurichtung weitgehend abhängt. Je poröser oder faseriger die zuzurichtende Lederoberfläche ist, z. B. bei Schleifbox- oder Spaltleder, um so mehr muß die Grundierung »füllen«, um so dicker muß die Grundierschicht gehalten werden. Sie braucht dabei nicht aus einem einzigen Auftrag zu bestehen, obwohl dies aus Rationalitätsgründen erwünscht ist, sondern sie kann in eine tief einziehende, die Faserstruktur festigende,

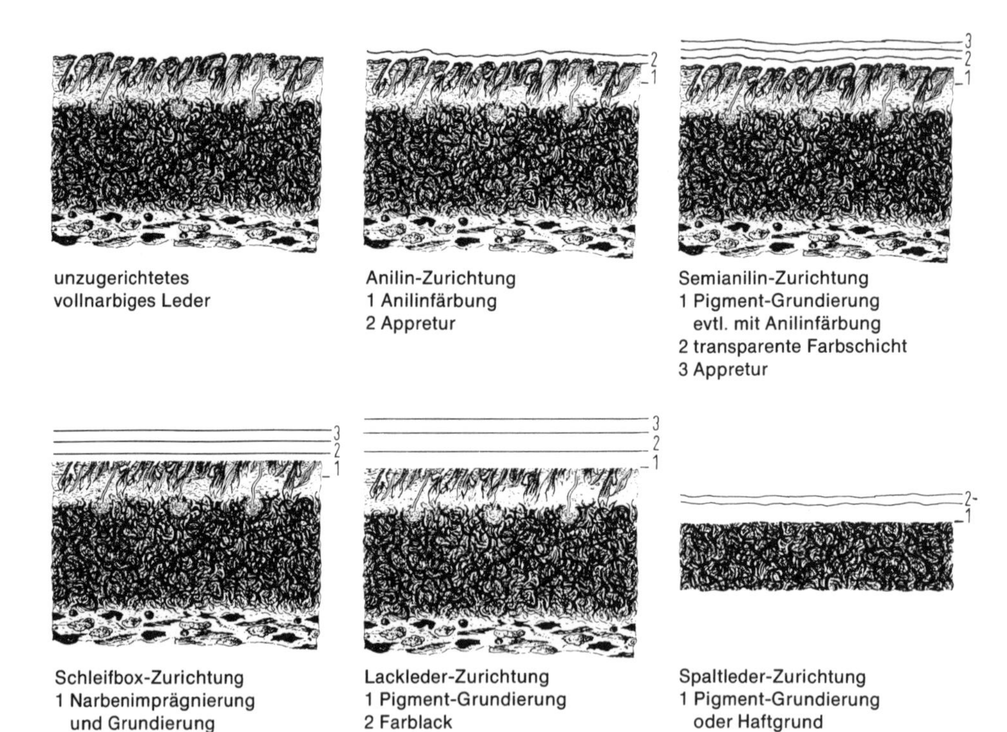

Abb. 1: Aufbau der Zurichtung.

unerwünschter Losnarbigkeit entgegenwirkende Vorgrundierung und in eine füllend egalisierende, abschließende Grundierung aufgeteilt sein. Die narbenfestigende Grundierung wird vorwiegend bei Schleifboxleder angewendet; sie findet in neuerer Zeit auch bei vollnarbigem Leder Interesse[5].

Die Grundierung kann farblos sein; sie wird aber meistens mit Farbstoffen angefärbt oder auch pigmentiert, um das Leder anzufärben oder um eine bereits während der Naßarbeiten erfolgte Grundfärbung zu egalisieren. Als filmbildende Substanzen enthalten Grundierflotten thermoplastische Polyacrylate, Butadien-Mischpolymerisate oder auch Polyurethane. Diese sind in Wasser dispergiert oder in organischen Lösemitteln gelöst. Narbenfestigende Imprägnier- bzw. Grundiermittel müssen wegen des erforderlichen tiefen Eindringens möglichst feinteilig dispergiert sein oder in gelöster Form eingesetzt werden, während Bindemittel für füllende Grundierungen meistens gröber dispers und auch höhermolekular eingestellt sind. Grundierflotten können weitere Binde- oder Füllmittel, z. B. Wachsemulsionen, Weichmacher, Emulgatoren, Netzmittel, Penetratoren mit Lösemittelanteilen, Verlaufmittel und für manche Auftragstechniken auch Verdickungsmittel enthalten.

Die *Farbschicht* wird auch als Deck-, Egalisier-, Effekt- oder Spritzfarbe bezeichnet. Sie hat die farbgestaltende Aufgabe der Zurichtung zu erfüllen und bestimmt das farbliche

Aussehen sowie die Egalität der Lederoberfläche. Sie soll den Oberflächenabschluß der Grundierung verfeinern und zugleich die Reibfestigkeit und Widerstandsfähigkeit der Zurichtschicht verbessern.

Die Zusammensetzung der Farbflotten kann derjenigen der Grundierung ähnlich sein, d. h. die Flotten können thermoplastische und nichtthermoplastische Bindemittel, Pigmentzubereitungen aus deckenden anorganischen oder aus transparenten organischen Pigmenten, Wachsemulsionen, Schutzkolloide auf der Basis von Cellulosederivaten, Pflanzenschleimen oder Polymerisatlösungen, natürliche oder synthetische Weichmacheröle und Wasser als Konsistenzregler enthalten. Farbflotten können aber auch aus Lösungen von Nitrocellulose oder Polyurethanen bzw. deren Vorprodukten in geeigneten organischen Lösemitteln bestehen. Sie können anstatt der Pigmentzubereitungen auch geeignete Farbstoffe enthalten.

Ein wesentliches Moment ist, daß die Farbschicht in ihrer Filmsubstanz härter eingestellt ist als die Grundierung. Damit sie den Narben des Leders nicht verkrustet und trotz ihrer Härte genügend elastisch bleibt, muß sie in relativ dünner Schicht aufgetragen werden. Die Schichtdicke hängt von der aufgetragenen Substanzmenge ab. Sie kann durch die Konzentration der Flotte und auch durch die Auftragstechnik, z. B. Plüschen, Gießen, Airless- oder Druckluftspritzen, beeinflußt werden (vgl. Kapitel III, S. 166 ff.).

Die *Appretur* bildet den Abschluß der Zurichtung. Sie bestimmt weitgehend das endgültige Aussehen der Lederoberfläche. Von ihr hängen Glätte, Glanz oder Mattwirkung, Griff, Nässebeständigkeit und Reibechtheit sowie die gesamte Widerstandsfähigung des Leders gegen Beschädigungen bei der Weiterverarbeitung oder im Gebrauch des fertigen Lederartikels ab. Die Appretur kann die Bügelfestigkeit, die Widerstandsfähigkeit gegen Klebstoffe, gegen lösemittelhaltige Reinigungs- oder Schuhpflegemittel maßgeblich beeinflussen.

Es wäre jedoch eine verhängnisvolle Fehleinschätzung, wenn man die Echtheitseigenschaften der Zurichtung allein durch die Appretur herbeiführen wollte. Die Appretur ist als letzter Auftrag im allgemeinen die dünnste Zurichtschicht. Sie ist als Schutz gegen mechanische Verletzungen der Lederoberfläche möglichst hart und kratzfest eingestellt. Damit der Narbenwurf des Leders und die Elastizität der gesamten Zurichtschicht nicht beeinträchtigt werden, muß die Appretur einen möglichst dünnen Film ergeben. Dieser kann seine Schutzwirkung nur dann voll entfalten, wenn er durch das Verhalten des Untergrunds entsprechend unterstützt wird. Wenn die Appretur auf eine dicke, thermoplastische Unterschicht aufgebaut wird, bleiben Reibechtheit und Kratzfestigkeit der Zurichtung ungenügend, da die Unterlage bei der Reibbeanspruchung zu stark erweicht und den Appreturfilm zerreißen läßt. Die Naßreibechtheit ist auch bei wasserfester Appretur nicht ausreichend, wenn Grundierung oder Farbschicht quellempfindlich sind. Dauerbiegefestigkeit und Reibechtheit der Appretur sind schlecht, wenn die Appretur nicht fest auf dem Untergrund haftet, weil der dünne Appreturfilm für sich allein gegen die mechanische Beanspruchung nicht genügend widerstandsfähig ist. Die im Hinblick auf die Filmhärte angestrebte, möglichst dünne Appreturschicht darf nicht dazu verleiten, daß die Appretur zu dünn aufgetragen wird. Wenn die auf das Leder aufgebrachte Substanzmenge nicht ausreicht, um einen zusammenhängend abschließenden Film zu bilden, wenn also der Appreturauftrag das Leder nur als leichter Spray übernebelt, dann kann auch das beste Appreturmittel seine Schutzwirkung nicht ausreichend entfalten.

Die Eigenschaften des zugerichteten Leders hängen in starkem Maße von der Zusammensetzung der einzelnen Zurichtschichten ab. Man darf jedoch keineswegs die physikalischen

Vorgänge der Schichtbildung außer acht lassen. Ausschlaggebend ist, daß sich die verschiedenen, nacheinander erfolgenden Aufträge als fest zusammenhaftende Schichten miteinander verbinden. Eindringtiefe und Dicke der Zurichtschicht, glattes oder rauhes bzw. stumpfes Auftrocknen, Filmbildegeschwindigkeit und Verlaufen der aufgetragenen Flüssigkeit bis zum Trocknen können die Eigenschaften des zugerichteten Leders zuweilen stärker beeinflussen als abgewandelte Zusammensetzung der einzelnen Auftragsflotten. Die Auftragstechnik ist daher für die Zurichtung ebenso wichtig wie die Auswahl der angewendeten Produkte.

Die Zurichtmittel unterscheiden sich in ihrer chemischen Zusammensetzung und in der Struktur des Filmaufbaus wesentlich vom Verhalten des Leders. Die physikalischen Eigenschaften der Zurichtschicht werden aber nicht allein durch das Verhalten der einzelnen Zurichtmittel, sondern auch durch das Verhalten des Untergrunds wesentlich beeinflußt. Eine Zurichtrezeptur, welche sich in Aufbau und Zusammensetzung der einzelnen Schichten für eine bestimmte Lederart bewährt hat, muß daher für einen anderen Ledertyp nicht gleich gut geeignet sein.

1.4 Grundlagen der Filmbildung. Die bei der Zurichtung auf die Lederoberfläche aufgebrachten Schichten werden – von vereinzelten Ausnahmen abgesehen – nicht als fertige, kompakte Folie aufgetragen. Die Zurichtmittel werden vielmehr in flüssiger Form auf dem Leder verteilt und die einzelnen Schichten bilden sich beim Auftrocknen. Vorgänge der Filmbildung sind daher ein wesentliches Moment der Zurichtung. Vom Ablauf dieser Filmbildung hängen Zurichteffekt und Qualitätseigenschaften des zugerichteten Leders in hohem Umfang ab.

Die bei der Lederzurichtung angewendeten Substanzen für die Filmbildung sind hochmolekulare Körper von sehr unterschiedlichem chemischem Aufbau. Sie werden entweder in der Form kolloidaler wäßriger Lösungen, oder in geeigneten organischen Lösemitteln gelöst, oder als in Wasser dispergierte Substanzen herangezogen. Die wäßrigen und ebenso die organischen Lösungen sind in ihrer Konsistenz konzentrationsabhängig. Mit ansteigender Konzentration nimmt die Viskosität der Lösungen stetig zu, und zwar um so mehr, je höhermolekular die gelöste Substanz ist. Im Gegensatz dazu wird die Viskosität der Dispersionen durch Konzentration und Molekülgröße der dispergierten Stoffe kaum beeinflußt, zumindest nicht im Gebiet unterhalb der kritischen Konzentrationsgrenze. Das hängt damit zusammen, daß die dispergierten Substanzen von dem umgebenden Wasser nicht gelöst werden, sondern darin in feinstverteilter Form schweben.

Die für eine große Gruppe der Lederzurichtmittel eingebürgerte Bezeichnung »Kunststoff-Dispersionen« ist chemisch ungenau. Dispersion ist die Sammelbezeichnung für ein aus mehreren Phasen (einer verteilten und einer umgebenden Phase) bestehendes System von Stoffen, die sich nicht gegenseitig lösen oder homogen miteinander mischen lassen. Je nach verteilter (disperser) und umgebender (kohärenter) Phase unterscheidet man[22]:

fest	in Gas	= Rauch
flüssig	in Gas	= Nebel, Aerosol
Gas	in flüssig	= Schaum
flüssig	in flüssig	= Emulsion
fest	in flüssig	= Suspension

Bei den wasserverdünnbaren Zurichtprodukten auf der Basis von Nitrocellulose handelt es sich um Emulsionen, in denen die Lacklösung in Wasser verteilt ist. Es existieren auch Polyurethanemulsionen mit in Lösemittel gelöstem Polyurethan als innerer und Wasser als äußerer Phase. Die filmbildenden Polymerisate, welche für die Lederzurichtung herangezogen werden, stellen in Wasser feinstverteilte Polymertröpfchen von 0,01 µm bis 0,5 µm Durchmesser dar. Diese Polymerteilchen sind weder flüssig noch fest, sie liegen in halbfester, gequollener Form vor. Sie ergeben entsprechend der Definition weder Emulsionen noch Suspensionen und werden deshalb mit dem übergeordneten Begriff Dispersion bezeichnet.

Für die Betrachtung der Filmbildung ist ein Überblick über die bei der Lederzurichtung eingesetzten Filmbildner und über ihre Anwendungsform erforderlich. *Thermoplastische* Polymere sind unter Einwirkung von Wärme und Druck ohne Zersetzung verformbar. Hierzu gehören Polyacrylate, Mischpolymerisate des Butadiens mit Vinyl- oder Acrylverbindungen, des Vinylidenchlorids oder Polyurethane. Sie werden fast ausschließlich als wäßrige Dispersionen verwendet. Nur Polyurethane werden auch als Lösung in organischen Lösemitteln oder als lösemittelhaltige Emulsion herangezogen. *Nichtthermoplastische* Substanzen sind nicht ohne Zersetzung thermisch verformbar. Lederzurichtmittel dieser Art sind Casein und Cellulosenitrat oder -acetobutyrat. Casein wird ausschließlich in wäßriger, kolloidaler Lösung, die Cellulosederivate werden als organische Lösung oder als wäßrige, lösemittelhaltige Emulsion angewendet (Abb. 2).

Die Filmbildung erfolgt in jedem Fall durch Übergang der Partikel aus der frei beweglichen Form der flüssigen in die unbewegliche, fixierte Form der festen Phase. Das geschieht durch Abgabe des Löse- oder Verdünnungsmittels, bei wäßrigen Lösungen und Dispersionen des

Abb. 2: Überblick über die filmbildenden Zurichtmittel.

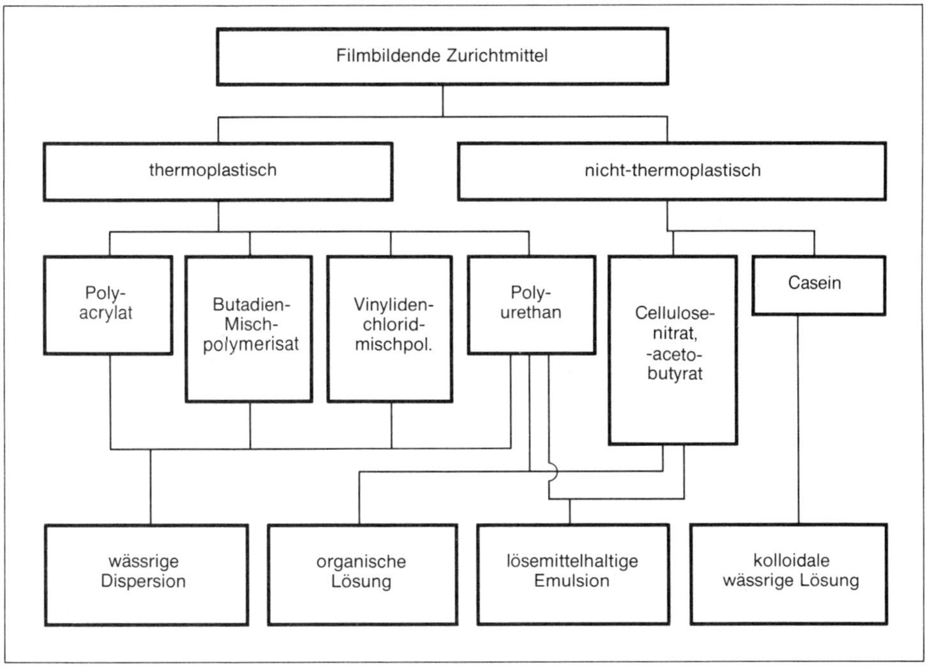

Filmbildende Zurichtmittel
thermoplastisch
nicht-thermoplastisch
Poly-acrylat
Butadien-Misch-polymerisat
Vinyliden-chlorid-mischpol.
Poly-urethan
Cellulose-nitrat, -aceto-butyrat
Casein
wässrige Dispersion
organische Lösung
lösemittelhaltige Emulsion
kolloidale wässrige Lösung

Wassers, bei organischen Lösungen des Lösemittels, bei Emulsionen des Wassers und des Lösemittels. Diese Abgabe kann dadurch erfolgen, daß die Flüssigkeit durch das Substrat, durch den porösen Lederuntergrund, abgesaugt wird, oder daß sie in die umgebende Atmosphäre verdunstet. Bei der Lederzurichtung kommen beide Faktoren zusammen, doch geht der Einfluß der Saugwirkung mit zunehmendem Oberflächenabschluß bei den oberen Aufträgen immer mehr zurück. Die Bedingungen für die Filmbildung bleiben daher im Verlauf der Lederzurichtung nicht konstant, sondern sie ändern sich mit jedem Auftrag. Hierauf müssen Rezeptur und Auftragstechnik der einzelnen Aufträge abgestimmt werden.

Unabhängig von der Anwendung im Streich-, Gieß- oder Spritzverfahren ist das Verhalten der Zurichtflotten darauf ausgerichtet, daß sie sich möglichst gleichmäßig auf dem Leder verteilen, die Flüssigkeit möglichst rasch abgeben und einen mehr oder weniger kompakt zusammenhängenden Film bilden. Die Dauer der Flüssigkeitsabgabe bis zu dem Stadium, in dem die filmbildenden Lösungen bzw. die einzelnen Tröpfchen nicht mehr frei beweglich fließen und ihre Lage zueinander nicht mehr nennenswert verändern können, muß ausreichend groß sein, daß gleichmäßiges Verlaufen gewährleistet ist. Aus verfahrenstechnischen und wirtschaftlichen Gründen wird aber rasche Filmbildung angestrebt, damit Trockenstrekken und Wärmeaufwand für das Trocknen rationell gehalten werden können.

Gleichmäßiges Verteilen der Zurichtflotten beim Auftrag und gutes Verlaufen bis zum Trocknen hängen von der Stabilität der Zurichtmittelflüssigkeiten ab. Die als *Lösung* vorliegenden Produkte sind allgemein in ausreichendem Maße stabil. Dem Verlauf werden nur Grenzen gesetzt durch die Viskosität der Lösung. Diese nimmt mit ansteigender Konzentration stark zu, bis die freie Beweglichkeit eingeschränkt ist und die Filmbildung beginnt. Konzentration und Viskosität nehmen nicht nur durch Verdunsten des Wassers oder Lösemittels zu, sondern auch dadurch, daß das Lederfasergefüge die Flüssigkeit bevorzugt aufnimmt und von der gelösten Substanz selektiv absaugt. Die Viskosität steigt um so stärker an, je höhermolekular der gelöste Stoff ist. Für Zurichtaufträge, welche tief in das Leder eindringen sollen, z. B. Narbenimprägnierungen, werden aus den vorgenannten Gründen stabile Lösungen niedriger molekularer Substanzen und deren Anwendung in größerer Flüssigkeitsmenge vorgezogen. Umgekehrt sind für intensiven Oberflächenabschluß ausreichend hochmolekulare Lösungen vorteilhaft, die auch in höherer Konzentration angewendet werden können. Hier sei auf das Gießen von Polyurethanlack für Lackleder hingewiesen.

Die Stabilität von *Emulsionen* hängt ausschlaggebend vom Emulgator und von den emulgierten Lösemitteln ab. Wenn während des Trockenvorgangs die Emulsion »bricht«, müssen die im Wasser feinstverteilten Lacktröpfchen möglichst weitgehend zu einer homogenen Lacklösung zusammenfließen. Lösemittelanteile, welche langsamer verdunsten als Wasser, müssen in ausreichend großer Menge vorhanden sein, damit diese Grundbedingung für einen homogen verfließenden Lackfilm erfüllt wird. Wenn die Lösemittel rascher verflüchten als das Wasser, treten Wasserstörungen in Form milchiger Flecken auf. Wenn bei den langsam verdunstenden organischen Flüssigkeiten nichtlösende Verdünnungsmittel die echten Lösemittel überwiegen, kann die Filmbildung ebenfalls gestört, die Haftfestigkeit des Films auf der Unterlage beeinträchtigt werden.

Bei den Polymerisat-*Dispersionen* hängt die Stabilität vom Emulgator, von der Teilchengröße und von der Herstellungsweise im Direkt- oder Inversionsverfahren ab. Feinteilige Dispersionen sind höherviskos und stabiler als gröberdisperse[23]. Das ist bedingt durch die größere innere Oberfläche und durch die entsprechend stärkere Wechselwirkung der Teilchen[22]. Durch Verdunsten des Wassers oder durch Absaugen der Netzmittellösung der äußeren Phase wird die schützende und die einzelnen Teilchen voneinander trennende Wasserhülle entfernt. Die Kunststoffteilchen lagern sich immer dichter aneinander, bis sie die freie Beweglichkeit völlig verlieren und einen zusammenhängenden Film bilden.

Bei Auftrocknen einer Lösung hochmolekularer Stoffe verfilzen die Polymerteilchen mit ansteigender Konzentration immer stärker miteinander oder sie lagern sich im idealen Fall parallel aneinander an. Je größer das Molekulargewicht bzw. je höher der Polymerisationsgrad ist, um so intensiver verfestigt sich der Film. Dieses Prinzip der Filmbildung gilt gleichartig für wäßrige und Lösemittellösungen. Das gilt auch weitgehend für Emulsionen, doch kann hierbei der homogene Film durch Kapillaren unterbrochen werden. Das hängt von dem Verhältnis Lösemittel zu Wasser ab, das im Stadium des Brechens der Emulsion vorliegt. Überwiegen bis zum Erstarren der verbleibenden Lacklösung wasserunlösliche Lösemittel, bildet sich ein kompakter Film. Je mehr mit Wasser mischbare oder mit diesem sich lösende organische Lösemittel verbleiben, um so stärker wird der Film durch Kapillaren unterbrochen.

Bei lösemittelfreien Polymerisatdispersionen hängt die Filmbildung ausschließlich von den Polymerteilchen ab. Der Verlauf des Trocknens von der Flüssigkeit zum Film erfolgt in drei Phasen[24]. In der ersten Phase wird das Wasser in freier Verdampfung mit gleichmäßiger Geschwindigkeit abgegeben. Die Dispersion bleibt dabei noch niedrigviskos, die Polymerteilchen bleiben frei beweglich und können zur Bildung einer homogenen Fläche verlaufen. In der zweiten Phase wird die Verdampfungsgeschwindigkeit des Wassers vermindert, die Viskosität steigt immer mehr an, die Teilchen werden zum Filmverband orientiert und sind nur noch wenig gegeneinander beweglich. Die isolierende Wasserhülle wird abgebaut, der Verlauf unterbunden. In der dritten Phase werden die Kohäsionskräfte voll wirksam, die Packung der Polymerteilchen wird verdichtet. Das in den Zwischenräumen noch verbliebene Wasser verdampft, der Film trocknet endgültig durch. Der entstandene Film stellt keine homogene Substanz dar, sondern er besteht aus dicht aneinander gelagerten Kügelchen, welche als einzelne Individuen erhalten bleiben und bei starker Vergrößerung im Elektronenmikroskop zu erkennen sind[22].

Die Vorgänge der Filmbildung laufen beim Zurichten von Leder in ähnlicher, aber nicht völlig gleicher Form ab wie im Idealzustand bei Auftrocknen auf einer Glasplatte oder einem anderen glatten, nicht saugfähigen Untergrund. Das Lederfasergefüge saugt einen beträchtlichen Anteil der Flüssigkeit auf, so daß die erste Phase der Filmbildung, in der sich die Polymerteilchen noch frei bewegen können, mehr oder weniger stark verkürzt wird. Sobald mit Erreichen der zweiten Phase die Viskosität deutlich ansteigt, hört die Verlauf- und ebenso die Penetrationswirkung auf. Wird tiefes Eindringen der Polymeren in das Lederfasergefüge gefordert, sind Lösungen oder besonders feinteilige Dispersionen zu bevorzugen. Niedriger molekulare Substanzen, deren Viskosität mit zunehmender Konzentration weniger stark ansteigt, sind z. B. für narbenfestigende Imprägnierungen vorteilhaft. Im Gegensatz dazu ergeben hochmolekulare Filmbildner und gröberteilige Dispersionen stärkeren Oberflächenabschluß und intensivere Füllwirkung. Sie sind besonders für faserige Oberflächenstrukturen, z. B. bei der Zurichtung von Schleifbox- oder Spaltleder, geeignet. Infolge der weniger dichten Packung des Films ergeben grobteilige Dispersionen geringeren Glanz als feinteilige. Auf die füllende, die Lederoberfläche abschließende und das Saugvermögen stark reduzierende Grundierschicht kann eine feinteilige Dispersion aufgetragen werden, welche nun nicht mehr in das Lederfasergefüge einzieht, sondern an der Oberfläche bleibt, diese gut egalisiert und die Glanzwirkung der Zurichtung steigert.

Die Filmbildung bei der Lederzurichtung wird gegenüber dem Idealfall weiterhin dadurch kompliziert, daß kaum jemals ein einzelnes Produkt angewendet wird. Zu den filmbildenden Bindemitteln können farbgebende Pigmente hinzukommen, welche die Homogenität des Films unterbrechen. Die Pigmente können in den in flüssiger Form vorliegenden Bindemittellösungen im allgemeinen gut und vollständig eingebettet werden[25]. Bei Dispersionen ist für volles Umhüllen der Pigmente geringe Teilchengröße der Kunststoffpartikel vorteilhaft. Sie sollte mindestens zehnmal kleiner sein als die der Pigmentpartikel. Die Anwendungsmöglichkeit grobdisperser Bindemittel wird durch Mitverwendung von Lösemittel oder Weichmacher verbessert.

Einen weiteren Einfluß auf die Filmbildung übt das durch Bügeln oder Narbenpressen verursachte thermoplastische Verformen aus. Daß die polymeren Kugelteilchen dabei zumindest an der Oberfläche des Films zusammengepreßt und intensiv miteinander verbunden werden, erkennt man am gesteigerten Glanz und an der verbesserten Reibechtheit nach dem Pressen. Die im Elektronenmikroskop nachgewiesene, verbleibende Kugelpackung mit zwickelartigen Hohlräumen zwischen den Berührungsstellen erklärt, daß auch der bei makroskopischem Betrachten homogen verschweißt erscheinende Zurichtfilm für Wasserdampf noch durchlässig bleibt.

Unter den üblichen Arbeitsbedingungen der Lederzurichtung mit Durchlauf durch einen Trockenkanal bei etwa 60 °C Lufttemperatur wird das endgültige Stadium der Filmtrocknung noch nicht erreicht. Die noch im Quellungszustand vorliegenden Polymerteilchen ergeben einen weniger festen Filmverband und schlechtere physikalische Eigenschaften als nach endgültigem Durchtrocknen. Die Dauerbiegefestigkeit (Flexometerwert) eines frisch zugerichteten Leders, insbesondere das Verhalten bei der Naßprüfung, wird durch Wärmelagerung vor der Prüfung (etwa 18 Stunden bei 80 °C) deutlich verbessert. Etwa gleiches Verhalten des Leders wird nach einem Monat Lagerung bei Raumtemperatur erreicht[22]. Für die Qualitätsbewertung einer Zurichtung ist es daher zweckmäßig, daß man entweder genügend lange abgelagertes Leder prüft oder eine Alterung durch Wärmelagerung vor der Prüfung vornimmt.

Zu den Besonderheiten der Filmbildung beim Zurichten von Leder gehört schließlich, daß der Zurichtfilm aus mehreren, unterschiedlich zusammengesetzten Schichten besteht. Diese Schichten bilden jeweils einen Film für sich, ihre Eigenschaften müssen aber so aufeinander abgestimmt sein, daß sie als Filmeinheit der Lederoberfläche die geforderten Eigenschaften vermitteln. Grundlegende Forderung für die Erfüllung dieses gemeinschaftlichen Verhaltens ist, daß die Einzelschichten fest aufeinander haften und sich auch bei intensiver Beanspruchung durch Knicken, wiederholtes Stauchen, Einwirkung von Hitze oder Nässe nicht voneinander trennen. Für einwandfreies Haften der Gesamtschicht ist das Haften der Grundierung auf dem Lederfasergefüge ausschlaggebend. Das Haften der Einzelschichten aufeinander wird dadurch bestimmt, daß die aufgetragenen Flüssigkeiten auf dem jeweiligen Untergrund fest abbinden können. Hierzu reichen die Kräfte einer einfachen Oberflächenadhäsion nicht aus. Die Flüssigkeit muß vielmehr fähig sein, die Unterlage in ausreichendem Maße wieder anzuquellen, so daß die filmbildende Substanz vor dem Erstarren zum Film zu einem gewissen Anteil in die Unterlage diffundieren und sich dadurch fest verankern kann. Eiweißhaltige Zurichtschichten dürfen deshalb nur eine leichte Zwischenfixierung mit Formaldehyd erhalten, dagegen nicht mit einem Chromsalzhärter (vgl. Kapitel II, S. 140) voll ausfixiert werden, weil sonst der nachfolgende wäßrige Auftrag nicht mehr genügend haftet. Aus dem gleichen Grund sollen reaktive Bindersysteme während der Zwischenstadien der Zurichtbehandlung nicht längere Zeit lagern. Sie dürfen meistens auch nur mit mäßiger Temperatur zwischengebügelt werden. Bei reaktiven Zweikomponenten-Polyurethanlacken oder bei Einkomponentenlacken mit verkappten reaktiven Gruppen ist möglichst kurzfristig weiterzuarbeiten, bevor die Schichten völlig aushärten und lösemittelunlöslich werden. Es ist erforderlich, daß die diesbezüglichen Hinweise der Bindemittelhersteller genau beachtet werden, sonst sind Fehlschläge unvermeidbar. Auf Zurichtschichten aus Casein oder anderen Eiweißstoffen, z. B. Gelatine, darf keine Lack- oder Appreturschicht auf der Basis organischer Lösungen aufgetragen werden. Die Lösemittel sind nicht in der Lage Proteine anzuquellen; eine Ausnahme machen nur die bei der Lederzurichtung selten eingesetzten Produkte Dimethylacetamid und Dimethylformamid. Der entstehende Lackfilm kann sich nur auf dem Untergrund ablagern, jedoch nicht fest damit verbinden. Beim Biegen oder Stauchen des Leders hebt sich der Lackfilm ab, bei wiederholtem Knicken reißt er oder bildet Blasen, bei Reibbeanspruchung wird er rasch abgescheuert. Organische Lösungen von Zurichtmitteln erfordern stets einen Untergrund, der von den Lösemitteln anquellbare Polymerisate oder Cellulosederivate enthält.

Andererseits dürfen die angewendeten organischen Lösemittel den Untergrund nicht zu intensiv anlösen. Wenn organische Lösungen oder lösemittelhaltige Emulsionen zuviel Hochsiederanteile enthalten, welche die Phase des Antrocknens verzögern und die freie Beweglichkeit der Filmbildesubstanz zu lange aufrecht erhalten, kann die aufgetragene Flüssigkeit tief in den angelösten Untergrund hineindiffundieren und im Extremfall soweit aufgesaugt werden, daß kein oberflächenabschließender Film mehr entsteht. Die Oberfläche des appretierten Leders bleibt dann matt, die Reibechtheit ist ungenügend. In solchen Fällen muß die Zusammensetzung der Lösemittel geändert werden, oder man muß eine Grundierung wählen, welche neben lösemittellöslichen Polymerisaten auch gegenüber Lösemitteln unempfindliche Proteine enthält. In manchen Fällen kann es schon ausreichen, wenn der Quellungszustand des polymeren Grundierfilms und damit dessen Empfindlichkeit gegen Lösemittel durch heißes Zwischenbügeln vor dem Appreturauftrag vermindert wird.

Für die Beanspruchung der Lederoberfläche bei der Verarbeitung des Leders und für die Widerstandsfähigkeit beim Gebrauch der Lederartikel sind zwei Eigenschaften des Zurichtfilms besonders wichtig: die Flexibilität und die Reibfestigkeit. Hohe Flexibilität setzt ausgeprägte Dehnungselastizität der Filmschicht voraus. Hohe Reibfestigkeit verlangt einen harten Film oder zumindest eine harte Filmoberfläche. Die Reibfestigkeit kann durch eine glatte Oberfläche, welche nur geringen Reibwiderstand bietet, verbessert werden.

Die für die Lederzurichtung angewendeten thermoplastischen Bindemittel ergeben dehnungselastische Filme, welche auch in dicker Schicht noch sehr flexibel bleiben. Dieses Verhalten bringt aber den Nachteil mit sich, daß die Filme ziemlich weich und dementsprechend reibempfindlich sind. Die Empfindlichkeit wird noch gesteigert durch die bei stärkerer Reibbeanspruchung auftretende Reibwärme, welche thermoplastisches Verformen der Filmsubstanz begünstigt.

Die nichtthermoplastischen Bindemittel bilden Filme, welche nur wenig dehnungselastisch sind. Sie trocknen hart auf und sind deshalb reibbeständig. In dicker Schicht sind sie kaum flexibel und können im Extremfall zu einem spröden Film erstarren. In gleicher Weise, wie ein spröd-brüchiges Glasrohr durch Ausziehen zu einem dünnwandigen Kapillarröhrchen elastisch biegsam wird, lassen sich aus nichtthermoplastischen Substanzen bei Auftrag in dünner Schicht Filme mit harter, reibfester Oberfläche und guter Flexibilität erhalten.

Diese Charakteristik der Filmeigenschaften und ihrer Abhängigkeit von der Filmdicke erklärt, daß füllende, dicke Grundierschichten aus substanzreichen Flotten weicher, elastischer Filmbildner aufgebaut werden und daß die nachfolgenden Aufträge immer dünnere, aber auch härtere Schichten ergeben sollen. Die Schichtdicke kann sowohl durch die Konzentration der Flotten als auch durch die Auftragstechnik reguliert werden. Je weniger Substanz auf das Leder aufgebracht wird, um so dünner bildet sich der Film aus.

Das Verhalten des zuzurichtenden Leders kann im Hinblick auf Weichheit und Zügigkeit sehr unterschiedlich sein. Als Extreme können Gürtel- und Handschuhleder angeführt werden. Eine weiche, zügige Zurichtung auf einem harten Krokodilledergürtel könnte die Lederoberfläche nicht schützen, sondern würde sie eher empfindlicher machen. Eine harte Casein-Zurichtung auf Handschuhleder würde leicht platzen und dann keinen Nässeschutz mehr bieten. Erfolgreicher, dauerhafter Schutz der Lederoberfläche ist nur dann gewährleistet, wenn der Elastizitätsmodul von Leder und Zurichtfilm möglichst weitgehend einander angenähert sind.

1.5 Zurichtarten. Der unterschiedliche chemische Aufbau und das verschiedenartige physikalische Verhalten der Zurichtmittel erfordern, daß die Anwendungsweise von Fall zu Fall geändert wird. So haben sich mehrere Zurichtarten herausgebildet, deren Bezeichnung sich teils nach den hauptsächlich angewendeten Bindemitteln, teils nach der Zurichttechnik, teils nach dem Erscheinungsbild des zugerichteten Leders richtet (Tabelle 1).

Das entweder thermoplastische oder nichtthermoplastische Verhalten der Zurichtschichten bedingt gewisse Zuordnungen zwischen den eingesetzten Produkten und den angewendeten Methoden. So haben sich bestimmte Kombinationen herausgebildet. Die Casein-Zurichtung wird vorwiegend als Stoß-Zurichtung, die Binder-Zurichtung als Bügel-Zurichtung durchgeführt. Die Nitrocellulose- und Lack-Zurichtung erfolgen praktisch ausschließlich auf der Basis einer Bindergrundierung. Die Polyurethan-Zurichtung kann auf einer Binder- oder einer Polyurethangrundierung vorgenommen werden. Die in höherer Konzentration anwendbaren Dispersionsbinder und relativ rasch antrocknende bzw. wegen hoher Viskosität vom Leder nicht abfließende Polyurethanlacke können im Gießverfahren angewendet werden. Dispersionsbinder lassen sich bei stärkerer Verdünnung auch im Streichverfahren (Plüschen oder Bürsten) auftragen oder spritzen. Nitrocelluloselacke werden gespritzt, nur in Einzelfällen aufgestrichen (Tamponieren) oder gegossen. Casein-Zurichtungen werden ge-

Tabelle 1: Bezeichnung der Zurichtung.

nach dem Bindemittel	Casein-, Binder-, Nitrocellulose-, →Polyurethan-Zurichtung;
nach der Zurichttechnik	Stoß-, Bügel-Zurichtung; Spritz-, Gieß-Zurichtung;
nach dem Erscheinungsbild	gedeckte, Semianilin-, Anilin-Zurichtung;
	Lack-Zurichtung.

plüscht oder gespritzt, Nitrocellulose- oder Polyurethanemulsionen werden praktisch stets gespritzt.

1.5.1 Bezeichnung nach dem Bindemittel

1.5.1.1 Casein-Zurichtung. Als Bindemittel für die Casein-Zurichtung wird vorwiegend das durch Säure aus der Magermilch ausgefällte Casein benutzt. An die Stelle des früher bevorzugten Milchsäurecaseins tritt in jüngerer Zeit in verstärktem Ausmaß das geruchsärmere Salzsäurecasein. Für Appreturen werden als Eiweißsubstanzen auch Ei- oder Blutalbumin herangezogen, da sie beim Glanzstoßen höheren Glanz erreichen lassen[5]. Blutalbumin wird infolge der bräunlichen Eigenfarbe weniger für hellfarbige Zurichtungen, bevorzugt für schwarze Stoß-Zurichtungen eingesetzt.

Zum Modifizieren der Bindemitteleigenschaften können dem Casein Weichmacher, Wachs, Schellack oder ähnliches synthetisches Harz beigemischt werden. Das Casein kann auch durch polyamidbildende Substanzen (Caprolactam, Polycarbonsäuren) verändert werden[26].

Zur Farbgebung der Casein-Zurichtung dienen feinverteilte Pigmentzubereitungen auf der Basis caseinhaltiger Farbpasten oder -pulver oder bindemittelfreie wässrige Pigmentpasten oder -dispersionen. Gröberteilige anorganische Pigmente ergeben deckende Zurichtung, feinteilige organische Pigmente lassen lasierende Zurichteffekte erreichen. Farbintensität und Deckwirkung hängen davon ab, wie intensiv die agglomerierten Pigmentteilchen aufgeschlossen werden können und wie stabil diese Feinverteilung erhalten bleibt[25]. Ausgesprochen transparenter (Anilin-) Zurichteffekt wird durch pigmentfreie, mit wasserlöslichen oder lösemittellöslichen, wassermischbaren Farbstoffen angefärbte Flotten erreicht.

Die wasserlöslichen Eiweißstoffe werden durch das Auftrocknen auf dem Leder noch nicht nässebeständig. Sie müssen mit Formaldehyd oder Formaldehyd-Chromsalz-Lösung fixiert werden, damit sie durch Wasser nicht mehr vom Leder herunter gelöst werden können.

Der nichtthermoplastische Charakter der Eiweißbindemittel macht die Casein-Zurichtung besonders für die Glanzstoß-Zurichtung geeignet. Sie wird bevorzugt für Boxkalb-, Chevreau- und Rindboxleder angewendet. Leder mit weicherem Griff (Futterleder, Galanterieleder, modisches Schuhoberleder) kann auch bei Casein-Zurichtung abgebügelt werden.

Eiweißbindemittel ergeben bei der verhältnismäßig »trockenen« Spritzanwendung eine rasterartige Struktur von an- und aufeinander gelagerten Mikroperlen. Die mikroskopisch unebene Oberfläche wird durch den starken Druck und die Reibung beim Glanzstoßen geglättet. Der dadurch erzielbare Glanz wird aber infolge der zwischen den angetrockneten Tröpfchen verbleibenden Zwischenräume etwas beeinträchtigt. Höherer Glanz und stärker ausgeprägte Brillanz der Farbe können erreicht werden, wenn der abschließende Appreturauftrag, welcher dann glanzgestoßen wird, nicht gespritzt, sondern im Streichverfahren mit Plüsch oder Schwamm aufgebracht wird. Die gegenüber dem Spritzen nasser aufgetragene Streichflotte kann vor dem Antrocknen besser verlaufen und die Zwischenräume des Rasterfilms stärker ausgleichen.

1.5.1.2 Binder-Zurichtung. Reine Binder-Zurichtungen ohne andere filmbildende Substanzen werden praktisch nicht mehr angetroffen. Folienkaschierungen mit thermoplastischer

Grundierung und mit einer kompakten thermoplastischen Filmauflage wurden auf Spaltleder mit Phantasienarbenprägung oder auf geschliffenem Rindleder mit Lackeffekt durchgeführt. Diese Technik ist jedoch überholt, da sie zu arbeitsaufwendig war, oftmals unrentablen Verschnitt der Folien mit sich brachte und häufig auch Schwierigkeiten bei der Haftfestigkeit ergab. Moderne Binder-Zurichtungen sind kombinierte Verfahren mit Beimischung nichtthermoplastischer Eiweißbestandteile, von Nitrocelluloselack-Emulsionen oder von Polyurethandispersionen in der zweiten Auftragsschicht (Farb-, Egalisierschicht) und mit Eiweiß-, Nitrocellulose- oder Polyurethanappretur.

Wesentlicher Bestandteil der Binder-Zurichtung sind wässrige Dispersionen thermoplastischer Polymerisate. Sie können auf Polyacrylat-, Butadien- oder Vinylidenchlorid-Basis aufgebaut sein. Die Acrylatbinder sind Polymerisate oder Copolymerisate von Äthyl- oder Butylester der Acryl-, seltener der Methacrylsäure. Gelegentlich werden auch Äthylhexylester oder Methylester anteilig herangezogen. Butadienbinder sind stets Mischpolymerisate von Butadien mit Styrol, Acrylnitril oder Estern der Methacrylsäure[27]. Vinylidenchlorid wird ebenfalls nur als Mischpolymerisat, überwiegend zusammen mit Acrylsäureestern eingesetzt. Polyvinylchlorid oder -acetat sind als Binderanteile für die Lederzurichtung kaum anzutreffen.

Durch die Herstellungsweise, die Auswahl der herangezogenen Monomeren und durch den Polymerisationsgrad können die Eigenschaften der Polymerisatfilme in weiten Grenzen variiert werden. Die von den Bindemittellieferanten der Lederindustrie angebotenen Paletten weisen stets eine größere Anzahl verschiedener Binder auf. Trotzdem werden kaum Lederzurichtungen mit nur einem Binder in den einzelnen Flotten durchgeführt. Die individuelle Gestaltung der Rezepturen basiert fast immer auf Mischungen mehrerer Binder.

Neben der Variation des Filmverhaltens durch die Polymerisation können die thermoplastischen Binderfilme durch Mitverwendung nichtthermoplastischer Eiweißlösungen oder Nitrocelluloseemulsionen verändert werden. Eine weitere Möglichkeit besteht in der Verwendung von Reaktivbindern. Das sind Polymerisatdispersionen mit vernetzbaren, reaktiven Gruppen (Carboxyl-, Amidgruppen), welche beim Trocknen auf dem Leder mit mehrwertigen Metallionen Salze bilden und dadurch hohe Nässebeständigkeit erreichen lassen.[28,29]

Polymerisatbinder sind im allgemeinen frei von Weichmachern. Sie basieren auf dem Prinzip der »inneren Weichmachung« durch die Elastizität der Filmsubstanz. Zur Farbgebung können die gleichen Pigmentzubereitungen oder Farbstoffe benutzt werden wie bei der Casein-Zurichtung. Auch Pigmentzubereitungen auf der Basis wasserverdünnbarer Nitrocelluloseemulsionen sind anwendbar. Den Binderflotten werden je nach der Anwendungstechnik und dem gewünschten Zurichteffekt auch Wachsemulsionen oder andere Griffmittel, Mattierungs-, Penetrations-, Verlauf- oder Verdickungsmittel zugesetzt.

Das thermoplastische Verhalten der Binder-Zurichtung macht im allgemeinen auch bei harten, nichtthermoplastischen Appreturen ein Glanzstoßen unmöglich. Selbst wenn unter der Reibungswärme die Lederoberfläche nicht klebrig werden sollte, besteht doch die Gefahr, daß der starke Reibungsdruck die verhältnismäßig dicke, füllende Binderschicht verschiebt. Binder-Zurichtungen werden deshalb auf beheizten Pressen gebügelt oder mit Preßnarben versehen.

1.5.1.3 Nitrocellulose-(Collodium-)Zurichtung. Mit fortschreitendem Ausmaß der Herstellung von vollnarbigem, nur leicht beschichtetem Leder hat auch die reine Nitrocellulose-

Zurichtung wieder mehr an Bedeutung gewonnen. In sehr vielen Fällen wird jedoch eine kombinierte Zurichtung mit Dispersionsbindern in der Grundierung und Nitrocellulose in den oberen Schichten durchgeführt. Der nichtthermoplastische, harte Nitrocellulosefilm wird durch Weichmacherzusatz in gewissem Umfang elastisch gemacht. Die Nitrocellulose-Zurichtung eignet sich daher sowohl für die Stoß- wie auch für die Bügel-Zurichtung. Die Dehnungselastizität und die Flexibilität des Nitrocellulosefilms bei Dauerbiegebeanspruchung sind jedoch begrenzt, so daß nur dünne Filmschichten anwendbar sind. Trotzdem bietet die Nitrocellulose-Zurichtung guten Schutz der Lederoberfläche gegen Stoßen und Bekratzen, da der Film oberflächenhart ist.

Die technische Bezeichnung »Collodium-Zurichtung« ist falsch oder zumindest ungenau. Collodiumlösungen sind Lösungen von Nitrocellulose (Collodiumwolle) in Äther, welche in der Medizin zum Abdecken oder Abdichten kleinerer Wunden eingesetzt werden. Solche Lösungen sind für die Lederzurichtung ungeeignet, da sie infolge des sehr raschen Verdunstens von Äther keinen ausreichend verlaufenden und keinen genügend fest haftenden Zurichtfilm ergeben. Außerdem ruft die starke Wasserlöslichkeit des Äthers schon durch Einwirkung der Luftfeuchtigkeit milchige Trübung des Films hervor.

Als Bindemittel für die Nitrocellulose-Zurichtung werden Lösungen mittel- und hochviskoser Nitrocellulose (Cellulosetrinitrat) in organischen Lösemitteln verwendet[8,30]. Die konzentrierten, zumeist farblosen Lacke werden zum Gebrauch mit organischen Lösemitteln verdünnt. Diese »Verdünner« bestehen aus Mischungen niedrig-, mittel- und hochsiedender Ester und Ketone (echte Lösemittel) mit Alkoholen und evtl. mit aromatischen Kohlenwasserstoffen (Verschnittmittel). Die Lösemittel müssen so aufeinander abgestimmt sein, daß ihre Verdunstungs- bzw. Siedekurve einen möglichst kontinuierlichen Übergang von einer Komponente zur anderen ergibt. Der zuletzt verdunstende Anteil soll auf jeden Fall ein echtes Lösemittel sein. Von der richtigen Abstimmung hängen Verlauf und Glanz, Trockengeschwindigkeit und Haftfestigkeit, Dauerbiegebeständigkeit und Reibechtheit ab.

Als Weichmacher für Nitrocellulosefilme haben sich Mischungen aus gelatinierenden, wie ein nicht verdunstendes Lösemittel wirkenden Phthalsäureestern mit nicht gelatinierenden natürlichen Ölen, vorwiegend Rizinusöl, bewährt. Durch leichte Oxidation anpolymerisiertes »geblasenes« Rizinus- oder Rapsöl steigert Fülle und Glanz und ergibt einen wärmeren, weniger celluloidartigen Griff. Kampfer wird wegen des dem zugerichteten Leder lange anhaftenden, intensiven Geruchs kaum noch eingesetzt; hochpolymere synthetische Weichmacher auf der Basis flüssiger bis sirupöser Harze werden nur vereinzelt herangezogen.

Als farbgebende Substanzen kommen die gleichen anorganischen, deckenden und organischen, transparenten Pigmente wie bei der Casein- oder Binder-Zurichtung zum Einsatz. Da es auch hier auf gleichmäßige Verteilung und auf sorgfältiges Einbetten der Pigmentpartikel im Bindemittel ankommt, werden gebrauchsfertige Pigmentzubereitungen in konzentrierter, flüssiger Form bezogen und mit dem farblosen Lack vermischt. Lasierende bunte Lacke erhält man durch Anfärben mit lösemittellöslichen Farbstoffen. Wegen der höheren Lichtechtheit werden Metallkomplexfarbstoffe den einfachen basischen Farbstoffen vorgezogen.

Die aus Nitrocelluloselack gebildeten Filme können durch Zusatzstoffe modifiziert werden. Feinstverteilte Kieselsäurepräparate oder organische Substanzen mit partieller Unverträglichkeit gegenüber Nitrocellulose ergeben stärkere oder geringere Mattwirkung, die ausgeprägt rückpolierbar sein kann und speziellen Spitzenglanz bei narbengeprägtem Leder zeigt. Gemahlene Perlenschalen oder Fischschuppen oder spezifische Bleiverbindungen lassen Perlmutteffekt erreichen, und mit gewissen Metallseifen kann ein wachsartiger Oberflächengriff erzielt werden.

Anstelle von Cellulosenitrat kann auch hochmolekulares Celluloseacetobutyrat, mit Essig- und Buttersäure aufgeschlossene Cellulose, als Filmbildner verwendet werden. Anwendungsweise, Löse- und Hilfsmittel unterscheiden sich nur wenig von der Nitrocellulose. Wegen des höheren Preises ist der Einsatz von Celluloseacetobutyrat bei der Lederzurichtung auf spezielle Anwendungsgebiete beschränkt. Vorteilhaft ist die Anwendung von Acetobutyrat bei der Zurichtung von weißem Leder. Der Film neigt im Gegensatz zu Nitrocellulose bei Einwirkung von Wärme und Licht nicht zum Vergilben.

Der Einsatz der lösemittelverdünnbaren Nitrocelluloseprodukte bei der Lederzurichtung wirft eine Reihe von Problemen auf. Die Lösemittel sind brennbar und können explosible Luft-Lösemitteldampf-Gemische bilden. Ihre Vorratshaltung und Lagerung erfordert daher besondere Vorsichtsmaßnahmen. Sie ergeben beim Verdunsten teilweise intensiv riechende Dämpfe und verursachen Geruchsbelästigung zumindest in der näheren Umgebung. Ihr Preis ist gegenüber dem bei Casein- und Binder-Zurichtung als Verdünnungsmittel verwendeten Wasser deutlich höher. Diese Nachteile lassen sich zwar nicht völlig ausschalten, aber wenigstens teilweise durch die wasserverdünnbaren Nitrocelluloselack-Emulsionen vermindern. Die Emulsionen sind nicht entzündbar. Lagern und Hantieren brennbarer Lösemittel entfällt. Die Brennbarkeit und die Gefahr des Verpuffens getrockneter Nitrocellulose-Rückstände lassen sich allerdings nicht beseitigen. Exhaustoren und Entlüftungsrohre von Spritzmaschinen müssen deshalb ebenso oft und gründlich gereinigt werden wie bei Verarbeiten lösemittelverdünnbarer Lacke. Die Geruchsbelästigung durch die Abluft ist infolge des wesentlich verminderten Lösemitteleinsatzes deutlich geringer. Die komplizierte Herstellungsweise und der erforderliche Einsatz höherwertiger Lösemittel ergeben zwar keine Preisminderung der wasserhaltigen Emulsionen gegenüber den wasserfreien Lösungen, doch wirkt es sich kalkulatorisch vorteilhaft aus, daß Lösemittel für das gebrauchsfertige Verdünnen der Emulsionen entfallen[31].

Wasserverdünnbare Nitrocelluloseemulsionen können durch entsprechende, wasserverdünnbar emulgierte Pigmentzubereitungen in Nitrocelluloselack oder durch wasserlösliche bzw. lösemittellösliche, aber wasserverdünnbare Farbstoffe angefärbt werden. Sie werden jedoch meistens als farblose Appreturen angewendet. Spezielle Schwarzappreturen sind mit Farbstoffen angefärbt.

Die Wasserverdünnung der Nitrocelluloseemulsion läßt den Appreturfilm zu einer Struktur auftrocknen, welche dem Rasterbild der Caseinappretur ähnelt. Gegenüber dem kompakten Film eines Nitrocelluloselacks wird bessere Wasserdampfdurchlässigkeit und mehr natürlicher Griff der Lederoberfläche, gegenüber Eiweißappreturen deutlich bessere Naßfestigkeit erreicht.

Eine neuere Entwicklungsform der Nitrocelluloseemulsionen sind wasserarme, emulgatorhaltige Emulsionslacke. Im Gegensatz zu den mehr oder weniger wasserreichen, milchigen Emulsionen enthalten sie den Wasseranteil nicht als äußere (kohärente), sondern als innere (disperse) Phase. Sie bilden viskose, praktisch unbegrenzt lagerfähige, nicht kälteempfindliche Lacke. Sie verhalten sich in dieser Hinsicht wie normale Nitrocelluloselacke und sind dadurch den wasserreichen Nitrocelluloseemulsionen überlegen. Für die Anwendung können sie durch einfaches Einrühren von Wasser verdünnt werden und verhalten sich dann gleichartig wie die Nitrocelluloseemulsionen. Die im Emulsionslack enthaltenen Emulgiermittel sind so intensiv wirksam, daß der Lack auch nicht wassermischbare Nitrocelluloselacke oder -Pigmentzubereitungen mitemulgieren kann. Voraussetzung ist allerdings, daß diese Beimischungen nicht in zu hohen Anteilen erfolgen und daß die Produkte ein Lösemittelgemisch enthalten, welches für Emulsionen geeignet ist. Emulsionslacke sind in ihrer Konzentration und entsprechend in ihrer Ausgiebigkeit den Nitrocelluloseemulsionen überlegen.

Wenn Nitrocellulosezurichtungen mit stärkerer Füllwirkung, z. B. bei faseroffener Struktur der Lederoberfläche, gefordert werden, ergeben sich verschiedene Probleme. Der notwendigen dickeren Schicht steht die begrenzte Elastizität des Nitrocellulosefilms entgegen. In solchen Fällen hat man sich ursprünglich damit beholfen, daß die Lederoberfläche mit einer Lacklösung eingerieben wurde, die durch hohen Zusatz von Weichmacheröl stark plastifiziert war. Die Wirkung solcher Weichlacke ist jedoch nicht dauerhaft. Das Lederfasergefüge konkurriert durch sein Ölaufnahmevermögen mit der weichmacherhaltigen Filmsubstanz. Mit zunehmender Lagerdauer wandert Weichmacheröl aus der Filmschicht in das Leder ab, und der Zurichtfilm versprödet immer mehr. Diesem Nachteil wird heute dadurch begegnet, daß die Nitrocellulose-Zurichtung als dünne Filmschicht auf eine füllende Polymerisatgrundierung aufgetragen wird. Solche kombinierten Zurichtungen sind bei Spaltleder üblich. Sie werden auch auf geschliffenem, narbenkorrigiertem Rindleder durchgeführt.

Die Polymerisatfilme der Dispersionsbinder nehmen gelatinierende Weichmacher auf, sind aber inert gegenüber nicht gelatinierenden Ölen. Bei entsprechender Weichmacherkomposition des Nitrocellulosefilms, die etwa einem Verhältnis von einem Drittel gelatinierender und von zwei Drittel nicht gelatinierender Weichmacher entspricht, bildet die Bindergrundierung eine ausreichende Migrationssperre gegen das Abwandern von Weichmacher in das Leder. Sie bietet entsprechenden Schutz gegen das Verspröden des Nitrocellulosefilms bei Alterung. Die Intensität des Migrationsschutzes hängt davon ab, in welchem Ausmaß der Polymerisatfilm der Grundierung durch die Lösemittel der Nitrocelluloselösung angelöst wird und wie lange dieser Quellungszustand aufrecht erhalten bleibt. Acrylatfilme werden bevorzugt durch Ester und Ketone, Butadienfilme durch Kohlenwasserstoffe angequollen. Die Anquellbarkeit wird durch Einsatz reaktiver Binder oder anteilige Mitverwendung von Eiweißbindermitteln vermindert. Das Lösemittelgemisch ist dem Verhalten der Grundierung anzupassen, damit sie einerseits ausreichend angelöst wird, um den Nitrocellulosefilm einwandfrei haften zu lassen, und andererseits genügend rasch wieder entquillt, um unerwünschtes Abwandern von Weichmacheranteilen in das Leder zu verhüten. Daraus ergibt sich auch, daß die für eine bestimmte Leder- und Zurichtart als vorteilhaft ermittelte Zusammensetzung der Nitrocellulose-Spritzflotte nicht ohne weiteres auf eine andere Zurichtrezeptur übertragen werden kann, sondern daß in jedem Fall Aufbau und Verhalten der Grundierschicht berücksichtigt werden müssen. Weiterhin ist zu beachten, daß gequollene Polymerisatfilme die Lösemittel sehr intensiv zurückhalten. Die relative Verdunstungsgeschwindigkeit von Äthylacetat (Essigester) beträgt im Vergleich zu Äther 2.9, die des Wassers etwa 60. Ein auf eine Glasplatte ausgegossener Dispersionsbinder trocknet aus der wäßrigen Phase in etwa 36 Stunden zu einem klaren Film mit klebfreier Oberfläche auf. Löst man diesen Film nun in Äthylacetat auf und gießt die Lösung auf die gleiche Glasplatte auf, damit er zu gleichem Flächenausmaß und entsprechend zu gleicher Filmdicke trocknen kann, so beträgt die Zeit bis zum klebfreien Auftrocknen nicht etwa eine bis zwei Stunden, also etwa ein Zwanzigstel gegenüber der wäßrigen Dispersion, sondern je nach den atmosphärischen Bedingungen 12 bis 15 Tage. Man darf deshalb die Nitrocelluloselösung nicht zu naß auf die Bindergrundierung aufspritzen. Zwei dünne, leicht aufgetragene Spritzschichten gewährleisten weitaus bessere und beständigere Elastizität als ein kräftiger, mit größerem Lösemittelaufwand relativ naß gespritzter Auftrag.

1.5.1.4 Polyurethan-Zurichtung. Die jüngste Entwicklung auf dem Gebiet der Bindemittel für die Lederzurichtung stellen Polyurethane dar. Hierbei handelt es sich um hochpolymere Polyadditionsverbindungen, die vorwiegend aus Polyäther- oder Polyester-Polyolen, partiell verätherten oder veresterten mehrwertigen Alkoholen, als Weichkomponenten und aus aromatischen oder aliphatischen Polyisocyanaten und Kettenverlängerungsmitteln als Hartkomponenten aufgebaut sind. Die Vernetzungsreaktion zwischen den eingesetzten Komponenten, die Auswahl der Ausgangsstoffe, deren Mengenverhältnis und die unterschiedlichen Anwendungsformen lassen außerordentlich viele Variationen der Endprodukte nach Härte, Reibfestigkeit, Elastizität und Knickbeständigkeit zu. Polyurethane sind daher universell anwendbare Beschichtungsmaterialien. Sie werden etwa seit 1940 für die Oberflächenbeschichtung verschiedener Substrate (Holz, Metall, Papier, Karton, Textilien) eingesetzt und wurden 1956 in die Zurichtung von Leder eingeführt[32–34].

Die vielseitig variierbaren Filmeigenschaften der Polyurethane beruhen auf der starken Reaktionsfähigkeit der Isocyanate und auf der dadurch verursachten Vernetzung der Filmsubstanz. Sie reagieren besonders intensiv mit den Hydroxylgruppen der Polyole, aber auch mit Wasser und mit Aminogruppen, so daß sie auch echte Bindungen mit der Hautsubstanz eingehen können. Solche in manchen Fällen unerwünschte, nachträgliche Vernetzungsreaktionen können unterbunden werden, wenn die angewendeten Produkte keine freien Isocyanatgruppen mehr aufweisen. Polyurethane können als Lösung in geeigneten organischen Lösemitteln, in hochkonzentrierter lösemittelarmer Form und lösemittelfrei als Festsubstanz, sie können auch als wässrige Dispersion frei von Lösemitteln eingesetzt werden (Abb. 3).

Nach der Reaktionsfähigkeit der eingesetzten Komponenten unterscheidet man reaktive und nicht reaktive Polyurethan-Systeme. Beide werden für die Lederzurichtung herangezogen. Die Anwendung der Produkte in organischen Lösemitteln ist für die Lederzurichtung am

Abb. 3: Anwendung der Polyurethane in der Lederindustrie.

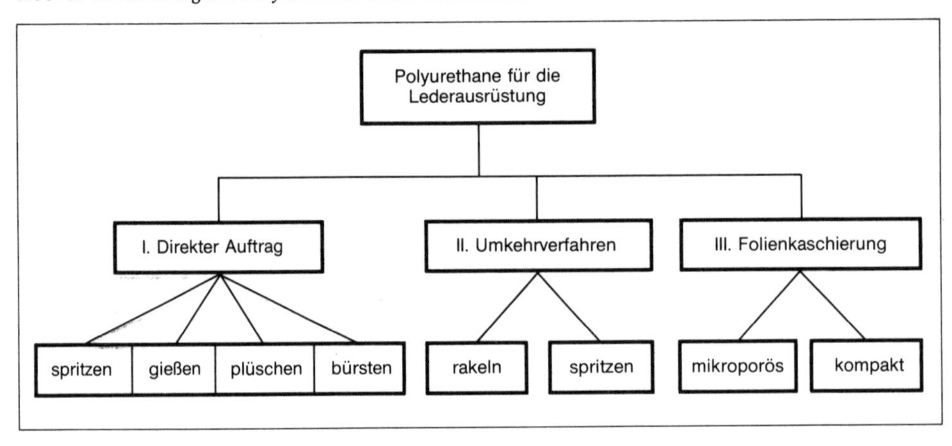

meisten verbreitet. Sie wird aber in jüngerer Zeit immer mehr verdrängt durch die Anwendung wässriger Polyurethandispersionen (Abb. 4).

Zweikomponentensysteme basieren im allgemeinen auf Polyester- oder Polyätherpolyolen mit freien Hydroylgruppen, welche mit mehrwertigen Isocyanaten gemischt werden, mit diesen vernetzen und zum Polyurethan ausreagieren. Bei Anwendung in dicker Schicht mit 100 bis 200 µm werden die Mischungen mit der Airless-Spritzpistole oder mit der Gießmaschine auf das Leder aufgetragen. Siekönnen auch im Streichverfahren durch Plüschen oder Bürsten angewendet werden, doch beschränkt sich diese Anwendungsweise im allgemeinen auf dünne Beschichtung. Dicke Polyurethanbeschichtung ergibt eine hochglänzende Oberfläche mit dem Charakter von Lackleder. Der Lackfilm zeichnet sich durch hohe Reibfestigkeit, sehr gute Knickbeständigkeit und weitgehende Widerstandsfähigkeit gegen Lösemittel aus.

Bei Anwendung in dünner Schicht von 5 bis 20 µm durch stärker verdünnte Lösungen und Aufsprühen mit der Preßluft-Spritzpistole ergeben Zweikomponentensysteme abriebfeste

Abb. 4: Polyurethan-Typen für die Lederzurichtung.

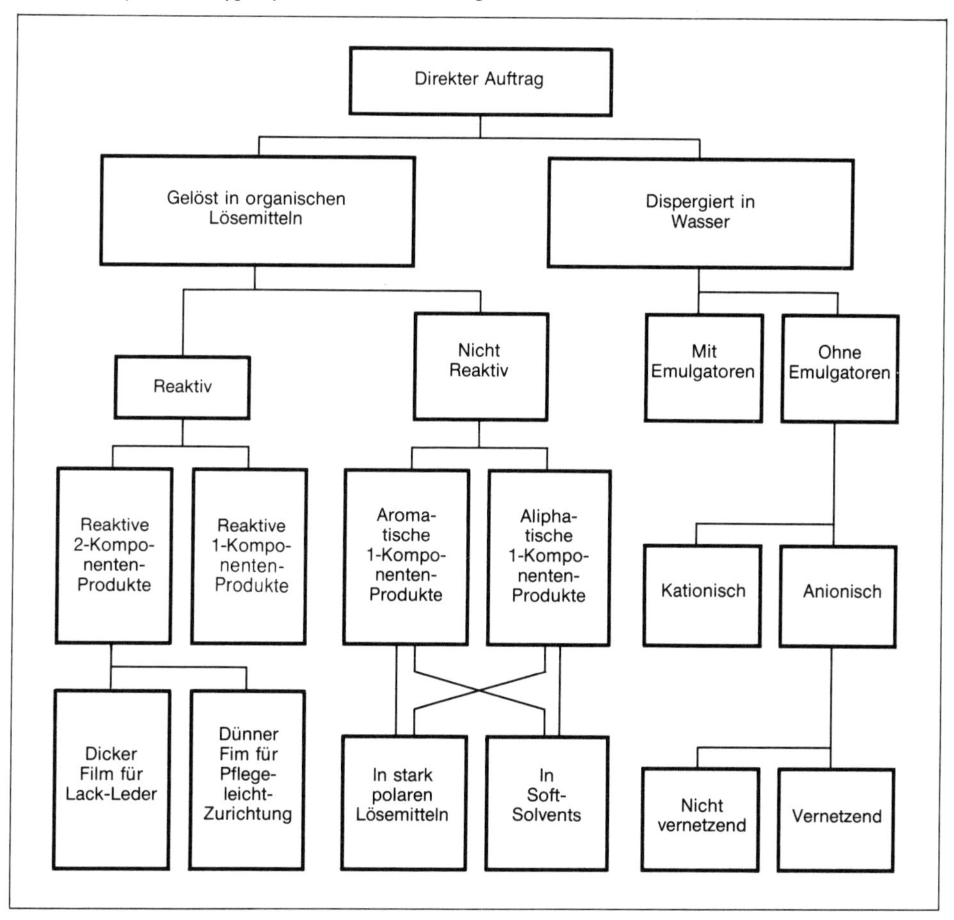

Zurichtschichten, wie sie für Möbelpolster, Sport- oder Arbeitsschuhe gefordert werden. Solche Deckschichten und Appreturen sind schmutzunempfindlich, erfordern keine spezielle Pflege und lassen sich durch Abwaschen mit Wasser leicht reinigen (Pflegeleicht-, Easy-care-Zurichtung; vgl. Kapitel I, S. 56). Für diese Art der Polyurethanzurichtung werden vorvernetzte Urethane oder reaktive Gruppen enthaltende Polyacrylate mit Isocyanat umgesetzt. Filmhärte und Griff können durch anteilige Mitverwendung von Nitrocellulose variiert werden, ebenso die Trockengeschwindigkeit der Lackschicht.

Die Vernetzungsreaktion der Komponenten zum Polyurethan ist dadurch gekennzeichnet, daß im Endstadium ein lösemittelunlöslicher Film erhalten wird. Die Umsetzung beginnt bereits mit dem Mischen der Polyole mit den Isocyanaten. Die Mischungen haben deshalb nur begrenzte Gebrauchsdauer (Topfzeit, pot life). Sie müssen innerhalb von 24 Stunden verarbeitet und täglich frisch zubereitet werden[37–39]. Bei der Verarbeitung von reaktiven Polyurethanen muß weiterhin berücksichtigt werden, daß Polyisocyanat begierig mit Wasser reagiert. Dadurch treten unerwünschte Nebenreaktionen durch Quervernetzung anstatt der angestrebten vorwiegend linearen Vernetzung der Polyole auf. Homogene Filmbildung und Filmeigenschaften können dadurch beeinträchtigt werden. Aus diesem Grund sind reaktive Zweikomponentensysteme wasserfrei und zur Verminderung des Einflusses von Luftfeuchtigkeit möglichst rasch zu verarbeiten. Die Lösemittel sollen mit Wasser nicht mischbar sein.

Einkomponentensysteme sind bereits umgesetzte lineare Polyester- oder Polyätherurethane mit geringerem Vernetzungsgrad, so daß sie noch lösemittellöslich sind. Sie können nichtreaktiv, also ohne weitere Umsetzung, verarbeitet werden und ergeben ausreichend reibfeste, elastische Filme, die durch organische Lösemittel noch angequollen werden. Bei reaktiver Verarbeitung werden sie durch Vermischen mit Polyisocyanaten über die Urethangruppe noch nachvernetzt und werden dadurch lösemittelbeständig. Die Reakti ionsfähigkeit mit Isocyanat ist infolge des Vorvernetzens abgebremst. Die Gebrauchsdauer der Ansätze ist dadurch auf mehrere Tage erhöht.

Ein anderes reaktives Einkomponentensystem beruht darauf, daß man Polyurethane mit einem Überschuß von Polyisocyanat einsetzt. Die noch vorhandenen freien Isocyanatgruppen reagieren dann mit der Feuchtigkeit aus dem Leder oder aus der Luft oder auch mit Aminogruppen der Ledersubstanz. Solche Systeme sind eigentlich reaktive Zweikomponentensysteme, nur muß die nachvernetzende Komponente dem Ansatz nicht zugemischt werden, sondern sie tritt bei der Anwendung auf dem Leder automatisch hinzu. Es liegt auf der Hand, daß derartige Produkte vor der Verarbeitung besonders sorgfältig vor Feuchtigkeit geschützt in dicht verschlossenen Gefäßen gelagert werden müssen. Sie können sowohl für dicke Lackschichten als auch für dünne Farbschichten und Appreturen eingesetzt werden[40].

Wenn man die Filmeigenschaften der Polyurethan-Zurichtung mit denen der Nitrocellulose-Zurichtung vergleicht, ergeben sich für Polyurethan bessere Reibechtheit, Zugfestigkeit, Alterungsbeständigkeit und Knickfestigkeit in der Kälte. Das Verhalten beim Bügeln und Drucken bzw. Narbenpressen ist ungünstiger, der Griff stärker kunststoffartig. Die Lichtechtheit kann je nach Aufbau des Polyurethans besser oder geringer sein als bei Nitrocellulose. Die Filmeigenschaften können jedoch in Abhängigkeit von den Reaktionskomponenten in ziemlich weiten Grenzen schwanken. Polyalkohole, -ester oder -äther mit hohem Molekulargewicht ergeben weiche, sehr flexible Filme. Bei sehr hohem Molekulargewicht können die Polyurethane klebrig bleiben. Diamine oder Dicarbonsäuren führen zu niedriger molekularen Polyurethanen von harter Beschaffenheit, hoher Reibfestigkeit, aber geringerer Flexibili-

Eigenschaften	Polyurethanlacke	Nitrocelluloselacke
Reibechtheit	ausgezeichnet	gut
Zugfestigkeit	ausgezeichnet	gut
Zähigkeit	ausgezeichnet	gut – ausgezeichnet
Beständigkeit	ausgezeichnet	brauchbar – ausgezeichnet
Bügelbarkeit	gut	ausgezeichnet
Drucken/Prägen	gut	ausgezeichnet
Lichtechtheit	aliph. ausgezeichnet aromat. brauchbar	brauchbar – gut
Griff	gut	ausgezeichnet
Aussehen, Fülle	ausgezeichnet	ausgezeichnet
Tieftemperaturflexibilität	ausgezeichnet	brauchbar – ausgezeichnet.

Tabelle 2: Vergleich der Filmeigenschaften von Polyurethan- und Nitrocelluloselacken.

tät. Die aromatischen Vernetzungskomponenten (Toluylendiisocyanat, Diphenylmethandiisocyanat) reagieren rasch und lassen den Film in kurzer Zeit durchhärten. Aliphatisches (Hexamethylendiiso-) Cyanat erfordert längere Reaktionszeit, ergibt aber weit besser lichtbeständige Filme[41] (Tabelle 2).

Lösemittelarme Anwendung erfodert den Einsatz reaktiver Zweikomponentensysteme, deren Ausgangssubstanzen in niedrig viskoser, noch wenig vernetzter Form zur Anwendung kommen. Die Ausgangskomponenten, schwach vorvernetztes Polyisocyanat als Filmbildner und Amine als Härter, werden aus getrennten Vorratsbehältern der Spritzdüse zugeführt, in einem vorgeschalteten Mischkopf vermischt und entweder unmittelbar auf das Leder oder auf eine Matrize oder Trägerfolie aufgespritzt. Von diesen wird das Polyurethangemisch dann vor dem Aushärten auf das Leder übertragen. Die meistens aus Siliconkautschuk gefertigten Matrizen können entweder ein natürliches oder ein Phantasienarbenbild oder das Bild von Stepp- oder sonstigen Ziernähten von Schuhteilen aufweisen. Bei Aufspritzen unmittelbar auf das Leder spricht man vom Direktverfahren, bei Übertragen des Films von der Matrize oder Trägerfolie vom Umkehrverfahren. Lösemittelarme Anwendung kommt vorzugsweise für Spaltleder in Betracht, dessen grobfaserige Oberfläche eine dicke Beschichtung erfordert. Das Verfahren hat bisher keine größere wirtschaftliche Bedeutung erlangt[42] (Abb. 5).

Lösemittelfreie Anwendung auf Leder ist in der Form des Aufkaschierens dünner Folien möglich. Für kräftiges Beschichten sind kompakte oder mikroporöse Filme vorgeschlagen worden, die in ausreagierter Form zur Anwendung kommen und mit geeigneten Klebstoffen

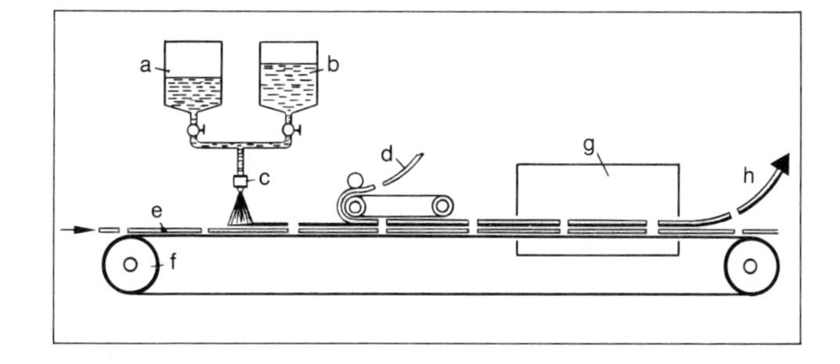

Abb. 5: Lösemittelarme Polyurethan-Zurichtung.
a) Härterlösung,
b) Isocyanatprepolymer,
c) Mischkopf,
d) Leder,
e) Matrize oder Trennpapier,
f) Transportrollen,
g) Trockenkanal,
h) beschichtetes Leder

auf dem Leder befestigt werden[43,44]. Lasierende Färbungen oder Phantasieeffekte, wie etwa Silber-, Goldleder oder metallglänzende Farben, können durch Aufbügeln von dünnen, auf Trägerfolien aufgetragenen Polyurethan-Appreturschichten mit nachträglichem Abziehen der Trägerfolie im Umkehrverfahren erzielt werden[45].

Als interessanteste Entwicklung der lösemittelarmen oder -freien Anwendung sind die wasserverdünnbaren Polyurethan-Emulsionen und -Dispersionen anzusehen. In der Anfangszeit des Hantierens mit Polyurethanen war beobachtet worden, daß die nicht völlig vernetzten und daher lösemittellöslichen Produkte gegen Wasser empfindlich sind. Die noch vorhandenen freien Isocyanatgruppen können mit Wasser reagieren und zu einem unlöslichen Produkt vernetzen. Dadurch geht die für die Lederzurichtung und überhaupt für Oberflächenbeschichtungen wichtige Eigenschaft des Verlaufens zu einem Film verloren. Weiterhin war festgestellt worden, daß manche Polyurethane hydrolysenempfindlich sind und daß durch die Hydrolyse die wertvollen Filmeigenschaften der Zähigkeit und Flexibilität beeinträchtigt werden. Beide Erscheinungen stehen der Herstellung wässriger Emulsionen oder Dispersionen entgegen. Die Vielzahl der Reaktionsmöglichkeiten zur Bildung von Urethanen und die Variationsmöglichkeiten der Ausgangskomponenten haben ergeben, daß hydrolysenbeständige Polyurethane aufgebaut werden können und daß die Umsetzung der reaktiven restlichen Isocyanatgruppen mit Wasser unterbunden werden kann, indem man dem niedermolekularen Prepolymeren rasch reagierende Amine als Kettenverlängerer zusetzt. So werden z. B. aus Polyätherglykolen und Diisocyanaten Prepolymere mit reaktiven Isocyanatgruppen hergestellt. Ihre Viskosität wird niedrig gehalten, indem das Prepolymer mit Toluol verdünnt wird. Die Lösung wird mit hochwirksamen Emulgatoren unter Anwendung starker Scherkräfte in Wasser emulgiert. Gleichzeitig wird Hexamethylendiamin oder ein anderes geeignetes Amin vorsichtig zudosiert und zur Kettenverlängerung einemulgiert[46]. Stabilität der Emulsion und filmbildende Eigenschaften werden durch die Auswahl der Emulgatoren stark beeinflußt. Die Emulsionen können anionisch, kationisch oder nichtionisch sein. Für den Einsatz bei der Lederzurichtung überwiegen Emulsionen mit anionischem Charakter, da fast alle Lederzurichtmittel und die darauf abgestimmten Zurichthilfsmittel anionisch sind.

Durch Umsetzen von Diisocyanaten oder Prepolymeren mit Diaminosulfon- oder -carbonsäuren oder mit cyclischen Sulfonen oder Anhydriden werden Polyelektrolyte erhalten, die sich emulgatorfrei in Wasser dispergieren lassen, da sie genügend hydrophile Gruppen enthalten, welche die Dispergierung begünstigen. Die als Polyurethanionomere bezeichneten Dispersionen werden aus Prepolymeren oder Diisocyanaten hergestellt, die in wassermischbaren organischen Lösemitteln gelöst und mit hydrophile Gruppen tragenden Kettenverlängerern umgesetzt werden. Bei Einrühren in Wasser werden sie feinteilig dispergiert. Die Lösemittel werden abdestilliert, und man erhält lösemittelfreie Dispersionen[41, 46]. Anionische Ionomerdispersionen entstehen im wesentlichen durch Diamionosulfonate oder Diaminocarboxylate als Kettenverlängerer, kationische sind quaternäre Polyurethanammoniumverbindungen.

Polyurethan-Emulsionen oder -Dispersionen können in der Spritzfärbung, für narbenfestigende Imprägnierungen, als Schleifgrund, als füllende und egalisierende Poliergrundierung, als Deckfarbenbindemittel für vollnarbiges oder geschliffenes Leder oder auch als Appreturen eingesetzt werden. Sie trocknen bzw. härten bei Raumtemperatur, doch wird die Reaktion bei erhöhter Temperatur beschleunigt. Die Zurichtung wird bei etwa 80 °C zwischengebügelt. Narbenprägen und Schlußabbügeln erfolgen bei höherer Temperatur mit 90 bis 100 °C.

1.5.2 Bezeichnung nach der Zurichttechnik

1.5.2.1 Stoß-Zurichtung. Die Stoß- oder Glanzstoß-Zurichtung beruht darauf, daß die Lederoberfläche durch Reiben unter starkem Druck geglättet und geglänzt wird. Die Behandlung auf der Glanzstoßmaschine (vgl. Kapitel III, S. 161) setzt voraus, daß die Lederzurichtung mit nichtthermoplastischen Bindemitteln erfolgt, welche bei der auftretenden Reibungswärme nicht erweichen und klebrig werden. Hierfür kommt in erster Linie die Casein-Zurichtung in Betracht, die wegen der erforderlichen Stoßhärte nur in dünner Schicht aufgetragen werden kann. Die Zurichtung in dünner Schicht bedingt ihrerseits, daß die zuzurichtende Lederoberfläche eine von Natur aus dicht abgeschlossene Struktur aufweist. Für die Glanzstoß-Zurichtung ist daher feinnarbiges Kalb- oder Ziegenleder besonders gut geeignet. Zuweilen wird auch Rindleder glanzgestoßen, ebenso Reptilleder für Galanteriewaren.

Glanzstoßen glättet nicht nur die Oberfläche der Zurichtschicht, sondern verdichtet durch den Einfluß des Reibdrucks auch die Faserstruktur der Narbenschicht. Das ruft sowohl erhöhte Lichtreflexion, also erhöhten Glanz der Lederoberfläche, als auch verminderte Diffusion bzw. Lichtstreuung hervor. Die zugerichtete Lederoberfläche wird transparenter, der Farbton dunkler[47]. Die Glanzstoß-Zurichtung schafft daher ideale Voraussetzungen für den brillanten Farbeffekt der Anilin-Zurichtung. Sie läßt aber auch Lederfehler betont stark hervortreten, selbst wenn der Narben unbeschädigt ist (z. B. Metzgerschnitte oder Ausheber vom Häuteabzug). Zurichtungen, welche starke Deckwirkung und diffuse Lichtbrechung erfordern, sollten nicht glanzgestoßen werden. Eine nach Deckfarbenauftrag und Trocknen rein weiß erscheinende Lederoberfläche sieht nach dem Glanzstoßen grau und mehr oder weniger transparent aus. Die Stoßzurichtung kann für modische Eierschalen- oder Perlweißeffekte angewendet werden, ist aber für rein weißes Leder nicht geeignet. Bei Reptilleder (Eidechsen, Schlangen) wird die kontrastreiche Narbenzeichnung durch Glanzstoßen besonders deutlich hervorgehoben.

Glanzstoßbehandlung ist auch bei Nitrocellulose-Zurichtung möglich, allerdings nur dann, wenn keine stärker schichtende thermoplastische Grundierung vorliegt. Eine auf nichtthermoplastischer Eiweißfarbschicht aufgebrachte Appretur aus Nitrocelluloseemulsionen oder ein auf kombinierter Casein-Nitrocelluloseemulsions-Farbschicht aufgetragener Nitrocelluloselack kann glanzgestoßen werden.

Die Glanzstoß-Zurichtung hebt das natürliche Aussehen des Leders in ausgeprägter Weise hervor. Sie dient deshalb in erster Linie dem modisch-ästhetischen Aspekt des Leders. Nachteilig ist der hohe manuelle Arbeitsaufwand und entsprechend ein hoher Lohnkostenanteil, da jedes einzelne Lederstück von Hand bearbeitet werden muß und da die »Stoßkugel« in vielen schmalen Bahnen über die Lederoberfläche geführt bzw. das Leder darunter gezogen oder geschoben wird.

1.5.2.2 Bügel-Zurichtung. Bei der Bügel-Zurichtung wird das Leder mit Wärme und Druck behandelt. Im Gegensatz zur Stoßbehandlung ist der Druck auf eine größere Fläche verteilt.

Die Lederoberfläche wird dadurch weniger transparent, der Ledergrund tritt weniger hervor, die Fläche wirkt ruhiger, besser egalisiert, aber oft auch weniger brillant.

Der Effekt der Bügelbehandlung setzt voraus, daß für die Zurichtung thermoplastische Bindemittel – zumindest anteilig – eingesetzt worden sind. Die thermoplastische Substanz erweicht durch die Wärmeeinwirkung, und die Binderschicht verfließt durch den angewendeten Druck zu einem mehr oder weniger homogenen Film mit glatter, glänzender Oberfläche. Die mit Polymerisatbindern beschichtete, faserige Oberfläche von Spalt- oder geschliffenem Leder wird egalisierend abgeschlossen und gefüllt. Um einen möglichst gleichmäßigen Oberflächenabschluß zu erzielen, wird das Leder sowohl in einem Zwischenstadium (nach der Grundierung, nach der Egalisierfarbe) als auch abschließend nach dem Appreturauftrag gebügelt.

Die Bügelbehandlung kann mit vertikaler Druckwirkung auf der Bügelpresse oder mit seitlich wanderndem Druck auf einer Durchlaufbügelmaschine vorgenommen werden. Die Bügelpresse arbeitet mit zwei aneinander gedrückten Platten, welche sich seitlich nicht gegeneinander verschieben. Die Durchlaufbügelmaschinen arbeiten nach dem System des Kalanders mit rotierenden Walzen, zwischen denen das Leder hindurchläuft. Auf der Bügelpresse ruht das Leder während des Bügelvorgangs unbewegt, in der Bügelmaschine wandert es kontinuierlich weiter. Druck und Hitze wirken auf der Presse länger auf das Leder ein als auf der Bügelmaschine. Das zeigt sich auffällig, wenn das Leder nicht mit einer hochglanzpolierten glatten Platte gebügelt wird, sondern wenn mit einer gravierten Platte ein Narbenbild geprägt werden soll. Die längere Einwirkungsdauer läßt intensivere Narbenprägungen auf der Bügelpresse erreichen als auf der Durchlaufmaschine. Narbenprägungen werden daher fast immer auf Bügelpressen vorgenommen.

Auf der Bügelpresse wird als Nebenwirkung das Lederfasergefüge zusammengedrückt. Bei der Durchlaufbügelmaschine werden dagegen durch den weiterwandernden Druck die Fasern der Narbenzone gegen die retikularen Fasern vorübergehend seitlich verschoben. Wie bei der Stoßbehandlung tritt auf der Durchlaufmaschine ein gewisser Stolleffekt auf, der die Faserstruktur etwas auflockert. Das auf der Bügelpresse behandelte Leder neigt daher im allgemeinen zu etwas härterem Griff als das auf der Durchlaufmaschine gebügelte. Die härtere Faserstruktur wird um so mehr begünstigt, je feuchter das Leder beim Pressen ist.

Für Bügeln oder Narbenpressen wirken drei Faktoren zusammen:

Druck
Temperatur
Preßdauer

Jeweils zwei Parameter gleichen den dritten aus. Hoher Druck und hohe Temperatur ermöglichen kurze Preßdauer, hoher Druck und lange Preßdauer lassen niedrigere Temperatur zu, hohe Temperatur und lange Preßdauer erfordern geringeren Druck. Dementsprechend kann das unerwünschte Verhärten des Leders beim Bügeln oder Narbenpressen dadurch gemildert werden, daß man mit möglichst hoher Temperatur und nur mit mäßigem Druck arbeitet. Hohe Temperatur kann allerdings infolge zu starken Erweichens der thermoplastischen Filmsubstanz zu Klebrigkeit der gebügelten Oberfläche und zu Schwierigkeiten beim Ablösen des Leders von der Bügelplatte führen. Das wird noch begünstigt, wenn zu der

Hitze lange Preßdauer hinzukommt oder wenn die Filmbildner sich noch in stärkerem Quellungszustand befinden, wenn also das Leder zu rasch nach dem Grundier- oder Farbauftrag gebügelt wird. Da auch die Feuchtigkeit des Lederfasergefüges nachteilig ist, sollte das Leder vor dem Bügeln gut getrocknet werden. Die Wärme beim Trocknen und Bügeln fördert außerdem bei reaktiven Systemen den Vernetzungseffekt und damit auch die Widerstandsfähigkeit des Zurichtfilms.

1.5.2.3 Stoß-Bügel-Zurichtung. Beide Zurichtarten, die Stoß- und die Bügel-Zurichtung werden zuweilen bei größeren Kalbfellen oder bei Kipshäuten kombiniert. Das Leder wird mit nichtthermoplastischen Bindemitteln grundiert und glanzgestoßen, dann wird eine thermoplastische Anteile enthaltende Farbschicht und eine Appretur aufgetragen und abschließend gebügelt. Bei dieser Arbeitsmethodik treten die Adern weniger deutlich hervor als bei reiner Stoß-Zurichtung, und der durch gröbere Narbenporen an Flanken- und Nackenpartien besonders bei schwarzem Leder auftretende Grauschimmer wird zurückgedrängt.

1.5.2.4 Plüsch- oder Bürst-Zurichtung. Die Auftragstechnik beeinflußt die Ausbildung des Films (homogener Verlauf oder diskontinuierliche Rasterstruktur), die Verankerung auf oder in der Lederoberfläche und die Dicke der Filmschicht. Bei Aufstreichen der Zurichtflotte mit einer weichen Bürste oder mit dem Plüschbrett, einem mit saugfähigem Samt- oder Plüschstoff bespannten Holzbrett, wird die Flüssigkeit auf die Lederoberfläche aufgerieben und einmassiert. Man erreicht gleichmäßige Verteilung und fest haftende Verankerung des Zurichtfilms. Streichaufträge können verhältnismäßig naß erfolgen, so daß größere Mengen von Zurichtmitteln aufgebracht und dickere Zurichtschichten gebildet werden können. Geplüscht oder gebürstet werden in erster Linie auf Polymerisatbindern aufgebaute, füllende Grundierflotten.

Streichaufträge mit härterer Bürste werden bevorzugt bei langfaserigem Spaltleder angewendet. Mit weicher Bürste werden zuweilen Boxkalb- oder Chevreauleder grundiert. Geplüscht werden Schleifboxleder. Streichaufträge sind mit hohem manuellem Arbeitsaufwand verbunden. Daher hat sich verstärktes Interesse maschinell durchführbaren Auftragstechniken zugewendet.

Eine der ältesten maschinell durchgeführten Zurichtmethoden ist der Auftrag mit der Bürst- oder Appretiermaschine. Hierbei wird die Zurichtflotte aus einem Vorratsbehälter durch eine automatische dosierende Riffelwalze auf eine rotierende Bürstwalze übertragen und von dieser auf das durchlaufende Leder aufgebracht. Das Prinzip der Zurichtung durch Anwendung größerer Substanzmengen von Polymerisatbinderflotten mit dem Ziel der Ausbildung dicker Filmschichten ist das gleiche wie bei Handauftrag. Zweckmäßig ist der Zusatz geeigneter Verlaufmittel, damit die in Form pinselartiger Borstenbündel auf der Walze verteilten Bürsten keine parallel laufenden Linien dickerer Filmschichten (Bürst- oder Plüschstreifen) ergeben.

Zuweilen werden auch kombinierte maschinell-manuelle Auftragsmethoden angewendet. So kann die Grundierflotte aus gröberen Tropfdüsen auf das darunter hindurchlaufende Leder naß aufgesprüht, auf der Gießmaschine aufgegossen oder im Airless-Verfahren naß aufgespritzt werden. Nach Verlassen des Auftragsaggregats läuft das nasse Leder waagerecht liegend über ein Transportband. Dabei wird es von Hand mit dem Plüschholz überrieben, um die Grundierflotte gleichmäßig zu verteilen und in das Leder einzumassieren. Die Nachbehandlung bzw. das Verstreichen auf dem »Plüschtisch« kann auch maschinell mit endlosen, über Rollenantrieb bewegten Plüschstreifen erfolgen (Aulsson-System).

Ziel des Nachplüschens nasser Grundieraufträge ist in jedem Fall, zu verhindern, daß die aufgetragene Flotte an einzelnen Stellen zu nassen Flecken zusammenläuft, und weiterhin, daß durch das Verstreichen intensive Verankerung und hohe Haftfestigkeit gewährleistet werden. Reine Plüschzurichtung ist nicht üblich. Auf der zwischengebügelten Plüschgrundierung wird meistens mit Spritz-Zurichtung weiter gearbeitet.

1.5.2.5 Spritz-Zurichtung. Beim Spritzen wird die Zurichtflotte mit einer Düse zerstäubt und in Form feiner Tröpfchen auf die Lederoberfläche gespritzt. Das ermöglicht genaue Dosierung und gleichmäßiges Verteilen der Aufträge. Soweit die überspritzte Lederoberfläche nicht zu stark saugfähig ist und niedrigviskose Polymerisatdispersionen oder stärker verdünnte organische Lösungen zum Einsatz kommen, läßt die Spritzbehandlung eine homogen zusammenhängende Filmschicht erreichen. Bei hochviskosen und rasch antrocknenden Lösungen bleiben die aufgespritzten Tröpfchen an der Auftreffstelle und trocknen zu einem rasterartigen, aus einzelnen Mikroperlen zusammengesetzten Film auf.

Bei dem Spritzauftrag wird die Zurichtflotte in parallet laufenden Bahnen auf das Leder gesprüht. Der Spritzstrahl kann in kreisförmiger Verteilung als »Rundstrahl« auf eine kleinere Fläche begrenzt sein oder in abgeflachter ovaler Form als »Flachstrahl« auf eine breitere Spritzbahn eingestellt werden. Gespritzt werden kann von Hand mit einem pistolenförmigen Spritzgerät, dem die Spritzflotte aus einem oben aufgesetzten oder unten angehängten Farbtopf (für Einzelversuche oder kleine Erprobungspartien) oder mit einem angefügten Schlauch aus einem Vorratsgefäß zugeführt wird. Man kann auch maschinell mit einer Pistole spritzen, welche an einem Schlitten auf einem Brückengestell hin und her gleitet, oder mit mehreren Pistolen, welche als Drehkranz über dem Leder rotieren.

Bei Spritzen von Hand wird der Spritzstrahl über das unbewegte Leder geführt. Damit keine sichtbaren Streifen entstehen, spritzt man schräg zur Rückenlinie und über Kreuz, so daß die Spritzflotte diagonal im Hingang von links unten nach rechts oben und im Rückgang von rechts unten nach links oben verteilt wird. Bei maschinellem Spritzen wandert das waagerecht liegende Leder unter den von oben spritzenden Düsen vorbei. Bei der Maschine mit Spritzsteg werden durch die Wanderung des Leders wie beim Handspritzen sich kreuzende, gerade verlaufende Spritzbahnen gebildet. Bei der Rotationsspritzmaschine entstehen bogenförmige Auftragsbahnen, die sich nahezu senkrecht kreuzen. Die gleichmäßigste Verteilung läßt sich mit rotierendem Aufspritzen erzielen.

Beim Spritzen wird die Auftragsflotte durch eine Düse gepreßt und durch Entspannen bei Austreten aus der Düse in feine Tröpfchen verteilt. Der Preßdruck kann indirekt erzeugt werden, indem komprimierte Luft die Düse durchströmt und wie bei einer Saugpumpe die Flüssigkeit ansaugt und mitreißt. Auf diesem System beruht die Preßluft-Spritzmethode. Das später entwickelte Verfahren des Spritzens ohne Luft (Airless-Methode) setzt die Flotte im Vorratsgefäß unter pneumatischen Druck und preßt sie durch eine extrem feine Lochdüse. Die Flüssigkeit wird dabei durch den entstehenden Wirbeleffekt äußerst fein zerstäubt. Das Airless-Verfahren arbeitet nicht absolut ohne Preßluft, aber der Spritzstrahl ist im Gegensatz zum Preßluftspritzen nicht mit Luft gemischt.

Der Luftwirbel des Spritzstrahls verursacht beim Preßluftspritzen einen deutlichen Rückprall von der Lederoberfläche. Die Atmosphäre der Spritzkabine enthält entsprechend Nebel von zerstäubter Zurichtflotte, der durch die Exhaustoren abgesaugt wird und sich als Kruste an den Wandungen der Kabine und der Absauganlage abscheidet. Um zu vermeiden, daß Reste von Farbstaub auf frisch gespritztes Leder herabfallen und spätere, andersfarbige Partien verschmutzen, müssen die Spritzanlagen regelmäßig gesäubert werden. Das gilt ganz besonders, wenn brennbare Zurichtmittel (Nitrocelluloselacke oder -emulsionen) gespritzt werden. Am Drehkranz oder an Ventilatorflügeln der Exhaustoren abgeschiedene Nitrocellulosepartikel können sich durch Reibung erhitzen und entzünden. Brände an Spritzmaschinen werden erfahrungsgemäß nicht durch Lösemitteldämpfe, sondern durch Nitrocellulosereste an der Absaugvorrichtung verursacht.

Der Verlust an Zurichtmitteln ist bei Spritzen ohne Luft geringer. Prallwirbel entstehen auf dem bespritzten Leder nur in geringem Ausmaß. Das Leder wird aber nasser gespritzt, so daß größere Substanzmengen auf der Oberfläche abgelagert werden. Airless-Spritzen erfordert deshalb im allgemeinen intensiveres Trocknen oder stärkeres Saugen des Untergrunds. Es wird im allgemeinen für stärker deckende und füllende Grundier- und Farbaufträge oder auch für kräftigere Abschlußlacke herangezogen. Für dünnschichtige Appreturen oder für Effektfarben wird Spritzen mit Preßluft bevorzugt.

Die Tendenz der Spritzaufträge zu punktförmiger Rasterauflage auf dem Leder kann sich auf die Haftfestigkeit der Zurichtung ungünstig auswirken. Airless-Spritzen ist in dieser Hinsicht weniger kritisch als Preßluftspritzen, weil der nassere Auftrag die Spritzflotte länger in fließender Form auf dem Leder hält und dem Filmbildner mehr Zeit bleibt, um in die Lederporen einzuziehen und sich zu verankern. Reine Spritz-Zurichtung wird wegen des Haftens nur wenig angewendet, allenfalls für nicht schichtende, leichte Zurichtungen, bei denen gefärbtes Leder nur mit einer dünnen Appreturschicht überspritzt wird. Meistens wird die Spritz-Zurichtung für die oberen Zurichtschichten herangezogen.

1.5.2.6 Gieß-Zurichtung. Aus der Oberflächenbeschichtung von Holz wurde das Gießverfahren für die Lederzurichtung übernommen. Hierbei wird die aufzutragende Zurichtflüssigkeit aus einem Vorratsgefäß in einen Verteilerkasten gepumpt, den sie kontinuierlich durchfließt. Der Verteilerkasten kann ringsum geschlossen oder oben offen sein. Bei dem geschlossenen Maschinensystem befindet sich am Boden des Verteilerkastens ein in seiner Öffnungsweite variierbarer Schlitz. Bei dem offenen System ist an der vorderen Oberkante eine traufenartige Gießlippe angebracht, über die ein Teil der Zurichtflüssigkeit überfließen kann.

Bei beiden Systemen tritt eine dosierbare Menge der Flüssigkeit aus dem Verteilerkasten aus und bildet einen in freiem Fall herabgleitenden flüssigen Vorhang. Durch diesen senkrecht fallenden Vorhang wird das waagerecht liegende Leder mit Hilfe eines schiebenden und eines ziehenden Transportbandes hindurchgeschoben. Dabei wird es »in einem Guß« mit der Zurichtflotte bedeckt.

Die Gieß-Zurichtung arbeitet mit sehr nassem Auftrag. Sie wendet von allen Auftragstechniken die größte Flüssigkeitsmenge an. Deren Dosierung wird durch die Viskosität der Gießflotte und durch die Durchlaufgeschwindigkeit des Leders reguliert. Eine weitere Reguliermöglichkeit besteht in der Fallhöhe des Gießvorhangs. Je tiefer die Flüssigkeit aus dem Verteilerkasten auf das Leder herabfällt, um so mehr wird der Vorhang durch sein zunehmendes Eigengewicht ausgezogen und um so dünner wird entsprechend die Flüssigkeitswand. Der Reguliermöglichkeit sind jedoch Grenzen gezogen, die sich durch folgende Faktoren ergeben:

Die *Viskosität* der Gießflotte muß hoch genug sein, daß sich ein zusammenhängender Flüssigkeitsschleier bilden kann, der nicht durch die Luftwirbel des vorbeilaufenden Leders auseinander reißt und nicht stärker flattert. Sie darf aber andererseits nicht zu hoch sein, damit stets genügend Flüssigkeit aus dem Verteilerkasten abfließt und die Kontinuität des Gießvorhangs gewährleistet bleibt. Als Standardviskosität hat sich eine Ausfließdauer von 20 bis 25 Sekunden, gemessen im DIN-Becher mit 4 mm Durchmesser der Auslaufdüse, bewährt.

Die *Durchlaufgeschwindigkeit* des Leders hängt von der Geschwindigkeit ab, mit der die aufgetragene Zurichtflotte vom Leder absorbiert wird. Sie muß sich weiterhin nach der Leistungsfähigkeit des Trockentunnels richten, den das begossene Leder durchläuft. Voraussetzung für einen einwandfreien Ablauf der Gießzurichtung ist, daß die Lederoberfläche bei Verlassen des Trockenkanals unempfindlich gegen Stapeln des Leders ist. Da das begossene Leder von der Gießmaschine direkt in den Trockentunnel läuft, muß die Durchlaufgeschwindigkeit von Gieß- und Trockenanlage übereinstimmen. Wenn die Gießflotte voll vom Leder aufgesaugt wird, wie das z. B. bei Narbenimprägnierungen der Fall ist, kann die Durchlaufgeschwindigkeit hoch sein, weil dann keine empfindliche Beschichtung auf der Lederoberfläche verbleibt. Wenn der Gießauftrag sich völlig auf der Oberfläche halten soll, z. B. bei Lackierungen, dann muß die Durchlaufgeschwindigkeit so weit gedrosselt werden, daß das Leder die Trockenanlage mit »grifftrockener« Oberfläche verlassen kann. In solchen Fällen sind evtl. auch abgeänderte Trockensysteme erforderlich. Die Durchlaufgeschwindigkeit des Leders durch die Gießmaschine kann je nach den Gegebenheiten zwischen 30 und 40 m pro Minute (unter dem Gießvorhang) betragen. Das Einlaufen in den Trockentunnel erfolgt mit etwa 10 bis 20 m pro Minute.

Die *Fallhöhe* des Gießvorhangs ist begrenzt durch die Kohärenz der Gießflüssigkeit. Je höher der Vorhang gebildet wird, um so stärker zieht das Gewicht der ausfließenden Flüssigkeit an der Austrittstelle. Bei zu großer Fallhöhe besteht demgemäß die Gefahr, daß der Gießvorhang abreißt oder daß er zu Schlitzen aufreißt, welche sich nach unten dreieckförmig erweitern. Außerdem ist der Luftstau durch das an den Gießvorhang herangeführte Leder um so stärker, je höher sich die Flüssigwand aufbaut. Dadurch wird die Gefahr gesteigert, daß der Vorhang flattert und daß die Lederoberfläche entsprechend unregelmäßig mit der Zurichtflotte bedeckt wird. Bei den für Gießaufträge speziell kritischen wässrigen Dispersionsflotten hat sich eine Gießhöhe von 20 bis 30 cm bisher gut bewährt.

Vorbereiten und Einstellen der Gießflotte, Regulieren des Gießvorhangs, Bereithalten der erforderlichen Vorratsmenge an Gießflüssigkeit und vor allem das Reinigen der Maschine bei Umstellung auf andere Farbnuancen erfordern hohen Material- und Arbeitsaufwand. Die Zurichtung mit der Gießmaschine ist daher nur dann rentabel, wenn große Partiemengen bearbeitet werden können. Die Rentabilitätsgrenze liegt etwa bei mindestens 10 000 m^2 Zurichtfläche mit der gleichen Gießflotte. Die Gießzurichtung wird deshalb bevorzugt für solche Aufträge herangezogen, welche von der Farbgestaltung des zuzurichtenden Leders unabhängig sind, z. B. für farblose Narbenimprägnierungen oder für farblose Schlußlacke bei Zurichtungen in bunten Farbtönen oder auch für Schwarz- oder Weißzurichtung.

Der Anwendung des Gießverfahrens für die Lederzurichtung sind weiterhin Grenzen gesetzt durch die Beschaffenheit des Leders. Das an den flüssigen Gießvorhang herangeführte Leder muß diesen bei Durchlauf durch die Maschine durchstoßen. Dabei muß ein nicht unbeträchtlicher Widerstand überwunden werden. Für die Gieß-Zurichtung kann daher nur Leder verwendet werden, das genügend fest und schwer auf dem Transportband liegt. Zu weiches Leder, etwa vom Typ eines leichten Bekleidungsleders oder auch Polsterleders, kann den Gießvorhang nicht durchstoßen. Es staucht sich zusammen, bildet Wellen oder unregelmäßige Falten und reißt den Gießvorhang auf. Leichtes Ziegen- oder Schafleder wird, selbst wenn es genügend steif ist, mit der den Gießvorhang berührenden Kante nach oben gedrückt und rollenartig zurückgeschoben. Es wird dabei auf der Rückseite, die normalerweise sauber bleiben soll, stark verschmutzt. Am besten hat sich der Einsatz von Rindlederhälften für kräftigeres Schuhoberleder für die Zurichtung auf der Gießmaschine bewährt.

Gleichmäßiger Durchlauf durch die Gießmaschine ist am besten bei glatter Lederoberfläche gewährleistet. Stärkere Rillen, etwa bei geschrumpftem oder gepreßtem Narben, können Luftwirbel am Gießvorhang hervorrufen, so daß dieser zu flattern beginnt oder aufreißt.

1.5.2.7 Bedrucken. Zurichteffekte der verschiedensten Art lassen sich mit Druckwalzen auf Leder erzeugen [5,48]. Hierfür können in der Fläche einheitlich gestaltete Rasterwalzen oder mit verschiedenartigen Dessins ausgestattete, gravierte Druckwalzen herangezogen werden. Das Leder läuft auf einem Transportband zwischen der oberen Farbdruckwalze und der unteren Transport- und Anpreßwalze hindurch und nimmt dabei die Druckfarbe auf. Man kann im direkten oder im indirekten Verfahren drucken. Spezielle Effekte, wie z. B. wolkige Farbeffekte, Wischeffekte, Porennarben, exotische Narbenzeichnungen, Rauten- oder Longgrain-Narbeneffekte, werden im allgemeinen direkt im Hochdruckverfahren gedruckt, mit dem die Konturen besser ausgeprägt werden. Grundierungen mit einheitlichem Farbton oder Appreturen werden entweder direkt im Tiefdruckverfahren oder indirekt mit einer zwischen Farbdosierwalzen und Leder zwischengeschalteten Gummiwalze gedruckt. Beide Systeme lassen die Druckflotte auf dem Leder verfließen und ergeben eine einheitliche, konturenfrei bedruckte Lederoberfläche.

Auf der Druckmaschine können sowohl wasser- als auch lösemittel-verdünnbare Zurichtmittel eingesetzt werden. Wegen besserer Erhaltung gleichmäßiger Viskosität während der Arbeitsdauer werden wäßrige Systeme bevorzugt. Die Drucktechnik ist sehr sparsam im Materialverbrauch. Die aufgetragene Menge an Zurichtflotte beträgt nur etwa 100 ml pro Quadratmeter Leder. Trotzdem ist das Druckverfahren bisher nicht Allgemeingut der Lederzurichttechnik. Ursache dafür ist der sehr hohe Preis der Druckwalzen, besonders derjenigen mit gravierten Dessins. Hinzu kommt, daß nur Leder mit sehr gleichmäßiger Dicke und mit einem gewissen Stand die Druckmaschine ohne Schwierigkeiten durchläuft, während weiches und zügiges Leder nicht bedruckt werden kann [49].

1.5.2.8 Schaumbeschichtung. Als eine besondere Form der Zurichtung von Spaltleder ist die Schaumbeschichtung anzusehen[5,50]. Hierfür werden Polymerisatdispersionen verwendet, welche schaumbildende Treibmittel enthalten. Das Treibmittel kann entweder direkt der Zurichtflotte zugesetzt werden oder es kann sich durch thermische Zersetzung beim heißen Trocknen des zugerichteten Leders bilden. Auf dem Leder entsteht ein mikroporöser Schaum, der beim Abbügeln oder Narbenpressen teilweise zusammengedrückt wird. Bei Anwendung vernetzbarer Polymerisate als Bindemittel kann man sehr elastische und knickbeständige Zurichtschichten erhalten.

1.5.2.9 Folien-Kaschierung. Zu den Zurichttechniken für besondere Zwecke zählt das Aufkleben von Folien auf die Lederoberfläche. Hierfür können geschäumte oder kompakte Polyvinylchloridfolien auf das Leder aufgeklebt werden[51]. Diese Folien können dann unter Einwirkung von Hochfrequenzenergie und Druck thermoplastisch verformt werden und verschiedenartige Oberflächenprägung erhalten, z. B. Ziernähte oder Rosetten und sonstige Applikationen auf vorgeformten Zuschnitten für Schuhe. Glatte schwarze Hochglanzfolien können im Klebverfahren unter thermoplastischem Verschweißen zur Herstellung von Lackleder dienen.

Eine Abwandlung dieser Kaschiertechnik stellt das Aufkleben mikroporöser Polyurethanfolien dar. Die Methode ist vor allem für die Veredlung von Spaltleder geeignet. Die aus feinsten Schaumbläschen bestehende Folie ist im Hinblick auf Tragehygiene günstiger als eine unporöse, kompakte Polyvinylchloridfolie. Sie kann durch glattes Abbügeln oder Narbenpressen der Spaltlederoberfläche beliebiges Aussehen verleihen. Sie ist weich und elastisch und kann deshalb in genügender Dicke angewendet werden, um den faserigen Charakter der Spaltlederoberfläche voll zu überdecken. Die mechanische Widerstandsfähigkeit läßt sich durch Nachvernetzen bei Einwirkung von Ultraviolettlicht oder von Hochfrequenzenergie steigern[43,52].

Andere Möglichkeiten der Folienzurichtung sind mit dem Transferverfahren gegeben. Die Zurichtschichten werden in umgekehrter Reihenfolge, zuerst eine Polyurethan- oder Nitrocelluloseappretur, dann die Farb-, Deck- oder Effektschicht, eventuell noch eine Grundierschicht, auf eine Trägerfolie aufgebracht. Die gesamte Folie wird mit Hilfe einer als Haftvermittler dienenden Polymerisatdispersion auf das Leder aufgeklebt und dann auf der Bügelpresse unter Druck und Hitze verschweißt. Abschließend wird die Trägerfolie abgezogen, so daß nur die Zurichtschicht auf dem Leder verbleibt[45].

Vorteil der Folienkaschierung ist die relativ einfache Arbeitsweise. Man muß nur die geeignete Klebstoffgrundierung auf das Leder aufbringen und darauf die fertig vorbereitete Zurichtfolie befestigen. Diesem Vorteil steht jedoch als erheblicher Nachteil der Kostenfaktor gegenüber. Die Folien sind zwar nicht übertrieben teuer, aber sie ergeben infolge der unregelmäßigen Flächenkonturen des Leders nur eine geringe Flächenausbeute. Man muß mit einem hohen Nutzungsverlust der Folien rechnen, der bis zu einem Drittel der Folienfläche betragen kann.

Das interessanteste Anwendungsgebiet der Folienkaschierung ist die Zurichtung von Gold- oder Silberleder mit Folien, auf die ein spiegelglänzender Metallbelag aufgedampft worden ist. Es ist ratsam, nur mit Aluminiumbronze bedampfte Folien zu verwenden und den Goldton durch entsprechendes Anfärben zu erzeugen. Bei Kupferbronze für den Goldeffekt besteht die Gefahr, daß als Alterungserscheinung ein »Vergrünen« eintritt.

Im Effekt der Auflage einer kräftigen, kompakten Kunststoffschicht auf das Leder, im Aussehen und in den Eigenschaften des Leders kommt der Folienkaschierung ein Verfahren nahe, bei dem ein Polyvinylchloridfilm auf dem Leder gebildet wird. Das Leder wird mit einer Polymerisatdispersion als Haftvermittler grundiert und anschließend mit pigmentiertem, weichmacherhaltigem Polyvinylchloridpulver bzw. einer entsprechenden Paste beschichtet. Anschließend wird es in einem Bestrahlungsofen erhitzt, so daß das Pulver schmilzt und zu einem zusammenhängenden Film geliert. Dabei verbindet es sich mit dem thermoplastischen Haftgrund und bindet sich fest auf dem Leder. Im Vergleich zur Folienkaschierung ist die Materialausnutzung vorteilhafter, da nur das effektiv auf die Lederoberfläche aufgetragene

Polyvinylchlorid verbraucht wird. Die Hitzebeanspruchung ist jedoch bei dem Geliervorgang ziemlich hoch, so daß nur sehr hitzebeständiges Leder verwendbar ist.

1.5.2.10 Sonstige Zurichtmethoden. Nur vereinzelt werden einige Zurichtmethoden angewendet, um besondere Zurichteffekte zu erzielen. So werden mit einer als *Tamponieren* bezeichneten Methode die Kuppen von geschrumpftem oder narbengeprägtem Leder behandelt. Die Lederoberfläche wird mit einem kleinen, aus zusammengeknülltem Stoff geformten Kissen oder mit einem mit Stoff umhüllten Wattebausch, welche in eine farblose oder farbige Lacklösung getunkt worden sind, überrieben oder betupft. Dadurch erhalten die erhöhten Narbenkuppen Glanz- oder kontrastierende Farbeffekte, welche zuweilen aus modischen Gründen gewünscht werden. Handwerkliche Fertigkeit läßt auf diese Weise brillanten Spitzenglanz auf mattem Grund oder dunkle Narbenkuppen mit hellfarbigen Vertiefungen erzielen.

Ähnliches zweifarbiges Aussehen, aber mit umgekehrtem Effekt, nämlich mit hellen Kuppen und dunklen Vertiefungen, läßt sich durch die *Brush-off-Methode* erreichen. Das in leuchtend hellen Farbtönen gefärbte Leder wird mit einem schwarzen oder dunkelfarbigen, ziemlich hart eingestellten Nitrocelluloselack überspritzt. Die geprägten Narbenkuppen werden an einer rotierenden Filzwalze oder mit einer waagerecht sich drehenden Filzschleifscheibe gerieben, wobei der dunkle Lack fein abgeschliffen wird. Der darunter befindliche helle Farbton kommt dann wieder hervor und ergibt mit den dunkel gebliebenen Vertiefungen zweifarbiges Aussehen.

Zweifarbeneffekt mit hellen Kuppen und dunklen Vertiefungen kann auch durch eine *Einlaßfarbe* erzielt werden. Narbengeprägtes, hellfarbig grundiertes Leder wird mit einer schwarzen oder dunkelfarbigen Wachslösung oder -emulsion tamponiert oder überplüscht. Die Einlaßfarbe läuft überwiegend in den Vertiefungen zusammen. Der auf den Kuppen verbleibende restliche Anteil wird mit einem weichen Tuch wieder abgerieben.

Beim *Polieren* wird das grundierte Leder auf der Schleifmaschine mit einer Steinwalze oder mit der glatten Rückseite von Schleifpapier behandelt. Auf diese Weise kann der oftmals zu körniger Beschaffenheit neigende Narben von Ziegenleder geglättet und die charakteristische Anordnung der Haarporen im Narbenbild hervorgehoben werden. Ein anderer Effekt des Polierens besteht darin, daß die thermoplastische Grundierung unter dem Einfluß der Reibhitze verschmiert und daß sie dadurch leichtere Narbenbeschädigungen, wie etwa wunden Narben, überdeckt[5].

Dem Polieren ähnlich ist das *Heißplüschen*, das bevorzugt bei Handschuhleder angewendet wird. Das Leder erhält als Abschluß der Zurichtung einen »Lüster« aus Fett- oder Wachsstoffen. Zuweilen wird es auch nur mit Talkumpuder überstäubt. Auf einer faßartig gewölbten, mit Plüsch bespannten Trommel wird die Narbenseite überrieben. Sie erhält dadurch den erwünschten Seidenglanz und den geschmeidigen »schmalzigen« Griff.

Eine Methode der *Craquelé-Zurichtung* besteht darin, daß auf die grundierte Lederoberfläche eine im Kontrastfarbton (hell auf dunklem Grund oder umgekehrt) gehaltene harte Farbschicht aufgebracht wird. Nach dem Trocknen wird das Leder narbengepreßt und anschließend im Faß gemillt. Durch die Walkbehandlung reißt der harte, unelastische Abdeckfilm an den Prägestellen auf und ergibt damit den zweifarbigen Craquelé-Effekt.

Als besondere Zurichtmethode ist schließlich noch das *Lüstern* von Velourleder anzuführen. Im Gegensatz zu den üblichen Methoden der Lederzurichtung wird hierbei kein oberflächen-abschließendes Beschichten des Leders angestrebt. Der Lüster soll vielmehr in das Leder voll einziehen und den faseroffenen Charakter der geschliffenen Oberfläche unvermindert aufrecht erhalten. Die Lüsterflotte wird auf das Leder gespritzt. Sie besteht aus Hydrophobierungs- oder Oleophobierungsmitteln, welche in organischen Lösemitteln gelöst oder in Wasser emulgiert sind. Ziel der Lüsterbehandlung ist der Schutz der empfindlichen Rauhlederoberfläche gegen Nässe, Öl- oder Schmutzflecken und der Erhalt eines samtartig weichen Griffs. Angefärbte Lüster können den Farbton des Leders vertiefen und Schattierungen der Nuance in der gesamten Fläche ausgleichen. Ein weiteres Ziel des Lüsterns ist, restlichen Schleifstaub, der sich durch Ausbürsten der Faseroberfläche nicht mehr entfernen läßt, im Leder zu binden und zu vermeiden, daß das Leder beim Gebrauch »abfärbt«.

1.5.3 Bezeichnung nach dem Erscheinungsbild

1.5.3.1 Gedeckte Zurichtung. Die gedeckte Zurichtung präsentiert sich als stark beschichtende, die Lederoberfläche einheitlich abschließende Deckschicht. Sie wird überwiegend für Spaltleder und Schleifboxleder herangezogen[53]. Bei Rindleder mit sichtbaren, wieder zugewachsenen Narbenverletzungen und mit oftmals sehr groben Narbenporen wird die Narbenschicht mehr oder weniger tief angeschliffen. Dadurch wird die Oberfläche egalisiert, aber an der Stelle der natürlichen, dicht verwachsenen Narbenstruktur verbleibt eine aus offenen Faserenden bestehende Oberfläche. Diese erfordert in ganz ähnlicher Weise wie Spaltleder eine massive, die Faserzwischenräume voll zudeckende Filmschicht. Sie wird aus Dispersionspolymerisaten gebildet, denen stark deckende anorganische Pigmente in ziemlich hohen Anteilen beigemischt sind.

Um vollständige, fest anliegende Verbindung zwischen der Deckschicht und dem Lederfasergefüge zu erreichen, wird das geschliffene Leder mit einer narbenfestigenden Imprägnierung vorbehandelt. Diese Methode der Narbenimprägnierung verfolgt im Gegensatz zu dem allgemein mit der Bezeichnung Imprägnierung verbundenen Begriff weder das Ziel, die Faserzwischenräume auszufüllen noch den Zweck einer verminderten Saugfähigkeit oder erhöhten Wasserdichtheit. Sie dient vielmehr einer gesteigerten Bindung zwischen Narben- und retikularem Fasergefüge. Volles Ausfüllen der Faserzwischenräume würde harten, steifen Ledergriff bedeuten und die erwünschte, geschmeidige Biegsamkeit des Leders beeinträchtigen. Starkt herabgesetzte Saugfähigkeit der Lederoberfläche würde gleichmäßiges Benetzen, Einziehen und Verankern der Zurichtschicht verhindern, die Haftfestigkeit und entsprechend auch viele Echtheitseigenschaften des zugerichteten Leders verschlechtern. Wegen der unterschiedlichen Zielsetzung sind auch die bei der jeweiligen Lederbehandlung angewendeten Mittel grundsätzlich verschieden. Man muß deshalb ausdrücklich zwischen narbenfestigender Imprägnierung als Vorbehandlung für die oberflächenabschließende Beschichtung (vgl. Kapitel II, S.78) und schützender Imprägnierung von unzugerichtetem Leder mit stärker saugender, meistens faseroffener, geschliffener Oberfläche (vgl. Kapitel II, S. 142) unterscheiden. Im Gießverfahren werden meistens niedrigviskose, wasserverdünnbare, mit Penetriermittel versetzte Polymerisatbinder oder in organischen Lösemitteln gelöste Isocyanat-Prepolymere[54] auf das Leder aufgebracht. Der Imprägnierbinder muß tief in das Lederfasergefüge einziehen. Er soll die Narbenschicht durchdringen und soweit in die Retikularschicht vordringen, daß er Narben und Corium in der losfaserigen Zone unterhalb des Narbens fest haftend miteinander verbindet[5]. Durch eine solche Imprägnierung wird verhindert, daß bei Zusammenbiegen des Leders mit der Deckschicht nach innen die gefürchtete »Losnarbigkeit«, ein wulstartig sich aufbauschender Faltenwurf, auftritt.

Auf die deckende Zurichtschicht kann als Abschluß Nitrocellulose- oder Polyurethanlack oder auch eine Nitrocellulose-Emulsion oder Polyurethan-Dispersion als abschließende Appretur aufgetragen werden. Die Deckschicht kann mit polierter Bügelplatte glatt abgebügelt werden. Sie kann auch ein feines Porenbild oder Phantasienarben aufgeprägt erhalten.

Die gedeckte Zurichtung verdankt ihre Entwicklung und weitgehende Verbreitung der Tatsache, daß in den Jahren 1950 bis 1960 für die Schuhfertigung in immer stärkerem Umfang Kunststoffsohlen eingeführt worden sind[9]. Dadurch wurde mehr Häutematerial für die Herstellung von Oberleder frei, um den nach Kriegsende erheblich anwachsenden Bedarf zu decken. Allerdings war ein hoher Anteil dieses zusätzlichen Häuteanfalls von schlechter Narbenqualität, so daß das Material bei herkömmlicher, wenig beschichtender Zurichtweise, wie z. B. Glanzstoß-Zurichtung, gar nicht zur Verarbeitung als Schuhoberleder geeignet war. Durch Schleifen als Narbenkorrektur und durch stark beschichtende, deckende Zurichtung, wie sie vom Spaltleder her bekannt war, wurde der Ausweg geschaffen und allgemeine Verwendung möglich.

Ein zweiter Faktor kam zur Förderung der gedeckten Zurichtung hinzu, die zunehmende Mechanisierung und Rationalisierung der Schuhfertigung. Waren früher die Einzelteile des Schafts mit Schablonen von Hand zugeschnitten und dabei die geeigneten, jeweils zum Paar zusammenpassenden Hautstellen ausgesucht worden, wurden nun die »Zuschnitte« ausgestanzt. Um eine höhere Leistung beim Stanzen zu erreichen, legte man mehrere Lagen übereinander, und an die Stelle der individuellen Lederauswahl trat das auf intensive Flächenausbeute ausgerichtete Stanzrendement. Damit bei dieser Arbeitsmethode die Einzelteile vom Kopf bis zum Schwanz der Rindhaut zu einem einheitlich aussehenden Schaft zusammengefügt werden konnten, wurde auf gleichmäßigen Farbton und gleichmäßigen Oberflächenabschluß der gesamten Lederoberfläche besonderer Wert gelegt.

Die stark gedeckte Zurichtung, welche auch als »Plastik-Zurichtung« bezeichnet wurde, besaß einen wesentlichen modischen Nachteil: Das Leder ähnelte Kunststoff und griff sich nicht wie Leder, sondern wie Plastikmaterial an. Das zu übermäßigem Zuschnittrendement verlockende einheitliche Aussehen brachte durch Entnahme von Schaftteilen aus Hals-, Bauch- und sogar Flämenteilen vorzeitigen Verschleiß, ungenügende Formhaltung und unansehnliches Aussehen des Schuhwerks mit sich. Hinzu kam die ansteigende Konkurrenz von Kunstleder auf der Basis beschichteter Textilgewebe für Billig-Schuhwerk. Das Interesse an stark gedecktem Leder nahm bald ab, da ihm das Odium billiger Untersortimente anhaftete.

Inzwischen hat sich trotz der bevorzugten nicht beschichtenden und nicht deckenden Anilin-Zurichtung die Nachfrage nach gedecktem Leder für verschiedene Verwendungszwecke eingependelt. Stärker beschichtende, gedeckte Zurichtung wird bevorzugt für Leder mit erhöhten Anforderungen an Beanspruchungsfähigkeit herangezogen, z. B. als Oberleder für Arbeits- bzw. Sicherheitsschuhwerk oder auch für Sportschuhe, als Material für Koffer oder andere Lederwaren. Dabei kann es sich sowohl um vollnarbiges als auch um narbenkorrigiertes, geschliffenes Leder handeln.

Eine Zurichtart, welche in jedem Fall stark deckende Beschichtung erfordert, ist die Zurichtung von weißem Leder. Sie benötigt hohe Pigmentkonzentration in der Deckschicht, damit möglichst eine vollständige Lichtreflexion der zugerichteten Lederoberfläche erreicht werden kann. Jede Form von Transparenz trübt den Weißeffekt und ergibt gelb- oder graustichiges Aussehen. Man muß jedoch Vorsorge treffen, daß die abschließende Appreturschicht pigmentarm gehalten wird, da das kornharte Titanweißpigment bei Berührung der Lederoberfläche mit Weichmetall Verschmutzungen durch schwarzgraue Striche oder Flekken hervorrufen kann.

1.5.3.2 Anilin-Zurichtung. Im Gegensatz zur egalisierenden, gedeckten Zurichtung läßt die Anilin-Zurichtung[55] die natürliche Struktur der Lederoberfläche in ausgeprägtem Maße erkennen. Das Narbenbild bleibt nicht nur in vollem Umfang sichtbar, sondern es wird infolge dunklerer oder hellerer Farbtönung der Haarporen intensiv betont. Dabei werden auch Unregelmäßigkeiten in Form von Streifenbildung durch Nackenstreifen oder leicht wolkige Abtönung der Farbnuance bewußt in Kauf genommen, teilweise sogar im Gange der Zurichtarbeiten künstlich hervorgerufen, um das naturelle Aussehen des Leders (genuine leather) verstärkt hervorzuheben.

Die Anilin-Zurichtung arbeitet mit nur wenig beschichtender, den Narben nicht belastender Oberflächenbehandlung. Sie kommt nur auf vollnarbigem Leder zur Anwendung und wendet transparente Farb- und Appreturschichten an. Das Leder ist vor der Zurichtung bereits vorgefärbt. Der Farbton kann durch Farbstofflösungen oder durch feinstverteilte, lasierende organische Pigmente nochmals intensiviert werden. In den meisten Fällen wird jedoch die Spritzfarbe in kontrastierenden dunklen Farbtönen auf hellfarbigen Lederuntergrund aufgebracht. Die helle Ausgangsfarbe des Leders scheint durch die dunkle, transparente Farbschicht der Zurichtung hindurch. Das ergibt dann den brillanten Farbeffekt, der für die Anilin-Zurichtung charakteristisch ist. Wenn der Farbton des Leders dem der Zurichtschicht weitgehend angenähert ist oder wenn die Vorfärbung des Leders gar dunkler ist als die Farbe des transparenten Zurichtfilms, läßt sich kein Anilineffekt erzielen. Die lebhafte Brillanz der Anilin-Zurichtung ist außerdem an eine Glanzwirkung der zugerichteten Lederoberfläche gebunden. Mattappreturen ergeben nur geringe Lichtreflexion, und der diffuse Lichtreflex läßt farblose Mattappreturen milchig-trüb, gefärbte Appreturschichten matt und stumpf erscheinen.

Das für die Anilin-Zurichtung herangezogene Vollnarbenleder kann, ähnlich wie Schleifboxleder, im Bedarfsfall eine narbenfestigende Imprägnierung erhalten. Hierzu sind wegen der dichten Oberflächenstruktur des Narbenfasergeflechts besonders feinteilige, elektrolyt- und scherkraftstabile Polyacrylatdispersionen[5] oder niedrig viskose Polymerisatlösungen erforderlich. Penetriermittel können das Eindringen der Imprägnierflüssigkeit bis unter die Narbenzone begünstigen.

Die nur geringe Beschichtung des Anilinleders erfordert den Auftrag geringer Mengen an Zurichtmitteln. Daher wird die Zurichtung im allgemeinen im Preßluft-Spritzverfahren durchgeführt. Die Anilin-Farbschicht kann auf Casein-, Polymerisat-, Nitrocellulose-, Polyurethan- oder kombinierter Polymerisat-Eiweiß- bzw. Polymerisat-Nitrocellulose- oder Polyurethan-Nitrocellulose-Basis aufgebaut sein. Als Appretur können Eiweiß-, Nitrocellulose- oder Polyurethan-Lösungen oder auch Nitrocellulose-Emulsionen oder Polyurethan-Dispersionen dienen. Glätten und Glanzgeben der Lederoberfläche erfolgen durch Glanzstoßen oder Bügeln. Im allgemeinen läßt Bügeln den Farbton der Zurichtung besser aufrecht erhalten, während Glanzstoßen oft dunklere Farbnuancen ergibt. Diese Erscheinung hängt mit der Verdichtung der Narbenfaserstruktur unter dem Reibdruck der Stoßkugel zusammen[47]. Infolgedessen läßt sich durch Glanzstoßen meistens auch höherer Glanz und stärkere Brillanz des Anilineffekts erreichen.

Die Anilin-Zurichtung hat dem Leder im Konkurrenzkampf gegen synthetische Kunststoffmaterialien mit lederähnlichem Aussehen einen wesentlich verbesserten Platz erobert. Die Betonung des natürlichen Aussehens hat den modischen Aspekt gesteigert. Die Erscheinung, daß für die Anilin-Zurichtung vollnarbiges Leder verwendet wird und daß die transparente Zurichtung praktisch kein Verdecken schadhafter Stellen zuläßt, hat dem Anilinleder den Ruf eines Materials von hochwertiger Qualität eingebracht. Es ist Aufgabe der Zurichttechnik, durch Auswahl geeigneter Zurichtmittel und Arbeitsweise das modisch elegante Aussehen mit hohen Echtheitseigenschaften und guter Gebrauchsfähigkeit zu verbinden, um den günstigen Platz des Anilinleders weiter zu festigen.

1.5.3.3 Semianilin-Zurichtung. Die Semianilin-Zurichtung nimmt eine Mittelstellung zwischen gedeckter und transparenter Zurichtung ein. Sie wertet den Vorteil einer deckenden, stärker beschichtenden Grundierung für den Egalisiereffekt und einer transparenten Spritzfarbe für den modischen Anilinaspekt aus. Semianilin-Zurichtung wird im allgemeinen auf narbenkorrigiertem Leder angewendet, dessen angeschliffene Narbenschicht mit oder ohne Narbenimprägnierung mit deckenden Pigmenten und einem mehr oder weniger kräftig beschichtenden Polymerisatfilm grundiert wird. Anschließend wird ein markanter Porennarben, z. B. Ziegennarben, ein imitierter Krokodil- oder Eidechsnarben oder ein Phantasienarben aufgepreßt. Wie bei der Anilin-Zurichtung wird die Grundierung in hellen Farbtönen gehalten, darauf wird eine kontrastierende, transparente Farbschicht und als Abschluß eine farblose oder auch angefärbte Appreturschicht gespritzt.

Schatteneffekte durch seitliches Anspritzen des Krokodilnarbens mit der transparenten Anilinfarbe können das natürliche Aussehen steigern und den Anilineffekt erhöhen. Auf diese Weise läßt sich ein z. B. für Reise- und Galanterieartikel, aber auch für andere Verwendungszwecke gut brauchbares Leder mit anilinartigem Aussehen erhalten.

Die Entscheidung, ob reine Anilin-Zurichtung oder Semianilin-Zurichtung vorgenommen wird und welche einzelnen Zurichtschritte durchgeführt werden, hängt vom Reinheitsgrad der Narbenoberfläche und von der Feinheit des Narbenbilds ab. Je besser die Narbenqualität ist, um so weniger Einzelbehandlungen sind erforderlich. Mit zunehmend schlechter werdendem Sortiment steigt der Aufwand an Zurichtbehandlungen an. So genügt für Vollnarbenleder mit dicht anliegendem, feinporigen Narben eine Spritzfärbung und ein Appreturauftrag. Bei Tendenz zu losem Narben ist eine Vorbehandlung durch narbenfestigende Imprägnierung erforderlich. Wunder Narben oder gröberes Porenbild können durch Polieren ausgeglichen werden. Dabei kann der Poliergrund mit der Spritzfarbe kombiniert oder zusätzlich leicht pigmentiert werden. Narbenbeschädigungen und grobe Haargruben erfordern eine Narbenkorrektur durch Schleifen, dem Narbenimprägnierung mit Vorfärbung, abschließende pigmentierte Grundierung, Effektfarbe und Appretur folgen. Die Mitverwendung geringer Anteile transparenter organischer Pigmente beeinträchtigt den wenig beschichtenden Anilincharakter von Vollnarbenleder im allgemeinen nicht. Geschliffenes Leder verlangt eine voll abschließende Semianilin-Zurichtung mit deckender Pigmentgrundierung (Abb. 6).

1.5.3.4 Lack-Zurichtung. Die Lack-Zurichtung stellt die Zurichtart mit der stärksten Beschichtung der Lederoberfläche von 100 bis 200 μm Filmdicke dar[5]. Sie bewahrt weder das

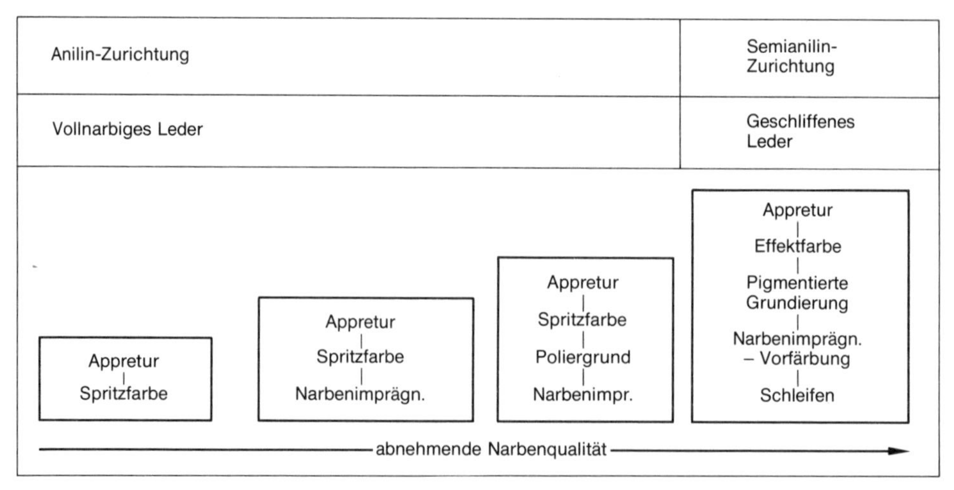

Abb. 6: Abhängigkeit der Zurichtschritte von der Narbenqualität.

Aussehen des natürlichen porigen Ledernarbens, noch den charakteristischen Ledergriff. Die dicke Lackschicht ergibt eine im allgemeinen spiegelglatte, hochglänzende Lederoberfläche und einen lederfremden, kunststoffartigen Griff. Die Lack-Zurichtung kann alle Stufen der Farbgebung von voll gedecktem bis zu transparentem Anilin-Aussehen erfüllen. Charakteristisch ist die massive, pigmentfreie, mit Farbstoffen angefärbte oder farblose Abschlußschicht, welche den Lackglanz ergibt, jedoch nicht ausschließlich von sich aus bestimmt. Der Lackleder-Charakter ist vielmehr durch eine stark füllende, die Lederoberfläche mit glattem Abschluß beschichtende Grundierung vorgegeben.

Mit der Entwicklung der Zurichttechnik bzw. der von der chemischen Industrie zur Verfügung gestellten Zurichtmittel hat die Herstellung von Lackleder einen beträchtlichen Wandel durchgemacht. Die ursprüngliche Methode der Zurichtung mit Leinöllack (Warmlack) wurde durch den Einsatz von Nitrocelluloselack (Kaltlack) überholt. Dieser ist wiederum durch die Entwicklung des qualitativ hochwertigen Polyuretanlacks weitgehend abgelöst worden.

Für die Zurichtung von *Warmlack-Leder*[8] war die Zubereitung des Öllacks der ausschlaggebende Faktor. Die Warmlackbereitung war von Geheimnissen umgeben und die Lacklederhersteller waren darauf bedacht, ihre mühsam erworbenen Betriebserfahrungen zu bewahren. Ausgangsmaterial des Warmlacks ist Leinöl, das unter Durchblasen von Luft ein bis zwei Tage auf Temperaturen bis zu 300°erhitzt, durch Mitwirkung von Sikkativstoffen oxidiert und danach zu einem hochmolekularen, filmbildenden Lackkörper kondensiert und polymerisiert wird[56, 57]. Zur Steigerung der Elastizität des Lackfilms können dem Leinöl gewisse Fischöle, für rascheres Trocknen und verminderte Oberflächenklebrigkeit Holzöl beigemischt werden[8]. Als Sikkativstoffe dienen Eisenverbindungen, meistens in Form des zugleich als Pigment farbgebend wirksamen Berliner Blau, oder Kobalt-, Blei- und Manganverbindungen in Form ihrer Oxide, Salze oder der leinöllöslichen Resinate. Die Sikkative wirken als katalytische Oxidationsbeschleuniger. Sie fördern das Trocknen und die Filmbildung des Lacks. Gleichzeitig beeinflussen sie Dichte, Klarheit und Farbton des Lackfilms. Die verschiedenen Sikkativmittel sind teils für bevorzugtes Trocknen des Lacks von der Oberfläche her, teils für Trocknen von innen heraus wirksam [58]. Deshalb werden meistens mehrere Sikkativstoffe miteinander kombiniert.

Vor dem Auftragen des Warmlacks muß das Leder, zumindest die Lederoberfläche, auf einen möglichst niedrigen Gehalt an extrahierbaren Fettstoffen (etwa 1 bis 1,5 %) entfettet werden[8]. Zu hoher Fettgehalt kann dazu führen, daß der Lack »anläuft« oder blind wird. Besonders ist darauf zu achten, daß die angewendeten Fettlicker frei sind von Mineralöl. Damit der Lack einwandfrei auf dem Leder haftet und zu einer glatten, einheitlich abschließenden Filmschicht verläuft, wird vor allem bei Leder mit Narbenverletzungen die Narbenschicht leicht an- oder auch tiefer abgeschliffen.

Der zu einem zähflüssigen Leinölfirnis verkochte Lack wird mit einem Lösemittelgemisch, welches vornehmlich Terpentinöl und Benzin enthält, auf streichfähige Konsistenz verdünnt und mit einer weichen Bürste auf das Leder aufgestrichen. Je nach der Saugfähigkeit und Faserigkeit der Lederoberfläche werden Verdünnungsgrad und Viskosität des Grundlacks eingestellt. Je stärker saugfähig das Leder ist, um so höher viskos muß der »Grund« eingestellt sein. Das grundierte Leder wird waagerecht liegend mehrere Stunden bei 30 bis 40 °C getrocknet. Danach wird die grundierte Lederoberfläche mit Bimsstein überschliffen und eine weitere Grundierschicht aufgetragen. Trocknen, Schleifen und dritter Grundauftrag können folgen. Der letzte Grundauftrag muß nach dem Schleifen sorgfältig abgebürstet werden, damit er staubfrei ist.

Auf die Grundierung werden nun die Lackschichten in Form von »Vorlack« oder »Farblack« und der abschließende »Schlußlack« aufgetragen. Hierfür wird weniger intensiv gekochter Leinöllack verwendet, der noch gut gießbare Konsistenz und entsprechend günstige Verlaufeigenschaften besitzt. Der Vorlack kann pigmentiert sein, der Schlußlack ist farblos oder transparent angefärbt. Die Lacke werden zu mittlerer Viskosität verdünnt und auf das auf Rahmen gespannte Leder aufgebürstet oder gespritzt. Rahmen und Leder werden im Lacktrockenofen in Horden gestapelt und etwa 12 Stunden bei 50 bis 55 °C getrocknet. Die danach noch nicht völlig klebfreie Oberfläche wird durch Nachtrocknen des Leders an der Luft bei intensiver Sonnenbestrahlung nachgehärtet.

Die Ausbildung der Lackschicht erfolgt sowohl unter physikalischen als auch unter chemischen Einflüssen. Der physikalische Vorgang besteht im Verlaufen des Lacks zu einem glatten Film in der flüssigen Phase und im Verdunsten der als Konsistenzregler zugesetzten Lösemittel. Der chemische Vorgang beruht auf komplizierten Oxidationsvorgängen der ungesättigten Fettsäuren unter vorübergehender Bildung von Peroxiden, Kondensation und Polymerisation von Polyketostearinsäuren und gesättigten Fettsäureglyceriden unter Übergang vom flüssigen, klebrigen in den filmbildenden, trockenen Gelzustand[8].

Die Arbeitsmethodik der Zurichtung von Warmlackleder ist umständlich und langwierig. Das langsame Durchtrocknen ergibt starken Raumbedarf der Trockenanlage, das wiederholte Abbimsen erfordert hohen Arbeitsaufwand und das Nachhärten im Sonnenlicht ist unbeeinflußbar abhängig von den Witterungsverhältnissen. Hinzu kommt, daß die für längere Zeit klebrig bleibende Lackoberfläche sehr empfindlich gegen Staub ist und daß auch feine Staubteilchen auf dem spiegelglänzenden Lack deutlich erkennbar sind. Es hat deshalb nicht an Bestrebungen gefehlt, die Lacklederherstellung zu verbessern und zu vereinfachen.

Zum Schutz gegen Beeinträchtigung des Lackspiegels durch Staub wurden separate Lackierabteilungen eingerichtet. Diese sind von den übrigen Arbeitsräumen streng abgetrennt und können nur über Luftschleusen betreten werden. Im Lackierraum herrscht ein leichter Luftüberdruck gegenüber der Außenluft, so daß kein Staub eindringen kann. Anstatt des Bestrahlens durch Sonnenlicht im Freien wird der Lack unter Quecksilberdampflampen durch Ultraviolettlicht in wenigen Stunden ausgehärtet. Dabei muß jedoch darauf geachtet werden, daß das entstehende Ozon durch intensive Ventilation aus der Bestrahlungsanlage abgezogen wird. Sonst entstehen Ozonide der Fettsäuren, welche sich bei Einwirken feuchter Luft leicht aufspalten. Die dadurch wieder entstehenden Doppelbindungen können die Fettsäuren teilweise in die ursprüngliche flüssige Form zurückführen und den Lack erweichen und klebrig machen.

Grundlegend vereinfacht wurde die Herstellung des Lackleders mit der Einführung des *Kaltlack-Verfahrens*. Die Methode und die angewendeten Zurichtmittel sind im Prinzip die gleichen wie bei der Nitrocellulose- (vgl. Kapitel I, S. 30) oder bei der Polyurethan-Zurichtung (vgl. Kapitel I, S. 34). Von der Anwendung eines füllenden, durch hohen Weichmachergehalt elastisch eingestellten Nitrocellulose-Grundlacks[59] ist man abgekommen. Die Tendenz des Leders, Unterschiede des Fett- bzw. Ölgehalts zwischen Narbenschicht und darauf aufliegendem Zurichtfilm auszugleichen, führt mit zunehmender Lagerdauer zum Abwandern von Weichmacher und Verspröden des Nitrocellulosefilms. Der Austausch von Weichmacheröl des Grundierfilms durch plastifizierende Weichharze wirkt zwar der Abwanderungsgefahr entgegen, steigert aber bei der dicken Filmschicht des Lackleders die Gefahr von Kältebrüchigkeit. Für die Kaltlack-Zurichtung werden deshalb heute fast ausschließlich Polymerisatbinder als Grundierung eingesetzt. Sie werden als stark füllender, oberflächenegalisierender Film ausgebildet und glatt abgebügelt. Der Farblack wird darauf in pigmentierter, deckender Form oder als mit löslichem Farbstoff angefärbter, transparenter Film aufgetragen. Abschließend wird ein farbloser oder transparenter, farbiger Hochglanzlack angewendet.

Die Polymerisatgrundierung erlaubt, daß das Leder im Gegensatz zur Warmlackierung nicht vorentfettet werden muß. Der Auftrag des Kaltlacks kann im Spritzverfahren mit Preßluft oder Airless erfolgen. Letzteres wird vorgezogen wegen der Möglichkeit, größere Flüssigkeitsmengen aufzubringen und damit einen massiveren Film zu erzeugen. In vielen Fällen wird der Kaltlack aufgegossen. Um den erforderlichen Hochglanz zu erzielen, werden Nitrocelluloselacke auf der Basis niedriger viskoser Collodiumwolle bevorzugt. Damit muß allerdings eine gegenüber der normalen, dünnschichtigen Nitrocellulose-Zurichtung verminderte Flexibilität und Knickfestigkeit in Kauf genommen werden. Polyurethanlack zeichnet sich demgegenüber durch hohe Dauerbiegfestigkeit und gute Kältebeständigkeit aus (Tabelle 2, S. 37). Er besitzt gegenüber Nitrocelluloselack den Nachteil wesentlich längerer Trockendauer und entsprechend höherer Staubempfindlichkeit, wenn es sich um reaktiven Zweikomponentenlack handelt. Nicht nachvernetzender Einkomponentenlack trocknet rascher, ist aber stärker empfindlich gegen Reiben, Knicken und Einfluß organischer Lösemittel.

Um die mit dem Spiegelglanz verbundene lebhafte Farbwirkung des Lackleders zu erzielen, wird bei der Lack-Zurichtung jeglicher Art nur der Grundauftrag stark deckend pigmentiert. Die oberen Schichten werden möglichst transparent gehalten. Eine Ausnahme macht auch hier, in gleicher Weise wie bei anderen Zurichtarten, die Zurichtung von weißem Lackleder. Die dicke Lackbeschichtung tönt in transparenter bzw. farbloser Form den weißen Farbton gelbstichig ab. Sie muß deshalb soweit ausreichend pigmentiert werden, daß das auftreffende Licht weitgehend an der Lackoberfläche reflektiert wird und nicht in die Glanzlackschicht durchdringt, um erst an der pigmentierten Grundschicht reflektiert zu werden.

Die klassische Lackleder-Zurichtung ist schwarz. Der Grund wird mit Ruß pigmentiert, der Farblack wird zuweilen mit wenig Ruß schwach pigmentiert und in gleicher Weise wie der Schlußlack mit lösemittellöslichem Farbstoff angefärbt. Bei Warmlack kann auf Schönungsfarbstoff verzichtet werden, da der Leinölfirnis vom Verkochen mit Berliner Blau her eine blauschwarze, violettstichige Eigenfarbe besitzt. Von diesem Verhalten des Warmlacks her ist auch bei der Kaltlack-Zurichtung für schwarzes Leder ein violettstichiges Schwarz der modisch bevorzugte Farbton.

Je nach der Moderichtung wird Lackleder auch in bunten Farbtönen zugerichtet. Der hohe Lackglanz regt dabei zu lebhaften, leuchtenden Farbtönen an, welche teils mit Metallisiereffekt, teils im Anilinlederaussehen gehalten sind. *Metallisiertes Aussehen* kann durch Beimischen von Fischsilber (aus feinst gemahlenen Fischschuppen oder Perlenschalen), von Blei- oder Wismutverbindungen zum Lack erzielt werden. Die *Anilinlack-Zurichtung* entspricht im Prinzip der Anilin- bzw. Semianilin-Zurichtung (vgl. Kapitel I, S. 50). Der Unterschied besteht im wesentlichen nur darin, daß anstatt der abschließenden dünnschichtigen Appretur ein transparenter, dicker Lackfilm aufgetragen wird.

Einen besonderen modischen Effekt ergibt die *Knautschlack-Zurichtung*. Für diese Zurichtart wird ein ziemlich weich gearbeitetes Leder mit Polyurethanlack in üblicher Arbeitsweise zugerichtet. Nachdem der hochglänzende Schlußlack aufgetragen und soweit angetrocknet ist, daß die Oberfläche nicht mehr klebt, wird das Leder in ungleichmäßig verlaufenden Falten zusammengedrückt und in einem hölzernen Rahmen zusammengepreßt. In dieser geknautschten Form wird es warm gelagert, bis der Lack ausgehärtet ist. Das abschließend wieder entfaltete, ausgebreitete Leder behält die Knautschfalten bei und ergibt ein dauerhaftes, unregelmäßiges Riefenmuster.

Knautschlackleder wurde in den Jahren 1970 bis 1975 in großem Umfang für Lederjacken und -mäntel, für Täschnerwaren und in geringerem Ausmaß auch für Schuhe verarbeitet.

Auf der Basis von schwarzem Lackleder wurden einige andere, rein modisch bedingte Effekte erzeugt. *Petroleum-* oder *Perlmutt-Effekt* entsteht in der Form bunt schillernder Ringe, wenn schwarzes Lackleder mit feinst pulverisiertem Wismutoxidchlorid bestäubt und anschließend mit einem trockenen Wattebausch überrieben wird. Das einer auf Wasser schwimmenden dünnen Schicht von Mineralöl oder Petroleum ähnelnde Aussehen wird durch die als »Farbe dünner Blättchen« bekannte irisierende Lichtbrechung und -reflexion verursacht.

Goldkäferlack mit dem charakteristischen, metallisch glänzenden violetten Farbton entsteht durch Aufspritzen einer mit Methylviolett angefärbten, stärker verdünnten Lacklösung. Der basische Farbstoff besitzt ausgeprägte Neigung zum Bronzieren und erzeugt so den Goldkäferglanz.

Lackleder kann zur Verwertung von Spaltleder oder von Schleifboxleder durch *Aufschweißen* von hochglänzender *Polyvinylchlorid-Folie* hergestellt werden. Diese dickschichtigen, bis zu 0,3 mm starken, trägerlosen Folien gleichen Unregelmäßigkeiten der groben Spaltlederfasern oder von Narbenbeschädigungen weitgehend aus. Die Arbeitsweise entspricht im wesentlichen der Folien-Kaschierung (vgl. Kapitel I, S. 46). Auf eine füllende Grundierung, welche zugleich als Haftvermittler dient, wird die Folie unter Erhitzen auf 120 bis 150 °C auf einer hydraulischen Presse mit hochglanzpolierter Bügelplatte aufgeschweißt. Die Bügelplatte muß vor dem Abziehen des beschichteten Leders auf eine Temperatur unter 80 °C abgekühlt werden, damit sich die Folie unbeschädigt vom Metall trennen läßt und nicht stellenweise daran kleben bleibt. Aufkaschieren von Lackfolien ist nur in wenigen Betrieben im Großumfang durchgeführt worden. Es wurde, wie Warmlack- und Nitrocelluloselack-Zurichtung durch die Polyurethan-Lackierung überholt.

Die ursprüngliche, auf Öllackschichten vom Grundstrich bis zum Schlußlack aufgebaute Warmlack-Zurichtung erforderte ein flexibles, aber nicht zügiges Leder. Das Leder sollte sorgfältig ausgestoßen und in gespanntem Zustand getrocknet werden, damit der Lack vor allem in Klauen und Flämen genügend haftet[58]. Die Fortschritte der Zurichttechnik mit Polymerisat-Grundierung und Polyurethan-Lackierung haben die Verwendung nahezu jedes Ledertyps möglich gemacht. Selbst das früher unabdingbare Entfetten des Leders vor der Zurichtung ist bei einer in mäßigen Grenzen gehaltenen Lickerfettung nicht mehr erforderlich. Geblieben sind jedoch die Nachteile, welche mit der massiven Lackschicht und der damit zusammenhängenden stark abdeckenden Beschichtung verbunden sind. Lackleder ist nach wie vor luftundurchlässig und auch praktisch nicht wasserdampfdurchlässig. Knickbeständigkeit und Kältebruchfestigkeit sind oftmals deutlich geringer als bei einer wenig schichtenden Zurichtung, doch hat der Übergang von der Warmlack- und Nitrocellulose- zur Polyurethan-Zurichtung dieses Verhalten verbessert. Trotzdem ist nicht zu verkennen, daß sich die Lederherstellung mit der Lack-Zurichtung von den Idealeigenschaften des Leders im Hinblick auf Tragehygiene hinweg bewegt und stark dem bei Kunststoffen als Nachteil herausgestellten unporösen Verhalten zustrebt.

1.5.4 Zurichtarten mit spezifischen Ledereigenschaften

1.5.4.1 Pflegeleicht-Zurichtung. Die als Ersatz für Leder vorwiegend zu Taschen, Lederwaren, Reiseartikeln, Gürteln, Polsterbezügen, teilweise auch zu Schuhen oder für Bekleidungszwecke verarbeiteten Plastikmaterialien sind weitgehend unempfindlich gegen Verschmutzen. Sie lassen sich durch nasses Abwischen leicht reinigen und erfordern keine Pflege durch Cremes, Pasten, Öle oder Sprays. Um die Bequemlichkeit des Verbrauchers als Werbeargument zu benutzen, wurde angestrebt, solche Unempfindlichkeit auch dem Leder zu erteilen.

Mit der wasserabweisenden und nässebeständigen Nitrocellulose-Zurichtung wurde erreicht, daß die zugerichtete Lederoberfläche abwaschbar und praktisch nicht mehr schmutzempfindlich ist. Der Nitrocellulosefilm wird aber durch organische Lösemittel angegriffen, nicht nur durch die als Lackverdünner üblicherweise benützten Ester und Ketone, sondern in gewissem Umfang auch durch Alkohol. Das macht sich bei dem starken modischen Trend nach lederbezogenen Polstermöbeln in Likörflecken unangenehm bemerkbar. Das Abwandern von Weichmacher aus dem Nitrocellulosefilm läßt sich nicht in jedem Fall vollständig unterbinden. Mit zunehmender Alterung kann die Zurichtung verspröden, der Nitrocellulosefilm rissig werden.

Bei dem vernetzten, ausgehärteten Polyurethanlack bestehen diese Nachteile nicht. Der Lackfilm ist gegen Lösemittel unempfindlich, er ist alterungsbeständig und kann naß abgewischt und gereinigt werden. Nachteilig ist allein die relativ lange Trockendauer bis zum völligen Aushärten der Zurichtung. Sie verhindert, daß die Zurichtarbeiten auf einer normalen, für andere Zurichtarten üblichen Spritzanlage mit kurzfristigem Durchlauftrocknen durchgeführt werden können.

Wegen dieses Verhaltens wurde ein neues, kombiniertes reaktives Zurichtsystem entwickelt, das auf der Basis von Polyurethan und Nitrocellulose beruht. Der Finish wird mit einem die Polyurethan-Komponente vernetzenden Härtungsmittel versetzt und auf das Leder aufgespritzt. Die Nitrocellulose-Komponente läßt die Lackschicht rasch zu einem klebfreien Film auftrocknen, so daß das Leder nach Durchlaufen der Spritzmaschine und des anschließenden Trockentunnels schon nach wenigen Minuten gestapelt werden kann.

Die Pflegeleicht-Zurichtung kann mit dünnschichtigem Auftrag oder mit kräftigerer Beschichtung durchgeführt werden. Sie ist für Täschner- und Polsterleder, für Bekleidungs- und Schuhoberleder anwendbar. Sie läßt Anilin-, Semianilin- oder gedeckten Zurichteffekt erreichen. Das zugerichtete Leder ist unempfindlich gegen Schmutz, abwaschbar, beständig gegen trockenes und nasses Reiben. Die Pflegeleicht-Appretur ist knickbeständig und bleibt auch bei sehr tiefer Temperatur noch genügend elastisch.

1.5.4.2 Vulkanisierbare Zurichtung. Bei strapazierfähigen Arbeits- und Sicherheitsschuhen, teilweise auch bei Bergsteiger- oder anderen Sportschuhen wird im Gang der Schuhherstellung eine Gummisohle anvulkanisiert. Die lang andauernde Hitzebehandlung (etwa 15 Minuten bei 120 bis 140 °C) erfordert hitzefestes, nicht schrumpfendes Leder. Sie verlangt auch eine Zurichtung, welche dieser starken Beanspruchung standhalten muß. Es lag nahe, daß versucht wurde, eine Zurichtung zu entwickeln, die ebenfalls vulkanisierbar ist und sich beim Anvulkanisieren besonders dauerhaft mit der Sohle verbindet.

Das Problem kann gelöst werden durch den Einsatz von Butadien-Mischpolymerisaten als Binder, welche unter dem Einfluß von Zinkoxid als Vulkanisations-Katalysator vernetzen[60]. Ihre Verarbeitung bei der Lederzurichtung erfordert einige Vorsichtsmaßnahmen. So dürfen keine Pigmente eingesetzt werden, welche Kupfer-, Mangan- oder Kobaltverbindungen enthalten. Diese sind »Kautschuck-Gifte«, die den Butadienfilm allmählich weiter vernetzen und nach mehrmonatiger Alterung den Film verhärten und brüchig werden lassen. Die Zurichtflotten sind elektrolytempfindlich; sie müssen durch geeignete Schutzkolloide,z. B. Caseinlösung, stabilisiert werden. Der typische gummiartige Griff und die Oberflächenklebrigkeit können in den Zwischenstadien der Zurichtung zu Schwierigkeiten beim Bügeln und Stapeln führen. Das kann durch Zusätze von Casein, Wachs oder Mattierungsmittel auf Kieselsäurebasis ausgeglichen oder zumindest abgemildert werden.

Hauptsächlicher Nachteil der vulkanisierbaren Zurichtung ist, daß die Butadienbinder-Schicht nicht durch eine klebfreie, gegen Verschmutzen schützende Appretur überdeckt werden darf, solange die Sohle noch nicht anvulkanisiert ist, weil sonst die Sohle nicht am Oberleder haftet. Das Verfahren besitzt deshalb nur begrenzte Anwendbarkeit.

Vulkanisierbare Zurichtung als grundierende Beschichtung mit abschließendem Auftrag von Nitrocelluloselack oder einer anderen Appretur wird auch für normale Verarbeitung des Leders vorgeschlagen. Sie läßt bei Spalt- oder Schleifboxleder stark deckende Zurichtung erreichen und ist deshalb für die Zurichtung von weißem Leder gut geeignet. Durch die Vulkanisation wird die Knickfestigkeit der Zurichtung wesentlich verbessert. Die Zurichtung soll sich weiterhin durch eine für Butadienbinder charakteristische günstige Kältebeständigkeit auszeichnen[60].

1.5.4.3 Polyamid-Zurichtung. Eine dem Anvulkanisieren von Gummisohlen ähnliche Arbeitsweise der Schuhherstellung besteht darin, daß Polyurethansohlen im Extrusionsverfahren als kompaktes Material an den Schuhschaft angespritzt oder als poröses Material angeschäumt werden. Dabei wird der Schuhschaft mit dem Leisten auf die Sohlenform aufgedrückt. Er bildet einen deckelartigen oberen Abschluß der Sohlenform. Durch den starken Druck beim Anspritzen oder Anschäumen wird an einzelnen Stellen, an denen die Sohlenform durch den aufgedrückten Schaft nicht vollständig abgedichtet ist, etwas Polyurethanmaterial herausgequetscht. Dieser »Austrieb« haftet sehr fest auf der Lederoberfläche, sowohl bei Nitrocellulose- als auch bei Polyurethan-Appretur. Er läßt sich nur sehr schwer entfernen und hinterläßt am Schuh oberhalb des Sohlenrands sichtbare Verletzung der Deckschicht.

Verwendung eines Polyamidlacks als Schlußappretur ergibt einen Oberflächenabschluß, auf dem der Polyurethan-Austrieb nicht haftet. Der Schuh kann ohne Verletzung am Sohlenrand leicht gereinigt werden. Die Polyamidappretur läßt ein weiteres Problem der Verarbeitung von Polyurethansohlen beheben. Wenn das für die Sohlenherstellung verwendete Polyurethan unter Verwendung von Aminen vernetzt worden ist[41], können unter dem Hitzeeinfluß der Spritz- oder Schäumbedingungen Amine wieder freigesetzt werden. Diese sind schädlich für Nitrocellulose. Die Appretur bzw. der Schlußlack kann sich gelblich, in krassen Fällen dunkelbraun verfärben. Der Nitrocellulosefilm kann rissig werden und in feinen Schuppen abblättern. Polyamid ist gegen solche Amineinflüsse unempfindlich.

Aus modischen Gründen werden Damentaschen, Feinlederwaren und vor allem auch Sommerschuhe oft mehrfarbig angefertigt. Buntfarbig zugerichtetes Leder wird zusammen mit weißem Material verarbeitet. Das weiße Material besteht sehr oft aus lackartig glänzendem, mit Polyvinylchlorid beschichtetem Textilkunstleder. Die Polyvinylchloridschicht enthält viel Weichmacher und dieser hat die Tendenz zu wandern, wenn die weiße Beschichtung mit einem weichmacherärmeren Film in Berührung kommt. Auf diese Weise wird die Zurichtung des mit dem weißen Kunstleder verarbeiteten bunten Leders beeinflußt. Durch den Übertritt von Weichmacher kann eine Nitrocellulose-Zurichtung oder -Appretur des Leders klebrig werden. Feinteilige organische Pigmente, wie sie für leuchtende Bunttöne verwendet werden, oder auch Farbstoffe von der Anilin-Zurichtung können durch den Einfluß des Weichmachers in die weiße Polyvinylchloridschicht wandern und diese verfärben. Dabei entstehen vor allem an den Rändern, also an den Nahtstellen der zusammengesteppten Teile bunt verfärbte Streifen auf dem weißen Kunstleder. Ein solches Migrieren von Farbstoffen und Weichmachern kann durch eine Polyamid-Appretur des Leders infolge des andersartigen Löseverhaltens des Lackrohstoffs unterbunden werden.

Die aufgeführten verschiedenen Zurichtarten sind in den meisten Fällen nicht streng voneinander abgegrenzt. Art des Bindemittels, Zurichttechnik und Erscheinungsbild des zugerichteten Leders können in vielen Varianten untereinander abgewandelt werden. Sie ergänzen sich gegenseitig und ergeben die Vielfalt der in den verschiedenen Betrieben und Ländern angewendeten Möglichkeiten der Lederzurichtung.

II. Produkte für die Lederzurichtung

An die Lederzurichtung werden je nach dem vorgesehenen Verwendungszweck und nach der dadurch bedingten Beanspruchungsfähigkeit des Leders sehr unterschiedliche Anforderungen gestellt. Damit diese bestmöglich erfüllt werden können, sind die geeigneten Zurichtmittel auszuwählen. Die Auswahl richtet sich nicht nur nach den geforderten Eigenschaften und dem gewünschten Aussehen des zugerichteten Leders, sondern ebenso nach der Beschaffenheit des zuzurichtenden Leders, nach der vorgesehenen Zurichtart und nach den gegebenen technischen Möglichkeiten der vorhandenen Betriebseinrichtung. Der Auswahl von Zurichtmitteln und -methoden kommt entgegen, daß es bei der Lederzurichtung kein zwangsläufig vorbestimmtes Einheitsverfahren gibt, sondern daß gleiche oder zumindest ähnliche Endeffekte nach verschiedenen Methoden und mit unterschiedlichen Zurichtprodukten erzielt werden können. Der Aufstellung von Zurichtrezepturen ist daher weite Freiheit gegeben.

Um die geeignete Arbeitsweise auszuwählen, sind mehrere Gesichtspunkte zu berücksichtigen. Die wichtigsten sind Qualität und Sortimentsergebnis des zugerichteten Leders, betriebsgegebene Möglichkeiten für die Zurichtmethode und die Kosten der Zurichtung. Wegen der stetig steigenden Arbeitslöhne und Energiekosten spielen der für die Zurichtung erforderliche Aufwand für Einzelarbeiten und die Trocknungsenergie sowie Möglichkeiten einer Einsparung von Handarbeit eine bedeutende Rolle. Hinzu kommt die Notwendigkeit, einer Umweltbelastung durch Lösemitteldämpfe oder andere geruchsbelästigende Stoffe soweit wie möglich auszuweichen.

Entsprechend den hauptsächlichen Zielen der Lederzurichtung, Farbgestaltung und Veredelung der Lederoberfläche werden als Grundkomponenten Lederdeckfarben und Schönungsfarbstoffe einerseits und Zurichthilfsmittel andererseits herangezogen. Solche Hilfsmittel für die Lederzurichtung sind Grundier- und Füllmittel, Bindemittel, Weichmacher, Appreturmittel, Löse- bzw. Verdünnungsmittel und Hilfsstoffe mit unterschiedlicher Wirkungsweise. Die verschiedenen Komponenten werden in den Zurichtansätzen miteinander vermischt. Dabei ergeben sich in den Mischungen Wechselwirkungen zwischen festen Stoffen, Kolloiden und Flüssigkeiten, die sich bei der Filmbildung auf dem Leder zu außerordentlich komplexen chemischen und physikalischen Vorgängen steigern können[25]. Es ist daher wichtig, daß sich der Zurichter Kenntnisse über die einzelnen Zurichtprodukte und deren Verhalten bei der Anwendung verschafft, um Schwierigkeiten bei der Durchführung der Lederzurichtung zu vermeiden.

1. Lederdeckfarben (Pigmentzubereitungen)

Als farbgebende Substanz für Leder werden sowohl lösliche Farbstoffe als auch unlösliche Pigmente herangezogen. Die bei der Lederfärbung im Zug der Naßarbeiten vor der Zurichtung angewendeten Lederfarbstoffe sind befähigt, mit der Ledersubstanz durch chemische

Wechselwirkung eine mehr oder weniger feste Bindung einzugehen und das Leder entsprechend farbecht zu machen. Diese Fähigkeit der chemischen Bindung geht durch das Trocknen und bedingt durch die Anwendungstechnik der Zurichtverfahren weitgehend verloren, so daß lösliche Farbstoffe unter besonderen Vorsichtsmaßnahmen bei der Lederzurichtung angewendet werden müssen (vgl. Schönungsfarbstoffe, Kapitel II, S. 71).

Einfacher, bei weitem jedoch nicht problemlos, ist der Einsatz unlöslicher Pigmente als Farbkörper. Sie sind die Ausgangsstoffe für Lederdeckfarben. Die verwendeten Pigmente sind in Wasser und organischen Lösemitteln unlöslich. Sie neigen daher bei Einwirkung von Wasser oder Lösemitteln auf das zugerichtete Leder nicht zum »Ausbluten«. Die pigmentierte Farbschicht des zugerichteten Leders ist gegenüber einer mit Farbstoffen angefärbten Schicht besser lichtbeständig. Das ist vor allem bedeutsam bei helleren Farbtönen, für die im allgemeinen geringere Mengen an Farbkörper auf das Leder aufgebracht werden, mit Ausnahme ausgesprochener Pastelltöne mit hohem Anteil von Weißpigment. Pigmente wirken deckend, sie egalisieren den Farbton der gesamten Lederfläche und sind in dieser Hinsicht auch als transparente, organische Pigmente den löslichen Farbstoffen überlegen. Man kann daher bei pigmentierter Zurichtung auf Leder mit unruhiger Oberfläche, welche zu wolkiger Färbung führen würde, einen einheitlicheren Farbton erzielen. Sortiment und Ausschnittsrendement des zugerichteten Leders können dadurch verbessert werden. Außerdem erfolgt die Farbgebung mit Pigmentfarben im Gegensatz zur Flottenfärbung erst im Endstadium der Lederherstellung. Man braucht sich daher nicht bereits während der Naßprozesse auf einen bestimmten Farbton des Leders festzulegen. Man kann vielmehr größere Lederposten einheitlich auf Vorrat arbeiten und die endgültige Farbgestaltung erst nach Sortieren bei der Zurichtung vornehmen.

Pigmente besitzen allerdings nicht nur Vorteile. Die lebhaften, leuchtenden Farbtöne einer Lederfärbung werden durch pigmentierte Zurichtung in den meisten Fällen nicht erreicht. Ein weiteres, ausschlaggebendes Moment ist, daß Pigmente pulverförmige Substanzen sind, welche vom Leder nicht aufgenommen und nicht gebunden werden. Sie müssen vielmehr mit geeigneten Bindemitteln auf der Lederoberfläche befestigt werden. Jede Pigmentanwendung bedeutet daher, daß die Lederoberfläche mit einer lederfremden Schicht bedeckt werden muß, mit deren Hilfe die Pigmente beständig auf dem Leder haften. Die Schicht muß dem Verhalten des Leders und der Beanspruchbarkeit der Lederoberfläche für den jeweiligen Verwendungszweck bestmöglich angepaßt werden.

Die Pigmentfarbkörper werden in der Lederfabrik nicht in ihrer ursprünglichen Form als trockenes Pulver mit den übrigen Zurichtmitteln vermischt. Das liegt daran, daß sie im Gang ihrer Herstellung während des Trockenprozesses aus den feinsten Primärteilchen zu gröber aggregierten Sekundärteilchen aneinander haften und zu groben Agglomeraten von Tertiärteilchen zusammenballen können. Die Teilchenfeinheit des Pigmentpulvers entscheidet über das optische Verhalten der Deckfarbe[25]. Starke Agglomeration führt zu hoher Deckkraft, ergibt aber geringe Farbintensität und oftmals stumpfe Farbtöne. Optimale Feinverteilung der Agglomerate zu Primärteilchen erfordert intensive Dispergierarbeit durch Vermahlen, Kneten oder Abreiben auf Farbwalzen. Es muß auch gewährleistet sein, daß der erzielte Verteilungsgrad aufrecht erhalten bleibt und daß die dispergierten Teilchen nicht wieder agglomerieren und ausflocken. Pigmentfarben für die Lederzurichtung werden daher von den Farbenfabriken als gebrauchsfertige Zubereitungen zur Verfügung gestellt. Die Hersteller von solchen als Lederdeckfarben bezeichneten Pigmentzubereitungen verfügen über langjährige Erfahrungen, welche Verteilungsaggregate der Kornhärte und dem Dispergierverhalten der einzelnen Pigmente am besten angepaßt sind und mit welcher Verteilungsintensität die günstigste optische Wirkung erzielt werden kann.

Die Flockungsbeständigkeit der Pigmentzubereitungen ist nicht allein eine Frage der Rezeptur für die Herstellung der Lederdeckfarben. Die Stabilität hängt auch davon ab, daß die Farben mit den für die Weiterverarbeitung der Zurichtflotte zugesetzten weiteren Zurichtmitteln voll verträglich sind. Aus diesem Grund werden der Lederindustrie von den meisten Herstellern von Lederzurichtprodukten umfassende Sortimente der verschiedenen Hilfsmittel angeboten, welche aufeinander und auf das vorhandene Deckfarbensortiment abgestimmt sind. Die Gefahr der Flockung und damit der veränderten Farbnuance besteht vor allem dann, wenn das Bindemittel, in dem das Pigment zur Farbpaste angeteigt ist, mit einem anderen Bindemittel zusammengemischt wird. Feinteilige organische Pigmente sind meistens flockungsempfindlicher als gröbere anorganische Pigmente[25].

Die für die Lederzurichtung eingesetzten Pigmente werden auf anorganischer oder auf organischer Basis synthetisch hergestellt. Mit der Herstellungsweise werden Reinheitsgrad, Farbnuance, Pigmentfeinheit, Dispergierverhalten und bestimmte Echtheitseigenschaften gezüchtet. Durch Vermahlen von Mineralien gewonnene, natürliche »Erdfarben«, z. B. Zinnober, Rötel, Ocker, Umbra, Eisenglimmer, werden für die Lederzurichtung nicht verwendet, da sie zu stumpfe und trübe Farbtöne ergeben.

Die hauptsächlich verwendeten anorganischen Pigmente sind:

Titandioxid, das am stärksten deckende Weißpigment. Es wird sowohl in der cremestichigen Form des Anatas als auch in der des etwas schwächer deckenden, blaustichigen Rutil eingesetzt.

Zinkweiß, ein Gemisch aus Zinkoxid und -sulfid. Es deckt wesentlich weniger als Titandioxid, neigt aber nicht zum »Aufkreiden« und zur Bildung dunkler Striche bei Berührung mit Weichmetall. Es ist in den Deckfarbensortimenten nur selten anzutreffen, allenfalls in weißen Appreturen, die als Schutz auf die deckende Titanweißgrundierung aufgetragen werden.

Bleichromat-Verbindungen als orangestichiges Chromgelb oder als Chromorange. Sie sind weit verbreitet.

Cadmiumsulfid-Verbindungen als leuchtendes, grünstichiges Zitronengelb oder als farbintensives, ziemlich brillantes Rot. Beide Pigmente werden nur vereinzelt herangezogen, da sie sehr teuer sind. Sie zeichnen sich aber durch sehr hohe Echtheitseigenschaften aus.

Molybdatrot oder *Molybdatorange* als komplexe Metallsalze der Molybdänsäure. Molybdatrot ist zwar nicht so kräftig leuchtend wie Cadmiumrot, hat dieses aber infolge des günstigeren Preises weitgehend verdrängt.

Eisenoxid-Verbindungen als ockerfarbiges Gelb, als braunstichiges Rot, als gelb- bis rotstichiges Braun oder auch als Schwarz. Eisenoxidpigmente können je nach Herstellungsweise und Dispergierfeinheit bis zu transparenten, ziemlich reinen Farbtönen der Deckfarbe variieren. Sie sind aber meistens auf stärkere Deckwirkung ausgerichtet.

Ultramarin, ein mittelblaues, schwefelhaltiges Natrium-Aluminium-Silikat, ist weitgehend durch organisches, im Farbton reineres, tieferes, mehr transparentes Blaupigment verdrängt worden.

Organische Pigmente auf der Basis komplexer unlöslicher Verbindungen, ursprünglich wasserlöslicher synthetischer Farbstoffe, finden vor allem Verwendung für klare, transparente Gelb-, Orange-, Rot-, Blau- und Grün-Töne. In erster Linie werden Phthalocyanin-

Komplexe verwendet, die sich durch hohe Brillanz und sehr gute Echtheitseigenschaften auszeichnen.

Schließlich wird *Ruß* in großem Umfang für schwarze Lederdeckfarben verbraucht. Dabei muß auf hohen Reinheitsgrad und Säurefreiheit geachtet werden. Aschebestandteile können den gesuchten tiefen Schwarzton nach unerwünschtem Grau drücken. Anwesenheit von Säure kann die Stabilität der Farbzubereitung beeinträchtigen.

Als Grundregel für das Verhalten der Pigmente bzw. der daraus hergestellten Lederdeckfarben kann gelten:
1. Anorganische Pigmente decken im allgemeinen stärker als organische.
2. Der Farbton organischer Pigmente ist reiner, leuchtender als der anorganischer Pigmente.
3. Organische Pigmente lassen infolge ihres stärker transparenten Verhaltens das natürliche Aussehen des zugerichteten Leders besser erhalten als anorganische.
4. Anorganische Pigmente sind besser lichtbeständig als organische.
5. Organische Pigmente können infolge ihrer sehr feinteiligen Struktur zum »Migrieren« neigen, z. B. unter dem Einfluß von Weichmachern und Hitze (Tabelle 3).

Die Sortimente der Lederdeckfarben umfassen im allgemeinen weitgehend die gesamte Farbskala, zumindest in den Grundtönen. Sie enthalten damit zwangsläufig sowohl anorganisch als auch organisch pigmentierte Einstellungen. Aus den Grundtönen werden bei der Lederzurichtung weitere Farbtoneinstellungen durch Abmischen nuanciert. Hierbei ist das Verhalten der einzelnen Farbkomponenten zu beachten. So läßt sich z. B. die Transparenz organisch pigmentierter Farben mit der Deckwirkung anorganisch pigmentierter ausbalancieren oder der etwas stumpfe Farbton anorganisch pigmentierter Farben durch organisch pigmentierte in seiner Lebhaftigkeit steigern. Die gegenüber anorganischen Pigmenten geringere Lichtbeständigkeit der organischen Pigmente kann sich bei Mischungen kritisch auswirken, wenn die Farbnuance stark von dem organischen Pigment abhängt. Es zeigt sich nämlich, daß die Lichtempfindlichkeit eines Pigments um so mehr in Erscheinung treten kann, je geringer die Pigmentkonzentration ist. Wird z. B. ein grüner Farbton durch Mischen einer nuancierschwachen anorganisch pigmentierten Gelbfarbe mit geringen Anteilen einer nuancierstarken organisch pigmentierten Blaufarbe eingestellt, so kann der Farbton durch Lichteinfluß immer stärker nach Gelb umschlagen, auch dann, wenn die Blaufarbe bei Alleinanwendung, also in höherer Konzentration, nur wenig lichtempfindlich ist. Gelb- und Orangefarben auf der Basis von Bleichromatpigment können schwefel- bzw. sulfidempfindlich sein. Die Anwendung solcher Farben auf Zweibadchromleder oder auf Einbadleder, das

Tabelle 3: Zurichteigenschaften von Pigmenten und Farbstoffen.

	Pigmente		Farbstoffe
	anorganisch	organisch	
Brillanz	mäßig	gut	sehr gut
Deckkraft	sehr gut	gut	gering
Farbintensität bei Nuancieren	mäßig	gut bis sehr gut	sehr farbintensiv, Nuancieren nicht ratsam
Lichtbeständigkeit	sehr gut	gut	mäßig
Migrierechtheit	sehr gut	gut bis mäßig	mäßig bis gut

mit Natriumthiosulfat neutralisiert worden ist, kann bei feuchtwarmer Lagerung dazu führen, daß sich Bleisulfid bildet. Das äußert sich in brauner bis schwarzer Verfärbung mit teilweise metallischem Glanz. Die gleiche Erscheinung kann bei Anvulkanisieren von Gummisohlen an den Schuhschaft auftreten. Ultramarin ist säureempfindlich. Der blaue Farbton kann im Extrem zu milchigem Grau ausbleichen, wenn das zuzurichtende Leder ungenügend neutralisiert ist und noch Reste nicht flüchtiger Säuren enthält. Diese Erscheinung macht sich besonders krass bei grünen Farbtönen bemerkbar, die in vielen Fällen aus Blau- und Gelbfarbe eingestellt werden. Ausbleichen der Blaufarbe verschiebt den Grünton immer stärker nach Gelb. Organische Pigmente können gegenüber Komplexbildnern empfindlich sein. Wenn das zum Zubereiten der Zurichtflotten verwendete Wasser nicht mit Ionenaustauscher entsalzt, sondern mit Komplexbildner behandelt worden ist, können sich diese mit dem Komplex des organischen Pigments umsetzen und den synthetischen Ausgangsfarbstoff teilweise zurückbilden. Das verursacht eine Änderung des Farbtons, die sich in Farbflecken bemerkbar macht, und im Extremfall zu »Ausbluten« der wasserlöslich gewordenen Komponente bei Nässeeinwirkung führen kann. Die Migrationsneigung ist in erster Linie bei organischem Rotpigment gegeben. Wenn bei heißem Abbügeln Weichmacher aus der Zurichtschicht an die Oberfläche wandert, nimmt er Anteile des Pigments mit. Bei Abkühlen geht der Weichmacher großenteils in die Zurichtschicht zurück, das Pigment verbleibt dagegen an der Oberfläche. Die Folge ist, daß das zugerichtete Leder bronziert. Organisches Rotpigment kann auch bei heißem Bügeln des Leders vom klaren Rot in eine blaustichige Nuance umschlagen. Wenn solche Erscheinungen auftreten, wie sie vorstehend geschildert worden sind, dann müssen Deckfarben auf der Basis anderer Pigmente eingesetzt werden.

Die für die Lederzurichtung verwendeten Deckfarben sind im Hinblick auf leichtes Hantieren bei der weiteren Verarbeitung zubereitet. Im Hinblick auf Transport und Vorratshaltung sind sie auf hohe Konzentration eingestellt, weitaus höher konzentriert als sie für den Gebrauch eingesetzt werden. Zur Einstellung der farbigen Zurichtflotte werden sie mit den jeweils erforderlichen Zurichtmitteln vermischt und zu gebrauchsfertiger Konsistenz verdünnt. Das Dispergiermittel der Deckfarbe und die filmbildende Substanz des Zurichtbindemittels müssen in ihrem Verhalten voll verträglich aufeinander abgestimmt sein. Das gilt besonders hinsichtlich ihrer Löslichkeit, von der die Auswahl des Verdünnungsmittels abhängt. Im Lauf der Entwicklung von Lederzurichtmitteln haben sich zwei Hauptgruppen herausgebildet, die auch bei den Deckfarben gleichermaßen anzutreffen sind. Die eine Gruppe bilden die mit Wasser verdünnbaren Produkte, die andere die nicht mit Wasser verträglichen, welche mit organischen Lösemitteln verdünnt werden müssen. Unabhängig davon, ob sie mit Wasser oder mit Lösemitteln verdünnt werden, sind Lederdeckfarben für beide Systeme auf der Basis der gleichen Pigmente aufgebaut. Unterschiedlich sind je nach Verdünnungsmittel die Dispergier- oder Pigmentbindemittel und von diesen hängen wiederum die angewendeten Weichmachungsmittel ab.

1.1 Mit Wasser verdünnbare Lederdeckfarben. Entsprechend der Tendenz zu bevorzugter Verwendung von Wasser als Verdünnungsmittel der Lederzurichtflotten nehmen diese Lederdeckfarben den bedeutendsten Rang unter den farbgebenden Zurichtmitteln ein. Die Pigmente sind entweder in Casein eingearbeitet oder mit Schutzkolloiden dispergiert. Sie können auch in Nitrocellulose eingebettet, mit organischen Lösemitteln angeteigt und durch geeignete Emulgiermittel derart präpariert sein, daß sie mit Wasser mischbar sind. Eine weitere Möglichkeit für den Aufbau wassermischbarer Farben besteht darin, daß Pigmente in die filmbildende Polymerisatdispersion eingearbeitet werden.

1.1.1 Caseinfarben. Die Verwendung wäßriger kolloider Lösungen von Eiweißstoffen als Appreturmittel für die Lederzurichtung legte es nahe, daß man die Pigmente mit den gleichen Produkten als Bindemittel vermischt. Um die erforderlichen Qualitätseigenschaften, z. B. Reinheit des Farbtons, Farbintensität, Glanz, Griff, Reibechtheit, zu erreichen, genügt es nicht, daß die Pigmente in die Eiweißlösung eingerührt werden. Sie müssen intensiv aufgeschlossen und feinstmöglich dispergiert werden. Dem Eiweißkörper kommt dabei neben der Funktion als Bindemittel eine sehr wichtige Wirkung als Dispergiermittel und Schutzkolloid zu. Am besten hat sich hierfür Casein bewährt. Es hat gegenüber dem aus Rinderblut gewonnenen Blutalbumin den Vorteil, daß es farblos bzw. sehr hellfarbig ist, gegenüber dem aus Hühnereiern gewonnenen Eialbumin und dem Blutalbumin, daß es nicht in der Hitze koaguliert und daß es weniger nässeempfindlich ist[61]. Andere, für Appreturen gelegentlich mit herangezogene Eiweißstoffe, z. B. Leim oder Gelatine, sind für Lederdeckfarben praktisch ohne Bedeutung.

Casein wird durch Wasser angequollen und erweicht. Es ist aber in Wasser nicht löslich. Zur Herstellung wäßriger Lösungen werden Alkalien in Form von Ammoniak, Borax, Soda oder zuweilen auch von Aminen verwendet. Ammoniakaufschluß des Caseins hat gegenüber den anderen nicht oder wenig flüchtigen Alkalien den Nachteil, daß Lager- und Transportfähigkeit in Ländern mit heißem Klima beeinträchtigt werden können, wenn nicht für kühle Lagerung Sorge getragen wird. Borax und Soda werden bei der für die Casein-Zurichtung üblichen Fixierung mit Formaldehyd nicht völlig unwirksam, so daß die Zurichtung weniger wasserfest fixiert werden kann[62]. Der von Natur aus amphotere Charakter des Caseins wird durch den alkalischen Aufschluß zum Caseinat in eindeutig anionisches Verhalten der wäßrigen Lösung übergeführt.

Caseinfarben werden in konzentrierter Form in den Handel gebracht. Sie werden für den gebrauchsfertigen Ansatz der Zurichtflotte mit den übrigen Zurichthilfsmitteln vermischt und mit Wasser verdünnt. Sie werden üblicherweise in viskoser Pastenform geliefert, können aber auch getrocknet und zu feinkörniger Pulverform gemahlen werden. Pulverfarben werden mit Wasser und Weichmacheröl in der Wärme angeteigt. Hierbei muß die »Lösevorschrift« des Farbenherstellers beachtet werden, um kurzfristige homogene Verteilung zu erzielen. Wegen einfacherer Weiterverarbeitung werden fast allgemein die Farbteige bevorzugt.

Casein trocknet zu einer weitgehend klaren, glänzenden Schicht auf, die ziemlich hart und wenig elastisch ist. Zur Plastifizierung enthalten Caseinfarben Weichmacher aus wasserlöslich gemachten, sulfatierten Ölen. Das hauptsächlich angewendete Weichmachungsmittel ist sulfatiertes Rizinusöl. Man kann hierfür das in der Textilfärberei eingesetzte Türkischrotöl verwenden. Vorteilhafter ist ein weniger intensiv sulfatiertes, aber noch klar wasserlösliches Öl. Es läßt besser naßreibechte Zurichtungen erreichen. Als Weichmacher bzw. als Schutzmittel gegen Verspröden des Caseins durch zu starkes Austrocknen sind hygroskopische Mittel geeignet, z. B. Glycerin oder Derivate des Äthylenglykols.

Als leicht verdauliche Eiweißsubstanz ist Casein empfindlich gegen bakterielle Zersetzung. Caseinfarben müssen deshalb durch ein Konservierungsmittel geschützt werden. Zur Konservierung werden im allgemeinen Chlorierungsprodukte phenolischen Ursprungs herangezogen. Ihre Menge ist auf das vorliegende Deckfarbenkonzentrat abgestimmt. Die Schutzwirkung des Konservierungsmittels hängt nicht ausschließlich von der Relation zur Eiweißsubstanz, sondern zu einem erheblichen Teil auch von der absoluten Konzentration in der Flüssigkeit ab. Wenn eine sachgemäß konservierte Caseinfarbe zur gebrauchsfertigen Zurichtflotte verdünnt wird, dann kann Aufbewahren der Restflotte bei warmem Klima dazu führen, daß die verdünnte Farbe »verstinkt«. Der verdünnte Ansatz muß entweder kühl gelagert oder zusätzlich mit gelöstem Konservierungsmittel versetzt werden.

Caseinfarben können für die Lederzurichtung bei sehr vielen Zurichtarten angewendet werden. Sie können für Glanzstoß- und auch für Bügelzurichtungen eingesetzt werden. Sie sind mit Eiweiß- und mit Polymerisatbindemitteln verträglich und können für kombinierte Zurichtungen mit wasserverdünnbarer Grundierung und lösemittelverdünnbarer Effektfarbe, Appretur oder Lackierung dienen. Sie sind für gedeckte Zurichtung, als deckende Grundierung für Semianilin-Zurichtung und bei Anwendung geringerer Anteile lasierender organischer Pigmente auch für Anilinzurichtung geeignet. Caseinfarben sind viele Jahre lang der einzige Typ wasserverdünnbarer Lederdeckfarben gewesen. Sie haben entsprechend die Entwicklung des gesamten Systems der Lederzurichtung maßgebend beeinflußt. Dieser richtungweisende Einfluß erklärt, daß fast sämtliche wassermischbare Hilfsmittel für die Leder-Zurichtung auf den anionischen Charakter des alkalilöslichen Caseins abgestimmt sind. Dabei mag auch mitgewirkt haben, daß trotz der vielfältigen neueren Entwicklungen die stabilisierende Schutzkolloidwirkung des Caseins bisher nicht übertroffen worden ist.

1.1.2 Caseinfreie oder caseinarme Lederfarben. Mit der zunehmenden Bedeutung und dem erheblich ansteigenden Umfang der Zurichtung von Leder mit korrigiertem Narben kam der Typ der caseinfreien Lederdeckfarben auf. Deren Entwicklung ging von folgenden Beobachtungen und Erwägungen aus:

1. Die geschliffene Lederoberfläche saugt die aufgetragene Zurichtflotte stärker auf als vollnarbiges Leder.
2. Die beim Schleifen im Querschnitt angeschnittenen Faserbündel lassen die Flüssigkeit tief in die Feinstruktur des Lederfasergefüges einwirken.
3. Auch bei Verwendung neutraler bis schwach saurer Polymerisatdispersionen als filmbildendes Grundiermittel muß die Grundierflotte schwach alkalisch eingestellt bleiben, weil sonst das Casein ausfällt.
4. Die alkalische Caseinlösung quillt die geschliffene Narbenschicht an und ruft Verspannungen der Faserstruktur hervor.
5. Die Verspannung wird durch den Grundierfilm fixiert und ergibt groben Narbenwurf und Losnarbigkeit.

Durch neutrale, caseinfreie Pigmentzubereitungen konnte diesem Nachteil begegnet werden[63]. Lederfarben wurden entwickelt auf der Basis feinstdispergierter Pigmente mit Dispergier- und Stabilisiermitteln verschiedenen chemischen Ursprungs[64]. Die Lagerbeständigkeit dieser Farben war in der Anfangszeit der Entwicklung gegenüber den Caseinfarben beeinträchtigt. Sie erforderten oftmals langwieriges intensives Durchrühren des Farbteigs vor der Verarbeitung. Um den Vorteil des feineren Narbenwurfs und der geringeren Narbenbelastung möglichst weitgehend aufrechtzuerhalten, andererseits einwandfreie Lagerstabilität und leichtes Verarbeiten zu gewährleisten, wurden caseinarme Lederfarben auf den Markt gebracht, deren Caseingehalt auf etwa 10 % der in den üblichen Caseinfarben enthaltenen Menge herabgesenkt worden ist.

Die stetig fortschreitende Weiterentwicklung der Lederzurichtung und der Zurichtprodukte haben inzwischen die Stabilität der caseinfreien Pigmentzubereitungen wesentlich verbessert, andererseits hat die für narbengeschliffenes Leder allgemein eingeführte pigmentfreie Narbenimprägnierung den Einsatz von Caseinfarben in der pigmentierten Polymerisatgrundierung weniger problematisch gemacht.

Caseinfreie oder caseinarme Lederfarben sind universell einsetzbar. Sie können zusammen mit Eiweißbindemitteln für Glanzstoß-Zurichtung, zusammen mit thermoplastischen Bindemitteln für Bügel-Zurichtung oder mit Polymerisat- oder Polyurethandispersionen als Grundierung für kombinierte Zurichtung mit lösemittellöslichen Appreturen oder Lacken auf Nitrocellulose- oder Polyurethanbasis verwendet werden. Transparente organische Pigmentfarben dienen als Effektfarbe bei Anilin-Zurichtungen.

1.1.3 Plastikfarben oder Kompaktfarben. Eine Abart der caseinfreien oder caseinarmen Lederfarben stellen die Plastik- oder Kompaktfarben dar. Sie bestehen aus dispergierten Pigmenten im Gemisch mit einem hohen Anteil an filmbildenden Polymerisaten. Daneben können sie noch hochmolekulare, wasserlösliche Substanzen als Schutzkolloide, Konsistenzregler oder Verdickungsmittel und auch Wachsemulsionen als Griffmittel oder zur Verhütung eines störenden Klebens an der heißen Bügelplatte enthalten (plate release).

Ziel der Entwicklung solcher Einstellungen ist, daß dem Zurichter gebrauchsfertige Mischungen aller für den Oberflächenabschluß benötigter Komponenten zur Verfügung gestellt werden. Die Farben müssen nur mit Wasser verdünnt, auf die für den jeweiligen Einsatz erforderliche Konsistenz eingestellt und der Saugfähigkeit der Lederoberfläche angepaßt werden. Die Erfahrungen bei der Verarbeitung von Plastikfarben haben jedoch gezeigt, daß ein solcher Idealfall nur selten gegeben ist. Plastikfarben sind in unveränderter Zusammensetzung im allgemeinen nur für Spaltleder anwendbar. Für die Grundierung von Schleifboxleder werden sie durch Zusätze weiterer Polymerisatdispersionen, eventuell von Nitrocelluloseemulsionen und von weiteren, verschiedenartigen Zurichthilfsmitteln modifiziert, damit sie den jeweiligen Erfordernissen der Lederoberfläche angepaßt werden und die an das zugerichtete Leder gestellten Qualitätsanforderungen erfüllen. Manche Lieferfirmen stellen solche Mischungen individuell auf einen bestimmten Ledertyp und auf die Betriebsverhältnisse des Verbrauchers ein.

So bestechend das System der gebrauchsfertigen Plastikfarben für eine problemlose Verarbeitung auf den ersten Blick erscheint, haben sich doch in der Anwendungspraxis Schwierigkeiten herausgestellt. Einer der wichtigsten Gesichtspunkte ist, daß die gebrauchsfertigen Einstellungen an den Einsatz für nur eine bestimmte Lederart gebunden sind. In jeder Lederfabrik werden wegen der notwendigen rationellen Sortimentsausbeute verschiedene Ledertypen hergestellt und unterschiedliche Zurichtarbeiten durchgeführt. Man müßte deshalb stets mehrere Einstellungen der gebrauchsfertigen Farben zur Verfügung haben. Das bedeutet eine umfangreiche, kostspielige Lagerhaltung, zumal jede Einstellung in sehr verschiedenen Farbnuancen vorrätig sein muß. Man kann zwar Plastikfarben durch Zusätze modifizieren und einigen einander nahestehenden Lederarten und Zurichtmethoden anpassen, ist aber doch weitgehend an den vorgegebenen Typ der Filmsubstanz gebunden. Wenn man in den Farbküchen der Zurichtbetriebe die Plastikfarbe modifiziert und mit verschiedenen Zusätzen abmischt, dann kann man gleich zu der ursprünglich angewendeten Methode der Eigenzubereitung des Ansatzes zurückkehren und von den Einzelkomponenten ausgehen. Diese Art bietet weitaus größere Variationsmöglichkeit und läßt die Lagerhaltung auf ein einziges Pigmentfarbensortiment und auf einige, im Betrieb bewährte Zurichthilfsmittel reduzieren.

Aus den vorgenannten Gründen haben sich gebrauchsfertige Plastik- oder Kompaktfarben für die Lederzurichtung nicht allgemein durchgesetzt. Sie werden nur in einzelnen Einstellungen, z. B. Schwarz, für bestimmte, in größerer Menge zugerichtete Lederarten herangezogen.

1.1.4 Nitrocellulose-Emulsionsfarben. Die wasserverdünnbaren Lederdeckfarben auf der Basis von Casein als Bindemittel oder von oberflächenaktiven Substanzen als Dispergiermittel haben den Nachteil, daß sie nach dem Auftrocknen nässeempfindlich bleiben. Caseinfarben müssen vor allem bei Anwendung für die wenig beschichtende, nicht ausgeprägt filmbildende Glanzstoß-Zurichtung fixiert und damit einigermaßen naßfest gemacht werden. Bei caseinfreien oder bei Plastikfarben schützt das Einbetten in dickere Filmschichten je nach dem Verhalten der Filmsubstanz mehr oder weniger intensiv gegen Nässe. Absolut wasserfest oder quellunempfindlich werden diese Farbzubereitungen jedoch nicht.

Mit der Einführung wasserverdünnbarer Nitrocellulose-Emulsionen[30,65] als Appretur für die Lederzurichtung wurde der Gedanke nahegelegt, auch entsprechende Pigmentzubereitungen zu entwickeln. Die Nitrocellulose-Emulsionsfarben bestehen aus anorganischen oder organischen Pigmenten, welche in niedrigviskose Nitrocellulose und Weichmacher eingebettet, in organischen Lösemitteln gelöst und mit Hilfe von Emulgatoren in Wasser emulgiert sind. Der gelöste Farblack liegt als innere, Wasser als äußere Phase der Emulsion vor. Bei Aufspritzen auf Leder bildet sich ein pigmentierter Nitrocellulosefilm, der wasserfest auftrocknet, ohne daß eine Fixierung erforderlich ist. Damit auch einwandfreie Naßreibechtheit und allgemein hohe Reibbeständigkeit der Zurichtung erreicht werden können, müssen die Pigmente in fein dispergierter Form intensiv in den Nitrocellulosefilm eingebettet sein.

Nitrocellulosefarben sind allgemein farbintensiv und gut deckend. Dieses günstige Verhalten kann jedoch bei den Emulsionsfarben nicht voll ausgewertet werden. Die Emulsionsbildung läßt nur niedrige Trockensubstanzmenge von kaum mehr als 20 % zu. Davon macht das Bindemittel, Nitrocellulose und Weichmacher, mindestens etwa die Hälfte aus, so daß nur eine relativ geringe Pigmentkonzentration resultiert. Nitrocellulose-Emulsionsfarben sind deshalb in ihrer Farbausgiebigkeit den Casein- oder caseinfreien Lederfarben unterlegen. Ihr günstiges Verhalten gegenüber Nässeeinflüssen macht sie aber gut geeignet für die nur dünnschichtige Zurichtung von Nappabekleidungsleder oder als Effektfarbe bei der Anilin- oder Semianilin-Zurichtung.

Dem Vorteil der Nitrocelluloseemulsionen, daß sie entgegen den Nitrocelluloselacken oder den entsprechenden Pigmentfarben keine Lösemittel für die gebrauchsfertige Verdünnung benötigen, sondern mit Wasser verdünnt werden können, steht der Nachteil einer begrenzten Transport- und Lagerbeständigkeit gegenüber[66]. Die Emulsionen sind kälteempfindlich, durch Frosteinwirkung »bricht« die Emulsion, so daß sie nicht mehr mit Wasser verdünnt werden kann. Mit zunehmender Alterung wird der Verlauf bei Aufspritzen auf Leder schlechter, das Aussehen der Lederoberfläche unruhiger, der Glanz geringer, die Naßreibechtheit verschlechtert. Der nachteilige Alterungseinfluß macht sich besonders dann bemerkbar, wenn die Emulsion bei Transport und Lagerung höheren Temperaturen ausgesetzt ist.

Das tritt vor allem bei Verwendung der Nitrocelluloseemulsionen in Ländern mit heißem Klima in Erscheinung. Im Extremfall können dann beim Auftrocknen der auf Leder gespritzten Emulsion punktförmige hochglänzende Stippen in matter Umgebung auftreten.

Diesem Nachteil kann dadurch begegnet werden, daß wasserfreie Emulsionsvorprodukte verwendet werden. Solche Einstellungen wurden unter der Bezeichnung »Emulsionsbase« entwickelt. Diese Bezeichnung rührt nicht daher, daß es sich um basische, kationische Einstellungen handelt. Sie gibt vielmehr an, daß sie Ausgangs- oder Basisprodukte für die Selbstbereitung von wäßrigen Nitrocelluloseemulsionen sind. Die Farben enthalten in gleicher Weise wie die wasserhaltigen Emulsionen in Nitrocellulose und Weichmacher eingebettete Pigmente, Lösemittel und hochwirksame Emulgatoren vorwiegend nichtionischer, zuweilen auch anionischer Natur. Sie sind im allgemeinen wasserfrei oder enthalten nur geringe Anteile Wasser. Sie sind noch nicht emulgiert und deshalb nicht mit der Empfindlichkeit von Emulsionen behaftet, sondern stabil wie Lackfarben. Der Zurichter kann sich die Emulsion in einfacher Weise unmittelbar vor der Anwendung selbst zubereiten. Er hat daher stets frische, ungealterte Emulsionsfarben zur Verfügung. Die Emulsionsbasen sind unempfindlich gegen Transport, Alterung oder Frost. Es ist nur darauf zu achten, daß die Gebinde stets dicht verschlossen gehalten werden, damit keine nennenswerten Anteile der Lösemittel verdunsten können. Sonst kann mit zunehmender Konzentration die Viskosität in unerwünschtem Ausmaß ansteigen und damit die Emulgierbarkeit erschwert werden.

Emulsionsbasen sind im Durchschnitt doppelt so hoch konzentriert wie die wasserhaltigen Nitrocelluloseemulsionen. Sie können entsprechend stärker mit Wasser verdünnt werden oder mit höherer Farbintensität eingesetzt werden. Damit man beim Selbstbereiten eine einwandfreie Emulsion erhält, darf nicht die gesamte, zur Verdünnung vorgesehene Wassermenge auf einmal zugesetzt werden. Man versetzt zweckmäßigerweise zunächst 100 Teile der Emulsionsbase mit 50 Teilen Wasser und verrührt die Mischung intensiv zu einer mittelviskosen Emulsion. Diese wird dann durch portionsweises Einrühren von Wasser auf die für die Anwendung vorgesehene Konzentration verdünnt.

Anwendungsweise und Einsatzgebiete der wäßrig verdünnten Emulsions-Basen sind die gleichen wie bei den Nitrocellulose-Emulsionsfarben.

1.1.5 Spezielle Pigmentzubereitungen. Für besondere Anwendungsgebiete können Leuchtfarben bei der Lederzurichtung verwendet werden. Sie werden z. B. für Schulranzen eingesetzt und dienen hierbei als Sicherheitsfarbe im Straßenverkehr.

Bei den Leuchtfarben handelt es sich um feinstdispergierte organische Pigmente, welche in Mikroperlen aus Kunstharz eingebettet sind. Die Oberfläche dieser Kunstharzperlen ist hochglänzend und wirkt wie ein nach allen Richtungen reflektierender Spiegel. Infolge der sehr großen Oberfläche dieser in der Zurichtschicht angesammelten Mikroperlen wird das auftreffende Licht besonders intensiv reflektiert und damit die sehr hohe Leuchtkraft der Farben erzielt.

Die als Pigmentträger dienenden Kunstharzperlen sind gegenüber Lösemitteln empfindlich. Wenn sie gelöst oder angelöst werden, verlieren sie ihren Hochglanz und ihre Reflexionswirkung. Sie können deshalb nur in wäßrigem Medium verarbeitet werden. Als Appretur sind bei derartigen Zurichtungen lösemittelfreie Polyurethandispersionen oder lösemittelarme Nitrocelluloseemulsionen mit einer Zwischenappretur aus Eiweiß und Nitrocelluloseemulsion anwendbar.

1.2 Mit Lösemitteln verdünnbare Lederdeckfarben. Für die Zurichtung in wasserfreiem Medium auf der Basis von Nitrocellulose- oder Polyurethanlacken müssen wasserfreie, lösemittelhaltige Pigmentzubereitungen verwendet werden. Solche Farben sind im allgemeinen auf der Basis von Nitrocellulose als Bindemittel aufgebaut. Farben auf der Grundlage von Polyurethanen sind nicht üblich.

1.2.1 Nitrocellulose-Deckfarben. Über Nitrocellulosefarben und über die Nitrocellulose-Zurichtung sind in den Jahren 1930 bis 1935 viele grundlegende Arbeiten veröffentlicht worden[8]. Als wichtigste Prinzipien sind folgende Punkte herauszustellen:

1. Als filmbildende Substanz ist Nitrocellulose von mittlerem bis niedrigerem Nitrierungsgrad zu bevorzugen.
2. Mit geringerem Nitrierungsgrad nimmt die Viskosität der Nitrocellulose zu, Dehnbarkeit und Knickbeständigkeit des Films steigen an.
3. Nitrocellulosetypen mit niedrigerer Viskosität verbessern die Haftfestigkeit des Films.
4. Die Elastizität der Nitrocellulose allein reicht nicht aus, um den Film an die Ledereigenschaften anzupassen. Sie wird durch Weichmacher gesteigert. Deren Menge muß für Lederlacke weitaus höher liegen als für andere Einsatzgebiete von Nitrocelluloselacken. Der Weichmacheranteil ist mindestens gleich hoch wie die Menge an Nitrocellulose.
5. Weichmacher verbessern neben der Elastizität auch die Haftfestigkeit des Films.
6. Pigmente sind Einlagerungen von Fremdstoffen im Nitrocellulosefilm. Sie beeinträchtigen Dehnbarkeit, Knick- und Haftfestigkeit des Films.
7. Feinverteilung, Brillanz und Ausgiebigkeit der Pigmente sowie die Eigenschaften des pigmentierten Films werden durch Weichmacheröl verbessert. Das Öl umgibt die Pigmentteilchen mit einer gleitenden Flüssigkeitshülle.
8. Der Ölbedarf der einzelnen Pigmente ist unterschiedlich, bei organischen Pigmenten im allgemeinen höher als bei anorganischen. Wegen dieser spezifischen Ölaufnahme muß der Weichmachergehalt von Nitrocellulosefarben eindeutig höher sein als bei farblosen Lacken.

Nitrocellulosefarben sind aus den farbgebenden Pigmenten, aus Nitrocellulose als Bindemittel, Weichmacher zum Plastifizieren der Nitrocellulose und zum Anteigen der Pigmente sowie aus organischen Lösemitteln zur Einstellung der Konsistenz des Farblacks aufgebaut. Als Pigmente werden üblicherweise die gleichen Substanzen eingesetzt wie bei den wasserverdünnbaren Lederfarben. Die Pigmente müssen zur vollen Entfaltung der Farbintensität intensiv aufgeschlossen und möglichst feindispers verteilt werden[25]. Zum Erhalt einwandfreier Reibechtheit soll jedes Pigmentteilchen in den Nitrocelluloselack voll eingebettet sein. Das ist auch dafür erforderlich, daß die Nitrocellulosefarbe einwandfrei glanzgestoßen werden kann, ohne daß feine Farbstriche in Form von »Stoßkometen« auftreten. Damit verhindert wird, daß die Nitrocellulosefarbe auf dem zugerichteten Leder »ausblutet«, d. h. daß Farbpartikel aus dem Zurichtfilm migrieren, dürfen die Pigmente weder durch Lösemittel noch durch Weichmacher angelöst werden. Hierauf ist besonders bei der Auswahl organischer Pigmente zu achten. Die Vorsorge dafür obliegt dem Farbhersteller.

Die auf dem Markt befindlichen Nitrocellulosefarben sind wie alle Lederdeckfarben Konzentrate mit möglichst hoher Ausgiebigkeit. Sie werden vor der Anwendung mit farblosem Lack als Filmbildner abgemischt. Es ist eine spezifische Eigenart der Nitrocellulosedeckfarben, daß sie trotz meistens geringerer Pigmentkonzentration als sie in den wäßrigen Pigmentzubereitungen vorliegt, eine intensive Deckwirkung ausüben. Für Effektfarben zur Anilin- oder Semianilin-Zurichtung sind aus diesem Grund Spezialeinstellungen mit extrem feinteilig dispergierten Pigmenten entwickelt worden. Sie sind zumeist auf organischer Pigmentbasis aufgebaut, sind stark lasierend und ergeben klare, leuchtende Farbtöne. Sie wirken wie mit löslichen Farbstoffen angefärbte Klarlacke, besitzen aber bessere Lichtechtheit und sind weitgehend migrierbeständig. Diese Farblacke sind wie die übrigen Nitrocellulosefarben nicht auf gebrauchsfertige Farbstärke eingestellt, sondern hochkonzentriert. Der brillante, lasierende Zurichteffekt kommt erst dann voll zur Geltung, wenn sie mit verhältnismäßig hohen Anteilen farbloser Lacke abgemischt werden.

Nitrocellulosefarben haben für die Lederzurichtung auf Lösemittelbasis die gleiche fundamentale Bedeutung wie Caseinfarben für die wäßrige Zurichtung. Sie sind weitgehend universell anwendbar, sowohl für deckende als auch für transparente Zurichtfilme, für matte, seidenglänzende oder hochglänzende Lederzurichtungen. Sie können zusammen mit Nitrocelluloselacken, unter gewissen Voraussetzungen auch mit Polyurethanlacken und sogar mit wasserverdünnbaren Nitrocelluloseemulsionen, verarbeitet werden.

Voraussetzung für die Mischbarkeit mit Polyurethanlack ist das in den Farben enthaltene Lösemittel bzw. das Lösemittelgemisch. Hydroxylgruppenhaltige Lösemittel, wie z. B. Alkohole oder partiell verätherte oder veresterte Glykole, schränken die Verbrauchsdauer reaktiver Polyurethane ein. Sie können auch, da sie einen Teil des Isocyanats der vernetzenden Lackbildung mit den Polyolen entziehen, das Trocknen erschweren und zu klebrigen Filmen führen. Bei nicht reaktiven Einkomponenten-Polyurethanlacken ist die Lösemittelzusammensetzung der Nitrocellulosefarbe weitgehend unwichtig. Für die gemeinsame Verwendung mit Nitrocellulosefarben müssen die Polyurethane ihrerseits die Voraussetzung erfüllen, daß sie keine freien Amine enthalten, da dies den Nitrocellulosefilm dunkelbraun verfärben und die Filmstruktur zerstören kann.

Werden Nitrocellulosefarben mit farblosen Nitrocellulose-Emulsionsbasen abgemischt, dann kann das Gemisch infolge des starken Emulgiervermögens der Base nachträglich mit Wasser verdünnt werden. Für eine solche Verarbeitungsweise müssen verschiedene Voraussetzungen erfüllt werden. Der Anteil der Nitrocellulosefarbe muß erheblich niedriger sein als derjenige der Emulsionsbase, damit die von sich aus nicht mit Wasser mischbare Pigmentzubereitung in die Emulsion mit gezogen wird. Diese Forderung ist infolge der im allgemeinen hohen Farbausgiebigkeit der Nitrocellulosefarben und der Verwendung wäßriger Nitrocelluloseemulsionen für nur schwach pigmentierte, transparente Effektfarben oder Appreturen verhältnismäßig leicht zu erfüllen. Zweite Voraussetzung ist, daß die Nitrocellulosefarbe auf der Basis einer niedrig viskosen Collodiumwolle aufgebaut ist, so daß sie relativ leicht emulgiert werden kann. Der niedrig viskose Nitrocellulosetyp beeinträchtigt zwar die Elastizität und Knickbeständigkeit des Films, doch ist dies ohne nennenswerte Bedeutung, da Nitrocelluloseemulsionen nur für dünnschichtige Filme herangezogen werden, die von Natur aus gut flexibel sind. Schließlich ist die Auswahl der Lösemittel für die Nitrocellulosefarbe wichtig. Mit Wasser mischbare Lösemittel sind für die Emulsionsbildung ungeeignet. Sie beeinträchtigen schon in kleinen Anteilen die Stabilität der Emulsion, und sie können im Extremfall dazu führen, daß bereits bei Beginn der Wasserzugabe die Nitrocellulose ausfällt.

Unter Berücksichtigung der vorgenannten Faktoren ergibt sich für ein Sortiment von Nitrocellulosefarben, welches universell sowohl für voll egalisierende Zurichtungen als auch für transparente Effektfarben, zusammen mit Nitrocellulose, Ein- oder Zweikomponenten-Polyurethan, in Lösemittelverdünnung oder auch in wäßriger Emulsion eingesetzt werden kann, folgender Aufbau:

Pigmente werden in möglichst hoher Konzentration eingesetzt und möglichst weitgehend zu Primärteilchen dispergiert. Als Bindemittel ist niedrig viskose Nitrocellulose zu wählen, deren Einsatzmenge auf ein notwendiges Minimum reduziert ist. Wegen der hohen Pigmentierstärke und des für intensives Dispergieren erforderlichen hohen Ölbedarfs der Pigmente ist der Gehalt an Weichmacheröl relativ hoch zu wählen. Dabei können nicht gelatinierende Weichmacheröle, z. B. Rizinusöl, welches hervorragend dispergierende Wirkung beim Aufschließen der Pigmente ergibt, überwiegen. Allerdings müssen sie durch Anteile gelatinierender Weichmacher ausreichend ergänzt werden, weil sie bei Alleinanwendung leicht »ausschwitzen« würden[8, 30]. Als Lösemittel sind höhersiedende, mit Wasser nicht mischbare, hydroxylgruppenfreie Verbindungen, in erster Linie Ester und Ketone, heranzuziehen. Für die Anwendung bei der Lederzurichtung sind je nach dem gewünschten Grad der Deck- bzw. Egalisierwirkung oder der Transparenz 10 bis 25 Teile derartiger Farbkonzentrate mit 90 bis 75 Teilen eines farblosen Lacks abzumischen.

2. Schönungsfarbstoffe

Bei Anwendung von lasierenden organischen Pigmenten lassen sich im allgemeinen reine, ziemlich brillante Farbtöne erzielen. Die deckenden anorganischen Pigmente ergeben dagegen zumeist stumpfere Farbnuancen. Damit man gute Egalisierwirkung und trotzdem möglichst lebhafte, leuchtende Farbtöne erreichen kann, werden dem pigmentierten Deckfarbenansatz lösliche Farbstoffe zugegeben. Bei der das natürliche Aussehen des Leders stark betonenden Anilin-Zurichtung wird zuweilen gänzlich auf den Einsatz von Pigmenten verzichtet, und es werden nur mit Farbstoffen angefärbte Appreturen eingesetzt. Das kann allerdings im Hinblick auf die Lichtbeständigkeit des zugerichteten Leders kritisch sein, denn Farbstoffe sind weniger lichtecht als Pigmente.

Farbstoffe werden bei der Lederzurichtung nicht nur zum Schönen, d. h. zur Steigerung der Brillanz von Pigmentfarben, verwendet. Der Anwendung deckender, pigmentierter Zurichtflotten geht oftmals eine Spritz- oder auch Bürstfärbung mit einer Farbstofflösung voraus. Bei Schleifboxleder wird durch die Schleifbehandlung die Narbenschicht mehr oder weniger tief abgeschliffen. Damit wird die bei üblicher Faßfärbung am intensivsten angefärbte Zone entfernt. Aus diesem Grund wird in vielen Fällen bei Schleifboxleder auf eine Faßfärbung verzichtet und das Leder naturell aufgetrocknet. Wenn nun eine buntfarbige oder schwarze Zurichtung auf dem ungefärbten Leder vorgenommen wird, dann besteht die Gefahr, daß schon feine Rißverletzungen der Lederoberfläche bei Verarbeitung oder im Gebrauch des Leders stark betont hervortreten, weil dann das ungefärbte Lederfasergefüge infolge des Farbkontrasts deutlich sichtbar wird. Feine Haarrisse, welche den Gebrauchswert des Lederartikels normalerweise nicht oder nur wenig beeinträchtigen, bleiben unsichtbar, wenn die Lederfasern in einem dem Aspekt der Zurichtung entsprechenden Farbton angefärbt sind. Eine Vorfärbung des Leders vor der Zurichtung ist deshalb unbedingt anzuraten. Dabei sollte nicht nur die äußerste Oberfläche des Leders angefärbt werden, sondern die Farbstoffe sollten wenigstens in die volle Tiefe der Narbenzone einziehen. Diese Forderung kann bei der

Vorfärbung von Schleifboxleder in einfacher Weise erfüllt werden, wenn der Färbevorgang mit der Narbenimprägnierung kombiniert wird. Die Zone, welche durch die Imprägnierung erfaßt werden muß, stimmt mit der anzustrebenden Eindringtiefe des Farbstoffs überein. Außerdem kann bei dieser kombinierten Anwendung ein gesonderter Arbeitsgang für die Vorfärbung eingespart werden.

Bei Vollnarbenleder wird erforderlichenfalls die Flächenruhe des bereits im Faß gefärbten Leders korrigiert. Außer Bürst- oder Spritzfärbung kann hierfür eine Tauchbehandlung im »Multima«-Durchlauffärbeapparat[67] herangezogen werden, oder man kann das Leder in einheitlichem Farbton oder in verschiedenartigen Musterungen mit einer Farbstofflösung bedrucken[5, 48].

Die Auswahl der Farbstoffe für die Anwendung im Zug der Zurichtarbeiten soll besonders sorgfältig erfolgen. Hohe Anforderungen sind an die Lichtbeständigkeit und Reinheit des Farbtons sowie an eine wasserfeste Fixierbarkeit zu stellen. Damit die Farbstofflösung mit den zugleich angewendeten Zurichtmitteln einwandfrei verträglich ist, müssen die Farbstoffe möglichst weitgehend frei von Neutralsalzen sein. Man kann nicht davon ausgehen, daß Farbstoffe, welche sich bei der Faßfärbung bewährt haben, auch unbedingt für den Einsatz bei der Zurichtung geeignet sind. Zwischen beiden Anwendungsgebieten bestehen grundlegende Unterschiede. Die Voraussetzung für gutes Abbinden des Farbstoffs mit dem Lederfasergefüge sind bei der Zurichtung wesentlich weniger gegeben als bei der Faßfärbung[68]. Hierfür sind folgende Gründe maßgebend:

1. Die Möglichkeit einer Bindung der für die Lederfärbung am häufigsten verwendeten anionischen Farbstoffe ist am günstigsten unmittelbar im Anschluß an die Chromgerbung.
2. Mit fortschreitender Alterung des Chrom-Collagen-Komplexes wird die Bindefähigkeit für Farbstoffe geringer. Sie nimmt noch stärker ab, wenn das Chromleder getrocknet wird.
3. Die für die Nachgerbung herangezogenen anionischen Gerbstoffe und die anionischen Lickerprodukte besetzen einen nicht unbeträchtlichen Teil der für das Abbinden des Farbstoffs benötigten reaktiven Stellen des Leders und vermindern die Fixierbarkeit der Farbstoffe.
4. Bei der Färbung des nassen Leders in der Flotte wird der Farbstoff aus der Lösung selektiv vom Lederfasergefüge aufgenommen. Bei Spritz-, Bürst-, Druck- oder Gießfärbung (Narbenimprägnierung) des trockenen Leders wird die Menge der aufgetragenen Farbstofflösung weitgehend durch die Saugfähigkeit der Lederoberfläche bestimmt. Die aufgebrachte Flüssigkeit wird auf dem Leder getrocknet, unabhängig davon, ob die darin enthaltene Farbstoffmenge vom Leder gebunden werden kann oder nicht. Daher besteht leicht die Gefahr von Überdosierung und ungenügender Fixierung des Farbstoffs.
5. Aufziehen und Abbinden des Farbstoffs werden durch hohe Temperatur der Farbflotte begünstigt. Die Anwendungstechnik der Lederzurichtung läßt bei der Spritz- oder Gießbehandlung keine Temperatur der Farbstofflösung zu, welche nennenswert über der Temperatur des Zurichtraums liegt. Außerdem würde eine heiße Farbflotte bei Auftreffen auf das Leder sofort wieder abgekühlt.

Diese nachteiligen Faktoren müssen bei der Verwendung von Farbstoffen für die Lederzurichtung beachtet werden, um Schwierigkeiten zu vermeiden. Dem Sicherheitsbedürfnis kommt entgegen, daß die Anwendungstechnik der Zurichtung infolge der bevorzugten

Oberflächenfärbung ziemlich intensive Farbwirkung ergibt, so daß man die einzusetzende Farbstoffmenge ziemlich niedrig halten kann.

2.1 Wasserlösliche Farbstoffe. Zum Anfärben wäßriger Ansätze von Lederzurichtmitteln sind theoretisch alle Arten wasserlöslicher Farbstoffe verwendbar. Praktisch sind jedoch nur saure Farbstoffe geeignet. Basische Farbstoffe sind infolge ihrer kationischen Ladung mit den überwiegend anionisch eingestellten Zurichtmitteln nicht verträglich. Durch die entgegengesetzte Ladung kann die Zurichtflotte sofort bei Zugabe der basischen Farbstofflösung ausfallen oder Ausflockungen treten erst nach einiger Zeit ein.

2.1.1 Saure Farbstoffe. Die einfachen anionischen Farbstoffe vom Typ der Monoazofarbstoffe werden unter den Anwendungsbedingungen der Lederzurichtung weder von der Ledersubstanz noch von den Zurichtmitteln ausreichend gebunden. Sie sollten daher für den Einsatz als Schönungsfarbstoff möglichst vermieden werden. Höher molekulare saure Farbstoffe mit substantivem Charakter können zum Anfärben von Eiweißbindemitteln herangezogen werden, da sie infolge ihrer ausgeprägten Neigung zur Oberflächenfärbung schon bei geringer Einsatzmenge ausreichend farbintensiv wirken. Am vorteilhaftesten sind auf jeden Fall Metallkomplexfarbstoffe. Sie werden sowohl in der Form von 1.1- als auch von 1.2-Komplexen eingesetzt und im allgemeinen als konzentrierte Farbstofflösungen angeboten.

Gegenüber den einfachen sauren Lederfarbstoffen haben die Schönungsfarbstofflösungen den Vorteil, daß sie frei sind von »Stellmitteln« organischer oder anorganischer Natur. Solche Stellmittel werden vom Leder nicht gebunden. Beim Färben in der Flotte bleiben sie in der wäßrigen Lösung zurück, auf dem Leder angelagerte Reste werden beim Spülen ausgewaschen. Wenn stellmittelhaltige Farbstoffe zum Schönen der Zurichtansätze verwendet werden, können anorganische Salze elektrolytempfindliche Bindemitteldispersionen ausfällen. Die Stabilität nicht beeinträchtigende Stellmittel werden in die Zurichtschicht mit eingelagert. Sie können Salzausschläge oder stumpfe, trübe Flecken hervorrufen. Salze können auch infolge der leichten Wasserlöslichkeit die Zurichtung quellempfindlich machen und die Naßreibechtheit herabsetzen. Die als Schönungsfarbstoffe bevorzugt eingesetzten Metallkomplexfarbstoffe sind meistens nur in begrenztem Umfang in Wasser löslich. Sie werden in einem organischen, mit Wasser mischbaren Lösemittel oder in einem Lösemittel-Wasser-Gemisch gelöst und sind dann mit Wasser weiter verdünnbar. Wenn beim Trocknen der Zurichtschicht Wasser und Lösemittel verdunsten, sind die Farbstoffe weitgehend nässebeständig fixiert.

Die »wasserlöslichen« Schönungsfarbstoffe in Form der Metallkomplex-Farbstofflösungen können für die Spritz- und Gießfärbung (Imprägnierung) natureller Leder, für die Spritzfärbung zum Egalisieren oder Nachnuancieren faßgefärbter Leder, zum Schönen von pigmentierten wäßrigen Zurichtflotten, als Effektfarbe in Polymerisatdispersionen oder in Nitrocelluloseemulsionen verwendet werden.

2.1.2 Basische Farbstoffe. Sie ergeben im allgemeinen sehr brillante Farbtöne. Ihr Nachteil ist, daß sie meistens recht lichtempfindlich sind, in Lederzurichtungen kaum fixiert werden können und daher ziemlich stark abfärben. Ihr kationischer Charakter macht sie unverträglich mit vielen Lederzurichtmitteln. Da sie in organischen Lösemitteln leicht löslich sind, können sie bei Aufspritzen eines lösemittelverdünnten Lacks als abschließender Schutzauftrag an die Oberfläche wandern, bronzieren und abfärben. Selbst Appreturaufträge von wasserverdünnten Nitrocelluloseemulsionen können in dieser Hinsicht kritisch sein, da auch diese organische Lösemittel enthalten.

Trotz dieser Nachteile werden basische Farbstoffe zuweilen für Anilinzurichtungen herangezogen, bei denen man besonders lebhafte, brillante Farbtöne erzielen will. Ein solcher Einsatz ist jedoch nur unter besonderen Vorsichtsmaßnahmen möglich, wenn man nicht das Risiko ungenügender Echtheitseigenschaften der Zurichtung eingehen will.

Für die Lederzurichtung sind die als Schönungsfarbstoffe angebotenen, speziell ausgewählten Typen basischer Farbstoffe heranzuziehen. Damit sie bei der Spritzfärbung ausreichend tief in das Leder einziehen und die Haftfestigkeit der Zurichtung nicht beeinträchtigen, sind sie zusammen mit geeigneten Penetratoren anzuwenden. Sie können mit kationisch präpariertem, säurelöslichem Casein als Bindemittel oder mit einer kationischen Ölgrundierung kombiniert werden. Nach der basischen Färbung ist es zur Fixierung der Farbstoffe angeraten, daß der nachfolgende Auftrag mit sauren Farbstoffen angefärbt wird. Basische und saure Farbstoffe verlacken sich gegenseitig, der gebildete Farblack ist besser licht- und nässebeständig als jede Einzelkomponente. Um möglichst vollständiges Verlacken zu gewährleisten, muß die Menge der angewendeten sauren Farbstoffe die der basischen Farbstoffe überwiegen. Als einfache Faustregel kann gelten, daß auf einen Teil basischer Farbstoffe zwei Teile saurer Farbstoffe eingesetzt werden. Ein weiterer Sicherheitsfaktor ist, daß die mit sauren Farbstoffen angefärbte Zurichtflotte auf die basisch angefärbte aufgesetzt wird, nicht umgekehrt.

2.1.3. Farbstoff-Verlackungen. Die Anwendung basisch angefärbter und sauer angefärbter Zurichtflotten nacheinander ist umständlich und erschwert oft das Nuancieren der gewünschten Farbtöne. Das angestrebte Ziel der verbesserten Echtheitseigenschaften basischer Schönungsfarbstoffe läßt sich einfacher erreichen, wenn die Farbstoffe nicht in getrennten Ansätzen angewendet, sondern in gemeinsamer Flotte miteinander verlackt werden. Durch das Verlacken verlieren die basischen Farbstoffe ihre kationische Ladung. Sie werden dadurch mit allen Lederzurichtmitteln verträglich. Voraussetzung dieser Verträglichkeit ist, daß die basischen Farbstoffe vollständig verlackt sind und daß kein Überschuß nicht umgesetzter Anteile zurückbleibt. Ein Überschuß nicht verlackter Anteile saurer Farbstoffe wirkt sich dagegen nicht nachteilig aus. Damit vollständiges Verlacken der basischen Farbstoffkomponente gewährleistet ist, wendet man auf zwei Teile saurer Farbstoffe einen Teil basischer Farbstoffe an.

Die Verlackung von sauren mit basischen Farbstoffen entspricht der Bildung organischer Pigmente, die in Wasser unlöslich sind. Damit sich nicht grobe Flocken bilden, die aus der Lösung ausgefällt werden, muß die Verlackung in feinster Form in der Flotte verteilt und im Schwebezustand gehalten werden, sonst erhält man trübe, stumpfe Farbtöne. Extrem feine Verteilung läßt sich erzielen, wenn man saure und basische Farbstoffe unter Aufkochen getrennt voneinander löst und die Lösungen dann bei möglichst hoher Temperatur nahe der Siedehitze zusammenrührt. Es ist gleichgültig, ob die saure Farbstofflösung in die basische oder umgekehrt die basische in die saure eingerührt wird. Wichtig ist die hohe Temperatur der Lösungen. Je heißer verlackt wird, um so feiner und stabiler ist der Farblack verteilt, um so klarer und reiner bleibt der Farbton.

Infolge der weitgehenden Wasserunlöslichkeit lassen sich Farblacke bei der Lederzurichtung wesentlich besser fixieren als basische Farbstoffe und im allgemeinen auch besser als saure. Farblacke sind besser lichtbeständig als die verwendeten Einzelfarbstoffe. Sie sind auch gegen organische Lösemittel weniger empfindlich als die entsprechenden basischen Ausgangskomponenten. Für die Verlackung sind beliebige basische Farbstoffe verwendbar. Als saure Verlackungskomponente sind Metallkomplexfarbstoffe besonders günstig.

Einen besonderen Typ der Farbstoffverlackung stellt der für schwarze Glanzstoß-Zurichtungen herangezogene Hämatinelack dar. Der aus dem mexikanischen Campecheholz gewonnene Pflanzenfarbstoff Blauholzhämatine wird in Wasser gelöst und bei Siedehitze mit einer Lösung von Kaliumbichromat verlackt. Mit dem Farblack wird eine Lösung von Casein, Gelatine und Milch angefärbt und als Glanzstoßappretur für schwarzes Boxkalb- oder Chevreauleder verwendet (Tabelle 4).

Als Zurichtmittel zuweilen auf dem Markt anzutreffende Schwarzappreturen enthalten in Casein eingebettete Farblacke schwarzer, blauer oder violetter Farbstoffe. Sie stellen gut fixierbare Appreturmittel für schwarzes Leder dar und können ebenso auch als Schönungsmittel für brillante, schwarz pigmentierte Deckfarbenansätze eingesetzt werden.

2.1.4 Polymer-Farbstoffe. Eine Sonderstellung unter den farbgebenden Substanzen für die Lederzurichtung nehmen Polymerfarbstoffe bzw. farbige Polymerisatdispersionen ein[25, 69]. Hierbei handelt es sich um Mischpolymerisate von Farbstoffen mit Acrylsäureester, welche reaktive Amino- oder Oxy-Gruppen enthalten. Die Farbstoffe sind in die filmbildende Substanz einpolymerisiert. Sie sind dadurch chemisch fest gebunden und können weder durch Wasser noch durch organische Lösemittel herausgelöst werden. Sie sind migrierbeständig und können nur dann abfärben, wenn die gesamte Filmsubstanz gelöst oder durch Reiben nach Anquellen angegriffen wird. Die Polymerfarbstoffe ergeben einen klaren, transparenten, buntfarbigen Film. Sie verhalten sich in dieser Hinsicht wie Schönungsfarbstoffe, unterscheiden sich aber von diesen dadurch, daß sie unlöslich sind. Sie sind andererseits nicht den unlöslichen Pigmenten zuzuordnen, denn sie sind nicht als separater Fremdstoff in den Film eingebettet. Sie beeinträchtigen infolgedessen nicht die Homogenität, Dehnbarkeit, Knickbeständigkeit oder andere Elastizitätseigenschaften des Zurichtfilms. Der homogene Film der Polymerfarbstoffe ist von klarer Transparenz und brillanter Reinheit. Die Lichtbeständigkeit ist besser als bei Filmen, die mit wasserlöslichen Schönungsfarbstoffen angefärbt sind. Sie kommt der von organischen Pigmenten nahe.

Durch ihren Aufbau als farbige Polymerisatdispersion sind die Polymerfarbstoffe zwar mit Wasser verdünnbar, doch ist die Farbstoffkomponente wasserunlöslich. Trotzdem sind sie

Tabelle 4: Blauholzhämatinelack für schwarze Glanzstoß-Zurichtung.

	10,0 g	Hämatine
in	100,0 ml	kochendem Wasser
mit	1,0 ml	Ammoniak
		unter langsamem Einrühren lösen.
	0,8 g	Kaliumbichromat
in	200,0 ml	kochendem Wasser
		lösen.
		Beide Lösungen in der Siedehitze zusammenrühren.

den wasserlöslichen Schönungsfarbstoffen zuzurechnen, denn ihr über 50% betragender Wassergehalt verhindert den Einsatz in lösemittelverdünnbaren Lacken oder Appreturen.

Den Einsatz bei der Lederzurichtung bestimmt das Verhalten sowohl als transparente farbgebende Substanz wie auch als filmbildendes Bindemittel. Polymerfarbstoffe sind für sich allein als filmbildender Oberflächenabschluß bei der Anilinzurichtung von vorgefärbtem oder naturellem Leder, von vollnarbigem oder geschliffenem Leder mit glatter Oberfläche oder mit gepreßtem Narben anwendbar. Sie können auch als eindringender, die Lederoberfläche nicht abschließender Lüster für Velourleder herangezogen werden. Sie lassen sich in der Grundierung, als Effektfarbe, allein oder zusammen mit Pigmentfarben einsetzen. Sie können mit anionischen oder mit nichtionischen Zurichtmitteln gemischt werden und sie lassen sich mit allen Methoden der Zurichttechnik auf das Leder auftragen. Bei Verwendung als Effektfarbe bei der Anilin- oder Semianilin-Zurichtung wird das brillante, transparente Aussehen am günstigsten hervorgehoben, wenn der Farbton der Grundierung deutlich heller gehalten ist als die Nuance der Effektfarbe.

Nachteil der in den Zurichteigenschaften recht günstigen Polymerfarbstoffe ist, daß die Mischpolymerisation den Farbstoff auf ein bestimmtes Filmverhalten festlegt, das allerdings durch Abmischen mit farblosen Polymerisatbindern in gewissen Grenzen korrigiert werden kann. Weiterhin ist nachteilig, daß sich bisher nur eine begrenzte Palette von Farbtönen aufbauen läßt, da nur wenige Monomerfarbstoffe zur Mischpolymerisation mit Acrylaten oder anderen polymerisierbaren Ausgangsmaterialien geeignet sind. Polymerfarbstoffe haben sich deshalb in der Lederzurichtung nicht durchgesetzt.

2.2 Lösemittellösliche Farbstoffe. Zum Anfärben wasserunlöslicher Zurichtmittel, wie sie in Form von farblosen Nitrocellulose- oder Polyurethanlacken als Appretur oder Abschlußlack verwendet werden, werden Farbstoffe benötigt, die in organischen Lösemitteln leicht und in ausreichender Konzentration löslich sind. Diese Forderung wird weitgehend durch basische Farbstoffe erfüllt. Trotzdem sind sie als Schönungsfarbstoffe nur wenig geeignet und nicht zu empfehlen. Sie sind löslich in Wasser und färben deshalb leicht ab. Sie sind im allgemeinen ziemlich stark lichtempfindlich und bleichen auf dem Leder rasch aus. Sie neigen bei Trocknen des Lackauftrags dazu, mit den verdunstenden Lösemitteln an die Lackoberfläche zu wandern und zu bronzieren. Dadurch wird neben dem meistens unerwünschten Aussehen die Abfärbeempfindlichkeit der Zurichtung sowohl bei nassem als auch bei trockenem Abreiben gefördert.

2.2.1 Metallkomplex-Farbstoffe. Die Nachteile der basischen Farbstoffe sind nicht gegeben, wenn lösemittellösliche Metallkomplexfarbstoffe verwendet werden. Die für die Lösemittelzurichtung von Leder angewendeten Farbstoffsortimente sind sulfogruppenfrei und daher wasserunlöslich, so daß die Gewähr naßreibbeständiger, nicht ausblutender Färbung gegeben ist. Die Farbstoffe sind auch recht gut lichtbeständig.

Erfahrungsgemäß kann die Löslichkeit der Farbstoffe in den verschiedenen organischen Lösemitteln sehr unterschiedlich sein. Selbst wenn bei Überschreiten der Löslichkeitsgrenze der Farbstoff sich nicht spontan absetzt, sondern noch fein dispergiert bleibt, besteht die Gefahr von trüben Farbnuancen, im Extremfall von Bronzieren und Abfärben bei trockenem Reiben. Man ist deshalb von der Verwendung der Metallkomplexfarbstoffe in ungelöster Pulverform weitgehend abgekommen. Die dem Lederzurichter angebotenen Sortimente stellen im allgemeinen gebrauchsfertige, konzentrierte Farbstofflösungen dar, deren Lösemittel im Hinblick auf günstige Lösewirkung und hohe Verträglichkeit mit den bei der Lederzurichtung angewendeten Lacklöse- und Verdünnungsmitteln ausgewählt worden sind. Die vorgefertigten Lösungen haben außerdem den Vorteil des leichten Hantierens, da sie bei Anwendung leicht in den anzufärbenden Lack eingerührt werden können.

Der Zurichter muß bei Verwendung der vorgelösten Metallkomplexfarbstoffe zwei Faktoren berücksichtigen:

1. Die Farbstoffe sind in Kohlenwasserstoffen, die in Form von Benzol, Toluol oder Xylol zuweilen als Verschnittmittel in Lackverdünnern verwendet werden, praktisch unlöslich. Es ist daher darauf zu achten, daß solche Verschnittmittel nicht oder nur in geringen Anteilen miteingesetzt werden.
2. Lösemittellösliche Metallkomplexfarbstoffe werden besonders intensiv von Glykoläthern gelöst. Solche Lösemittel enthalten freie Hydroxylgruppen, welche mit Polyurethanen reagieren. Sie sind deshalb mit reaktiven Polyurethan-Ein- oder -Zweikomponentenlacken nicht verträglich. Ihr Einsatz ist auf Nitro- oder andere Celluloselacke beschränkt. Farbstofflösungen in nicht reaktiven Lösemitteln können für alle lösemittelverdünnbaren Lacke oder Lederappreturen verwendet werden. Bei den auf dem Markt angebotenen Sortimenten von Farbstofflösungen sind die Anwendungsvorschriften der Hersteller zu beachten.

3. Hilfsmittel für die Lederzurichtung

So wichtig Pigmentzubereitungen und Schönungsfarbstoffe für die Farbgestaltung der Lederoberfläche auch sind, so vermögen sie doch für sich allein die geforderte Veredlung und Qualitätsverbesserung, welche die Zurichtung dem Leder verleihen soll, nicht zu erfüllen. Die abschließende, die Lederoberfläche schützende Schicht erfordert den Einsatz filmbildender Bindemittel, welche gemeinsam mit Pigmentfarben oder Farbstofflösungen oder auch farblos eingesetzt werden. Sie können in ihrer Wirkung darauf ausgerichtet sein, daß sie die Lederoberfläche für die Ausbildung einer gleichmäßig aufliegenden, fest abbindenden Zurichtschicht vorbereiten, oder sie bilden von sich aus diese auf dem Leder sich ablagernde Filmschicht. Bei Produkten mit vorbereitender Wirkungsweise handelt es sich um Grundiermittel. Produkte, welche den oberflächenabschließenden Zurichtfilm ergeben, werden als Bindemittel bezeichnet.

3.1. Grundiermittel. Die Porosität des Narbens und die Saugfähigkeit der Lederfaserstruktur der Oberfläche bestimmen in ausschlaggebender Weise den Effekt der Zurichtung und das Aussehen des zugerichteten Leders. Die offenen Haargruben und die bei geschliffenem Leder makroskopisch, bei Vollnarbenleder zumindest mikroskopisch rauhe Oberfläche erfordern, daß die Hohl- bzw. Zwischenräume ausgefüllt oder überbrückt werden. Die Rauheit und auf der Lederoberfläche vorhandene Verunreinigungen, Fettsubstanzen sowie eine Hydratationsschicht können dazu führen, daß die aufgetragene Zurichtflotte nicht die gesamte Lederfläche gleichmäßig benetzt und daß die Haftfestigkeit durch Fehlstellen der Benetzung beeinträchtigt wird[70]. Starke Saugfähigkeit des Leders ergibt zwar intensive Benetzung, läßt aber die aufgetragene Flotte zu intensiv in das innere Lederfasergefüge einziehen. Der Auftrag wirkt nach dem Auftrocknen stumpf und unfertig. Besonders nachteilig ist ungleichmäßige Saugfähigkeit, wie sie bei stellenweiser Flächenbeschädigung des Narbens durch Mist- oder Urinschäden, Brühschäden bei Schweinshäuten, durch ungleichmäßig tiefes Schleifen oder auch bei Spaltleder auftreten kann. Sie begünstigt unruhiges, fleckiges Aussehen des zugerichteten Leders. In ähnlicher Weise, meistens jedoch in abgemilderter Form, kann sich unterschiedliches Saugvermögen bei verschieden dichter Faserstruktur zwischen Rücken-, Hals- und Bauchteilen bei Vollnarbenleder auswirken. Bei Rindhäuten oder auch bei Mastkalbfellen können die verhältnismäßig groben Haarporen, vor allem wenn glanzgestoßen wird, zu unruhigem Aussehen führen und bei Schwarzzurichtung den nachteiligen Grauschimmer verursachen.

Geringe Saugfähigkeit führt zu bevorzugter Ablagerung des Zurichtfilms auf der Lederoberfläche. Das ergibt Schwierigkeiten infolge ungenügender Haftfestigkeit der Zurichtung. Bei geschliffenem Leder führt geringes Eindringen der Bindemittel zu Losnarbigkeit und wulstigem Narbenwurf bei Biegen des zugerichteten Leders mit der Narbenseite nach innen und ergibt rasche Beschädigung oder Unansehnlichwerden der Schuhe an den Gehfalten des Vorderblatts.

Zur Behebung derartiger Schwierigkeiten wird das Leder vor dem Auftragen der eigentlichen Zurichtschicht mit einem Grundiermittel vorbehandelt. Aufbau und Wirkungsweise dieser Grundiermittel sind je nach dem beabsichtigten Effekt unterschiedlich. Ihre Auswahl muß mit der nachfolgenden Zurichtbehandlung abgestimmt und sowohl den angewendeten Zurichtmitteln als auch der vorgesehenen maschinellen Zurichtbehandlung angepaßt werden.

3.1.1 Narbenimprägniermittel. Vorbereitung der Lederoberfläche für die Zurichtung ist ganz besonders wichtig bei Schleifboxleder. Für diese Lederart sind verschiedenartige Behandlungsmittel entwickelt worden. Sie haben alle zum Ziel, daß durch die Zurichtung die faserige Fläche des geschliffenen Narbens gleichmäßig und glatt versiegelt und eine Beschichtung aufgebaut werden kann, welche sich wie eine neue Narbenschicht dem Leder anpaßt. Den Vorbehandlungsmitteln für Schleifboxleder ist gemein, daß sie in die geschliffene Narbenschicht einziehen und keine Filmschicht auf dem Leder ablagern. Sie werden in die Faserzwischenräume eingelagert wie ein Imprägniermittel und haben daher ihren Namen erhalten, obwohl ihnen keine spezifische hydro- oder oleophobierende Wirkung zukommt.

Als erste Gruppe dieser Art wurden *Ölgrundierungen* herangezogen. Für deren Einsatz sind folgende Erwägungen bestimmend:

1. Damit der Narben sich kurzfaserig schleifen läßt, wird das Rindleder mit vegetabilen und synthetischen Gerbstoffen nachgegerbt. Die Gerbstoffe werden überwiegend in den Außenzonen gebunden.
2. Die Einsatzmenge an Fettstoffen ist bei der Lickerfettung ziemlich niedrig. Die Fettungsmittel sind im wesentlichen in den Außenschichten abgelagert[71].
3. Beim Schleifen wird die fettreiche Narbenzone entfernt. Die angeschnittenen, nachgegerbten Lederfasern sind vermehrt saug- und quellfähig.
4. Sie nehmen besonders begierig Fettstoffe aus der Umgebung auf und entziehen bei Lagerung des Leders der Zurichtschicht Weichmacheröl. Das kann zu Verspröden der Filmschicht führen.

Wenn die geschliffene Lederoberfläche mit einer Ölemulsion behandelt wird, kann der Fettgehalt der Narbenzone wieder angereichert werden. Saugvermögen und Quellfähigkeit der geschliffenen Fasern lassen sich dadurch wieder auf ein normales Ausmaß reduzieren. Der erhöhte Fettgehalt wirkt auch dem Abwandern von Weichmacheröl aus der Deckschicht entgegen. Diese Antimigrationswirkung kann noch gesteigert werden, wenn für die Ölgrundierung eine Emulsion mit kationischer Ladung verwendet wird. Neben dem Einsatz reiner Ölemulsionen trifft man auch Kombinationen von Ölemulsion mit Polyacrylat an, mit denen die Füllwirkung verbessert wird.

Die Einsatzmenge der kationischen Ölgrundierung muß vorsichtig dosiert werden. Anwendung im Überschuß kann die Haftfestigkeit der Zurichtung beeinträchtigen, besonders dann, wenn die Kationaktivität noch dadurch gesteigert ist, daß man die Ölemulsion mit basischem Farbstoff anfärbt. Diesem Risiko kann dadurch begegnet werden, daß der pH-Wert der Ölemulsion durch Alkalizusatz auf etwa 8 angehoben wird. Im neutralen bis alkalischen Bereich ist die kationische Ladung aufgehoben. Das erkennt man daran, daß die Emulsion nun mit anionischen Metallkomplexfarbstoffen angefärbt werden kann.

Ein völlig neuer Aspekt der Zurichtung von Schleifboxleder trat in Erscheinung, als mit der Entwicklung von Polyurethanlacken für die Lederzurichtung von den USA ausgehend 1965 eine Imprägnierung mit organischen Lösungen niedrigmolekularer *Polyurethanprepolymerer* eingeführt wurde[54]. Solche Lösungen ziehen tief in das Lederfasergefüge ein und werden durch Vernetzung unlöslich eingelagert. Um die narbenfestigende Wirkung zu erzielen, müssen sie die Narbenschicht vollständig durchdringen und bis in die retikulare Faserschicht eindringen. Sie erfassen dabei die lose strukturierte Übergangszone zwischen Narben- und Retikularfasern, verbinden beide Zonen intensiv miteinander und heben die Losnarbigkeit des zugerichteten Leders auf[72, 73].

Nachteil der Polyurethan-Narbenimprägnierung ist, daß das Leder bei kräftiger Imprägnierbehandlung verhärtet und weniger elastisch wird. Es kommt hinzu, daß das Prepolymer teilweise mit dem Feuchtigkeitsgehalt des Leders reagiert und daß dem imprägnierten Leder nur schwierig überschüssige Feuchtigkeit wieder zugeführt werden kann. Das macht sich bei Aufleisten der Vorderblätter in der Schuhfabrikation ungünstig bemerkbar. Wenn das Leder bei dem vorbereitenden Dämpfen oder Klimatisieren nur wenig Feuchtigkeit aufnimmt, ist es nur wenig dehn- und formbar. Um es über den Schuhleisten zu spannen und den Rundungen der Schuhform anzupassen, muß es kräftig gezogen werden. Dabei besteht die Gefahr, daß die durch das Schleifen ohnehin geschwächte Narbenzone platzt. Diese Gefahr wird noch dadurch gesteigert, daß die Imprägnierung das Lederfasergefüge nicht in der gesamten Dicke erfaßt. Die nicht imprägnierte retikulare Zone kann beim Befeuchten ihren Wassergehalt ungehindert steigern. Sie wird entsprechend intensiver dehn- und formbar, und es entstehen bei der Zugbeanspruchung des »Zwickens« und »Vorholens« zusätzliche starke Spannungen zwischen Fleisch- und Narbenseite.

Im Laufe der Entwicklung ist das nachteilige Verhärten des polyurethan-imprägnierten Leders abgemildert worden, teils durch Abwandlung des Prepolymeren, teils durch abgeänderte Anwendungsweise. Die hohe Bedeutung, welche ursprünglich dieser Imprägnierart beigemessen wurde, hat sich nicht bestätigt. Andersartig aufgebaute Imprägniermittel haben sich einen wesentlichen Platz in der Narbenimprägnierung erobert.

In Konkurrenz zu den Polyurethanprepolymeren sind *Polymerisate* getreten, welche den filmbildenden Bindemitteln nahestehen. Es handelt sich überwiegend um Polyacrylate. Entsprechend ihrem Verwendungszweck und der Notwendigkeit, tief in das Leder einzuziehen, sind sie weniger hochmolekular polymerisiert, feinerteilig dispergiert und elektrolytstabil eingestellt. Sie sollen nicht spontan einen Film auf der Lederoberfläche ablagern, sondern die flüssige Konsistenz möglichst lange aufrechterhalten, bis sie voll vom Leder aufgesaugt sind. Die Imprägnierbinder stellen entweder sehr feinteilige milchige Dispersionen oder klare bis schwach trübe Lösungen dar. Sie haben gegenüber den Polyurethanprepolymeren den Vorteil, daß sie den Ledergriff kaum verhärten und daß sie im wäßrigen Medium angewendet werden können. In vielen Fällen erfordern sie jedoch, daß zusammen mit ihnen ein Penetrator (vgl. Kapitel II, S. 133) angewendet wird, mit dessen Hilfe das Eindringen des Imprägniermittels gesteuert und auf die Saugfähigkeit des Schleifboxleders abgestimmt werden kann. Es wird angestrebt, daß die zumeist im Gießauftrag oder mit dem Airless-Spritzverfahren angewendete Imprägnierflotte voll eingezogen ist, wenn das Leder das Transportband der Gieß- oder Spritzmaschine verläßt. Das imprägnierte Leder wird dann Narben auf Narben gestapelt, ohne daß es zuvor eine Trockenanlage durchläuft. Diese Feuchtlagerung erfolgt meistens über Nacht. Sie ermöglicht eine noch weiter gehende Verteilung des Imprägniermittels im Leder und intensiviert die Wirkung.

Die im Hinblick auf Erhaltung eines weichen Ledergriffs mildere Wirkung der Polyacrylat-Imprägnierbinder bringt es mit sich, daß die Narbenfestigung bei sehr losnarbiger Faserstruktur weniger ausgeprägt ist als bei Polyurethanprepolymeren. In Fällen extremer Losnarbigkeit behilft man sich zuweilen damit, daß zunächst wäßrig mit Polyacrylaten imprägniert und dann mit einer stärker verdünnten Polyurethanlösung nachbehandelt wird.

Die modische Tendenz zur Herstellung von extrem weichem Leder mit möglichst tuchartigem Charakter wird bei Bekleidungs- und Polsterleder durch intensive Walkbehandlung erfüllt. Das Millen im trockenen Zustand führt auch bei vollnarbigem Leder dazu, daß die Narbenschicht sich lockern und daß trotz relativ geringer Beschichtung das Leder losnarbig werden kann. In jüngerer Zeit wird daher auch bei Narbenleder eine Narbenimprägnierung interessant. Hierfür werden in gleicher Weise wie für Schleifboxleder Polyacrylat-Imprägnierbinder angewendet. Damit sie gut einziehen und die besonders dichte Faserstruktur der Narbenoberschicht durchdringen können, sind sehr feinteilige Dispersionen oder niedermolekuläre Lösungen zu bevorzugen. Außerdem wird meistens mit höherem Zusatz an Penetratoren zur Imprägnierflotte gearbeitet.

Haftfestigkeit und mechanische Widerstandsfähigkeit der Zurichtung können dadurch gefördert werden, daß möglichst gleichartige, miteinander fest abbindende Zurichtmittel in den einzelnen Aufträgen angewendet werden. Von dieser Erkenntnis ausgehend und von der Tatsache, daß eine strapazierfähige Zurichtung von Polster- und Bekleidungs-Nappaleder im wesentlichen auf Nitrocellulose und Polyurethan aufgebaut ist, werden für die Narbenimprägnierung von Vollnarbenleder auch Polyurethanprepolymere herangezogen. Es erscheint wenig sinnvoll, daß man das Leder mit einer verhärtenden Polyurethanlösung imprägniert, um es dann durch besonders intensives Millen wieder weich zu machen. Deshalb werden für die Imprägnierung wäßrige Polyurethandispersionen bevorzugt.

3.1.2 Grundiermittel für Stoß-Zurichtungen. Bei der Glanzstoß-Zurichtung kommt es darauf an, daß die Zurichtung einen möglichst glatten Oberflächenabschluß ergibt, da hiervon Glanzwirkung und Griff des zugerichteten Leders abhängen. Die für die Stoßzurichtung verwendeten Eiweißbindemittel trocknen hart auf. Sie dürfen nur zu dünnen Schichten trocknen, damit der Narben nicht versprödet. Im Gegensatz zu den thermoplastischen Polymerisaten verlaufen sie auf dem Leder nicht zu einer zusammenhängenden Filmhaut, sondern sie trocknen bei dem üblicherweise vorgenommenen Spritzauftrag zu einander haftenden Mikroperlen auf. Die glanzstoßbare Proteinschicht kann infolge dieses Aufbaus gröbere Unebenheiten des Narbens, wie etwa ausgeprägte Haarporen, nicht überbrücken. Sie kann auch offene Faserzwischenräume, wie sie bei wundem Narben vorliegen, nicht ausfüllen.

Zur Vorbereitung des Narbens für die Glanzstoß-Zurichtung wird das Leder mit einer Lösung hochmolekularer *Schleimstoffe* behandelt. Solche Schleimstoffe sind hochmolekulare Substanzen, welche in Wasser löslich sind und schon bei ziemlich niedriger Konzentration gelatinieren. Sie werden durch Auskochen von Seegras- oder Seetang-Arten (Carragheenmoos, Isländisch Moos, Alginat) oder von Pflanzensamen (Leinsamen, Johannisbrotkernmehl) gewonnen. Auch wasserlösliche Celluloseprodukte, z. B. Methyl- oder Carboxymethylcellulose, oder Stärkeprodukte werden zuweilen herangezogen[58]. Die Schleimstoffe werden meistens zusammen mit dem ersten Farbauftrag angewendet. Sie werden aufgeplüscht, um sie intensiv in den Narben einzureiben, damit die Grundierung die Unebenheiten der Oberfläche ausegalisiert und fest auf dem Leder haftet.

Die Verwendung von Pflanzenschleimen als Grundiermittel für Stoß-Zurichtungen wirft manche Probleme auf. So kann Leinsamenaufkochung durch anorganische Pigmente oxidischer Natur, z. B. Titanweiß, Eisenocker, Eisenbraun, zu unlöslichem, gallertigem Schleim ausgefällt werden. Die Ausfällung setzt sich erst nach etwa halb- bis einstündigem Stehen der Grundierflotte ab und wird deshalb schwer bemerkt. Sie verursacht auf dem zugerichteten Leder milchige graue Flecken. Carragheenmoos führt leicht zu etwas trockenem, papierartigem Griff der Lederoberfläche und ergibt manchmal trübes, »bleiernes« Aussehen der Zurichtung. Ähnlich verhält sich die langsam lösliche Methylcellulose, wenn sie nicht genügend lange, mindestens über Nacht, vorgequollen und dann gründlich mit Wasser verrührt worden ist. Die rasch lösliche Carboxymethylcellulose beeinträchtigt Griff und Farbtonreinheit der Zurichtung praktisch nicht, sie ist aber nicht fixierbar und bleibt stark wasserlöslich. Die Zurichtung kann daher auch nach Fixieren der Deckschicht ungenügend naßreibecht und quellungsempfindlich bleiben[69].

Pflanzenschleimstoffe haben als Naturprodukte den Nachteil, daß sie in ihrer Beschaffenheit und entsprechend auch in ihrem Fülleffekt schwanken. Die Herstellung der gelatinösen Lösungen ist oftmals umständlich und langwierig. Sie sind nur begrenzt lagerbeständig, und ihre den Oberflächenabschluß stark beeinflussende Viskosität baut durch bakterielle Einflüsse ab. Deshalb werden an ihrer Stelle *wasserlösliche filmbildende Polymerisate* herangezogen, welche schon in verhältnismäßig geringer Konzentration viskose Lösungen ergeben. Bei derartigen Grundiermitteln handelt es sich um hochmolekulare Substanzen auf der Basis von Polyvinyläther-Verbindungen oder von Acrylat-Copolymerisaten. Sie bieten infolge ihres synthetischen Ursprungs die Gewähr für eine definierte, in Zusammensetzung und Wirkungsweise gleichbleibende Substanz. Ihre Wirkungsweise beruht weniger auf der Ausbildung eines eigenständigen, die Lederoberfläche bedeckenden Films, sondern darauf, daß die Viskosität der Caseinlösung in der Grundierflotte erhöht, Verlauf und Abbinden auf dem Leder verbessert werden. Die höhere Viskosität verhindert, daß das Caseinbindemittel bei rauher Narbenoberfläche von dem Fasergefüge mehr oder weniger aufgesaugt wird. Der hochmolekulare Polymerisatcharakter führt die Caseinschicht von der Mikroperlstruktur in die Richtung einer Filmbildung über.

Dadurch, daß die Polymerisate zusammen mit der Grundierflotte angewendet werden, stört ihr thermoplastisches Verhalten die Glanzstoßbehandlung des Leders nicht[74]. In der

Grundiermischung ist der Anteil an thermoplastischer Substanz niedriger als der Anteil nichtthermoplastischer Eiweißstoffe. Außerdem bilden die Polymerisate einen verhältnismäßig harten, wenig thermoplastischen Film. Schließlich kann die Stoßbarkeit noch dadurch begünstigt werden, daß als abschließende Appreturschicht polymerisatfreie Eiweißlösungen aufgetragen werden.

Die wasserlöslichen Polymerisate verbinden sich in der Grundierschicht innig mit der Eiweißsubstanz. Ihre Wasserlöslichkeit wird durch wasserfeste Fixierung der Proteine weitgehend zurückgedrängt und tritt am fertig zugerichteten Leder praktisch nicht mehr in Erscheinung. Wasserlösliche Polyacrylate erhalten ihre Löslichkeit durch die Komponente Ammoniumpolyacrylat. Diese wird durch die bei der Stoß-Zurichtung übliche saure Fixierung und durch den Einfluß des Säuregehalts im Leder ganz oder teilweise in freie Polyacrylsäure übergeführt, und damit wird die Naßfestigkeit verbessert.

Filmbildende, wasserverdünnbare *Polymerisatdispersionen* können ebenfalls als porenfüllendes und die Lederoberfläche glättendes Grundiermittel für Glanzstoß-Zurichtungen eingesetzt werden. Ihr Vorteil ist, daß sie völlig wasserunlöslich auftrocknen. Ihr Nachteil liegt darin, daß sie im allgemeinen recht weiche, ausgeprägt thermoplastische Filme bilden. Wenn sie in nur geringer Menge zusammen mit den nichtthermoplastischen Eiweißbindemitteln in der Grundierung eingesetzt werden und wenn die nachfolgenden Aufträge frei von thermoplastischen Substanzen sind, erhält man gut füllende, die Lederfläche egalisierende Glanzstoß-Zurichtungen. Vorteilhaft ist für solche Grundierungen die Verwendung verdickbarer Polymerisatdispersionen. Ihr Viskositätsanstieg bei Zusatz von Ammoniak ergibt praktisch die gleiche Füll- und Verlaufwirkung wie die Anwendung von wasserlöslichem Polyacrylat.

Als füllende und flächenegalisierende Substanzen für die Grundierung von Glanzstoß-Zurichtungen sind schließlich noch *Wachsemulsionen* zu nennen. Ihr Einsatz ist im Gegensatz zu den vorgenannten Grundiermitteln nicht auf die Grundierflotte begrenzt. Sie können auch den Ansätzen für die oberen Schichten zugefügt werden. Es handelt sich daher nicht um ausgesprochene Grundiermittel. Alkalische, verseifte Wachsemulsionen ergeben im allgemeinen etwas bessere Füllwirkung als neutral emulgierte. Letztere sind aber für die Quellfestigkeit der Zurichtung und für die Naßreibechtheit vorteilhafter.

3.1.3 Grundiermittel für Bügel-Zurichtungen. Bei der Bügelzurichtung sind thermoplastisches Verhalten und ausgeprägte Filmbildung kein Nachteil. Sie fördern im Gegenteil die Ausbildung einer egalisierend abschließenden Schicht auf der Lederoberfläche durch die Druck- und Hitzewirkung des Bügelvorgangs. Diese Eigenschaften sind charakteristisch für die Polymerisatdispersionen, welche als Bindemittel für die Bügel-Zurichtung dienen. Es ist daher im allgemeinen nicht erforderlich, daß bei der dichten Faserstruktur vollnarbiger Leder besondere Grundiermittel herangezogen werden. Die thermoplastischen Bindemitteldispersionen erfüllen sowohl den Zweck eines porenfüllenden, oberflächenabschließenden Grundierfilms als auch den eines Bindemittels für die farbgebenden Pigmente.

Die in der Grundierschicht verwendeten Polymerisatbinder werden bei der Bügel-Zurichtung vollnarbiger Leder nach verschiedenen Gesichtspunkten ausgewählt. Im allgemeinen wird die Ausbildung eines weichen Films bevorzugt, welcher die Narbenelastizität nicht beeinträchtigt und die Grundlage für eine ausreichend dehnbare, auch in der Kälte knickbeständige Zurichtschicht ergibt. Der Grundierfilm darf jedoch nicht zu weich sein. Weichheit bedeutet bei Polymerisatfilmen meistens zugleich Klebrigkeit. Das stört das als Versiegelungsvorgang durchgeführte Zwischenbügeln, weil bei sehr weichen und entsprechend klebrigen Filmen das Leder schwer von der Bügel- oder Porennarbenplatte gelöst werden kann. Für gute Bügelfähigkeit sind Polymerisate mittlerer Filmweichheit vorzuziehen, denen gegebenenfalls etwas Weichmacheröl für erhöhte Kältebeständigkeit und etwas Wachs als Trennmittel von der Bügelplatte zugemischt wird. Als Weichmacheröl für den Grundierfilm ist der nichtgelatinierende Typ der sulfatierten Öle vorzuziehen. Gelatinierende Weichmacher steigern die Klebrigkeit des Films. Je nach Polymerisationsgrad, Teilchengröße, Art und Menge des Emulgators haben die Bindemitteldispersionen die Tendenz, einen stark füllenden Film ausgeprägt an der Lederoberfläche abzulagern oder die Filmsubstanz mit geringerer Füllwirkung tiefer in die Narbenschicht einziehen zu lassen. Man unterscheidet deshalb zwischen füllenden und tiefziehenden Bindern. Für die Grundierung von grobporigem vollnarbigen Rindleder werden Füllbinder bevorzugt, um die ausgeprägten tiefen Haargruben auszufüllen. Bei feinporigem Kalb-, Ziegen- oder Schafleder sind tiefziehende Binder vorteilhafter, weil sie bessere Verankerung und höhere Haftfestigkeit erreichen lassen. Vom Eindringvermögen der Grundierung hängt die Haftfestigkeit und damit auch die Gesamtqualität der Zurichtung ab[75].

Die Zurichtung von Nappaleder für Schuhwerk, Bekleidung oder Möbelpolster erfolgt sowohl bei gedecktem wie auch bei Anilinleder-Aussehen mit nur geringer Beschichtung der Lederoberfläche. Die gesamte Zurichtung hat mehr den Charakter einer farbigen Appretur. Trotzdem muß gewährleistet sein, daß die Lederoberfläche gleichmäßig abgeschlossen wird, damit das Leder im Gebrauch möglichst unempfindlich ist. Der weiche Griff des Leders verlangt intensiven Faseraufschluß bei der Lederherstellung und die offenere Faserstruktur bedeutet erhöhte Saugfähigkeit. Dadurch besteht die Gefahr eines zu intensiven, je nach Flächenpartie des Leders ungleichmäßigen Einziehens der Zurichtflotte. Zu starke Saugfähigkeit verursacht Anquellen und »Hochgehen« des Narbens oder auch verhärteten Griff der gequollenen Narbenfasern (Wasserhärte)[48]. Eleganz und Qualität des Leders werden dadurch beeinträchtigt. Um diesen Nachteilen entgegenzuwirken, wird das Leder mit möglichst weitgehend hydrophober Wirkung der Narbenoberfläche intensiv gefettet. Das führt wiederum dazu, daß die Haftfestigkeit der Zurichtung verringert wird und daß dadurch die Echtheitseigenschaften und die Gebrauchsfähigkeit des Leders herabgesetzt werden.

Die Vorbehandlung von vollnarbigem Leder mit besonders feinteiligen Polyacrylatdispersionen von nur etwa 0,08 μ Teilchendurchmesser oder mit klar gelösten Polyacrylaten, welche zumindest partiell in die Narbenzone einziehen, läßt die Haftfestigkeit der Zurichtung verbessern und vermindert auch bei weniger intensiv gefettetem Leder das Anquellen des Narbens. Die Saugfähigkeit der abfälligen Hautpartien wird den dichter strukturierten Hautteilen angepaßt, so daß die Zurichtung in der gesamten Fläche gleichmäßiger wird.

Als Haftgrund für verbesserte Qualitätseigenschaften der Bügel-Zurichtung von schwierig benetzbarem vollnarbigem Leder, das nur eine leichte Beschichtung erhalten soll, können wäßrige Polyacrylatlösungen ebenso dienen wie wäßrige Polyurethandispersionen[33,69].

Spezielle Grundiermittel spielen bei geschliffenem Leder eine wichtige Rolle für die narbenfestigende Imprägnierung. Diese Imprägnierung ergibt jedoch im allgemeinen noch keinen die Faserzwischenräume des geschliffenen Narbens überdeckenden Grundierfilm. Für diesen Zweck werden in erster Linie füllende Polymerisatdispersionen als Grundierbinder herangezogen.

Wenn in Bügelzurichtung hergestelltes Schleifboxleder aus irgendeinem Grund umgearbeitet werden muß, dann muß meistens die Lederoberfläche leicht abgeschliffen und neu zugerichtet werden. Es hat sich gezeigt, daß bei derartiger Behandlungsweise das neu zugerichtete Leder eine ruhigere und gleichmäßigere Fläche aufweist und daß das Allgemeinaussehen schöner ist als zuvor. Aus dieser Beobachtung heraus ist für die Schleifbox-Zurichtung die *Schleifgrundierung* entwickelt worden. Das geschliffene Leder erhält einen Grundierauftrag mit einer Mischung aus filmbildender Polymerisatdispersion und nichtthermoplastischem Bindemittel, der eine Wachsemulsion oder Weichmacheröl zugesetzt ist und die mit Schönungsfarbstoff angefärbt oder pigmentiert sein kann. Die Auswahl der Einzelkomponenten und ihr Mengenverhältnis zueinander können in weiten Grenzen variieren. Sie werden der Lederart, Saugfähigkeit und Schleiftiefe angepaßt und können auf starke Füllwirkung, auf verminderte Saugfähigkeit und milden Griff ausgerichtet sein. Bei anteiliger Mitverwendung tiefziehender Imprägnierbinder können narbenfestigende Imprägnierung und flächenegalisierende Grundierung zu einem Arbeitsgang zusammengezogen werden. Das grundierte Leder wird völlig durchgetrocknet und danach mit sehr feinkörnigem Schleifpapier nachgeschliffen. In vielen Fällen hat es sich als vorteilhaft erwiesen, daß das Leder vor dem Schleifen nicht gebügelt wird, weil sonst die Schleifwalze auf der Lederoberfläche rutschen kann und durch unruhigen Lauf »Treppenschleifen« verursacht. Es ist zweckmäßiger, das Leder nach dem Feinschleifen und Entstauben mit sandgestrahlter oder mit gravierter Porenplatte zu bügeln. Der Vorteil solcher Schleifgrundierungen zeigt sich besonders bei Leder mit verwachsenen Narbenbeschädigungen oder mit starken Mastriefen. Ohne füllende Schleifgrundierung bleiben die Schadstellen auf dem Leder sichtbar, während nach der Schleifbehandlung durch die Bügelzurichtung die Fehler weitgehend verschwinden, so daß man selbst bei Semianilin-Zurichtung eine gleichmäßige Fläche erzielen kann.

Die Schleifgrundierung verlangt infolge der beim Nachschleifen erneut angerauhten Lederoberfläche einen stark abschließenden Auftrag filmbildender Substanzen. Wenn man auf nur wenig beschichtende Zurichtung Wert legt, wie das besonders für die Anilin-Zurichtung gilt, kann bei ungleichmäßiger Saugfähigkeit des Leders, bei wundem Narben oder anderen leichten Narbenverletzungen eine *Poliergrundierung* vorteilhaft sein. Eine gut benetzende Polyacrylatdispersion mit wenig ausgeprägter Thermoplastizität oder eine wäßrige Polyurethandispersion werden auf leicht abgebimstes oder auch auf vollnarbiges Leder aufgespritzt. Die Grundierflotte wird meistens mit einer Lösung von Schönungsfarbstoff angefärbt. Nach dem Trocknen wird mit einem hochtourig rotierenden Polierstein oder mit der Rückseite von Schleifpapier auf der Schleifmaschine poliert. Trotz Reibwirkung und Reibwärme schmiert der Poliergrund nicht ab, da die Filmsubstanz mehr zwischen als auf den Narbenfasern abgelagert ist. Die Polierwirkung läßt eine ausgezeichnet glatte, glänzende Lederoberfläche erhalten. Reibwirkung, Druck und Wärme führen zu dunklen Narbenkuppen und hellen Haarporen und erhöhen das transparente, natürliche Anilinaussehen. Narbenwunde Stellen werden praktisch unsichtbar, und ein nur leicht angeschliffener Narben nimmt das Aussehen einer vollnarbigen Lederoberfläche an. Bei intensiver geschliffenem Leder können Aufprägen von Porennarben, Bedrucken, Tamponieren oder Wischeffekt weitgehend zum Aussehen von vollnarbigem Anilinleder und damit zu wertvoller Sortimentsverbesserung führen[33].

3.1.4 Grundiermittel für Zurichtungen auf Lösemittelbasis. Man kann davon ausgehen, daß Qualität und Echtheitseigenschaften der Zurichtung um so günstiger sind, je fester die durch die einzelnen Aufträge gebildeten Schichten aufeinander haften und je dauerhafter sie miteinander verbunden sind. Diese Forderung läßt sich am leichtesten dadurch erfüllen, daß Grundierung, Effektfarbe und Appretur aus Substanzen der gleichen Materialgruppe aufgebaut werden. Solche Zurichtsysteme sind bei der Glanzstoß-Zurichtung auf der Basis von Casein oder sonstigen Eiweißstoffen oder bei Polyurethanzurichtung für Bekleidungs-, Möbelpolster- oder Schuhoberleder anzutreffen. Zuweilen findet man gleichartigen Aufbau der Schichten auch bei der Nitrocellulose-Zurichtung für Skihandschuhleder oder von Blanklederarten für Fototaschen und Fahrradsättel.

Die Anwendung der gleichartig aufgebauten Schichten ist weitgehend auf den Einsatz bei vollnarbigem Leder begrenzt. Die den Narben nur wenig beschichtende Zurichtung erfordert keine ausgeprägte Filmbildung auf der Lederoberfläche, so daß härter eingestellte Substanzen herangezogen werden können, die klebfrei auftrocknen. Das System ist weiterhin an die Verwendung wasserhaltiger Zurichtflotten gebunden, welche wenig intensiv netzen und deshalb nicht in das Lederfasergefüge weggesaugt werden. Bei Lösemittelflotten ist die Verwendung als Grundierung nur dann angebracht, wenn die Lösung ausreichend viskos ist. Alle Lösemittel wirken stark penetrationsfördernd, so daß die Lacklösungen bei geringer Viskosität fast völlig in das Leder einziehen und keinen Oberflächenabschluß ergeben. Besonders kritisch sind Lösemittelansätze bei geschliffenem oder gar bei Spaltleder. Hier reicht auch hohe Viskosität meistens nicht aus, um die faserige Oberfläche genügend zu füllen und zu egalisieren, da ja die Viskosität der Ansätze auf die Anwendungsmöglichkeit im Gieß- oder Spritzverfahren abgestimmt sein muß. Bei ungenügendem Oberflächenabschluß besteht neben stumpfem Aussehen und rauhem Griff die Gefahr, daß aus Bindemitteln mit externer Weichmachung, vorwiegend also bei Nitrocellulose, Weichmacheröle abwandern und daß die Zurichtung allmählich versprödet.

Die Zurichtung mit lösemittellöslichen Produkten von der Grundierung bis zur Appretur hat den Vorteil, daß sie absolut wasserfeste Schichten ergibt. Die in die Narbenzone eindringende Grundierung bietet auch die Gewähr, daß die Zurichtung quellbeständig verankert ist. Solche Zurichtungen sind daher von Vorteil bei Lederarten, die bei der Verarbeitung oder im Gebrauch intensiver Nässewirkung ausgesetzt sind. Aus Blankleder werden Fototaschen gearbeitet, bei denen der Schutz für das Fotoobjektiv als Tubus herausgepreßt wird. Für diese Behandlung wird das Leder in lauwarmem Wasser meistens für mehrere Stunden eingeweicht und dann im durchnäßten Zustand in einer Metallmatrize gepreßt und geformt. Die Zurichtung wird dabei stark auf Nässebeständigkeit, auf Dehnung und auf Oberflächenreibung beansprucht. Ähnliche Verfahrensweise und Beanspruchung besteht bei der Herstellung von Fahrradsätteln aus gepreßtem Blankleder. Nappabekleidungsleder für Skihandschuhe ist im Gebrauch einer starken Reibbeanspruchung an den Griffen der Skistöcke ausgesetzt. Hinzu kommt der Einfluß von Nässe durch geschmolzenen Schnee von außen und durch Handschweiß von innen. Ähnlich ist die Beanspruchung bei Motorradhandschuhen.

Als Lösemittelgrundierung bewährt sich in solchen Fällen ein durch hohen Weichmachergehalt plastifizierter und dehnungselastisch eingestellter *Nitrocellulose-Weichlack*. Er kann, falls eine stärker füllende Grundierung gewünscht wird, durch einen Alkydharz enthaltenden Lack ergänzt oder völlig ausgetauscht werden. Bei Blankleder für Fototaschen oder Fahrradsättel kann die Füllwirkung auch durch hochviskose Polymerweichmacher erzielt werden. Von dieser Weichmacherart ist jedoch bei Skihandschuhleder abzuraten, weil die Polymerisate infolge ihres thermoplastischen Charakters in der Kälte erhärten und zu sprödem Platzen der Zurichtung führen können. Eine Grundierung mit wäßrigen Polymerisatdispersionen ist für derart nässebeanspruchte Zurichtungen unzweckmäßig. Obwohl die nachfolgenden Nitrocelluloseschichten wasserfest sind, bleibt die Zurichtung bei stärkerer und länger anhaltender Nässeeinwirkung von der Fleischseite her quellempfindlich. Der wasserundurchlässige Nitrocellulosefilm verursacht einen Nässestau in der Narbenzone, Lederfasern und Polymerisatgrundierung quellen verstärkt an, die Haftfestigkeit des zähen und reißfesten Schutzlacks wird vermindert, und der Nitrocellulosefilm schält sich in größeren Hautstücken vom Leder ab.

Anstelle von Nitrocellulose- oder harzmodifizierten Nitrocelluloselacken können als quellbeständige Lösemittelgrundierung auch *Polyamid*- oder *Polyurethanlacke* verwendet werden. Sie haben den Vorteil, daß man intern weichgemachte Typen verwenden kann, welche keines Zusatzes von Weichmacheröl bedürfen, so daß auch bei längerer Alterung kein Weichmacher abwandern kann. Ihre Anwendung ist allerdings an bestimmte Lösemittel gebunden. Polyamide erfordern in erster Linie Alkohole, sie werden von den typischen Lacklösemitteln (Ester, Ketone) nicht gelöst. Polyurethane sind gegen hydroxylgruppenhaltige Lösemittel, also Alkohole, empfindlich. Polyurethangrundierungen dürfen nicht durch Härter vernetzt werden, sonst wird der Grundierfilm unlöslich und der nachfolgende Auftrag kann nicht mehr abbinden. Da eine gewisse Vernetzungsreaktion durch die Aminogruppen der Hautsubstanz und durch die natürliche Feuchtigkeit des Leders gegeben ist, sollte ohne längere Zwischenlagerung weiter gearbeitet werden.

Wasserunlösliche Grundiermittel sind Voraussetzung für eine Zurichtung, die auch bei intensivem Einwirken von Nässe quellfest bleibt. Die Tatsache, daß solche Grundierflotten verwendet werden, bietet aber noch keine absolute Gewähr für die entsprechende Beanspruchbarkeit des Leders. Es kommt auch darauf an, daß die Grundierung sachgemäß aufgetragen wird, damit sie sich im Lederfasergefüge fest verankert und damit sie auch die Narbenfasern gegen Anquellen schützt. Ein leichter Spritzauftrag mit Preßluft läßt das angestrebte Ziel normalerweise nicht erreichen, weil die Lösung zu stark zerstäubt wird, ein nicht unbeträchtlicher Anteil der Lösemittel bereits auf dem Spritzweg von der Düse zum Leder verdunstet und der Grundierfilm sich rasch an der Lederoberfläche bildet. Gießen oder Airless-Spritzen wirken sich wesentlich vorteilhafter aus. In Extremfällen kann es angezeigt sein, daß der Narben mit der Grundierflotte ausgerieben wird. Diese Beobachtungen lassen erkennen, daß die Beachtung physikalischer Vorgänge der Filmbildung und -ablagerung für den Zurichteffekt mindestens ebenso wichtig ist wie die Auswahl der chemischen Substanzen für die Zurichtmittel.

Bei Vollnarbenleder mit normaler Beanspruchung auf Wasserfestigkeit der Zurichtung, z. B. für Bekleidungsleder, Möbel- oder Schuhoberleder, genügt normalerweise Aufspritzen einer wäßrigen *Polyurethandispersion* mit Preßluft[33]. Das Wasser verdunstet beim Spritzen nur wenig, die sehr feinteilige Dispersion dringt in die Narbenschicht ein und ergibt hohe Haftfestigkeit. Nach Auftrocknen ist die Grundierung nässebeständig.

Bei der Zurichtung von Leder mit faseriger Oberfläche, von Schleifboxleder und besonders von Spaltleder, kommt man mit Lösemittelgrundierungen im allgemeinen nicht zurecht. Die Lösemittel benetzen das Leder zu stark, so daß die Filmsubstanz unerwünscht tief in das Leder einzieht. Um den erforderlichen Oberflächenabschluß zu erreichen, müssen größere Mengen einer viskosen Grundierlösung angewendet werden. Der Grundierfilm muß ziemlich dick sein, er muß deshalb sehr weich und dehnungselastisch sein und benötigt infolgedessen bei Nitrocellulose hohe Anteile an Weichmacher. Die offene Faserstruktur und das Fehlen einer fettreichen Narbenzone lassen den »Fetthunger« des geschliffenen oder gespaltenen Leders betont hervortreten. Die Gefahr des Abwanderns von Weichmacheröl und des Versprödens der Nitrocellulose-Zurichtung ist in verstärktem Maße gegeben.

Wäßrige *Polymerisatdispersionen* sind in der Lage, durch ihre hohe Konzentration bei einer für die Anwendung zur Lederzurichtung günstige, relativ niedrige Viskosität die Lederoberfläche mit einem kompakten Film abzuschließen. Eine Filterwirkung der Lederfaserstruktur läßt einen hohen Anteil des Wassers vom Leder aufsaugen und die dispergierten Kunststoffteilchen an der Oberfläche zu einem Film zusammenfließen. Als filmbildende Substanz werden weiche Polymerisate ausgewählt, die ohne Weichmacherzusatz elastische Filme bilden und die entsprechend die Gefahr eines Versprödens der Zurichtung durch Abwandern von Weichmacher vermeiden. Solche Polymerisatdispersionen werden in großem Umfang bei der Bügel-Zurichtung als Bindemittel eingesetzt. Die ursprüngliche Entwicklung dieser Dispersionen ging aber davon aus, ein geeignetes Grundiermittel für die Nitrocellulose-Zurichtung von Spaltleder zur Verfügung zu stellen.[76].

Mit der Entwicklung einer großen Anzahl von Polymerisatdispersionen als Deckfarbenbindemittel für die wäßrige Lederzurichtung ist auch die Menge der als Grundiermittel für die Lösemittelzurichtung verwendbaren Dispersionen erheblich angestiegen. Aus der umfangreichen Palette der in ihren Eigenschaften vielfältig variierenden Polymerisate lassen sich folgende Charakteristiken als maßgebliche Gesichtspunkte für die Auswahl als Grundiermittel herausstellen:

1. Grundierbinder für Spaltleder müssen eine ausgesprochene Füllwirkung besitzen.
2. Es ist vorteilhafter, wenn der Fülleffekt durch erhöhte Viskosität, z. B. Verdicken durch Zusatz von Ammoniak, bewirkt wird, als durch hohe Teilchengröße oder geringere Stabilität der Dispersion.
3. Der Polymerisatfilm soll sich einwandfrei und fest haftend mit dem nachfolgenden Farblack oder der Appretur verbinden.
4. Die beste Verträglichkeit gewährleisten Polyacrylatdispersionen oder Copolymerisate mit höherem Acrylatanteil.

Die starke Füllwirkung ist erforderlich, damit die losen Faserenden des Spaltleders im Grundierfilm voll eingebettet werden. Der Film muß ausreichend kompakt sein, daß die Fasern bei Biegen oder Ziehen des zugerichteten Leders sich nicht durchdrücken und als »Orangenschaleneffekt« sichtbar werden. Verdicken von Carboxylgruppen enthaltenden Dispersionen mit Ammoniak steigert die Stabilität der Grundierflotte gegen Scherkräfte. Man kann die Grundierung aufgießen, Airless aufspritzen oder mit Bürste oder Plüschholz aufstreichen, ohne daß der Filmverlauf gestört wird. Die verdickte Flotte hält den Film auch bei geringer Teilchengröße ausreichend an der Oberfläche, so daß die Fasern eingebettet und trotzdem egalisierend abgeschlossen sind. Daß sich der nachfolgende Lösemittelauftrag mit dem Grundierfilm fest verbindet, hängt davon ab, wie intensiv die Grundiersubstanz von dem Lösemittel angelöst wird. Der noch flüssige Lösemittellack und die angelöste Oberflächenzone des Polymerisatfilms müssen sich miteinander mischen, bzw. die Lacklösung muß partiell in die Grundierschicht diffundieren, damit der Lackfilm auf dem Untergrund fest verankert wird. Polyacrylate haben gegenüber Polymerisaten auf der Basis von Butadien, Styrol, Acrylnitril, Chlorvinylverbindungen oder sonstigen Monomeren den Vorteil, daß sie durch praktisch alle bei der Lederzurichtung angewendeten Lacklösemittel angelöst werden. Sie sind nur unlöslich in aliphatischen und aromatischen Kohlenwasserstoffen, doch werden diese ohnehin nur anteilig als streckende Verdünnungsmittel herangezogen. Polyacrylatdispersionen können wegen dieses Verhaltens gegenüber Lösemitteln universell als Grundiermittel sowohl für Nitrocellulose- wie auch für Polyurethan- oder Polyamidlacke herangezogen werden.

Zum Modifizieren des Verhaltens der Grundierung können verschiedene Polymerisatdispersionen miteinander gemischt werden. Zuweilen wird Polymerisat mit wäßriger Polyurethandispersion oder auch mit Nitrocelluloseemulsion abgemischt. Auch Beimischen nichtthermoplastischer Eiweißstoffe oder von Wachsemulsionen ist möglich. Bei den Wachssubstanzen sind jedoch Paraffine zu vermeiden, weil sie blinde Flecken auf der Lackschicht verursachen können. Mischungen thermoplastischer und nichtthermoplastischer Substanzen, wie sie als Poliergrund bei der Bügelzurichtung verwendet werden, können auch als Grundierung für Lösemittelappreturen oder Effektfarben recht gut geeignet sein. Damit die Appretur auf solchem Poliergrund einwandfrei abbinden kann, müssen Polymerisat- oder Nitrocelluloseanteile der Grundierung und Lösemittelzusammensetzung des Lack- oder Appreturauftrags sorgsam aufeinander abgestimmt sein. Auf keinen Fall dürfen Lösemittelappreturen auf eine reine Eiweißgrundierung aufgespritzt werden. Da organische Lösemittel die Proteine weder lösen noch anquellen, kann die Appretur nicht haften. Knick- und Reibfestigkeit einer solchen Zurichtung bleiben stets ungenügend. In Einzelfällen wird glanzgestoßenes Boxkalb- oder Chevreauleder, das für die Schuhherstellung bestimmt und in Glanzstoß-Zurichtung gearbeitet worden ist, für die Verarbeitung zu Lederwaren, z. B. Handtaschen, verwendet. Zum Schutz gegen Nässe, Abscheuern beim Gebrauch und Beschmutzen durch Feuchtigkeit der Hände erfordert Feinleder für Lederwaren eine wasserfeste Appretur auf Lösemittelbasis. Glanzgestoßenes Leder kann nur dann mit Gewähr für einwandfreie Qualität durch eine Lösemittelappretur nachgearbeitet werden, wenn es zunächst mit einem wäßrigen Haftgrund auf Polyacrylatbasis, evtl. unter Mitverwendung von Nitrocelluloseemulsion oder Polyurethandispersion, zwischenbehandelt wird. Bei dieser Zwischenbehandlung wie auch bei jeder wäßrigen Grundierung ist darauf zu achten, daß die Lederoberfläche gründlich getrocknet ist, bevor der Lösemittelauftrag erfolgt. Sonst ergeben sich Wasserstörungen, die sich in unruhigem Verlaufen, milchigen Flecken, verminderter Haftfestigkeit, ungenügender Knick- und Reibechtheit auswirken können.

3.2 Bindemittel. Die als farbgebende Substanz für die Lederzurichtung verwendeten Pigmente besitzen von sich aus keine Affinität zum Leder, wie das z. B. bei Farbstoffen der Fall ist. Um eine beständige, fest haftende Bindung der Pigmente auf dem Leder zu erreichen, müssen sie mit geeigneten Bindemitteln auf der Lederoberfläche befestigt werden. Die Bindemittel haben aber nicht nur die Aufgabe einer Haftsubstanz für die pulverförmigen Pigmente zu erfüllen, sondern ihnen kommt noch eine Reihe weiterer Funktionen zu.

Ihre Aufgabe beim Aufschließen der Pigmentagglomerate, die Pigmentteilchen zu umhüllen und einzubetten, den Farbteig als Schutzkolloid zu stabilisieren und das Auswandern von Pigmentteilchen aus der Farbschicht zu verhindern, wurde bereits bei Beschreibung der Lederdeckfarben (vgl. Kapitel II, S. 60) erörtert. Die in den Pigmentzubereitungen enthaltene

Menge an Bindemitteln reicht jedoch im allgemeinen nicht aus, um die Aufgabe des Oberflächenabschlusses und der Ausbildung eines Films mit den vom zugerichteten Leder geforderten Qualitätseigenschaften zu erfüllen. Man kommt deshalb bei der Lederzurichtung mit den Deckfarbenpasten allein nicht aus, sondern benötigt zusätzlich Bindemittel. Diese stehen aus Gründen der rationellen Anwendungsmöglichkeit separat zur Verfügung. Sie sind farblos, können mit den Pigmentzubereitungen zu beliebigen Farbnuancen abgemischt werden und lassen sich je nach eingesetzter Pigmentart und Pigmentmenge mehr deckend oder mehr transparent einstellen.

Den Bindemitteln kommt neben den auf die Pigmentfarben ausgerichteten Aufgaben die Funktion der Oberflächenveredlung des Leders zu. Bei Vollnarbenleder bedeutet das Schutz der empfindlichen Narbenschicht gegen Nässe, Verschmutzen, Bekratzen oder Abscheuern, Erhalt eines eleganten Aussehens und angenehmen Griffs. Bei geschliffenem oder Spaltleder gilt das Hauptaugenmerk der Ausbildung eines die Lederoberfläche abschließenden Films, der verhindert, daß die freien, nicht mehr endlos miteinander verwachsenen Fasern sich bei Zug- oder Biegebeanspruchung voneinander trennen. In jedem Fall sind die Bindemittel die Grundsubstanz der Zurichtschicht.

Die Anforderungen, welche an die Bindemittel gestellt werden, sind je nach der Zurichtart verschieden. Entsprechend werden verschiedenartig aufgebaute Produkte herangezogen, deren Auswahl sich in Art und Menge nach dem gewünschten Zurichteffekt richtet. So ist die Bindemittelmenge bei der Glanzstoß-Zurichtung von Vollnarbenleder verhältnismäßig gering und ganz deutlich niedriger als bei der Bügelzurichtung von geschliffenem Leder. Bei der Stoßzurichtung ist überwiegend nichtthermoplastisches Verhalten der Bindemittel Vorbedingung für die Stoßbarkeit. Die Bügelzurichtung basiert auf dem thermoplastischen Verfließen und Verschweißen der Bindemittel bei der Bügelbehandlung.

3.2.1 Bindemittel für Stoß-Zurichtungen. Für Stoßzurichtungen sind nichtthermoplastische Bindemittel erforderlich. Hierfür werden vorwiegend Eiweißprodukte herangezogen. In erster Linie wird Casein eingesetzt, während Eialbumin und Blutalbumin mehr für Appreturen angewendet werden. Gelatine wird nur in einzelnen Sonderfällen benutzt. Leim kommt als Einweißbindemittel praktisch nicht in Betracht, da er spröde, kaum flexible Schichten ergibt und nicht wasserbeständig fixiert werden kann.

Das als Bindemittel verwendete Casein wird aus entrahmter Kuhmilch gewonnen. Es wird durch Ansäuern der Magermilch ausgefällt, abgepreßt oder zentrifugiert, gewaschen, getrocknet und zu feinkörniger Grießform gemahlen. An die Stelle der früher als Fällungsmittel üblichen Milchsäure bzw. Michsäurebakterien ist in immer stärkerem Umfang die preiswertere, beim Trocknen leichter flüchtige Salzsäure getreten, welche ein geruchsarmes Casein ergibt. Für die Zwecke der Lederzurichtung gilt Neuseeland-Casein als besonders gut geeignet, weil es in sehr guter Qualität und mit hohem Reinheitsgrad angeboten wird. Die mit verstärktem Umfang der Milchpulvererzeugung ausgereifte Technik der Milchverwertung hat auch die Herstellung von Casein in anderen Ländern allgemein verbessert, so daß man nicht mehr auf Casein aus Neuseeland allein angewiesen ist. Man kann auf Casein der verschiedensten Ursprungslänger zurückgreifen, vorausgesetzt, daß die folgenden Spezifikationen erfüllt werden:

1. Das Casein muß gut ausgetrocknet sein, damit es einwandfrei lagerbeständig bleibt und

nicht mit fortschreitender Lagerdauer abgebaut wird. Das würde die Bindekraft und Fixierbarkeit beeinträchtigen.

2. Das Casein muß sorgfältig und vorsichtig bei nicht zu hoher Temperatur getrocknet werden. Das läßt sich daran erkennen, daß es eine helle weißgelbe Farbe aufweist. Zu heißes Trocknen ergibt Casein mit bräunlicher Farbe. Solches Casein ist schwer löslich und führt bei der Zurichtung zu trüben Farbtönen.

3. Das Casein muß möglichst weitgehend von Fettbestandteilen befreit sein. Zu hoher Fettgehalt kann ranzigen Geruch und trübes Aussehen des Films verursachen und die Glanzstoßbarkeit beeinträchtigen.

4. Casein darf außer dem natürlichen Phosphatgehalt keine nennenswerten weiteren mineralischen Bestandteile enthalten. Bei ungenügendem Auswaschen des aus der Milch ausgefällten Koagulats verbleiben lösliche Neutralsalze, die bei Trocknen des Films auskristallisieren und Flecken bilden können. Unlösliche Mineralbestandteile rühren in erster Linie von Sand her, wenn das Casein in Ländern mit heißem Klima auf Säcken auf dem Boden liegend an der Luft getrocknet wird. Sand kann störende Kratzstreifen beim Glanzstoßen und rauhen Griff verursachen.

5. Das Casein darf auch nicht durch unlösliche organische Substanzen, etwa durch Jute- oder andere Fasern von den Filtertüchern, verschmutzt sein. Dadurch werden Reinheit und Klarheit des Films beeinträchtigt.

6. Weiterhin ist darauf zu achten, daß das Casein nur geringe Mengen an freier Säure enthält. Der die Löslichkeit erschwerende Säuregehalt kann zwar durch erhöhten Alkalieinsatz bei Auflösen des Caseins ausgeglichen werden, doch entstehen dadurch unerwünschte Salze, welche das klare Filmbild trüben.

7. Ein wichtiges Beurteilungskriterium ist schließlich die Viskosität der Caseinlösung. Je höher die Viskosität ist, um so weniger ist das Casein im Gange der Behandlung abgebaut worden, um so besser ist der native Zustand erhalten geblieben. Im Interesse einer leichten Hantierbarkeit der Caseinlösung wird eine mittlere Viskosität angestrebt. Wichtig ist vor allem, daß die Viskosität der verschiedenen Lieferungen in einem möglichst konstanten, engen Bereich liegt (Tabelle 5).

Der Feuchtigkeitsgehalt wird durch Trocknen bei 102 °C, der Fettgehalt durch Ausschütteln einer Casein-Salzsäure-Lösung mit Äthyl- und Petroläther ermittelt. Den Mineralstoffgehalt bestimmt man durch Verglühen, das Unlösliche durch Filtrieren oder Dekantieren der Caseinlösung, den Säuregehalt durch Titration eines wässrigen Auszugs. Die Viskosität wird

Tabelle 5: Anforderungen an die Caseinreinheit.

Qualitätsanforderungen an Säurecasein	
Feuchtigkeitsgehalt	höchstens 12,0%
Farbe	hell weißgelb
Fettgehalt	höchstens 1,75%
Mineralstoffe (Aschegehalt)	höchstens 2,2%
Unlösliches	höchstens 0,2%
freie Säure	höchstens 0,3%
Viskosität	unterschiedliche Firmenspezifikationen

als Fließgeschwindigkeit einer Caseinlösung durch eine Ausfließdüse oder als Steiggeschwindigkeit einer Luftblase in einem mit Caseinlösung gefüllten Rohr bestimmt. Konzentration der Caseinlösung, Durchmesser der Düse oder Kaliber des Meßrohrs variieren bei den einzelnen Caseinverbrauchern.

Casein wird als Bindemittel für Glanzstoß-Zurichtungen in der Form von viskosen wässrig-alkalischen Lösungen angewendet. Die Wasserlöslichkeit kann durch Ammoniak, Borax oder Natriumbikarbonat herbeigeführt werden. In einzelnen Fällen wird Casein auch mit Aminen aufgeschlossen bzw. gelöst. Der alkalische Aufschluß führt zu Caseinat mit ausgeprägt anionischem Charakter. Da auch fast alle anderen wasserverdünnbaren Lederzurichtmittel anionischer Natur sind, lassen sich »Caseinglänze« in weitem Umfang mit anderen Komponenten abmischen.

Sehr viele Eiweißbindemittel sind keine reinen Caseinlösungen, sondern das Casein ist in irgendeiner Weise modifiziert, um spezifische Zurichteffekte zu erzielen. Dabei geht es um verbesserte Knickelastizität, um gesteigerten Hochglanz oder um milderen Seidenglanz, um geschmeidigen Griff und ähnliche Eigenschaften, deren Beurteilung mehr subjektiver Art ist. Als modifizierende Komponenten kommen neben Weichmacherölen Harze vom Typ des Schellacks oder schellackähnliche synthetische Harzprodukte oder auch natürliche Wachse bzw. wachsartige Kohlenwasserstoffe zur Anwendung. Die Harze müssen genügend hart sein, damit die Stoßkugel gut gleiten kann und nicht gehemmt wird. Die Wachse müssen hohen Schmelzpunkt aufweisen, damit die Eiweißschicht beim Glanzstoßen nicht »abschmiert«. Als Wachskomponente werden Carnaubawachs oder ihm ähnliche synthetische Wachse bevorzugt. Harze dienen in erster Linie der Variation des Glanzeffekts, während Wachse mehr den Griff der zugerichteten Lederoberfläche beeinflussen. Casein-Glanzstoß-Zurichtungen sind im allgemeinen auch nach Fixierung gegen Nässe nicht voll beständig. Regentropfen lassen oftmals die glanzgestoßene Eiweißschicht etwas anquellen, so daß nach dem Trocknen der Glanz deutlich vermindert ist und ein matt bzw. stumpf erscheinender Fleck zurückbleibt. Mitverwendung von Harz und Wachs in der Caseinlösung läßt bei Überreiben des fleckig gewordenen Leders mit einem trockenen Tuch den Glanz wieder zurückkehren. Diese »Rückpolierbarkeit« der Zurichtung ist besonders bei Damentaschen wichtig.

Die Dehnbarkeit und Knickelastizität von Caseinfilmen ist ziemlich gering im Vergleich zu anderen Bindemitteln der Lederzurichtung. Dadurch, daß für die Stoß-Zurichtung nur sehr dünne Schichten aufgetragen werden und daß der allgemein übliche Spritzauftrag keinen kompakten Film, sondern aneinander gelagerte Mikroperlen ergibt, wird ausreichende Flexibilität erzielt. Wenn gröbere Porenstruktur des Narbens verlangt, daß die Zurichtung stärker füllt und die Fläche egalisiert, sollte das Leder zweckmäßigerweise mit einem oberflächenabschließenden Grundiermittel vorbehandelt werden. Das ist meistens vorteilhafter als ein weich eingestellter, stärker ölhaltiger Caseinglanz, der oftmals die Glanzstoßbarkeit beeinträchtigt.

Für den Aufbau von Glanzstoß-Zurichtungen können trotz vielfältiger Variationsmöglichkeiten folgende allgemein gültige Hinweise gegeben werden:

1. Die aufgetragenen Schichten sollten eher etwas härter als zu weich eingestellt sein.
2. Weiche Schichten erschweren das Glanzstoßen und vermindern den Glanz.
3. Weiche Schichten sind stärker reibempfindlich und weniger gut nässefixierbar als härtere.
4. Weichere Einstellungen machen den Narben weniger »splissig« und sind weniger knickempfindlich als härtere.

Im Hinblick auf die Biegeelastizität und Knickbeständigkeit der Zurichtung ist zu berücksichtigen, daß Weichmacher nur die Biegeelastizität von Caseinschichten, dagegen nicht die Dehnbarkeit verbessern können. Wenn eine Glanzstoßzurichtung sich bei scharfem Biegen des Leders mit dem Narben nach außen aufzieht, dann wird dieses Verhalten durch höheren Weichmacherzusatz in den meisten Fällen nicht behoben, sondern eher noch ungünstiger. Wenn man den Stoßglanz etwas härter einstellt und dafür statt weniger kräftiger mehrere verdünnte Aufträge anwendet, geht die Zurichtung beim Biegen nicht mehr auf. Der Tendenz zu einem splissigen Narben kann bei hart eingestellten Aufträgen dadurch entgegen gewirkt werden, daß man das Leder krispelt. Das war wohl eine der ausschlaggebenden Ursachen dafür, daß das klassische Boxkalbleder mit quadratischer Narbenzeichnung gekrispelt worden ist. Da Glanzstoßen prinzipiell ein festes, wenig zügiges Leder als Untergrund verlangt, werden an die Dehungselastizität der Zurichtschicht keine allzugroßen Anforderungen gestellt.

Casein kann durch Beimischen von Ei- oder Blutalbumin in Richtung höherer Glanzwirkung und evtl. auch verbesserter Reibechtheit modifiziert werden. Dieser Effekt beruht bei beiden Eiweißstoffen darin, daß sie einen härteren Film ergeben als Casein. Das ist auch der Grund dafür, daß sie nur sehr selten für sich allein als Bindemittel in Form von »Glänzen«, sondern bevorzugt als Appreturmittel in den »Tops« angewendet werden.

Eine weitere Modifizierungsmöglichkeit des Caseins besteht in der Umsetzung mit polyamidbildenden Substanzen[4,5,26]. Solche Produkte ergeben weitgehend klare, transparente Filme, welche zu brillanten Zurichtungen mit leuchtend reinen Farbtönen führen. Die Filme sind elastischer als die von reinen Caseinlösungen, so daß die Zurichtansätze frei von Weichmacheröl gehalten werden können. Die Filmweichheit läßt sich durch den Aufbau der polyamid-modifizierten Caseinlösung variieren. Schließlich führt diese Art der Caseinmodifikation dazu, daß das Eiweiß bei der Fixierung mit Formaldehyd zu einem Polyamid kondensiert und dadurch besonders nässebeständig, flexibel und reibfest wird. Infolge der Möglichkeit, daß Weichheit, Dehnbarkeit, Zug- und Stoßfestigkeit des Polyamidkondensats durch den Molekülaufbau variiert werden können, verkörpern derarig modifizierte Eiweißsubstanzen das sonst nur bei thermoplastischen Bindemitteln anzutreffende Prinzip der inneren Weichmachung. Im Gegensatz zu den thermoplastischen Polymerisaten geht aber die Glanzstoßbarkeit nicht verloren, sofern die Substanz nicht übertrieben weich eingestellt wird.

Eine weitere Besonderheit des polyamid-modifizierten Eiweißbindemittels ist das Verhalten gegenüber Formaldehyd als Fixiermittel. Man kann die gebrauchsfertig verdünnte Zurichtflotte mit Formaldehyd versetzen, ohne daß das Bindemittel auch bei mehrtägigem Stehen des Ansatzes ausgefällt wird, wie das z. B. bei den üblichen Caseinlösungen der Fall ist. Die fixierende Vernetzungsreaktion mit Formaldehyd tritt erst bei höherer Konzentration, bei Anwesenheit von Säure oder von katalytisch wirkenden sauren Salzlösungen ein. Unter den Bedingungen der Lederzurichtung wird die kritische Reaktionsschwelle für den Vernetzungsvorgang während des Trocknens der auf das Leder aufgetragenen Zurichtflotte erreicht. Man kann dadurch die einzelnen Auftragsschichten mit verhältnismäßig geringer Formaldehydmenge zwischenfixieren. Ein gesonderter Arbeitsgang für Zwischenfixierung wird eingespart. Die gegenüber üblicher Fixierlösung auf 10 bis 15 % reduzierte Formaldehydmenge vermindert die schleimhautreizende Geruchsbelästigung. Allerdings empfiehlt es sich, daß die Schlußfixierung in gleicher Weise wie bei den normalen Caseinlösungen gesondert mit Formaldehyd, Säure und möglichst auch mit Chromsalzzusatz vorgenommen wird, weil erst dadurch voller Vernetzungseffekt und bestmögliche Naßreibeechtheit erreicht werden können.

In diesem Zusammenhang sei darauf hingewiesen, daß vegetabile Gerbstoffe gegenüber Formaldehyd mehr oder weniger empfindlich sind. Zu den qualitativen Erkennungsreaktionen der Pflanzengerbstoffe gehört die Formaldehydprobe, bei der Pyrokatechingerbstoffe durch Kochen mit Salzsäure und Formaldehyd ausgefällt werden[77]. Bei vegetabilisch gegerbtem Leder oder bei Leder mit stärkerer pflanzlicher Nachgerbung kann Formaldehydzugabe zur Zurichtflotte dazu führen, daß der Narben verhärtet und bei Biegebeanspruchung platzt. In solchen Fällen ist es zweckmäßig, daß zumindest der erste Zurichtauftrag formaldehydfrei erfolgt und daß man erst in den oberen Aufträgen Formaldehyd mitverwendet, damit die Narbenelastizität aufrecht erhalten bleibt.

Zusammen mit den nichtthermoplastischen Eiweißbindemitteln werden gelegentlich auch wasserlösliche Polymerisate als Bindemittel für die Glanzstoß-Zurichtung verwendet. Dabei handelt es sich vorwiegend um Polyacrylate, welche auf eine etwas höhere Erweichungstemperatur eingestellt sind als die üblichen Polymerisatdispersionen für Bügelzurichtungen. Die Polymerisatlösung verfolgt in erster Linie den Zweck, die Viskosität der nur schwach konzentrierten Caseinflotte anzuheben und entsprechend die Füllwirkung des glanzstoßbaren Auftrags zu steigern. Das Polymerisat fördert den Verlauf der Zurichtflotte und vermindert dadurch bei Leder mit gröberen Narbenporen die Gefahr von Grauschimmer. Es begünstigt die Verankerung des Eiweißfilms auf der Narbenschicht, verbessert die Haftfestigkeit der Zurichtung und verhütet, daß harte Zurichtschichten, welche mit hohem Glanzeffekt gestoßen werden, bei nachfolgender Krispelbehandlung des Leders stellenweise abpulvern. Bei kombinierter Stoß-Bügel-Zurichtung begünstigt das Polymerisat das Abbinden von Nitrocellulose- oder Polyurethan-Schutzlack oder -Emulsion auf der glanzgestoßenen Zurichtschicht[74].

Das thermoplastische Verhalten des für die Glanzstoß-Zurichtung anwendbaren Polymerisats ist zwar bei Raumtemperatur nur wenig ausgeprägt, tritt aber bei der während des Stoßvorgangs entwickelten Wärme merklich hervor. Das Polymerisat kann deshalb nicht als Alleinbindemittel für Stoß-Zurichtungen angewendet werden, sondern ist nur mit höheren Anteilen nichtthermoplastischer Einweißstoffe kombinierbar. Wenn es zusammen mit einer Caseinlösung eingesetzt wird, welche den Zusatz von Weichmacheröl erfordert, ist ein nicht gelatinierendes, sulfatiertes Öl anzuraten. Gelatinierende Weichmacher, wie etwa emulgierte Esteröle oder Polyalkohole, steigern die Thermoplastizität des Polymerisats und beeinträchtigen die Glanzstoßbarkeit des Mischfilms.

Außer auf wässriger, in erster Linie also auf Eiweißbindemitteln aufbauender Basis, können Glanzstoß-Zurichtungen auch auf Lösemittelbasis durchgeführt werden. Bindemittel für diese Zurichtart sind Nitrocelluloselacke. Sie sind im wesentlichen die gleichen wie sie für Bügel-Zurichtungen eingesetzt werden, jedoch meistens etwas härter eingestellt und enthalten weniger stark plastifizierende Weichmacher.

Nitrocellulose-Glanzstoß-Zurichtungen kommen für wenig zügige Lederarten in Betracht, die eine nässebeständige Oberflächenbehandlung erhalten sollen. Das sind Leder für Galanterieartikel, z. B. Krokodil- oder Schlangenleder für Handtaschen oder vegetabilisch gegerbtes Leder von Blankledercharakter für Aktenmappen, Koffer, Gürtel, Trageriemen oder Fototaschen. Die Glanzstoß-Zurichtung auf Nitrocellulosebasis hat jedoch in jüngerer Zeit stark an Bedeutung verloren, da die Technik der Bügelzurichtung und die dafür verwendeten

Zurichtmittel sehr ähnlichen Hochglanzeffekt und ebenso glatten Griff des zugerichteten Leders mit geringerem Arbeitsaufwand erzielen lassen.

3.2.2 Thermoplastische Bindemittel für Bügel-Zurichtungen. Mit der Einführung der ursprünglich als Grundiermittel für Spaltleder entwickelten Kunststoffdispersionen hat sich eine Zurichttechnik entwickelt, die als Bügel-Zurichtung bezeichnet wird. Sie beruht darauf, daß auf der Lederoberfläche ein zusammenhängender Film gebildet wird, der sich unter dem Einfluß von Druck und Wärme verformen, zu einer glatten, glänzenden Oberfläche abbügeln oder mit beliebiger Narbenzeichnung prägen läßt. Der anwendungstechnische Vorteil der Bügel-Zurichtung liegt einmal darin, daß auch auf einer rauhen, faseroffenen Lederoberfläche eine kompakte, abschließende Beschichtung erhalten werden kann, und zum anderen, daß die Bügelbehandlung mit einem Arbeitsgang relativ große Flächen erfaßt. Die Bügel-Zurichtung ist im Hinblick auf den manuellen Arbeitsaufwand wesentlich rationeller als die Glanzstoß-Zurichtung, und sie läßt durch die großflächige Abschlußbehandlung leichter ein gleichmäßiges Flächenbild erzielen.

Als Bindemittel erfordert die Bügel-Zurichtung zu einem wesentlichen Anteil thermoplastische, während des Auftrocknens bei Raumtemperatur zu einer Filmschicht verlaufende Polymerisatdispersionen. Diese als »Polymerisatbinder«, »Plastikbinder« oder auch kurz als »Binder« bezeichneten Produkte werden durch Molekülvergrößerung ungesättigter organischer Verbindungen unter dem Einfluß katalytisch wirkender Radikale gebildet. Die hochmolekularen Kunststoffteilchen sind in Form feinster gelartiger Tröpfchen in Wasser gleichmäßig verteilt. Als Verteilungsmittel dienen Emulgatoren, welche die einzelnen Teilchen mit einer schützenden Wasserhülle umgeben und voneinander getrennt halten. Wenn die Teilchen sich an der Flüssigkeitsoberfläche berühren und miteinander verbinden, entsteht auf der Flüssigkeit eine Haut. Wenn sie sich innerhalb der Flüssigkeit verbinden, ballen sich im Binder kleinere oder größere Klumpen zusammen. Verbinden sich die Kunststoffteilchen auf einer Unterlage, z. B. auf der Lederoberfläche, so entsteht die für die Lederzurichtung gewünschte Beschichtung, welche dann zu dem kompakten Zurichtfilm verschweißt wird.

Ausgangsmaterialien für die filmbildenden Polymerisatdispersionen sind die Monomeren. Sie werden als Flüssigkeit in Wasser emulgiert und als Emulsion polymerisiert. Feste oder gasförmige Monomere werden mit flüssigen in emulgierbare Flüssigkeiten übergeführt. In Ausnahmefällen werden wasserfrei polymerisierte Produkte erst nachträglich dispergiert. Die Ausgangsmonomeren haben wesentlichen Einfluß auf die Eigenschaften des Zurichtfilms. Sie bestimmen Elastizität, Zügigkeit, Lichtbeständigkeit, Quellfestigkeit und Filmklarheit. Andere Eigenschaften, wie z. B. Oberflächenklebrigkeit, Zerreißfestigkeit, Reibbeständigkeit, Filmbildetemperatur oder Kältebruchfestigkeit hängen zu einem beträchtlichen Teil von den Monomeren ab, werden aber auch durch den Polymerisationsgrad in gewissen Grenzen variiert. Emulgatorart und -menge beeinflussen zusammen mit dem Polymerisationsgrad die Teilchengröße, welche gemeinsam mit der von den gleichen Faktoren abhängigen Stabilität der Dispersion Verlauf und Filmbildung, Eindringvermögen, Füllwirkung und Haftfestigkeit bestimmt. Die Möglichkeit zur Variation der Filmeigenschaften und des Zurichtverhaltens sind außerordentlich groß, so daß eine sehr hohe Anzahl von Polymerisatdispersionen für die Lederzurichtung angeboten wird. Die einzelnen Binder können im Aufbau sehr verschieden oder auch untereinander ähnlich sein. Sie besitzen trotzdem unterschiedliches Gepräge, das sich bei spezifischer Anwendungsweise bemerkbar macht.

Der Zurichter sollte deshalb die umfangreichen Erfahrungen des Bindemittelherstellers nützen und dessen Anwendungsratschläge für den jeweiligen Fall verwerten.

Obwohl die Monomeren nicht ausschließlich die Eigenschaften des Polymerisatfilms und diese nicht allein das Verhalten der Zurichtung bestimmen, kann doch eine gewisse Gruppencharakteristik angegeben werden, welche zumindest einen richtungweisenden Überblick gestattet[78] (Tabelle 6).

Die hauptsächliche Basis der Polymerisatdispersionen für die Lederzurichtung bilden die Polyacrylate, unter diesen nimmt der Äthylester die dominierende Rolle ein. Vergleiche der Filmeigenschaften beziehen sich daher im allgemeinen auf das Polyäthylacrylat. Methylester ergeben härtere, weniger klebrige, Butylester weichere, stärker klebende Filme. Kälte- und Nässebeständigkeit sind bei Methylester geringer, bei Butylester besser als bei Äthylester. Methacrylate sind härter, weniger zügig und weniger thermoplastisch, dagegen stärker kälteempfindlich als Acrylate. Vinylverbindungen, Styrol und Acrylnitril ergeben härtere, sprödere Polymerisatfilme mit höherem Glanz, verminderter Klebrigkeit und besserer Kratz-, Scheuer- und Quellfestigkeit. Butadien ergibt weiche, aber nicht klebrige Filme mit guter Kältebeständigkeit, aber stumpfer Oberfläche und gummiartigem Griff[74].

Filmelastizität und thermoplastisches Verhalten können durch die Temperatur des Übergangs der Polymerfilme vom unelastischen Glas- in den plastischen Zustand gekennzeichnet werden. Diese Glasübergangstemperatur nimmt bei Acrylaten und Methacrylaten mit zunehmender Kettenlänge des Alkoholrests ab und dementsprechend wird die Kältebruchfestigkeit verbessert. Die Übergangstemperatur liegt bei Acrylaten um 80 bis 90 °C niedriger als bei den entsprechenden Methacrylaten[79]. Sie reicht von -70 °C bei Polybutylacrylat bis zu $+105$ °C bei Methylmethacrylat[80]. Die Filmeigenschaften werden aber außerdem durch den Polymerisationsgrad, also die Molekülgröße, durch die Führung des Polymerisationsprozesses und die Teilchengröße der Dispersion beeinflußt[81].

Tabelle 6: Einfluß der Monomeren auf die Filmeigenschaften der Polymerisatdispersionen.

Bezeichnung der Monomeren	Chemische Formel	Eigenschaften der Polymerisatfilme
Acrylsäureester (R = Alkoholrest)	$H\text{-}C(=CH_2)\text{-}COOR$	hochelastisch, zügig, sehr gut lichtbeständig, etwas quellempfindlich
Methacrylsäureester (R = Alkoholrest)	$H_3C\text{-}C(=CH_2)\text{-}COOR$	ähnlich den Polyacrylaten, Filme härter
Acrylnitril	$H\text{-}C(=CH_2)\text{-}C\equiv N$	hart, hoher Glanz, wasserfest, lichtbeständig; Verwendung als Comonomer
Vinylchlorid	$H\text{-}C(=CH_2)\text{-}Cl$	ziemlich hart, wenig quellbar (auch in Lösemittel); Verwendung als Comonomer
Vinylacetat	$H\text{-}C(=CH_2)\text{-}COOCH_3$	ähnlich Polyvinylchlorid, stärker elastisch, etwas besser lichtbeständig
Vinylidenchlorid (Dichloräthylen)	$Cl\text{-}C(=CH_2)\text{-}Cl$	ähnlich Polyvinylchlorid, besser elastisch, etwas lichtempfindlich
Styrol	$H\text{-}C(C_6H_5)=CH_2$	hart, nur wenig quellbar, etwas lichtempfindlich; Verwendung als Comonomer
Butadien	$H_2C=C(H)\text{-}C(H)=CH_2$	gummiartig weich, vermindertes Bindevermögen, weitgehend kälte- und wärmebeständig, alterungs- und lichtempfindlich; Verwendung als Comonomer

Zwischen dem Verhalten des isolierten Films und dem Verhalten der Zurichtschicht auf dem Leder bestehen zweifellos Zusammenhänge. So führen Filme mit hoher Elastizität zu guter Knickechtheit der Zurichtung[82]. Es ist aber sehr wichtig, wie sich der Film auf dem Leder bildet, ob er tiefer in das Leder einzieht oder rasch an der Oberfläche abfiltriert wird. Dieses Verhalten hängt von der Stabilität der Dispersion ab und ist erkennbar an der höchst erreichbaren Konzentration, bei welcher die Dispersion bricht. Hohe Konzentration bzw. Stabilität führt zu tiefem Eindringen des Binders, geringe zu füllendem Beschichten der Lederoberfläche[83]. Tiefes Eindringvermögen läßt gute Haftfestigkeit erreichen[75] und mit ansteigender Haftfestigkeit wird die Zurichtung besser knickbeständig[84].

Möglichkeiten der Beeinflussung der Filmeigenschaften und damit der Verbesserung des Verhaltens der Zurichtung bestehen darin, daß die Polymersubstanz nach Ausbilden der Filmschicht auf dem Leder vernetzt wird[85]. Dadurch wird der Film weiter verfestigt, er wird steifer, reißfester und weniger dehnbar. Das erhöhte Molekulargewicht setzt auch die Quellbarkeit und Löseempfindlichkeit gegenüber organischen Lösemitteln herab. Die Zurichtung wird durch das Vernetzen der Binder besser haftfest, reibecht, knick- und alterungsbeständig[70, 79, 86] und ist weniger plastisch deformierbar[87].

Solche Reaktivbinder können entweder selbstvernetzend oder fremdvernetzend sein. Selbstvernetzende enthalten reaktive Methylologruppen in Form von N-Methylol-amino-, -alkyl- oder -amid-Derivaten, welche den Film in der Hitze, z. B. bei Abbügeln der Zurichtung, vernetzen. Fremdvernetzende Binder können reaktive Carboxyl-, Epoxy- oder Hydroxylgruppen enthalten, welche mit Calcium- oder Aluminiumionen umgesetzt werden. Mischpolymerisate mit Acetessigester-Gruppen lassen sich durch Amine oder Aldehyde vernetzen[29, 88]. Es ist auch versucht worden Polymerisate für die Lederzurichtung heranzuziehen, welche durch Ultraviolettbestrahlung vernetzt werden können[89]. Eine weitere Möglichkeit zum Vernetzen des Films besteht darin, daß Doppelbindungen des Polymerisats durch Anlagerung von Schwefel vernetzt werden. Der Vulkanisierprozeß ist bei Butadien-Polymerisaten oder bei Copolymerisaten von Butadien mit Acrylverbindungen durchführbar.

Die Filmeigenschaften der Polymerisate bestimmen zu einem wesentlichen Teil die Auswahl der Bindemitteldispersionen für den jeweiligen Zurichtzweck. Je nach der Lederart, dem vorgesehenen Verwendungszweck und den an die Zurichtung gestellten Anforderungen werden weichere, zügige oder härtere, durchreibfeste Filme bevorzugt. Speziell dehnbare, weiche Filme ergebende Binder werden für weiches, zügiges Leder, z. B. Handschuhleder oder Bekleidungsleder, eingesetzt. Binder mit härteren, reibfesteren Filmeigenschaften kommen wegen der stärkeren Beanspruchungsfähigkeit mehr für Schuhoberleder in Betracht. Die Grundregel des Aufbaus der Zurichtschichten, daß die unterste Schicht möglichst weich und dehnbar sein soll und daß die darauf folgenden Aufträge nach oben hin immer härter, reib- und stoßfester werden, legt den Gedanken nahe, daß man einen Binder mit härterer Filmbeschaffenheit auswählen und diesen für die unteren Schichten mit Weichmacheröl versetzen könnte. Das ist jedoch nicht mit befriedigendem Erfolg durchführbar. Weichmacher sind im Film nicht fest gebunden. Sie können unter dem Einfluß von Druck und Wärme beim Bügeln, aber auch ohne diese Einwirkung bei der Lagerung aus der Schicht, in der sie eingesetzt worden sind, in andere Polymerisatschichten wandern. Dadurch wird der ursprünglich weichgemachte Film härter und weniger elastisch, der ursprünglich weichmacherfreie Film weicher und weniger reibfest. Hinzu kommt, daß Bügel-Zurichtungen zu einem großen Teil auf geschliffenem oder auf Spaltleder durchgeführt werden, auf Leder also, dessen faseroffene Oberfläche begierig Öle und Fettstoffe aufnimmt, so daß die Gefahr des Abwanderns von Weichmacher aus der Zurichtschicht und von allmählichem Verspröden bestehen würde. Anstelle des äußeren Weichmachens durch Ölzusatz wird deshalb bei den Polymerisatdispersionen für die Lederzurichtung das Prinzip der inneren Weichmachung durch entsprechende Auswahl der Monomeren für die Polymerisation bevorzugt. Die weichmachende Komponente ist Bestandteil der Filmsubstanz und kann nicht abwandern. Nicht nur wegen der Filmweichheit, sondern auch zum Modifizieren anderer Filmeigenschaften werden in den meisten Fällen Bindemitteldispersionen nicht als reine Polymerisate aus einem einzelnen Monomeren, sondern als Copolymerisate aus zwei oder mehreren Monomeren hergestellt. Die Mischpolymerisation bietet viele Variationsmöglichkeiten der Filmeigenschaften; trotzdem ist es bisher nicht gelungen, einen Idealbinder aufzubauen, welcher für sich allein angewendet die vielseitigen Eigenschaften, die bei der Zurichtung der verschiedenen Lederarten verlangt werden, erfüllen kann. Deshalb werden in den meisten Zurichtrezepturen verschiedene Binder herangezogen, welche bei den einzelnen Lederarten wechseln und häufig auch in den verschiedenen Auftragsschichten einunddesselben Leders in unterschiedlichem Mengenverhältnis miteinander kombiniert werden.

Als Richtlinie für die Auswahl der Polymerisatbindemittel können im Hinblick auf die Filmeigenschaften und deren Einfluß auf das Verhalten der Zurichtung folgende Grundregeln aufgestellt werden[69].

1. Weiche Filme bildende Polymerisate ergeben feinen Narbenwurf und verbessern die Kältebeständigkeit der Zurichtung. Sie führen jedoch zu einer klebrigen Oberfläche und sind gegen trockenes und nasses Reiben empfindlich. Ihr Einsatz beschränkt sich in erster Linie auf die untere Schicht des Deckfarbenauftrags.

2. Polymerisate mit festerer, härterer Filmbeschaffenheit setzen die Klebrigkeit herab und sind gegen Reiben stärker widerstandsfähig. Sie neigen zu gröberem Narbenwurf und stärkerer Empfindlichkeit der Zurichtung gegen Kälte. Sie sind für dünne Aufträge in den oberen Schichten vorzuziehen.

3. Polyacrylate zeichnen sich durch besonders gute Lichtechtheit aus. Sie sind bei Zurichtungen in Weiß und bei hellen Pastelltönen den meisten anders aufgebauten Mischpolymerisaten überlegen.

4. Ausgeprägt wasserfestes Auftrocknen des Polymerisatbindemittels ist zwar vorteilhaft für die Naßreibechtheit der Zurichtung, kann sich aber auf die Haftfestigkeit des nachfolgenden wäßrigen Auftrags nachteilig auswirken. Spritzaufträge können bei zu geringem Wiederanquellen des Untergrunds abperlen und sich nicht mehr ausreichend verankern. Reaktive Binder mit hitzevernetzendem Verhalten sollen daher nicht zu heiß zwischengebügelt werden. Das Leder soll auch vor dem Weiterverarbeiten nicht längere Zeit bei Raumtemperatur gestapelt werden, damit nicht eine unerwünschte wasserfeste Vernetzung eintritt. Binder mit stark wasserfest machenden Eigenschaften können vorteilhaft mit etwas stärker quellenden Bindemitteln als Zwischenschicht verarbeitet werden.

5. Butadienbinder lassen ohne Gefahr stärkerer Klebrigkeit gute Kältebeständigkeit erzielen. Alterungs- und Lichtbeständigkeit lassen sich durch Mitverwendung von Acrylatbindern verbessern.

Bei der Einstellung der Deckschichten muß außerdem berücksichtigt werden, daß die in den Film inkorporierten Pigmente die Filmeigenschaften ebenfalls beeinflussen. Sie gehen nicht homogen in die Filmsubstanz ein, sondern sie werden als Fremdkörper eingelagert. Sie unterbrechen den kompakten Filmverband und können je nach Größe der Pigmentagglomerate und vorhandener Pigmentmenge die Zugfestigkeit, Dehnbarkeit, Naßreibfestigkeit und Nässebeständigkeit beeinträchtigen. Dagegen können Pigmente die Thermoplastizität vermindern, die Trockenreibechtheit verbessern und die Luft- und Wasserdampfdurchlässigkeit erhöhen[90]. Bei vernetzenden, reaktiven Bindern ist zu berücksichtigen, daß durch das Vernetzen der Film strammer wird. Das kann den Narbenwurf etwas beeinträchtigen, verbessert aber Zug- und Knickfestigkeit, Trocken- und Naßreibechtheit[70]. Außerdem werden Haftfestigkeit und Alterungsbeständigkeit gesteigert[84].

3.2.3 Nichtthermoplastische Bindemittel für Bügel-Zurichtungen. Der technische Effekt der Bügel-Zurichtung, das Verfließen und Verschweißen der einzelnen Auftragsschichten zu einem zusammenhängenden Zurichtfilm, beruht auf der thermoplastischen Verformbarkeit der Polymerisatbindemittel. Es mutet daher auf den ersten Blick erstaunlich an, daß bei der Bügel-Zurichtung auch nichtthermoplastische Bindemittel verwendet werden. Dazu ist festzustellen, daß Bügel-Zurichtungen allein auf nichtthermoplastischer Basis nicht üblich sind. Wenn Handschuh- oder Bekleidungsleder ohne thermoplastische Binder in Bügel-Zurichtung gearbeitet wird, dann handelt es sich im wesentlichen um Leder mit Anilincharakter, das nur einen leichten Appreturauftrag auf der Basis von Nitrocellulose, von Polyurethan oder von beiden erhalten hat. Diese Appreturfilme sind durch innere oder äußere Weichmachung zu einem gewissen Grad plastisch verformbar ohne ausgesprochen thermoplastisch zu sein. Hinzu kommt, daß bei dem weichen Ledertyp auch die Narbenschicht durch heißes Bügeln geglättet und geglänzt werden kann.

Typische nichtthermoplastische Bindemittel, in erster Linie Eiweißsubstanzen, werden bei der Bügel-Zurichtung gemeinsam mit Polymerisatbindern eingesetzt. Diese Anwendungsweise erfolgt in der Hauptsache in der Egalisierfarbe, also in den oberen Auftragsschichten, als Auflage auf einer stärker thermoplastischen Grundier- oder Binderschicht. Der Einsatz der nichtthermoplastischen Bindemittel bei der Bügel-Zurichtung verfolgt mehrere Ziele. Thermoplastisches Verformen der Polymerisatbinder ist bei der Bügel-Zurichtung für die Bügelbehandlung erforderlich und erwünscht. Bei der Verarbeitung des Leders kann es aber nachteilig sein, wenn das Leder heiß behandelt wird. Bei der Schuhfertigung wird in manchen Betrieben der Schaft durch »Heißeinscheren« aufgeleistet. Der überstehende Schaftrand wird zum straffen Spannen des Leders über die Leistenform nicht mit Zwickzangen übergeholt, sondern mit scherenartig sich öffnenden und schließenden erhitzten Metallplatten auf den Leistenboden geschoben. Bei dieser Prozedur kann der thermoplastische Zurichtfilm erweichen, klebrig werden und sich vom Lederuntergrund abschieben. Gleiche Schwierigkeiten können auftreten, wenn bei der Verarbeitung des Leders entstehende Falten durch Überstreichen mit einem heißen Bügeleisen geglättet werden. Mitverwendete nichtthermoplastische Bindemittel vermindern die Thermoplastizität und die Empfindlichkeit der gesamten Zurichtung gegen Hitzeeinfluß und verbessern die Heißreibbeständigkeit. Polymerisatbinder werden durch viele organische Lösemittel gequollen oder gelöst. Sie sind daher empfindlich gegen Klebstofflösungen oder gegen die Einwirkung von in Aceton geweichten Schuhvorderkappen. Eiweißbindemittel sind gegen Lösemittel beständig und verbessern die Zurichtung gegenüber solchen Einflüssen[91].

Als nichtthermoplastische Bindemittel werden in vielen Fällen Eiweißlösungen eingesetzt. Das sind z. B. die bei der Stoß-Zurichtung verwendeten Caseinlösungen. Sie müssen vorsichtig dosiert werden, da sie den Polymerisatfilm verhärten, die Knickbeständigkeit dicker Filme beeinträchtigen und groben Narbenwurf ergeben können. Sie steigern die Wasseraufnahme und vermindern die Naßreibechtheit, während die Trockenreibechtheit besser wird[90]. Mischfilme aus Polymerisatdispersionen und Eiweißlösungen können härter auftrocknen als der Film jeder einzelnen Komponente. Die kombinierten thermoplastisch-nichtthermoplastischen Bindemittel sind daher nur in dünner Schicht aufzutragen, um ausreichende Flexibilität zu gewährleisten.

Als nichtthermoplastische Abmischkomponente haben sich polyamidartig modifizierte Eiweißbinder bei der Bügel-Zurichtung bewährt. Sie besitzen eine gewisse Affinität zu den Polymerisaten und ergeben zusammen mit diesen einen weitgehend homogenen, klaren Film, der flexible, knickbeständige Zurichtschichten mit reinen, brillanten Farbtönen erhalten läßt. Auch diese Kombinationen ergeben aber weniger zügige Filme als die reinen Polymerisate, so daß ihr Einsatz auf die oberen, dünn aufgetragenen Zurichtschichten beschränkt bleiben sollte[69]. Der Vorschlag, gelöstes Collagen als nichtthermoplastischen Eiweißanteil zusammen mit Polymerisatdispersionen anzuwenden, hat sich in der Praxis nicht durchgesetzt[92].

Nichtthermoplastische Komponenten zum Abmischen mit Polymerisatdispersionen können weiterhin Nitrocelluloselack-Emulsionen sein. Die Emulsionsform mit der Phasenverteilung Lack-in-Wasser läßt den Nitrocelluloselack leicht in den wäßrigen Deckfarben-Polymerisat-Ansatz einrühren und gleichmäßig verteilen. Obwohl die meisten Dispersionsbinder gegen Lösemittel empfindlich sind und die Dispersion durch Anquellen oder Anlösen des Polymerisats gelieren kann, sind die Mischungen ausreichend lange beständig, da die Lösemittel der Nitrocelluloselackemulsion durch die Wasserhülle vom Polymerisat getrennt sind. Voraussetzung für diese Stabilität ist, daß die Lackemulsion keine oder höchstens geringe Anteile mit Wasser mischbarer Lösemittel bzw. Verdünnungsmittel, z. B. Alkohole, Glykole oder Methylglykolester, enthält. Die wasserfest auftrocknenden Nitrocelluloselack-Emulsionen verbessern Quellfestigkeit und Naßreibechtheit des Polymerisatfilms. Die klebfreie Oberfläche, die Eigenfilmhärte und das nichtthermoplastische Verhalten der Nitrocellulose vermindern unerwünschtes Kleben des Mischfilms an der Bügelplatte beim Zwischenbügeln und ebenso beim Stapeln im Zwischenstadium der Zurichtung. Die Durchreibfestigkeit und Trockenreibechtheit der Zurichtung werden ebenfalls verbessert.

Die in der Emulsion enthaltenen Lösemittel benetzen bei wenig saugfähigem Leder die Oberfläche besser, verteilen den Auftrag gleichmäßiger und ergeben ein ruhigeres Flächenbild als rein wäßrige Ansätze. Sie verbessern die Haftfestigkeit der auf zwischengebügelte, thermoplastisch versiegelte Schichten aufgebrachten Aufträge und lassen in vielen Fällen den flüssigen Farbvorhang in der Gießmaschine ruhiger und weniger störanfällig laufen. Wenn bei Antrocknen der Auftragsschicht auf dem Leder die Emulsion bricht und in den Filmverband übergeht, dann wirken die Lösemittel auch auf das Polymerisat ein und quellen es an. Sie werden beim Trocknen etwas zurückgehalten, so daß die Mischfilme etwas längere Trockenzeit benötigen als lösemittelfreie Ansätze. Oberflächenklebrigkeit und Reibempfindlichkeit bestehen noch so lange, bis die Lösemittel voll verdunstet sind. Nach Durchtrocknen ist dann die volle Widerstandsfähigkeit erreicht. Zurichtaufträge aus Mischungen von Polymerisatdispersionen und Nitrocelluloselackemulsionen dürfen deshalb nicht zu rasch nach oberflächlichem Antrocknen gebügelt oder narbengepreßt werden.

Mischfilme aus Nitrocellulose und Polyacrylat trocknen mit etwas matter Oberfläche auf. Das steigert die Flächenruhe der Zurichtung und verbessert die Egalisierwirkung. Wenn der

Mattiereffekt für das Aussehen des fertig zugerichteten Leders unerwünscht ist, kann er durch Aufbringen einer Hochglanzappretur wieder aufgehoben werden, ohne daß die Flächenruhe des mattierten Untergrunds verloren geht.

Der Nitrocellulosefilm ist in vielen organischen Lösemitteln löslich. Trotzdem muß nicht befürchtet werden, daß die Bügel-Zurichtung gegenüber der Einwirkung von Lösemitteln aus Sohlenklebstoffen oder acetonfeuchten Schuhkappen durch Polymerisat-Nitrocellulose-Mischfilme empfindlicher wird. Sie wird im Gegenteil widerstandsfähiger. Die Ursache für dieses Verhalten liegt vermutlich darin, daß die von der Fleischseite her durch das Lederfasergefüge hindurch von unten auf die Zurichtschichten wirkenden Lösemittel während der Schuhherstellung im allgemeinen auf eine schmale Zone begrenzt einwirken. Die im Film verteilte Nitrocellulose saugt die Lösemittel ziemlich begierig auf und verteilt sie rasch auf eine größere Flächenzone. Dadurch wird die aggressive Konzentration der Lösemittel so weit vermindert, daß sie die Deckschicht nicht mehr schädigend anquellen können[69].

In gleicher Weise wie Nitrocelluloseemulsionen können auch Polyurethane in wäßriger Emulsions- oder Dispersionsform mit den Polymerisatdispersionen kombiniert werden. Dabei kann es sich sowohl um selbstemulgierende Ionomere wie auch um extern emulgierte Lösungen handeln, die durch die Wasserhülle voneinander getrennt sind und erst auf dem Leder bei Verdunsten des Wassers vernetzen[93]. In der Mischung mit Polymerisatdispersionen wirkt das wasserverdünnbare Polyurethan bzw. Prepolymere als Penetrator. Es verbessert Verlauf und Haftfestigkeit der aufgetragenen Schicht. Die Auswirkung des nichtthermoplastischen Verhaltens auf den Mischfilm ist etwa gleich wie bei Nitrocellulose. Die Naßreibechtheit ist allerdings geringer. Sie kann durch Nachvernetzen mit einem sauren Fixiermittel deutlich verbessert werden.

3.2.4 Bindemittel für Nitrocellulose-Zurichtungen. Grundlage der für Nitrocellulose-Zurichtungen verwendeten Lacke ist das Cellulosenitrat[94], eine in verschiedenen organischen Lösemitteln lösliche, in Wasser unlösliche Substanz. Cellulosenitrat wird durch Nitrieren, durch Behandeln mit einem Gemisch aus Salpeter- und Schwefelsäure, aus Baumwolle (Linters) oder aus Cellulose gewonnen. Einsatz hochkonzentrierter, wasserfreier Säure führt zu hohem Nitrierungsgrad und überwiegender Bildung von Cellulosetrinitrat in Form von »Schießbaumwolle« mit etwa 13,0 % Stickstoffgehalt. Wasserhaltiges Säuregemisch läßt vorwiegend Dinitrat in Form der »Kollodiumwolle« mit etwa 12,4 % Stickstoffgehalt erreichen. Hoher Nitrierungsgrad ergibt Nitrocellulose, welche in Estern und Ketonen löslich ist, in Äthylalkohol dagegen nicht löslich ist. Geringer Nitrierungsgrad läßt in Äther-Alkohol lösliche, bei speziellem Herstellungsverfahren voll alkohollösliche Nitrocellulose erhalten.

Für die Herstellung von Lacken für die Lederzurichtung werden esterlösliche Nitrocellulosetypen bevorzugt. Ihre erhöhte Widerstandsfähigkeit gegen Alkohol gibt der Zurichtung von Möbelpolsterleder erhöhten Schutz gegen Verschmutzungen durch alkoholische Getränke oder alkoholhaltige Parfüms. Neben der Löslichkeit der Nitrocellulose spielt die Viskosität des Lederlacks eine wichtige Rolle. Die Viskosität wird zu einem wesentlichen Anteil vom Verhalten der Nitrocellulose beeinflußt. Hochviskose Nitrocellulosetypen lassen sich nur zu Lacken verhältnismäßig niedriger Konzentration lösen. Sie ergeben entsprechend nur schwache Füllwirkung, zeichnen sich aber durch hohe Reißfestigkeit, starkes plastisches Dehnungsvermögen und gute Knickbeständigkeit aus. Niedrigviskose Typen ergeben härtere, weniger elastische Filme, sind aber mit höherer Konzentration löslich und trocknen zu Filmen mit höherem Glanz auf. Die Viskosität kann sowohl durch die Intensität der Nitrierung wie auch durch nachträgliche Behandlung der Nitrocellulose beeinflußt werden. Infolge besserer Löslichkeit und leichteren Hantierens der Lacke werden in immer stärkerem Umfang die niedriger viskosen Nitrocellulosetypen bevorzugt. Die Viskosität wird durch Verkochen der Nitrocellulose mit Wasser bei hoher Temperatur im Autoklaven unter Druck abgebaut.

Nitrocelluloselacke sind aus verschiedenen Komponenten, aus Feststoffen und aus flüchtigen Substanzen, aufgebaut. Sie enthalten Nitrocellulose, Weichmacher, evtl. Harz, Pigment und Farbstoff als nichtflüssige, filmbildende Substanz und Lösemittel, Verschnitt- bzw. Verdünnungsmittel zur Überführung der Filmbildner in die flüssige Form und zur Regelung von Konzentration und Viskosität. Die nichtflüchtigen Substanzen bestimmen Glanz, Biege- und Knickbeständigkeit, Geschmeidigkeit und Dehnbarkeit, Bruch-, Reibfestigkeit und Lichtechtheit der Zurichtung. Die flüchtigen Stoffe sind für Viskosität und Verhalten des Lacks beim Auftragen (Spritzen, Gießen, Tamponieren), Filmbildung (Verlauf, Trockengeschwindigkeit) verantwortlich. Sie beeinflussen aber ihrerseits durch ihre Verdunstungsgeschwindigkeit die Homogenität der Filmbildung und damit Glanz und Griff, das Haften auf dem Untergrund und damit Knickfestigkeit, Reibechtheit und Elastizität der Zurichtung. Viele Lederfabriken stellen ihre Verdünnermischung für den Auftrag des Nitrocelluloselacks bzw. der Nitrocellulosefarbe selbst zusammen. Dabei spielt meistens eine preisgünstige Zusammensetzung die ausschlaggebende Rolle. Der Einfluß auf das Auftragsverhalten und die Filmbildung des Nitrocelluloselacks muß aber auf jeden Fall je nach dem Verhalten des Leders, der auf dem Leder bereits vorhandenen Grundierschicht, nach Auftragstechnik und vorhandenen Trockenbedingungen berücksichtigt werden, um unliebsame Überraschungen bei der Beanspruchung des Leders in Verarbeitung und Gebrauch zu vermeiden.

Nitrocelluloselacke werden für verschiedene Verwendungszwecke eingesetzt: für Metalle, z. B. als Autoreparaturlack, für Holz als Lasur, als Glanzlack oder als Schleiflack. Lederlacke unterscheiden sich von diesen durch einen grundsätzlich höheren Weichmachergehalt. Dieser ist wegen der elastischen, flexiblen Beschaffenheit des Leders als Trägersubstanz für die Lackschicht erforderlich. Während Lacke für starren Untergrund ein Nitrocellulose-Weichmacher-Verhältnis von etwa 100:20 aufweisen, liegt das Verhältnis bei Lederlacken etwa bei 100:100. Je nach Verwendungszweck des Leders und den an das zugerichtete Leder gestellten Anforderungen kann der Weichmachergehalt in weiten Grenzen schwanken. Lack für weiches und zügiges Bekleidungsleder ist im allgemeinen stärker weichmacherhaltig, Lack für weniger dehnbares Galanterieleder ist härter eingestellt. Besonders hart und weichmacherarm sind Speziallacke für Saffianleder. Sie tragen dazu bei, daß sich das Narbenkorn des Ziegenleders beim Krispeln markant herausarbeiten läßt. Da Saffianleder in erster Linie für Bucheinbände oder als Überzug von Reiseartikeln, wie z. B. Etuis für Rasierapparate, Reisewecker, verwendet wird, für Artikel also, bei denen das Leder keiner nennenswerten Dehnungsbeanspruchung unterworfen ist, ist die harte, weniger elastische Einstellung des Lackfilms nicht nachteilig.

Die Filmeigenschaften von Lederlacken können nicht nur durch den Viskositätsgrad der Nitrocellulose und durch den Weichmachergehalt gesteuert werden, sondern auch durch anteilige Mitverwendung von Harzen. Hierfür können natürliche Harze, z. B. Schellack, Colophonium oder synthetische Harze auf der Basis von Alkyd-, Keton-, Sulfonamid-, Phenol-Maleinsäure-, Harnstoff-, Melaminderivaten oder von Polymerisaten herangezogen werden. Wegen der besser gewährleisteten, gleichbleibenden Qualität haben synthetische

Harze die natürlichen immer mehr verdrängt. Die Lackhersteller haben die nach ihren Erfahrungen bestgeeigneten Produkte für ihre Sortimente ausgewählt. Harzhaltige Lacke sind allerdings bei den Lederzurichtmitteln nur in verhältnismäßig geringer Zahl vertreten, da sie den gewünschten gleitenden Ledergriff meistens stärker beeinträchtigen als reine Nitrocelluloselacke. Dafür kommt ihnen eine stärkere Füllwirkung zu, die glatte, abgeschlossene Lederoberflächen erreichen läßt, auch ohne daß der auf dem Leder aufgetrocknete Lackauftrag noch nachträglich abgebügelt werden muß.

In einzelnen Fällen werden als Deckfarbenbindemittel auch Mattlacke herangezogen, besonders dann, wenn es gilt, eine möglichst gute Egalisierwirkung und Flächenruhe zu erreichen. Der Matteffekt beruht darauf, daß der homogene Filmverband der Nitrocellulose durch Einverleiben von Fremdkörpern unterbrochen wird. Das können feinstverteilte anorganische Substanzen in farbloser Form, z. B. Silikate, oder metall-organische Verbindungen, wie etwa Calcium-, Magnesium- oder Zinkseifen sein. Bei ihrer Anwendung muß berücksichtigt werden, daß die inkorporierten Mattiermittel die Elastizität des Films in ganz ähnlicher Weise beeinträchtigen können wie Pigmente. Mattlacke sollten deshalb in pigmentierten Nitrocelluloseschichten nur anteilig zusammen mit homogenen Glanzlacken angewendet werden, um den Film nicht zu sehr zu belasten.

Die in den Nitrocelluloselacken enthaltenen Lösemittel und die zum gebrauchsfertigen Verdünnen verwendeten Verdünnungsmittel wirken auf die Lederoberfläche wie Netzmittel. Nitrocelluloseaufträge benetzen daher den vorangegangenen Grundierauftrag besser als Farb- oder Egalisieraufträge auf Wasserbasis ohne Lösemittelanteil. Nitrocelluloselacke sind aus diesem Grund für Spritzanwendung, also für weniger massive Aufträge, besonders gut geeignet. Bei ihrer Anwendung müssen allerdings zwei Voraussetzungen erfüllt werden:

1. Der Untergrund muß durch die organischen Lösemittel ausreichend angelöst oder angequollen werden, damit der Lackfilm partiell eindiffundieren und sich fest in der Unterlage verankern kann.

2. Wenn dem Lackauftrag eine wäßrige Grundierung vorangegangen ist, muß diese ausreichend lange und gut getrocknet sein, bevor der Nitrocelluloselack aufgespritzt wird. Wasser kann die Nitrocellulose aus der Lösung ausfällen, das Verlaufen zu einem homogenen Film verhindern, die Haftfestigkeit beeinträchtigen und die Haltbarkeit des Nitrocellulosefilms wesentlich verschlechtern.

Wie fast überall bei den verschiedenen Teilprozessen der Lederherstellung besteht auch in diesen Punkten kein starres Schema, sondern bei bedachtem Vorgehen sind Ausnahmen möglich. So lassen sich Grundierungen auf der Basis reaktiver Binder, welche gegen Lösemittel weitgehend resistent werden, ohne Schwierigkeit mit Nitrocelluloselack überspritzen, wenn sie noch nicht ausreagiert sind. Das bedeutet, sie sollen nicht heiß zwischengebügelt werden und dürfen vor dem Lackauftrag nicht längere Zeit lagern. Das bedeutet, daß die einzelnen Arbeitsgänge der Zurichtung zügig hintereinander durchgeführt werden müssen. Eiweißschichten, welche gelegentlich den Auftrag einer wasserunlöslichen Kontrastfarbe erhalten sollen, können trotz Unlöslichkeit der Proteine in organischen Lösemitteln mit Nitrocelluloselack überspritzt werden, wenn sie anteilig wasserverdünnbare Nitrocelluloselack-Emulsion enthalten oder wenn ein Zwischenauftrag mit einem wasserlöslichen und nach Auftrocknen durch Lösemittel anquellbaren Polymerisat oder Polyurethan-Ionomeren vorgegeben wird.

Im Hinblick auf die Quell- und Lösewirkung der Lösemittel ist andererseits zu beachten, daß diese nicht zu langsam flüchtig sind und daß der Nitrocellulosefilm nicht zu lange Trockenzeit erfordert. Er kann sonst während der Übergangszeit aus der flüssigen Phase in den festen Filmverband unerwünscht tief in die Grundierschicht einziehen, so daß der angestrebte Oberflächenabschluß verloren geht und die Reibechtheit nicht erreicht wird. In solchen Fällen besteht auch die Gefahr, daß Fett- bzw. Ölanteile aus dem Leder an die Zurichtoberfläche gezogen werden und Flecken bilden.

Störung der Filmbildung durch Wasser läßt sich vermeiden, wenn der Lack keine mit Wasser mischbaren echten Lösemittel enthält, z. B. Aceton, Methylacetat, Methyl-, Äthyl- oder Propylglykol, und wenn er mit Wasser mischbare, Nitrocellulose nicht lösende Verdünnungsmittel, z. B. Butanol, enthält. Auf diesem Prinzip der Beständigkeit gegenüber Wasser sind die mit Wasser verdünnbaren Nitrocelluloselack-Emulsionen und die selbstemulgierenden Emulsionsbasen aufgebaut. Abgesehen von der Möglichkeit, daß sie ohne Verwendung von Lösemitteln in der Lederfabrik nur durch Wasserzusatz auf die Anwendungskonzentration eingestellt werden, verhalten sie sich anwendungstechnisch den lösemittelverdünnbaren Nitrocelluloselacken nahezu gleich. Bei der Filmbildung unterscheiden sie sich dadurch, daß sie infolge des hohen Wasseranteils mit feinsten Kapillaren durchsetzte Filme ergeben, so daß die Zurichtung etwas besser wasserdampfdurchlässig bleibt.

Die Eigenschaft der Nitrocelluloseemulsionen, daß sie mit Wasser verdünnt werden können, verleitet zu der Annahme, daß sie im Gegengsatz zu den lösemittelverdünnbaren Nitrocelluloselacken nicht feuergefährlich seien. Sicherlich ist der Umgang mit ihnen in der Lederfabrik weniger kritisch. Es müssen keine organischen Lösemittel zum Verdünnen der Emulsionen eingelagert werden. Die Mitverwendung von Wasser erfordert zwangsläufig im Aufbau der Lacke Lösemittel mit höherem Siede- und Zündpunkt. Der getrocknete Film und damit auch die in den Spritzkabinen und Absaugvorrichtungen abgelagerten Krusten sind aber gleich brennbar und feuergefährlich wie bei den mit Wasser nicht mischbaren Nitrocelluloselacken. Eine entsprechend sorgfältige Reinigung der Zurichtaggregate ist deshalb bei Verarbeitung von Nitrocelluloseemulsionen in gleicher Weise erforderlich wie bei den Lacken.

Andererseits ist darauf hinzuweisen, daß in vielen Ländern Nitrocellulose wegen der Verwendung von hoch nitrierter Schießbaumwolle als Sprengmittel dem Sprengstoffgesetz unterliegt. Die Anwendung der dafür geltenden scharfen Sicherheitsbestimmungen auf Nitrocelluloselacke ist nicht erforderlich und nicht gerechtfertigt. Sprengstoffwirkung besteht nur bei der trockenen reinen Nitrocellulose. Der gelöste Lack ist kein Sprengstoff mehr. Selbst die mit gelatinierenden Weichmachern plastifizierte Nitrocellulose stellt in der lösemittelfreien Form als »Celluloid« keinen Sprengstoff dar. Weichmacherhaltige Nitrocellulose ist zwar leicht brennbar, besitzt aber keine Explosionswirkung wie ein Sprengstoff.

Nitrocelluloselacke bzw. deren Filme sind gegenüber der Einwirkung von Sonnenlicht oder Ultraviolettbestrahlung, gegen Hitzeeinwirkung und in manchen Fällen auch gegenüber längerer Einwirkung von Nässe empfindlich. Lichteinwirkung läßt den Film allmählich vergilben, Hitzeeinfluß färbt ihn braun und versprödet ihn, Nässe kann zu milchigem Anlaufen führen. Dabei ist meistens weniger die Nitrocellulose selbst Ursache der Filmveränderung, sondern es sind mehr die zusammen mit ihr den Film bildenden Zusatzstoffe, Weichmacher oder Harze. In den meisten Fällen sind die natürlichen Weichmacher oder Harze empfindlicher als die synthetischen Produkte. Grundsätzlich beeinträchtigen Harze die

Beständigkeit des Nitrocellulosefilms stärker als Weichmacher. Manche Weichmacher verbessern, andere vermindern die Beständigkeit harzhaltiger Filme[94].

Ein sehr großer Anteil modischer Lederfarbtöne liegt im Gebiet von Braun, vom hellen Gelbbraun bis zum dunklen rot- bis violettstichigen Braun. Bei diesen Nuancen tritt eine gelbe Verfärbung des Lacks durch Lichteinfluß nicht in Erscheinung und ist bedeutungslos. Anders ist das bei leuchtend bunten Anilin-Zurichtungen. Sie können durch vergilbenden Lack deutlich abgetrübt werden. Noch krasser treten Vergilbungserscheinungen bei weiß zugerichtetem Leder hervor. Diesem Nachteil kann dadurch begegnet werden, daß man anstelle von Cellulosenitrat als Filmbildesubstanz Celluloseacetat oder Celluloseacetobutyrat verwendet. Solche Lacke sind als lichtbeständige Weißlacke anzutreffen. Diese speziellen Cellulosearten haben sich für die Lederzurichtung bisher nicht allgemein eingeführt, da sie kostspieliger sind als Nitrocellulose.

Die Hitzeempfindlichkeit des Nitrocellulosefilms äußert sich nicht nur in deutlich erkennbarer Dunkelfärbung, sondern auch in Versprödung und Brüchigkeit. Dadurch werden sowohl das Aussehen wie auch die nässeschützende Wirkung der Nitrocellulose-Zurichtung beeinträchtigt. Bei Lederbekleidung aus Nappaleder, das in beträchtlichem Umfang mit Nitrocellulose-Zurichtung gearbeitet wird, ist es wichtig, daß bei der Verarbeitung im Gange der Konfektionierung oder auch nach der Chemischreinigung von Lederbekleidungsstücken nicht zu heiß gebügelt wird. Temperaturen über 100 °C sollten auf jeden Fall vermieden werden. Zweckmäßig sind großflächig wirkende Dämpfapparate, welche ein auf kleine Flächen wirkendes Überhitzen vermeiden lassen.

Milchiges Anlaufen des Films durch intensive Einwirkung von Nässe ist bei nitrocellulosezugerichtetem Leder kaum zu befürchten, da der Film erst bei mehrtägigem Einfluß von Wasser trüb wird. Wenn trotzdem solche Erscheinungen beim Gebrauch von Lederartikeln oder Schuhwerk auftreten, liegt es meistens an der Grundierung, welche die Feuchtigkeit über das saugfähige Lederfasergefüge aufnimmt, anquillt und zu einem Nässestau unter dem wasserundurchlässigen Nitrocellulosefilm führt. In solchen Fällen sollte das Grundiermittel gegen eine quellbeständige Substanz ausgetauscht werden. Die Nitrocelluloseschicht kann beibehalten werden.

3.2.5 Bindemittel für Polyurethan-Zurichtungen. Polyurethane haben seit etwa 1955 eine bedeutende Entwicklung für die Lederzurichtung erfahren[33]. Sie stellen Polyadditionsverbindungen des Isocyanats mit Polyoxyverbindungen (Polyole) dar. Das Prinzip der Polyaddition wurde 1937 von O. Bayer entdeckt[32]. Es beruht auf der Anlagerung der alkoholischen Hydroxylgruppe einer Dioxyverbindung (Polyester oder -äther) an die Isocyanatgruppe eines Dioxycyanats unter Bildung der Urethangruppe als Verbindungsglied.

$$\underset{\text{Diisocyanat}}{O{=}C{=}N{-}R{-}N{=}C{=}O} + \underset{\text{Dioxyverbindung}}{HO{-}R'{-}OH} \rightarrow$$

$$O{=}C{=}N{-}R{-}\underbrace{\left[{-}\underset{\substack{|\\ H}}{N}{-}\overset{\substack{O\\ \|}}{C}{-}O{-}\right]}_{\text{Urethangruppe}}{-}R'{-}OH$$

Die Additionsreaktion beruht auf der Umlagerung bzw. Wanderung von Wasserstoff aus der alkoholischen Oxygruppierung an den Stickstoff des Isocyanats. Das entstandene Urethan enthält weitere freie Hydroxyl- und Isocyanatgruppen, so daß es zur Ausbildung hochmolekularer Verbindungen weiter reagieren kann. Die Polyaddition kann störungsfrei verlaufen, da der Reaktionsmechanismus keine Nebenprodukte abspaltet[37]. In den hochmolekularen Polyadditionsverbindungen ergeben die Oxyverbindungen Weichsegmente, welche für die Elastizität und Flexibilität des Films verantwortlich sind, während die Isocyanate kettenverknüpfende Hartsegmente aus Urethan- oder Harnstoffgruppen bilden, die den Zusammenhalt des Films und seine Festigkeit bestimmen. Bei Verwendung einfacher Polyole und Isocyanate mit jeweils nur zwei funktionellen Gruppen als Ausgangsstoffe erhält man linear verknüpfte Kunststoffe mit hoher Elastizität. Geht man von Produkten aus, die drei oder mehr funktionelle Gruppen aufweisen, so entstehen vernetzte Verbindungen mit gitterartig verknüpften Bindungen. Je stärker das Polyadditionsprodukt vernetzt ist, je enger die Verknüpfungspunkte beisammen liegen, um so starrer und härter wird der gebildete Film. Je nach Auswahl der Ausgangskomponenten können Polyurethane mit weit variierenden Filmeigenschaften gebildet werden. Das Filmverhalten kann weiterhin durch die eingesetzte Menge der vernetzenden Isocyanatkomponente beeinflußt werden[95].

Die Filmbildung der Polyurethane aus der flüssigen Phase geht durch die »härtende« Vernetzungsreaktion vor sich. Die beiden reaktiven Komponenten werden getrennt voneinander aufbewahrt und unmittelbar vor der Anwendung miteinander gemischt. Die molekülverknüpfende Isocyanatkomponente wird als »Härter«, die den Weichsegmentanteil ergebende Polyolkomponente wird als »Lack« bezeichnet. Die Mischung der beiden Komponenten ergibt den »Zweikomponentenlack« oder »Reaktionslack«. Die Lackkomponente muß nicht unbedingt aus noch nicht umgesetzten Polyolen bestehen, sie kann auch aus linear vorvernetzten Polyester- oder Polyätherurethanen in der Form von »Urethan-Prepolymeren« aufgebaut sein. Solche Prepolymere enthalten noch reaktive Gruppen, die mit Isocyanaten weiter vernetzt werden können. Die Lackeigenschaften können durch »Kettenverlängerungsmittel« modifiziert werden. Hierzu dienen Di- oder Polyamine[96, 97], die sich mit dem Isocyanatprepolymeren zu Polyurethanpolyharnstoff umsetzen[42].

$$\underset{\text{Isocyanatprepolymer}}{OCN-R-NCO} + \underset{\text{Polyamin}}{H_2N-R'-NH_2} \rightarrow$$

$$-R'-NH-\underset{\underset{O}{\|}}{C}-NH-R-NH-\underset{\underset{O}{\|}}{C}-NH-R'-NH-\underset{\underset{O}{\|}}{C}-NH-R-$$

Polyurethanpolyharnstoff

Vorteil der Zweikomponentenlacke ist, daß die Ausgangsprodukte infolge ihrer relativ niedrigen Molekülgröße in organischen Lösemitteln leicht löslich sind, daß sie Lösungen niedriger Viskosität ergeben und daß sie deshalb mit den für die Lederzurichtung üblichen Auftragsverfahren, z. B. Spritzen oder Gießen, in ziemlich hoher Konzentration angewendet werden können. Nachteil ist die begrenzte Topfzeit, die rasches Verarbeiten der zubereiteten

Mischungen und tägliches gründliches Reinigen der Auftragsmaschinen erfordert, da die einsetzende Vernetzungsreaktion die Viskosität ziemlich rasch ansteigen läßt und da das Endprodukt in organischen Lösemitteln unlöslich wird.

Die zeitlich begrenzte Verarbeitungsmöglichkeit von Zweikomponentengemischen kann umgangen werden, wenn man Einkomponenten-Polyurethane verarbeitet. Diese Einkomponentenlacke sind noch nicht vollständig umgesetzte Polyurethane, welche einen geringen Überschuß an freien Isocyanatgruppen enthalten. Sie sind in der Anwendungsform noch in organischen Lösemitteln löslich und härten auf dem Leder durch Vernetzen mit Wasser aus der Feuchtigkeit der Luft oder des Leders nach. Sie sind im Anwendungsverhalten zwar Einkomponentenlacke, nach ihrem Reaktionsmechanismus müssen sie aber als Zweikomponentensystem angesehen werden. Für solche verkappte Zweikomponentenlacke ist es wichtig, daß sie bei der Lagerung in dicht verschlossenen Gefäßen aufbewahrt werden und daß die Gefäße nach Entnahme nur eines Teils des Lacks wieder gut verschlossen werden, damit eine Einwirkung von Feuchtigkeit mit Sicherheit vermieden wird. Sonst vernetzt der Lack vorzeitig während der Lagerung; er wird unlöslich und unbrauchbar. Die reaktiven Einkomponentenlacke können in gleicher Weise wie die Zweikomponentenlacke in hoher Konzentration mit der Ausbildung dicker Schichten zu Lackleder[98] oder mit dünner Schichtbildung für besonders widerstandsfähige Lederzurichtungen verwendet werden[99].

Echte Einkomponentenlacke sind Polyurethane, deren Vernetzung auf eine begrenzte Molekülgröße eingeschränkt ist, so daß sie noch in wenig polaren, mild wirkenden organischen Lösemitteln löslich sind. Sie nehmen in ihrem Filmverhalten eine den Nitrocelluloselacken ähnliche Stellung ein. Sie erreichen nicht die hohe Beständigkeit der stark vernetzten, gehärteten Polyurethane gegen Lösemittel. Deshalb werden auch Produkte herangezogen, die nach dem Prinzip der Einkomponentenlacke aufgebaut sind, die aber in reaktiver Form angewendet werden können. Sie lassen sich durch mehrfunktionelle Isocyanate auf dem Leder noch nachvernetzen und werden dadurch lösemittelbeständig. Die Ansätze sind im Vergleich zu denen der Zweikomponentensysteme länger gebrauchsfähig. Sie sind mehrere Tage lang verwendbar[5].

Die ursprüngliche Anwendungsart der Polyurethanlacke war auf eine Zurichtung mit dicken, hochglänzend auftrocknenden Schichten ausgerichtet, auf eine Zurichtung, wie sie für den Typ Lackleder charakteristisch ist. Für diese Lederart wurden durch die Polyurethan-Zurichtung Echtheitseigenschaften erzielt, eine Alterungsbeständigkeit und Beanspruchungsfähigkeit erreicht, wie sie mit anderen Zurichtmitteln zuvor nicht erreicht werden konnten. Durch dieses günstige Verhalten ist die Herstellung von Lackleder allgemein zu einer Domäne der Polyurethanlacke geworden. Lackleder ist jedoch ein Artikel, dessen Verwendung und entsprechend auch dessen Herstellung modischen Einflüssen stark ausgesetzt ist. Im allgemeinen wechseln mehrjährige Perioden von Lackmode und lackarmer Mode einander ab. Aus diesem Grund wurde nach weiteren Verwendungsmöglichkeiten der Polyurethanlacke bei der Lederzurichtung gesucht.

Dem Erschließen anderer Zurichtarten kam der Wunsch der Verarbeiter und Verbraucher nach immer stärkerer Beanspruchungsmöglichkeit modisch eleganter Lederartikel, insbesondere von Schuhen, entgegen. Mit dem Ausbreiten von Lederwaren des gehobenen Standards auf einen anwachsenden Kundenkreis wuchsen die Anforderungen, daß modische Eleganz mit der Strapazierfähigkeit normaler Konsumschuhe verbunden werden solle. Die guten Erfahrungen mit der Zurichtung von Polyurethanlackleder legten es nahe, diese Produkte auch für normal zugerichtetes wenig beschichtetes Leder heranzuziehen. So wurde gedecktes und anilinzugerichtetes Leder mit glänzender, seidenmatter oder stumpf matter Oberfläche unter Einsatz von Polyurethanlacken zugerichtet. Als zugkräftiges Werbemittel wurde dafür der Ausdruck »Pflegeleichtzurichtung« geprägt, eine Zurichtung, die durch Abwischen mit einem feuchten Tuch gereinigt werden kann und sonst keiner weiteren Pflege bedarf.

Andere Anwendungsmöglichkeiten fanden sich für die Zurichtung von Oberleder für stark strapazierte Arbeitsschuhe im Bergbau oder im Hüttenwesen, weitere für die Zurichtung von ebenfalls stark beanspruchtem Polsterleder. Im letzteren Fall liegt ein Vorteil der Polyurethanzurichtung gegenüber der weit verbreiteten Nitrocellulose-Zurichtung darin, daß die Zurichtung weniger brennbar ist. Das kann bei Polstermaterial für Flugzeug- oder Automobilausstattungen wichtig sein.

Beschichten von Spaltleder mit reaktiven Polyurethanen, deren Ausgangskomponenten getrennt einem Mischtopf zugeführt, nach Vermischen auf eine Matrize gesprüht und von dieser auf das Leder übertragen werden, geht nach dem gleichen Reaktionsprinzip wie die Zweikomponentenlacke vor. Auch die gleichen Materialien können dafür verwendet werden. Das Verfahren ist deutlich teurer als die herkömmlichen Methoden der Spaltlederzurichtung. Es ist daher auf spezielle Einsatzgebiete beschränkt, bei denen besonders hohe Anforderungen an die Spaltlederveredlung gestellt werden[42].

Ein wesentlicher Fortschritt, welcher der allgemeinen Einsatzmöglichkeit von Polyurethanen neuen Auftrieb gab, war die Entwicklung wäßriger Polyurethandispersionen. Obwohl die erste Synthese solcher Produkte bereits 1942 durchgeführt worden war[100], wurden die Dispersionen erst 1965 für die Lederzurichtung herangezogen[33]. Die wesentlichen Schwierigkeiten der ungenügenden Dispersionsstabilität mußten zuvor überwunden werden.

Wäßrige Polyurethandispersionen können sowohl durch externe wie auch durch interne Emulgierung gebildet werden. Bei externem Emulgieren werden die Filmbildner durch Emulgatorzusatz in Apparaturen mit hoher Scherkraftaktivität mit Wasser gemischt. Die reaktiven Komponenten sind von Wasserhüllen umgeben und durch diese voneinander getrennt. Sie reagieren erst miteinander, wenn nach Auftragen der Dispersion auf Leder das Wasser verdunstet[93]. Nachteil der extern emulgierten Dispersionen ist ihre Empfindlichkeit gegen Hitze, gegen die Scherkraftwirkung von Pumpen oder Düsen der Auftragsgeräte und gegen organische Lösemittel, welche gelegentlich als Verdünner benutzt werden. Außerdem kann der vorhandene Emulgator die Nässebeständigkeit des auf dem Leder gebildeten Films beeinträchtigen.

Interne Emulgierung wird durch den Einbau hydrophiler Gruppen in das Polyurethanmolekül bewirkt. Der emulgierende Anteil ist Bestandteil der Filmsubstanz. Er besteht aus hydrophilen Carboxy- oder Sulfogruppen, die zwischen den überwiegend hydrophoben, langkettigen Weichsegmenten eingelagert sind[33]. Wegen des ionischen Charakters der emulgierenden Gruppen werden die Produkte als »Ionomere« bezeichnet. Sie lassen sich leicht in Wasser dispergieren, wobei die Tröpfchen in der Innenzone die hydrophoben Polyester- oder Polyäthersegmente, an der Außenschicht Urethan-, Harnstoff- und ionische Salzgruppen aufweisen. Durch diesen Aufbau sind die Polyesterkomponenten gegen hydrolytisches Aufspalten geschützt.

Die selbstemulgierenden, emulgatorfreien Polyurethanionomeren stellen die interessanteste Gruppe der in wäßriger Verdünnung anwendbaren Polyurethane dar. Sie ergeben Filme von hoher Reiß- und Reibfestigkeit und sind auch infolge von Wechselwirkungen zwischen den polaren hydrophoben Molekülsegmenten gut nässebeständig[46]. Die Naßreibechtheit ist allerdings nicht so gut wie bei Filmen, die aus Polyurethanlösungen gebildet werden. Sie kann aber durch Nachvernetzen des Films mit sauren Fixiermitteln verbessert werden und erfüllt dann hohe Anforderungen. Der Einfluß der hydrophilen ionischen Gruppen geht dahin, daß Carboxylgruppen-Ionomere bessere Haftfestigkeit und höheren Glanz, allerdings auch etwas geringere Stabilität der Polyurethandispersion ergeben als Sulfogruppen-Ionomere.

Anwendungstechnisch sind die emulgatorfreien, anionischen Polyurethandispersionen zweifellos am interessantesten. Sie benetzen die Lederoberfläche gut und gleichmäßig, verlaufen zu einem homogenen, gut füllenden Film, der das natürliche Aussehen des Ledernarbens weitgehend erhalten läßt. Die Zurichtung bleibt weich und geschmeidig und wird auch bei tiefer Kälte bis zu −30 °C nicht brüchig. Die Dispersionen sind für die Zurichtung von weichem und dehnbarem Leder, z. B. von Nappabekleidungsleder, gut geeignet. Sie können auch mit Vorteil für Möbel-, Galanterie- oder Schuhoberleder herangezogen werden. Nachteilig ist der gegenüber anderen Zurichtbindemitteln höhere Preis der Polyurethane. Er kann dadurch ausgeglichen werden, daß man lösemittelfrei arbeiten und mit relativ wenigen Aufträgen gute Echtheitseigenschaften erzielen kann.

3.2.6 Kombination von Polyurethan mit Nitrocellulose. Nachteil der reaktiven Polyurethanlacke ist, daß sie trotz begrenzter Gebrauchsdauer (Topfzeit) relativ lange Zeit bis zum Ausreagieren der Vernetzung benötigen. Während dieser Zeit ist die Lederoberfläche noch mehr oder weniger klebrig und entsprechend staub- und berührungsempfindlich, so daß die Aufbewahrung des Leders bis zum stapelfähigen Trockenzustand Probleme aufwirft. Diese anwendungstechnischen Nachteile machen sich besonders bei dicken Auftragschichten bemerkbar, z. B. bei der für Lackleder typischen Zurichtung. Sie können abgemildert werden durch Maßnahmen, die die Vernetzung nach dem Auftragen auf das Leder beschleunigen und die Gebrauchsdauer des Lacks nicht beeinträchtigen. Als vorteilhaft hat sich das Trocknen bei erhöhter Temperatur von etwa 35 bis 45 °C und bei nicht zu geringer Luftfeuchtigkeit von etwa 20 bis 45 % relativer Feuchte erwiesen[101].

Bei der weniger dick beschichtenden Pflegeleicht-Zurichtung kann die Reaktionsdauer bis zum Aushärten dadurch verkürzt werden, daß man Ausgangskomponenten verwendet, die bereits in stärkerem Ausmaß vorvernetzt sind. Solche Bindemittel sind nach Verdunsten der Lösemittel praktisch schon stapelbar trocken. Die geringe Schichtdicke benötigt eine kurze Trockendauer von nur einigen Minuten.

Noch günstiger wirkt sich eine Kombination von Polyurethan mit Nitrocellulose auf die Trockengeschwindigkeit aus. Man kann damit pflegeleichte Zurichtungen mit hohen Echtheitseigenschaften erzielen, die mit den üblichen Methoden der Spritztechnik aufgetragen werden können und bei Durchlauf durch einen normalen Trockentunnel in kurzer Frist getrocknet sind. Kombinierte Polyurethan-Nitrocellulose-Systeme können sowohl als lösemittelverdünnbarer Lack wie auch als wäßrige Dispersion angewendet werden.

Für die Anwendung derartiger Mischungen ist die Auswahl der geeigneten Lösemittel von ausschlaggebender Bedeutung. Bei den wasserverdünnbaren Dispersionen hat bereits der Hersteller das Problem gelöst. Der Verbraucher kann bei weiterem Verdünnen mit Wasser keine Komplikation verursachen. Bei lösemittelverdünnbaren Lacken müssen, um eine anwendungstechnisch erforderliche, ausreichend lange Topfzeit zu erzielen, Lösemittel gewählt werden, die nicht mit der Isocyanatkomponente des Härters reagieren. Solche »soft solvents« sind Ester, Ketone oder Kohlenwasserstoffe. Die Lösemittel dürfen keine Alkohole und keine Aminoverbindungen enthalten. Für die kombinierten Reaktionslacke werden meistens speziell abgestimmte »Verdünner« von den Herstellerfirmen angeboten. Untersuchungen über den Härtungsverlauf haben ergeben, daß etwa 50 % des Isocyanats durch Umsetzen mit Feuchtigkeit aus der Luft verbraucht werden und daß die restlichen 50 % nicht vollständig mit den Polyesterpolyolen vernetzen, sondern daß ein Teil auch mit dem Rizinusöl reagiert, das als Weichmacher in dem Nitrocelluloselack enthalten ist[102].

3.3 Appretiermittel. Den Abschluß der Oberflächenbehandlung bildet praktisch in jedem Fall der Auftrag einer Appreturschicht. Diese unterscheidet sich von der farbgebenden Deck- oder Egalisierschicht dadurch, daß sie meistens pigmentfrei und entweder farblos oder nur mit wenig Schönungsfarbstoff angefärbt ist. Sie ist auch im allgemeinen härter eingestellt.

Die Appretur verfolgt mehrere Ziele:

1. Sie dient als Schutzschicht, welche die Gefahr des Verschmutzens der Lederoberfläche bei Verarbeitung und Gebrauch des Leders und des Abfärbens bei Gebrauch oder bei Reinigung der Lederartikel vermindert. Der Schutz soll sowohl von außen nach innen wie auch von innen nach außen wirksam sein.

2. Die Appretur erteilt dem zugerichteten Leder das endgültige Aussehen mit Glanz- oder Mattwirkung und allen dazwischen liegenden Stufen. Sie ist auch maßgebend verantwortlich für den Griff der Lederoberfläche.

3. Die Appretur soll die auf das Leder aufgebrachten Zurichtschichten und mit ihnen die Lederoberfläche gegen äußere Einflüsse, wie etwa Stoßen, Kratzen, Einwirkung von Wasser oder organischen Lösemitteln, widerstandsfähiger machen.

4. Sie soll die das endgültige Aussehen des Leders bestimmende Abschlußbehandlung leicht durchführen lassen. Manche Appreturen sollen mit hohem Druck zu Glanz und besonders glattem Griff glanzgestoßen werden können. Andere sollen bei hydraulischem Abbügeln hohen Glanz ergeben, bei aufgepreßtem Narbenbild die Narbenprägung möglichst markant aufrechterhalten lassen, einen dauerhaften Matteffekt ergeben oder bei Überreiben einen Zweifacheffekt mit Spitzenglanz und matten Vertiefungen erzeugen. Wieder andere Appreturen sollen den endgültigen Aspekt bereits nach dem Auftrocknen ergeben, ohne daß die Zurichtung mechanisch nachbehandelt wird.

Nach dem klassischen Aufbauschema der Zurichtung ergibt die Appretur die dünnste Schicht der verschiedenen Aufträge. Es ist daher nicht zu erwarten, daß die Appreturschicht von sich aus alle die gewünschten Eigenschaften erfüllen kann. Vielmehr müssen auch die unteren Schichten mit dazu beitragen, daß der angestrebte Endeffekt erreicht wird. Appretur und Untergrund müssen gut aufeinander abgestimmt werden. Sie müssen sich vor allem einwandfrei miteinander verbinden und fest aneinander haften. Für die Erfüllung gewünschter Echtheitseigenschaften ist die Appretur zusammen mit der Unterlage als eine Einheit anzusehen.

Als Appretiermittel können fast alle Substanzen herangezogen werden, die auch als Bindemittel in Betracht kommen. Wasserlösliche Eiweißstoffe oder Harzpräparate, Emulsionen von natürlichen oder synthetischen Wachsen, Nitrocellulose-Lackemulsionen, Polyurethandispersionen werden auf wäßriger Basis, Nitrocellulose- oder Polyurethanlacke auf Lösemittelbasis angewendet. Soweit sie miteinander verträglich sind, können die verschiedenen Produktgruppen auch für die Anwendung gemischt werden. Eine wichtige Anforderung, welche die Appretur erfüllen soll, ist die, daß die Schutzwirkung sowohl in der Hitze wie auch in der Kälte bei Temperaturen von etwa +100° bis möglichst −30 °C erhalten bleibt. Das ist der ausschlaggebende Grund dafür, daß die bei den Bindemitteln sehr umfangreiche Gruppe der Polymerisatdispersionen praktisch nicht als Appretiermittel verwendet wird. Der thermoplastische Charakter dieser Produkte steht neben dem weitgehend lederfremden Oberflächengriff der Anwendung entgegen.

Die Auswahl des Appretiermittels ist für die verschiedenen Zurichtarten in weiten Grenzen variierbar. Die chemische Grundsubstanz der Appretur muß nicht mit der des Untergrunds übereinstimmen. Wäßrig aufgetragene Grundier- und Egalisierschichten verlangen nicht unbedingt eine wäßrige Appretur. Dagegen wird auf lösemittellöslichem Untergrund zweckmäßigerweise auch eine Lösemittelappretur aufgetragen, um einwandfreies Benetzen und Haften zu gewährleisten. Auf glanzgestoßenem Untergrund kann eine Bügelappretur aufgetragen werden, um die Flächenruhe zu verbessern, z. B. bei der Stoß-Bügel-Zurichtung von Kalb-, Ziegen- oder Bastardleder. Umgekehrt kann abgebügelter, nur begrenzt thermoplastischer Untergrund eine stoßbare Nitrocelluloseappretur erhalten, um die Kratz- und Scheuerfestigkeit zu erhöhen, z. B. bei Roßbekleidungsleder für strapazierfähige Reithosenbesätze oder für Motorradhandschuhe. Feste Grundregeln für die Kombination von Appretur und Untergrund bestehen nicht. Gleiche Anforderungen hinsichtlich Echtheitseigenschaften und Beanspruchungsfähigkeit können durch verschiedenartige Kombinationen erfüllt werden. Gleiche Kombinationen können zu unterschiedlichen Eigenschaften führen, je nach Anwendungskonzentration, Auftragstechnik und erreichter Homogenität der Appreturschicht. Einzige zu beachtende Grundforderung ist, daß die Appretur sich einwandfrei mit dem Untergrund verbinden muß.

3.3.1 Wasserverdünnbare Appretiermittel. Für wäßrige Appreturen werden in erster Linie nichtthermoplastische Substanzen auf Eiweißbasis eingesetzt. Die Appretiermittel sind im Vergleich zu den Eiweißbindemitteln härter eingestellt. Sie enthalten meistens nur geringe Anteile an Weichmacherölen. Grundsätzlich ergeben hart eingestellte Appreturen höheren Glanz und meistens auch bessere Reibechtheit als weichere Einstellungen. Andererseits neigen härtere Appreturen zu sprödem, verkrustetem Narben. Diesem Nachteil kann dadurch begegnet werden, daß die Appretur als stark verdünnte Flotte aufgetragen wird, so daß sie nur eine sehr dünne, von Natur aus besser elastische Schicht ergibt. Wenn derartige dünne Appreturschichten die Lederoberfläche nicht ausreichend egalisieren, können kräftigere Aufträge nur gegeben werden, indem dem Ansatz Weichmacheröl zugefügt wird. Damit muß aber in den meisten Fällen etwas verminderter Glanz und oft auch etwas geringere Reibechtheit in Kauf genommen werden. Der Zurichter muß dann den bestgeeigneten Kompromiß schließen.

Bei den auf dem Markt angebotenen Sortimenten werden die härter eingestellten Appretiermittel häufig als »Top«, die weicher eingestellten Bindemittel als »Glanz« bezeichnet. Diese Feststellung kann jedoch nur als Hinweis gelten. Die Bezeichnungsweise wird nicht absolut streng eingehalten.

Zwischen dem Aufbau der wasserlöslichen Appretiermittel und der Wirkungsweise der verschiedenen Eiweißstoffe bestehen gewisse Zusammenhänge. Die spezifischen Eigenschaften der Ausgangsprodukte bestimmen deren Auswahl für den jeweiligen Anwendungszweck.

Standardeiweiß für Appretiermittel ist das aus der Magermilch gewonnene *Casein*. Es ergibt vor allem als Glanzstoß-, aber auch als Bügelappretur verhältnismäßig guten Glanz, erteilt der Lederoberfläche einen glatten, »natürlichen« Griff und läßt sich ausreichend naßreibecht fixieren.

Bei der klassischen Glanzstoß-Zurichtung von Boxkalb- oder Chevreauleder wird zuweilen noch mit entrahmter *Milch* appretiert. Damit kann ein geschmeidigerer Griff erzielt werden als mit Casein, und die Appretur läßt sich besser naßreibecht fixieren. Gute Fixierwirkung erfordert jedoch heißes Bügeln oder hartes Glanzstoßen mit entsprechender Wärmeentwicklung. Die in der Milch enthaltenen Albuminanteile denaturieren erst bei etwa 70 °C und werden dadurch mehr oder weniger wasserunlöslich.

Blut oder *Blutalbumin* lassen sich als Appretur zu hohem Glanz stoßen und können gut naßreibecht fixiert werden. Blutappreturen sind jedoch ziemlich spröd. Sie dürfen deshalb nur sehr dünn aufgetragen werden. Bei Verwendung von frischem Rinderblut, etwa von einem benachbarten Schlachthof, muß das Blut im noch warmen Zustand kräftig durchgerührt oder geschlagen werden bis es nahezu auf Raumtemperatur abgekühlt ist. Nicht entsprechend behandeltes Blut kann schon nach kurzem Stehen gerinnen und ist dann unbrauchbar. Die handelsüblichen Trockenpräparate sind dagegen lagerbeständig und in Wasser leicht löslich. Blutappreturen weisen eine dunkle, braunrote Eigenfarbe auf. Sie sind für Zurichtungen in Weiß, sehr hellen oder leuchtend bunten Farbtönen nicht anwendbar. Ihre Verwendung beschränkt sich auf braunstichige, blaue oder schwarze Zurichtungen.

Für helle Farbtöne kann *Eialbumin* als Appretiermittel dienen. Es besitzt ganz ähnliche Eigenschaften wie Blutalbumin, ist aber farblos.

Blut und Hühnereiweiß sind im flüssigen Zustand nur begrenzt haltbar. Sie werden deshalb getrocknet und in Form von Pulver oder von feinen, hornartig festen Plättchen aufbewahrt. Die Albumine sind hitzeempfindlich. Sie koagulieren bei etwa 55 °C und werden wasserunlöslich. Wegen der Hitzedenaturierung sollen sie in einem kühlen Raum, an einem schattigen Platz gelagert werden. Zum Bereiten des Appreturansatzes dürfen sie keinesfalls mit heißem Wasser behandelt werden. Die Wassertemperatur darf beim Lösen 45 °C nicht übersteigen. Zweckmäßig ist es, daß vor allem die schwerer löslichen plättchenförmigen Präparate mit lauwarmem Wasser übergossen, über Nacht gequollen und dann zu einer glatten Lösung verrührt werden.

Der besonders hohe Glanz und der angenehme, glatte Griff der Albuminappretur werden in erster Linie durch harte Glanzstoßbehandlung hervorgebracht. Albuminappreturen werden bevorzugt für Chevreau- oder Boxkalbleder, teilweise auch für Eidechsen- oder andere Reptilleder angewendet. Bei Bügelappreturen ist der Glanz nicht nennenswert mehr ausgeprägt als bei Caseinappreturen. Die Hitzdenaturierung der Albumine läßt aber bei heißem Abbügeln gute Naßreibechtheit erreichen.

Gelatine trocknet spröd und nur wenig flexibel auf. Sie wird deshalb im allgemeinen nicht für sich allein als Appretiermittel verwendet, sondern meist zusammen mit Casein oder auch Albumin eingesetzt. Gelatine führt zu zartem und seidigem Griff und glasartig durchscheinenden Appreturfilmen. Sie ist aber weniger gut fixierbar als die übrigen Eiweißstoffe. Sie wird stets nur anteilig verwendet, vorwiegend zum Modifizieren von Caseinappreturen. Bei gelatinehaltigen Appreturen muß besonders auf die Naßreibechtheit geachtet werden.

Die Appretur ist ausschlaggebend für Aussehen und Griff, also verantwortlich dafür, wie sich das fertige Leder als Verkaufsartikel präsentiert. Das gilt ganz besonders für das modische Anilinleder, bei dem in vielen Fällen die Appretur als einziges Zurichtmittel aufgetragen wird. Die am weitesten verbreitete Basis wasserlöslicher Appretiermittel ist Casein. Um mit diesem Material möglichst vielseitige Appretureffekte zu erzielen, wird das Casein für Appretiermittel »modifiziert«. Es wird entweder durch Abmischen mit anderen Komponenten oder durch Umsetzen mit polyamidbildenden Substanzen in seinem filmbildenden Verhalten oder in den Filmeigenschaften verändert. Als Abmischkomponenten dienen neben der vorbeschriebenen Gelatine in erster Linie Harzlösungen oder Wachsemulsionen.

Als Harzzusatz wurden anfänglich in größerem Umfang wäßrig-alkalische *Schellack*-Lösungen verwendet. Das in Indien als Ausscheidungsprodukt der Lacklaus vom Laubwerk einiger Bäume gesammelte Harz wird gereinigt und zu möglichst heller Farbe gebleicht. Der gebleichte Schellack wird unter Mitverwendung von möglichst wenig mild wirkendem Alkali in Wasser klar gelöst. Boraxlösungen trocknen weniger wasserfest als Ammoniaklösungen. Casein-Schellack-Appreturen ergeben hohen Glanz und angenehmen »warmen« Griff der Lederoberfläche. Schellack versprödet aber die Appretur und darf deshalb nur in kleinen Anteilen vorsichtig dosiert werden. In kleinen Anteilen kann das weichere *Colophonium* für Bügelappreturen mitverwendet werden. Infolge seines niedrigeren Schmelzpunkts verbessert es bei heißem Abbügeln Glätte und Egalisierwirkung der Caseinappretur. Es ist aber für Glanzstoß-Zurichtungen ungeeignet, da es unter der Reibwärme zu sehr erweicht und klebrig wird, so daß die Stoßkugel nicht mehr gleiten kann. In jüngerer Zeit sind die natürlichen Harze immer mehr durch *synthetische Harze* verdrängt worden. Hierfür werden Typen verschiedener chemischer Konstitution ausgewählt, vorwiegend Phthalsäurederivate, welche in ihrem Lackverhalten dem Schellack nahestehen. Sie sind wäßrig-alkalisch löslich, weisen ausreichend hohen Schmelzpunkt auf, sind aber flexibler als Schellack und von sehr heller Eigenfarbe. Glanzwirkung, Stoßbarkeit und Naßreibechtheit sind dem Schellack ebenbürtig.

Wachsemulsionen verändern in erster Linie den Griff der Caseinappretur; er wird geschmeidiger und weniger »trocken«. Wachsemulsionen begünstigen beim Glanzstoßen glattes und ruhiges Gleiten der Stoßkugel, beim Bügeln fördern sie leichtes und gleichmäßiges Ablösen des Leders von der Bügelplatte. Wachsanteile in der Appretur ergeben rückpolierbare Zurichtung und machen die Lederoberfläche wasserabstoßend. Die für die Lederzurichtung verwendeten Wachse weisen im allgemeinen einen Schmelzpunkt über 75 °C auf. Niedriger schmelzende Wachse neigen zu klebrigem Griff der Lederoberfläche und zu Naßreibempfindlichkeit. In manchen Fällen werden die Wachsemulsionen schon bei der Herstellung in das Appretiermittel eingearbeitet. In anderen Fällen werden sie separat geliefert und vom Zurichter je nach dem gewünschten Effekt individuell dem Appreturansatz beigemischt.

Eine besondere Art von Caseinmodifizierung ist die Umsetzung zu polyamidartigen Verbindungen unter Einfluß von Caprolactam oder Polycarbonsäuren. Damit wird ein intern weichgemachtes Produkt erhalten, das hohe Flexibilität besitzt und aus dem auch bei längerer Lagerung des zugerichteten Leders kein Weichmacher abwandern kann, so daß die Zurichtung nicht versprödet. Die auftrocknenden Filme sind klarer als normale Caseinfilme. Sie sind ähnlich durchsichtig wie Gelatine, aber wesentlich biegeelastischer und lassen sich auch erheblich besser wasserfest fixieren. Sie sind für Stoß- und Bügel-Zurichtungen gleichermaßen anwendbar. Sie können für sich allein oder mit Zusatz von Wachsemulsionen eingesetzt werden. Der Vorteil ihrer klaren Filme macht sich besonders bei Anilin-Zurichtungen mit brillanten Farbtönen bemerkbar.

Appretiermittel sind in ihrer überwiegenden Zahl farblose Produkte. Sie werden für alle Farbtöne des Leders von hellen Pastelltönen bis zu dunklem Braun oder Blau verwendet. Ausnahmen bilden Appreturen für weißes und für schwarzes Leder. Weiße Spezialappreturen sind auf Eiweißbasis nicht üblich. Sie werden im allgemeinen auf Nitrocellulose oder anderen Celluloseestern aufgebaut. Als *Schwarzappretur* werden für Eiweiß-Zurichtungen Caseinlösungen angewendet, die mit besonders ausgewählten, möglichst salzfreien Farbstoffen oder mit Farbstoffverlackungen angefärbt sind. Die Farbstoffkombination ist meistens auf die modisch am stärksten interessierende Nuance eines violettstichigen Schwarz eingestellt. Durch die gebrauchsfertige Schwarzappretur erhält das Leder ein »blumig« schwarzes Aussehen. Der bei farblosen Appreturen auf schwarzem Leder zuweilen auftretende Grauschimmer an den Haarporen oder unruhiges »bleiernes« Aussehen können vermieden werden.

Als modifizierende Komponente für Appretiermittel ist schließlich noch der auf Casein- oder Casein-Wachs-Basis aufgebaute »Matt-Top« anzuführen. Er beruht auf einer Appretiermittellösung, die durch Einarbeiten von farblosen Pigmentkörpern auf der Basis von Kaolin oder anderen Kieselsäurederivaten mattiert ist. Damit eine einwandfrei glatte Oberfläche der aufgetragenen Appretur ohne trockenen, papierartigen Griff und gute Naßreibechtheit gewährleistet sind, muß die mattierende Komponente intensiv in das Appretiermittel eingearbeitet sein, so daß alle Partikel in gleicher Weise wie bei den Pigmentfarbenpasten von der Eiweißsubstanz als Bindemittel umhüllt sind. Mattappreturen lassen sich nicht mit befriedigendem Erfolg durch einfaches Einrühren eines pulverisierten Mattierungsmittels in den glanzgebenden Appreturansatz selbst zubereiten. Die handelsüblichen Matt-Top-Präparate können entweder allein oder in Abmischung mit glanzgebenden Appretiermitteln angewendet werden. Je nach dem Abmischverhältnis läßt sich der Matteffekt der Appretur von tiefem Matt bis zu seidigem Mattglanz variieren. Dabei ist zu berücksichtigen, daß grundsätzlich jede Mattappretur die Brillanz der Farbtöne herabsetzt und einen leichten grauen Anflug der Oberfläche verursacht. Außerdem sind Mattappreturen nicht für Glanzstoßzurichtungen geeignet, da die Stoßbehandlung zwangsläufig eine glänzende Lederoberfläche ergibt und entsprechend eine Mattappretur illusorisch macht.

3.3.2 Nitrocellulose-Appretiermittel. Die für Appreturaufträge verwendeten Nitrocelluloselacke ähneln in ihrem Grundaufbau weitgehend den als Deckfarbenbindemittel eingesetzten Lacken. Sie sind jedoch meistens etwas ärmer an Weichmachungsmittel, um hohe Reibechtheit zu erreichen. Der Viskositätsgrad der eingesetzten Nitrocellulose liegt oft etwas niedriger, weil dadurch höhere Glanzwirkung erzielt werden kann. Liegt das Nitrocellulose: Weichmacher-Verhältnis bei den als Farbenbindemittel angewendeten Lacken etwa bei 100:120, so beträgt es bei den Schutz- oder Appreturlacken 100:80 bis 100. Der Weichmachergehalt muß ausreichend sein, um die Dehnbarkeit des Lackfilms der des Leders genügend anzugleichen. Die Dehnbarkeit nimmt z. B. bei Nitrocellulose mittlerer Viskosität von 9 bis 13 % durch Einsatz von Weichmacher im Verhältnis 100:100 auf 19 bis 73 % je nach Weichmacherart zu. Gemische von synthetischen gelatinierenden Weichmachern mit geblasenem Rizinusöl wirken sich am vorteilhaftesten aus[94]. Wenn man berücksichtigt, daß die Dehnbarkeit von chromgegerbtem Schuhoberleder bei einer Zugbeanspruchung von 80 bis

90 % der Bruchlast etwa 25 bis 40 % beträgt, so ist die erzielbare Dehnbarkeit von sachgemäß aufgebauten Nitrocellulose-Appretierlacken durchaus genügend.

Nitrocelluloselacke für Appreturen werden ihrer Bestimmung gemäß auch als »Schutzlack« bezeichnet. Sie werden auf Polymerisat- oder Nitrocellulosegrundierung angewendet. Sie werden nach dem Auftrocknen in vielen Fällen heiß abgebügelt, manchmal glanzgestoßen oder sie erhalten keine Nachbehandlung. Sie werden evtl. gekrispelt oder gemillt, also intensiv auf Knicken beansprucht, oder sie werden auf Spitzenglanz poliert und müssen entsprechend abreibbeständig sein.

Die für die Echtheitseigenschaften maßgebend verantwortliche gute Haftfestigkeit des Appretierlacks auf dem Untergrund wird weitgehend durch die Auswahl der Lösemittel gesteuert. Das Lösemittelgemisch muß guten Verlauf und ausreichendes Eindiffundieren des Lackfilms in den Untergrund erreichen lassen. Es darf nicht zu rasch verdunsten, damit der Film sich ungestört bilden kann, darf aber auch nicht zu langsam verdunsten, damit der Trocknungsablauf nicht über Gebühr verzögert und der Durchfluß des Leders durch die Spritz- und Trockenanlage nicht gehemmt wird. Die Haftfestigkeit kann durch Mitverwendung geringer Anteile von Benzoe- oder Oxalsäure gesteigert werden. Glanz- und Füllwirkung der Lackappretur werden durch mittleren bis niedrigen Viskositätsgrad der angewendeten Nitrocellulosetypen begünstigt. Die Glanzstoßbarkeit hängt vornehmlich von Weichmacherart und -menge ab. Sie kann durch anteiligen Einsatz von Kampfer oder von praktisch geruchlosem Butylstearat verbessert werden.

Nitrocellulose-Appretierlacke mit starker Füllwirkung und Ausbildung relativ dicker Schichten, welche bereits nach dem Auftrocknen hohen Glanz ergeben, wurden für »Kaltlackleder« verwendet. Sie sind heute weitgehend durch Polyurethanlack abgelöst. Ähnliche, aber weniger intensiv beschichtende Anwendung finden sie noch für gewisse Polsterleder und für narbengepreßte Reptillederimitationen, für Lederarten, bei denen der Nässeschutz der Zurichtung und ein starker Schutz gegen Verschmutzen der Lederoberfläche besonders wichtig sind.

Nitrocelluloselacke für Appreturen sind wie die meisten Appretiermittel im allgemeinen farblos. Für die Zurichtung von schwarzem Leder werden spezielle Schwarzlacke angeboten, die mit Spezialfarbstoffen angefärbt sind und einen tiefen Schwarzeffekt ergeben.

Als Gegenstück findet man Weißappreturen oder Tops, die mit Weißpigment in feinster Verteilung leicht pigmentiert sind. Ihre Wirkung beruht auf einem besonderen optischen Effekt. Wenn auf weiß grundiertes Leder eine farblose Lackappretur aufgetragen wird, dann bildet sich ein nahezu klar durchsichtiger Appreturfilm. Das auf das Leder auffallende Licht wird nur wenig an der Oberfläche des Appreturfilms reflektiert. Es durchdringt die Appretur, wird an der Oberfläche des weiß pigmentierten Untergrunds reflektiert und muß bei der Rückstrahlung den Appreturfilm erneut durchwandern. Die farblose Appreturschicht wirkt wie ein Prisma, der Lichtstrahl wird gebrochen und erscheint bei der Reflexion nicht mehr rein weiß. Werden dagegen in der Appreturschicht weiße Pigmentkörper sehr fein verteilt, so daß der Lackfilm nicht mehr durchscheinend ist, dann wird das auffallende Licht unmittelbar an der pigmentierten Appreturoberfläche reflektiert und das Leder sieht rein weiß aus. Da weißes Leder besonders verschmutzungsempfindlich ist, muß die Lederoberfläche möglichst weitgehend schmutzabweisend und leicht zu reinigen sein. Als Weißappreturen werden deshalb wasserfest auftrocknende Appretiermittel gewählt. Farblose Nitrocellulose- oder Polyurethan-Appretierlacke können durch Mitverwendung von weiß pigmentierten Nitrocellulose-Deckfarben etwa im Verhältnis

100 Teile farbloser Lack
20 Teile weiße Deckfarbe

angefärbt werden. Es ist jedoch unbedingt darauf zu achten, daß nur sehr fein verteilte Pigmente benutzt werden. Das im allgemeinen übliche Titandioxid ist ein sehr kornhartes Pigment. Schon geringe Anteile dieses Pigments an der Lederoberfläche führen bei Kontakt des Leders mit weichem Metall dazu, daß auf dem Leder schwarze Striche entstehen, die schwierig wieder zu entfernen sind. Man kann dieses Verhalten leicht testen, indem man mit einem goldenen Ring über das Leder streicht.

Nitrocellulose ist von sich aus nicht vollständig vergilbungsbeständig. Durch Einwirkung von Hitze, durch Zusammenwirken von Licht und stärkerem Erwärmen oder durch Einfluß von Aminen, die oft in dem zusammen mit Leder verarbeiteten geschäumten Polyurethan enthalten sind, wird Nitrocellulose gelblich bis bräunlich verfärbt. Für hohe Ansprüche an rein weißes Leder stehen gilbungsresistene Weißappreturen auf der Basis von Celluloseacetat oder -acetobutyrat zur Verfügung.

Nitrocellulose-Appretiermittel für Matteffekte werden als Mattlack oder Matt-Top angeboten. Sie sind entweder mit mattierenden farblosen Pigmenten versehen, oder sie enthalten eine zusätzliche Lackkomponente, welche die homogene Filmbildung des Nitrocelluloselacks unterbricht. Die Mattwirkung kann rückpolierbar sein, sie kann bei geschrumpftem oder narbengepreßtem Leder durch Überreiben glänzende Kuppen ergeben. Die Mattwirkung kann bei anderen Lacken ziemlich beständig sein. Entsprechende Hinweise werden jeweils durch den Hersteller der Mattlacke gegeben. Es wurde auch versucht, eine Mattwirkung dadurch zu erzielen, daß man hochviskose Nitrocellulose, welche wenig Glanz bildet, in einem Gemisch von Löse- und Verdünnungsmitteln löst, bei dem nur geringe Anteile eines höhersiedenden echten Lösers vorliegen, während niedrig siedende Löser und nicht lösende Verdünnungsmittel überwiegen[94], z. B. ein Gemisch aus

5 Teilen Butylacetat
30 Teilen Aceton
26 Teilen Benzol
9 Teilen Butanol
30 Teilen denatur. Äthylalkohol

Eine solche Mischung ist in doppelter Hinsicht kritisch. Sie kann je nach den Spritz- und Trockenbedingungen die Haftfestigkeit der Appreturschicht mehr oder weniger stark herabsetzen. Der Matteffekt ist nicht eindeutig reproduzierbar. Er ist nur dann gewährleistet, wenn die Mattappretur entweder bereits in spritzfertiger Verdünnung geliefert wird oder wenn der Verbraucher sich exakt an die Verdünnungsvorschrift des Herstellers hält. Wird das Lösemittelgemisch zugunsten der höhersiedenden Löser verschoben, trocknet die Appretur nicht mehr matt, sondern glänzend auf. Steigende Mengen von Niedrigsieder, besonders von Aceton, können milchiges Anlaufen durch Wasserstörung verursachen. Erhöhter Anteil an nicht lösenden Verdünnungsmitteln kann die Filmbildung beeinträchtigen und zu ungenügender Knick- und Reibechtheit führen. Auf der Abstimmung der Lösemittelmischung beruhende Mattwirkung ist nur dann ausreichend sichergestellt, wenn es sich um eine Nitrocelluloseemulsion handelt, der zum gebrauchsfertigen Verdünnen ausschließlich Wasser zugesetzt wird.

Nitrocellulose-Appreturen sorgen beim Leder für einen charakteristischen, celluloidartigen Griff. Er kann durch spezielle Weichmacherkombination oder durch Mitverwendung von wachsartigen Substanzen, welche in den für Nitrocellulose typischen Esterlösemitteln löslich oder mit diesen verträglich sind, etwas modifiziert werden. Der von den klassischen Eiweißappreturen verursachte »natürliche« Ledergriff wird jedoch nicht erreicht, gleichgültig, ob es sich um härter oder weicher eingestellte Appretierlacke handelt.

Einen wesentlichen Schritt näher ist man dem Ziel der Griffverbesserung gekommen, seit es gelungen ist, Nitrocelluloselacke in der Form wasserverdünnbarer Emulsionen herzustellen. Infolge der Anwesenheit von Wasser, das in der Anwendungsform der verdünnten Emulsion im allgemeinen die Menge der vorhandenen Nitrocelluloselösemittel überwiegt, entsteht ein mikroporöser Film. Die Struktur unterscheidet sich von dem aus lösemittelverdünnten Lacken gebildeten kompakten Film und nähert sich im Griff mehr der aus Mikroperlen aufgeschichteten Eiweißappretur an.

Die Möglichkeit der Herstellung wäßriger Emulsionen von Nitrocelluloselacken ist bereits seit etwa 1925 bekannt. In amerikanischen Veröffentlichungen wurde 1935 über ihren Einsatz bei der Beschichtung von Papier berichtet[94]. In Deutschland wurden während der Kriegsjahre 1940 bis 1945 Emulsionslacke unter dem Druck der erforderlichen Einsparung organischer Lösemittel entwickelt. Sie wurden aber nach Kriegsende als unbefriedigende Surrogate wieder aufgegeben. Etwa 1960 kamen Nitrocellulose-Lackemulsionen für den Einsatz als Lederappretiermittel auf den Markt. Sie waren weniger auf das Einsparen organischer Lösemittel ausgerichtet, vielmehr auf geringere Feuergefährlichkeit, verminderte Geruchsbelästigung bei der Anwendung und auf Verbesserung des Griffs der Lederoberfläche[103, 104]. Nitrocellulose-Lackemulsionen haben seither einen starken Aufschwung und eine weitgehende Entwicklung der erzielbaren Appretureigenschaften erfahren. Sie haben zu einem nicht unbeträchtlichen Teil die Nitrocellulose-Appretierlacke verdrängt und haben andererseits der Nitrocellulose neue Wege bei der Lederzurichtung gebahnt.

Nitrocellulose-Lackemulsionen können zwei verschiedene Erscheinungsformen aufweisen, welche durch die Phasenverteilung zwischen Lack und Wasser als dispergierte und als kohärente Phase bestimmt werden. Werden die Lacktröpfchen durch Wasser umhüllt und voneinander getrennt, liegt die Emulsionsform *Lack in Wasser* vor. Ist umgekehrt das Wasser in feinen Tröpfchen im Lack verteilt und von diesem umschlossen, wird die Emulsionsform *Wasser in Lack* gebildet. Lack-in-Wasser-Emulsionen nehmen leicht Wasser auf und lassen sich ohne Schwierigkeit mit Wasser verdünnen. Wasser-in-Lack-Emulsionen stoßen Wasser ab und müssen mit organischen Lösemitteln verdünnt werden. In Ausnahmefällen, abhängig vom angewendeten Emulgator, kann eine Phasenumkehr ziemlich leicht herbeigeführt werden. Die Wasser-in-Lack-Emulsion kann dann ebenfalls mit Wasser verdünnt werden.

Als Lederappretiermittel sind Nitrocellulose-Lackemulsionen vom Typ Lack in Wasser am interessantesten. Für ihren Aufbau müssen einige Grundregeln beachtet werden[94].

1. Die verwendeten Nitrocellulose-Lösemittel müssen weitgehend unlöslich in Wasser sein.
2. Sie müssen ausreichende Anteile an hochsiedenden Komponenten enthalten, damit trotz der Anwesenheit von Wasser ein einwandfreier Lackfilm gebildet wird.

3. Sie dürfen durch Wasser nicht hydrolysiert werden.

Als Lösemittel kommen nur hochsiedende Produkte mit Siedegrenzen über 100 °C in Betracht, deren Wasserlöslichkeit 2 g Lösemittel in 100 g Wasser nicht nennenswert übersteigen sollte. Wegen der erforderlichen Verseifungsbeständigkeit sind Ketone den Estern vorzuziehen. Damit das Wasser beim Trocknen der Emulsion möglichst rasch verdunstet, ist die Mitverwendung mit Wasser mischbarer Verdünnungsmittel vorteilhaft, welche azeotrope, leicht flüchtige Gemische ergeben. Diese dürfen jedoch keine Nitrocelluloselöser sein. In verschiedenen deutschen, englischen und amerikanischen Patentschriften werden als Lösemittel Butyl-, Hexyl- und Octyl-acetat, Butyl-glykol-äther, Methyl-cyclohexyl-keton, als azeotrope Wassermischungen bildende Verdünnungsmittel Butyl- und Äthyl-alkohol, als verdunstungsregulierendes Verdünnungsmittel Benzol und Toluol angeführt.

Die Verdunstungsgeschwindigkeit der organischen Lösemittel richtet sich danach, ob die Emulsion auf saugender oder auf nur wenig Wasser aufnehmender Unterlage aufgetragen werden soll. Der Untergrund, auf dem Lederappreturen angewendet werden, bildet eine bereits weitgehend abschließende Beschichtung. Das relativ hohe Saugvermögen der natürlichen Lederoberfläche ist bereits stark vermindert. Nitrocellulose-Lackemulsionen für Lederappreturen sollten deshalb auf mittleres bis langsames Verdunsten der Lösemittel abgestimmt sein, zumal das Trocknen der auf das Leder aufgespritzten Appretur im allgemeinen durch erhöhte Temperatur im Trockenkanal beschleunigt wird.

Die Forderung nach Hydrolysen- bzw. Verseifungsbeständigkeit der Lösemittel hängt mit der Stabilität der Emulsion und mit ihrer Lagerbeständigkeit zusammen. Durch Verseifen der Ester wird Säure abgespalten. Der dadurch erniedrigte pH-Wert beeinträchtigt die Homogenität der Emulsion. Sie trennt sich in zwei Schichten oder sie kann in eine klare Lösung übergehen, die mit Wasser nicht mehr einwandfrei verdünnt werden kann. Höhere Ketone sind am besten hydrolysenbeständig. Propionat- oder Butyratester sind den Acetaten überlegen. Höhere Acetate, wie etwa Octyl-, Cyclohexyl-, Amyl- oder Butyl-acetat sind weniger verseifungsempfindlich als Propyl- oder gar Äthyl-acetat.

Die Emulsion wird durch intensives Vermischen des Lacks mit Wasser gebildet. Die Emulgierung wird aber wesentlich unterstützt durch Emulgatoren, organische Substanzen, welche durch Ionenaustausch wirksam sind. Sie können anionisch sein, z. B. Sulfosäureverbindungen wie Sulfosuccinate, Naphthalinsulfonate oder Alkyl-aryl-sulfonate, oder sie können sich nichtionisch verhalten, z. B. Äthylenoxidderivate. Auch Türkischrotöl, Natriumoleat oder -laurylsulfat werden als Emulgatoren angeführt. Am meisten sind aber nichtionische Emulsionen verbreitet.

Zusätzlich zu den Emulgatoren werden zuweilen physikalisch wirksame Schutzkolloide als Stabilisiermittel für Nitrocellulose-Lackemulsionen vorgeschlagen, z. B. Casein, Gelatine, Methyl- oder Carboxymethylcellulose. Diese sind für Lederappretiermittel nur mit äußerster Vorsicht anwendbar, da sie meistens schon in sehr geringen Mengen den Film wasserquellbar machen und entsprechend die Naßreibechtheit der Appretur beeinträchtigen.

Für einfaches Anwenden und leichtes Verdünnen der Nitrocelluloseemulsion ist wichtig, daß sie möglichst niedrig viskos ist. Niedrige Viskosität ist ein sicheres Zeichen dafür, daß die Phasenbildung Lack-in-Wasser voll erreicht ist und daß die Emulsion störungsfrei mit Wasser verdünnt werden kann, ohne daß mit Wasser nicht verteilbare feine Lacktröpfchen verbleiben, die im Film als hochglänzende Pünktchen, sogenannte »Stippen«, auftrocknen. Die

Phasenbildung ist zwar maßgeblich durch die angewendeten Emulgatoren vorgegeben, sie wird aber auch durch die Emulgiertechnik bzw. die Mischtechnik für Wasser und Lack beeinflußt. Hohe Scherkräfte in Homogenisieraggregaten sorgen für Feinstverteilung der Lacktröpfchen, ergeben niedrige Viskosität und verbessern die Stabilität der Emulsion.

Nitrocellulose-Lackemulsionen werden als Appretur auf das Leder im Spritzverfahren aufgetragen. Da sie nur einen dünnen Schutzfilm ergeben sollen, kommt als Anwendungstechnik überwiegend Spritzen mit Druckluftpistolen in Betracht. Airless-Spritzen trägt in vielen Fällen schon zu viel Flüssigkeit auf, und aus dem gleichen Grund scheiden auch Gießaufträge für Emulsionsappreturen aus. Bei Aufspritzen der Appretur muß jedoch auch darauf geachtet werden, daß nicht zu geringe Emulsionsmengen aufgetragen werden. Hauchartiges Übernebeln bringt keinen zusammenhängenden Appreturfilm zustande. Entsprechend kann auch nicht erwartet werden, daß eine derart extreme Appreturanwendung den erforderlichen Schutzeffekt gegen Nässe und Abfärben auch nur annähernd erreichen läßt.

Obwohl Nitrocellulose-Lackemulsionen wegen der besseren Emulsionsbildung meistens aus niedriger viskoser Nitrocellulose aufgebaut werden, die von sich aus zu hoher Glanzbildung neigt, ergeben die Emulsionsappreturen im allgemeinen geringeren Glanz als ein lösemittelverdünnter Lack. Das ist in sehr vielen Fällen durchaus erwünscht, weil dadurch der natürliche Aspekt des Leders besser gewährleistet ist. Trotzdem werden unterschiedliche Typen von Nitrocellulose-Lackemulsionen als Appretiermittel verwendet, die sich in Glanz-, Seidenglanz- und Matteffekt, in trockenerem, mehr wachsigem oder »schmalzigem« Griff unterscheiden. Allen gemeinsam ist die Anwendungsweise, daß die Emulsion etwa im Verhältnis von 100 Teilen Emulsionsappretiermittel zu 50 Teilen Wasser verdünnt, im Preßluftverfahren auf das Leder gespritzt und getrocknet wird. Wenn einzelne Anwendungsrezepturen angeben, daß mit einem Gemisch aus Wasser und Formaldehyd verdünnt werden soll, dann hat das nichts mit einer Fixierung des Appreturfilms zu tun. Die Nitrocellulose-Lackemulsion trocknet von sich aus zu einem wasserfesten Film auf. Sie bedarf keiner Fixierung. Der Formaldehydzusatz in der wäßrigen Verdünnung dient dazu, daß Caseinanteile in der Grundschicht, auf welche die Appretur aufgespritzt wird, fixiert werden. Mit einer solchen Anwendungsweise kann eine Zwischenfixierung eingespart werden und entsprechend ein gesonderter Arbeitsgang entfallen.

Ebenso wie bei den lösemittelverdünnbaren Lacken für Lederappreturen gibt es bei den Emulsionsappretiermitteln angefärbte Schwarzappreturen und vergilbungsresistente pigmentierte Weißappreturen. Sie sind nach dem gleichen Prinzip aufgebaut wie die entsprechenden Lösemittellacke.

In das System der wasserverdünnbaren Nitrocelluloseappreturen sind seit etwa 1970 die wasserverdünnbaren Emulsionsbasen eingereiht worden. Sie erhalten alle für eine Lack-in-Wasser-Emulsion erforderlichen Ingredienzien, sind aber noch nicht emulgiert. Die Emulsion kann leicht gebildet werden, ohne daß eine Emulgierapparatur oder gar ein Homogenisiergerät benötigt wird. Es genügt einfaches Einrühren von Wasser, wobei für größere Ansätze ein Propellerrührer vorteilhaft ist.

Vorteil der Emulsionsbasen gegenüber den Emulsionen ist ihre praktisch unbegrenzte Lagerbeständigkeit. Sie sind in gleicher Weise wie die lösemittelverdünnbaren Appretierlakke kälteunempfindlich, während Emulsionen bei Gefrieren zerstört werden und nach Wiederauftauen nicht mehr mit Wasser verdünnt werden können. Die Anwesenheit nur geringer Wassermengen bringt keine nennenswerte Hydrolysiergefahr mit sich, so daß man weniger sorgfältig auf verseifungsbeständige Lösemittel zu achten braucht. Nachteilig ist die gegenüber Emulsionen leichtere Brennbarkeit, doch ist diese infolge der Verwendung hochsiedender Lösemittel wesentlich geringer als bei normalen Nitrocelluloselacken.

Für Anwendungsweise, Filmeigenschaften und Verfügbarkeit verschiedener Appretiermitteltypen der Nitrocellulose-Emulsionsbasen gelten die gleichen Hinweise, wie sie vorstehend für die Nitrocelluloseemulsionen gegeben worden sind. Ein grundlegender Unterschied besteht jedoch in der Arbeitsweise für das gebrauchsfähige Verdünnen der Emulsionsbasen. Obwohl ihr grundsätzlicher Aufbau auf die Bildung einer Lack-in-Wasser-Emulsion ausgerichtet ist, liegen sie infolge der Anwesenheit nur geringer Wassermengen im Phasensystem Wasser-in-Lack vor. Bei Zugabe von Wasser wird mit ansteigender Menge die Phasenumkehr herbeigeführt. Der Umschlagpunkt liegt etwa bei einem Mischungsverhältnis von 100 Teilen Emulsionsbase zu 50 Teilen Wasser. Man geht so vor, daß das Wasser langsam in die vorgelegte Emulsionsbase eingerührt wird. Dabei entsteht zunächst eine viskose milchige Flüssigkeit, die dann in eine dünnflüssige Emulsion übergeht. Zum gebrauchsfertigen Verdünnen kann dann die weitere Wassermenge auf einmal zugegeben und untergemischt werden. Wenn man am Anfang zu viel Wasser auf einmal zusetzt, bevor die hochviskose Phase in die dünnflüssige übergegangen ist, bilden sich große Lacktropfen, die im Wasser schwimmen, sich aber nicht damit vermischen.

Sachgemäßes Vorgehen beim Verdünnen erfordert Einhaltung folgender Regel:

100 Teile Emulsionsbase vorlegen,
50 Teile Wasser langsam zufließen lassen und gründlich verrühren, danach
100 Teile Wasser zusetzen und untermischen.

Die durch Emulsionsbasen gebildeten Appreturen zeichnen sich durch gleichmäßigen Verlauf, glatten Griff und sehr gute Naßreibechtheit aus. Das dürfte darin begründet sein, daß der in der Lackphase gelöste Emulgator sehr gleichmäßig im Film verteilt ist und daß keine lokale Anreicherung an der Filmoberfläche eintreten kann.

Außer mit Wasser können die Emulsionsbasen auch mit organischen Lösemitteln verdünnt werden. Sie gestatten dabei sehr einfache Arbeitsweise und unkomplizierte Anwendungsrezepturen, da sie alle für die Appretur erforderlichen Komponenten, mit Ausnahme der Verdünnungsmittel, enthalten. Infolge der Anwesenheit hochwertiger und hochsiedender Lösemittel können sie in vielen Fällen mit preisgünstigen Verdünnungsmitteln spritzfertig gestellt werden. Bei Anwendung in organischer Lösung ist es eine Kalkulationsfrage, ob man einen billigeren normalen Nitrocelluloselack mit teureren Verdünnungsmitteln oder eine teurere Emulsionsbase mit einem billigeren Verdünnergemisch vorzieht. Den endgültigen Ausschlag für die zu treffende Wahl sollten der erzielbare Appretureffekt und die Qualitätseigenschaften des appretierten Leders geben. Die Anwendungskonzentration der Emulsionsbasen für Appreturen beträgt durchschnittlich 100 Teile Emulsionsbase und 200 Teile Löser- und Verdünnergemisch.

Die universelle Einsatzfähigkeit der Emulsionsbasen gestattet es auch, daß man sie nicht nur farblos anwenden, sondern auch mit den üblichen Nitrocellulose-Pigmentzubereitungen pigmentieren kann. Es sind keine speziellen, mit Wasser verdünnbaren Emulsionsfarben erforderlich. Die Emulsionsbasen besitzen im allgemeinen so hohe Emulgierkraft, daß sie die normalen Nitrocellulosefarben in die wäßrige Emulsion mitziehen. Man geht bei solchen pigmentierten Mischungen so vor, daß man die Pigmentfarbe mit der Emulsionsbase gründlich verrührt, dann in gleicher Weise wie bei den farblosen Produkten Wasser langsam einemulgiert bis zum Erhalt einer niedrig viskosen Emulsion, und schließlich mit Wasser weiter verdünnt.

80 Teile Nitrocellulose-Emulsionsbase
20 Teile Nitrocellulosefarbe intensiv verrühren,
50 Teile Wasser langsam und gründlich einemulgieren, mit
100 Teilen Wasser weiter verdünnen.

3.3.3 Polyurethan-Appretiermittel. Die Entwicklung von Polyurethanlacken und Dispersionen für die Lederzurichtung läuft in der gleichen Richtung wie die der Nitrocelluloseprodukte. Der Trend nach wasserverdünnbaren Zurichtmitteln schreitet immer mehr voran. Der Einsatz lösemittelverdünnbarer Polyurethanlacke stagniert.

Die stark schichtenden Zwei- oder Einkomponenten-Appretierlacke für Lackleder sind stark von der Mode abhängig. Ihr Einsatz ist auf das Ergebnis einer hochglänzenden, ausgeprägt füllenden, spiegelglatten Lederoberfläche ausgerichtet. Sie werden mit dem Gießverfahren oder durch Airless-Spritzen aufgetragen, mit Methoden, welche in einem Arbeitsgang größere Substanzmengen aufbringen lassen. Wegen der relativ langen Trockendauer und der bis zum Trocknen klebrigen Oberfläche sind Lacklederappreturen besonders empfindlich gegen Staub. Die Zurichtung erfolgt deshalb zweckmäßigerweise in gesonderten Lackierräumen, die durch Schleusen und Luftfilter isoliert sind und bei denen durch leichten Überdruck der Raumatmosphäre unkontrolliertes Eintreten von Außenluft nicht möglich ist. In der Auftragflotte der Lackappretur sind Schaumbläschen sorgfältig zu vermeiden, weil ihr Antrocknen an der Lackoberfläche oder auch die bei Aufplatzen der Bläschen verbleibenden feinen Krater Aussehen, Zuschnittrendement und Verkaufswert des Lackleders erheblich beeinträchtigen.

Die in dünner Schicht ohne ausgesprochenen Spiegelglanz auf Schuhoberleder, Polster-, Bekleidungs- oder Galanterieleder aufgetragenen Polyurethanappreturen können sowohl als reaktive Zweikomponenten- wie auch als nicht reaktive Einkomponentensysteme aufgebaut sein. Die reaktiven Appretierlacke lassen besonders widerstandsfähige Zurichtungen erhalten, besitzen aber eine begrenzte Topfzeit und sind an eingeschränkte Dauer der Verarbeitung gebunden. Sie werden bei Schuhoberleder für den Typ »Pflegeleichtzurichtung« herangezogen. Nichtreaktive Einkomponentensysteme sind als Appretur in erster Linie für solche Lederarten geeignet, die bei Verarbeitung und Gebrauch nicht der Einwirkung typischer Lacklösemittel, z. B. von Klebstofflösungen, ausgesetzt sind, etwa für Bekleidungs- oder auch Polsterleder. Für weißes und hellfarbiges Leder sind Polyurethane auf aliphatischer Basis zu bevorzugen, da sie im Gegensatz zu aromatischen Polyurethanen sehr lichtbeständig sind.

Die reaktiven Polyurethane werden vor der Anwendung aus Lack- und Härterkomponente gemischt. Die Menge des zuzusetzenden Härters richtet sich nach dessen Gehalt an freien Isocyanatgruppen. Im allgemeinen wird bei den Härtungsmitteln der CNO-Gehalt angegeben und die Dosierungsmenge von den Lieferfirmen in Rezepturhinweisen vorgeschlagen. Es ist zu berücksichtigen, daß ein nicht unbeträchtlicher Anteil des Isocyanats durch Umsetzen mit Luftfeuchtigkeit verbraucht wird. Auch die verwendeten Lösemittel sind daraufhin auszuwählen, daß sie keine mit Isocyanat reagierenden Alkohol- oder Aminogruppen enthalten, weil sich sonst im Gebrauch schwierig oder gar nicht kontrollierbare Veränderungen der Härtungsbedingungen ergeben können. Nicht ausreichendes Umsetzen der Lackkomponente mit dem Härter läßt die Appretur nicht durchtrocknen. Sie bleibt klebrig oder wird zumindest nicht genügend reibecht.

Bei nicht reaktiven Einkomponentensystemen ist man ebenfalls an die Verwendung spezieller Lösemittel zum Verdünnen des Appreturansatzes gebunden. Je nach Vernetzungsintensität des Polyurethans sind mehr oder weniger aggressive Lösemittel erforderlich. Geeignete Löser werden entweder von den Appretiermittelherstellern separat geliefert, oder die Polyurethanappreturen werden bereits spritzfertig zur Verfügung gestellt.

Wäßrige Polyurethandispersionen stellen im allgemeinen Einkomponenten-Systeme dar. Von den Möglichkeiten externer oder interner Emulgierung wird dem internen System der Vorzug gegeben. Dadurch, daß bei den ionomeren Polyurethanen die hydrophile, emulgierende Gruppe im Lackmolekül enthalten ist, wird bei der Anwendung des Appretiermittels die Lederoberfläche von den Lacktröpfchen sehr gleichmäßig benetzt; es entsteht ein homogener Film, der dem von in organischen Lösemitteln gelösten Appretiermitteln nahekommt. Entsprechend wird eine gute Schutzwirkung der Appretur erreicht.

Polyurethanappretiermittel liegen in vielerlei Varianten vor mit unterschiedlicher Glanz- oder Mattwirkung und mit verschiedenartigem Griff der appretierten Lederoberfläche. Manche Systeme bevorzugen ein zentrales Appretiermittel, das durch verschiedene Zusatzmittel jeweils in der gewünschten Richtung variiert wird, andere ziehen fertige Einstellungen mit den einzelnen Appretureigenschaften vor. Gebrauchsfertige Einstellungen sind einfacher in der Anwendung, erfordern aber umfangreichere Lagerhaltung und schalten die individuelle Gestaltung von Aspekt und Griff des Leders weitgehend aus. Neben den überwiegend farblosen Appretiermitteln sind auch Schwarz- und Weißappreturen auf dem Markt.

3.3.4 Kombinierte Nitrocellulose-Polyurethan-Appreturen. Wie alle Lederzurichtmittel weisen auch die Polyurethane Vor- und Nachteile auf. Die vielfältige Variationsmöglichkeit der Appretiermittel verschiebt zwar das Gewicht der vorteilhaften und nachteiligen Eigenschaften, doch können einige grundsätzliche Punkte herausgestellt werden:

1. Polyurethane ergeben in gleicher Weise wie Nitrocellulose wasserfeste Appreturschichten. Sie benötigen auch bei Anwendung aus wäßriger Verdünnung keine Fixierung.
2. Im Vergleich zu Nitrocellulose sind Polyurethanappreturen infolge der internen Weichmachung besser alterungsbeständig, da kein Weichmacher abwandern kann.
3. Polyurethane sind bei guter Reib- und Knickechtheit zumeist besser kältebeständig als Nitrocellulose.
4. Polyurethane sind in der flüssigen Anwendungsform gegenüber Aminen empfindlich. Die aufgetrockneten Appreturfilme sind dagegen aminresistent. Im Gegensatz dazu werden Nitrocellulosefilme braun verfärbt und brüchig.
5. Nachteilig ist bei Polyurethanen die oft lange Trocken- und Härtezeit, welche die Aufbewahrung zwischen Spritzauftrag und Trocknen kompliziert. Der Griff tendiert in die Richtung gummi- bis wachstuchartig. Der Preis ist vergleichsweise hoch.

Die Nachteile von Trockendauer und Griff lassen sich ziemlich gut ausregulieren, wenn man Polyurethan mit Nitrocellulose kombiniert. Man handelt damit zwar den Nachteil ein, daß zum Abmischen geeignete Nitrocelluloselacke polyurethanverträgliche Lösemittel enthalten müssen, erreicht aber, daß die Mischappreturen für ihre Anwendung keine besonderen Spritz- oder Trockenanlagen erfordern. Die geringsten Komplikationen der gemischten Anwendung sind bei Einsatz der wäßrigen Dispersionen und Emulsionen zu befürchten, weil diese Einstellungen wegen der Verteilung in Wasser von Grund auf Komponenten enthalten, die miteinander verträglich sind.

Kombinationen von Nitrocellulose- und Polyurethan-Appretiermitteln sind sowohl auf Lösemittel- wie auf Wasserbasis anzutreffen. Es existieren fertig vorbereitete Mischungen, und ebenso findet man Rezepturvorschläge der Herstellerfirmen, nach denen separat vorliegende Nitrocellulose- und Polyurethanprodukte für die Anwendung miteinander gemischt werden können.

3.3.5 Polyamide als Appretiermittel. Die modische Richtung von Anilinleder wirft viele Probleme hinsichtlich der Echtheitseigenschaften und der Beständigkeit bei Verarbeitung und Gebrauch des Leders auf. Das gilt besonders dann, wenn das Leder möglichst natürlich, also unzugerichtet bzw. unbeschichtet aussehen soll. Bei Leder mit nichtfaseriger Oberfläche werden durch den Verbraucher die Echtheitseigenschaften mit denen von Kunststoffen verglichen, aber es werden Aussehen und Griff verlangt, die sich grundlegend von den als Ledersatz angebotenen Materialien unterscheiden sollen. Vollnarbiges Leder kann nicht ohne Oberflächenbehandlung zur Weiterverarbeitung eingesetzt werden. Die Narbenoberfläche wäre zu empfindlich gegen Verschmutzen, Bekratzen und Verfärben. Als Ausweg wird eine Zurichtung gesucht, die möglichst unsichtbar bleibt und die den Narbengriff möglichst wenig verändert, der »invisible finish«. Auf tief eindringende Imprägniergrundierung oder auf einen Poliergrund wird nur ein leichter Appretierauftrag angewendet. Als Appretiermaterial, das in Aussehen und Griff den wasserlöslichen Eiweißprodukten nahekommt, diese aber an Echtheit und Beanspruchungsfähigkeit übertrifft, wurde Polyamid gefunden.
Polyamide haben als polymerisierte oder unter Wasseraustritt polykondensierte Aminosäurederivate große Bedeutung als Faserrohstoffe in der Textilindustrie erlangt. Sie sind als Nylon und Perlon seit vielen Jahren bekannt. Ihr chemischer Aufbau ähnelt dem der Eiweißstoffe. Die Molekülketten sind durch Peptidbindung miteinander verknüpft.

$$H_2N\text{-}CHR\text{-}COOH \xrightarrow{-H_2O}$$

```
    \      CO       NH       CHR      /
     NH  /    \ CHR/   \ CO /   \ NH /
      |                 |         |
      CO       CHR     NH        CO
    /    \ NH /   \ CO /   \ CHR/   \
```

Aminosäure　　Kondensation　　Polypeptid

Wenn anstatt einer Aminosäure mehrere verschiedene Dicarbonsäuren und Diamine miteinander kondensiert werden, erhält man Mischpolyamide, deren Eigenschaften durch Auswahl und Mischungsverhältnis der Ausgangskomponenten gesteuert werden können[105].

Die bisher bekannten Polyamide sind in den für die Lederzurichtung üblichen organischen Lösemitteln nicht löslich. Sie wurden deshalb, abgesehen von vereinzelten Ausnahmen zur Verbesserung der Scheuerfestigkeit von Nitrocellulose-Zurichtungen, nicht für die Lederzurichtung herangezogen. Neu entwickelte Mischpolyamide sind in Gemischen von Alkoholen und Kohlenwasserstoffen löslich. Sie können für sich allein oder zusammen mit Nitrocelluloselack angewendet werden.

Die dem Eiweiß ähnliche Molekülstruktur des Polyamids läßt Appreturen mit caseinähnlichem Griff erhalten. Im Gegensatz zu den Eiweißstoffen trocknet das Polyamid ohne Fixierung weitgehend naßfest auf. Der Appreturansatz benetzt den Lederuntergrund gut und haftet fest auf der Unterlage. Dadurch können hohe Knickbeständigkeit und Reibfestigkeit der Appretur erzielt werden. Infolge der intensiven Benetzungswirkung ist es ratsam, daß auch für den »invisible finish« die Polyamidappretur nicht auf den unvorbehandelten Narben aufgespritzt wird. Eine Imprägnier- oder Poliergrundierung gleicht unterschiedliche Saugfähigkeit der einzelnen Hautstellen aus und gewährleistet durch gleichmäßiges Verteilen der Appretur an der Lederoberfläche bessere Schutzwirkung.

Die Polyamidappretur wird in gleicher Weise wie Polyurethan durch Amine weder verfärbt noch in ihrer Elastizität beeinträchtigt. Beim Anspritzen von Kunststoffsohlen in der Schuhfertigung läßt sie den an den Rändern der Sohlenform stellenweise herausgepreßten »Sohlenaustrieb« ohne Beschädigung der Zurichtung entfernen. Sie ist in diesem Verhalten den Nitrocellulose- und Polyurethanappreturen und in vielen Fällen auch den ziemlich widerstandsfähigen Eiweißappreturen überlegen. Eindeutig ist der Vorteil der Farbechtheit der Polyamidappretur gegenüber allen anderen Appreturarten. Das Ausbluten von Schönungsfarbstoffen und von feinteiligen organischen Pigmenten in weiße Kunststoffe aus stärker weichgemachtem Polyvinylchlorid oder in weißes Polyurethanlackleder, in Materialien, die zuweilen für modische Effekte zusammen mit Anilinleder verarbeitet werden, kann praktisch vollständig unterbunden werden. Auch die Lichtechtheit von gefärbtem Leder kann bereits durch eine farblose Polyamidappretur verbessert werden. Wie stark die Lichtbeständigkeit erhöht wird, hängt von der Art des Farbstoffs und von der Intensität der Färbung ab.

Alleinanwendung der Polyamidappretur ergibt je nach Vorbehandlung des Leders mittleren bis höheren Glanz. Abmischen mit Nitrocellulosemattlack läßt eine mehr oder weniger stumpfe, wie unzugerichtetes Leder aussehende Oberfläche erreichen.

3.4 Weichmacher. Die Filmsubstanz der Lederzurichtmittel enthält außer dem Bindemittel, Pigmenten oder pigmentähnlichen Mattierungsmitteln noch Weichmacher. Sie sind eine wichtige, die Filmeigenschaften bestimmende Komponente. Sie steuern Elastizität und Flexibilität der Zurichtschichten, und sie können auch Trocken- und Naßreibfestigkeit, Hitze- und Kältebeständigkeit der Zurichtung beeinflussen.

Weichmachende Komponenten können Bestandteil der filmbildenden Substanz sein. Man spricht dann von »interner Weichmachung«, die z. B. bei Polymerisatbindemitteln oder bei Polyurethanen vorliegt. Hierbei stehen die weichmachenden Anteile den weichzumachenden chemisch nahe. Bei der »externen« Weichmachung werden die Weichmacher dem Filmbildner als separate Komponente zugesetzt. Sie liegen zumeist in flüssiger Form vor und sind in ihrem chemischen Aufbau andersartig als das Filmbindemittel.

Einzelne Bindemittel, in erster Linie solche auf Eiweißbasis, z. B. Blut- oder Eialbumin, Gelatine, manchmal auch Caseinpräparate, werden wegen besserer Lagerbeständigkeit in fester, ungelöster Form angeboten. Sie werden in der Lederfabrik erst unmittelbar vor dem Verbrauch in Wasser gelöst. Beim Lösen werden wasserlösliche Weichmacher zugegeben. Sie wirken plastifizierend und sind zugleich Lösungsvermittler, welche die Oberflächenspannung des Wassers und die Grenzflächenspannung zwischen Wasser und Eiweißsubstanz herabsetzen. Auch viele bereits als Lösung vorliegende Lederzurichtmittel werden in der Anwendungsrezeptur noch nachträglich mit Weichmacher versetzt. Das beruht darauf, daß sie wegen möglichst vielseitiger Anwendungsmöglichkeit nur den geringst erforderlichen Weichmacheranteil enthalten. Im allgemeinen benötigen die in geringer Schichtdicke angewendeten Lederappreturen nur niedrige Weichmachermengen. Werden aber die gleichen Produkte, Caseinlösungen oder Nitrocelluloselacke, für dickere Filmschichten als Deckfarbenbindemittel verwendet, müssen sie durch Weichmacherzugabe flexibler eingestellt werden. Noch höher ist der Weichmacherbedarf in vielen Fällen für Grundierschichten.

Die Elastizität der Zurichtschicht muß dem Leder weitgehend angepaßt sein. Weiches und zügiges Nappaleder für Bekleidung oder Handschuhe verlangt höhere Elastizität als wenig dehnbares Leder für Koffer oder andere Lederwaren. Dickes Leder, das bei Biegen mit dem Narben nach außen die Lederoberfläche einer stärkeren Dehnungsspannung aussetzt, erfordert höhere Dehnungselastizität der Zurichtung als dünnes Leder. Die durch interne Weichmachung plastifizierten thermoplastischen Bindemittel werden bei niedrigen Temperaturen immer härter bis zum glasartigen Erstarren. Ihre Kältebeständigkeit kann durch Weichmacherzugabe gesteigert werden. Allerdings wird dadurch auch die Temperaturgrenze, bei der die Filmsubstanz in der Wärme klebrig wird, herabgesetzt.

Je nach Art und Anwendungsform der Lederzurichtmittel werden wasserlösliche oder lösemittellösliche Weichmacher angewendet.

3.4.1 Weichmacher für wässrige Zurichtungen. Der klassische Weichmacher für Eiweißzurichtungen ist das durch Behandlung mit Schwefelsäure hergestellte *sulfatierte Rizinusöl.* Es wird oft auch als »sulfoniertes« Öl bezeichnet. Diese Benennung ist chemisch falsch, da es keine Sulfonsäure darstellt, sondern ein einfacher Schwefelsäureester des Rizinusöls ist. Durch die Sulfatierung wird das von Natur aus wasserabstoßende Rizinusöl wasserlöslich. Bei Mischen mit Wasser bildet es eine klare Lösung. Es mischt sich leicht mit der Eiweißlösung und wird in der Filmschicht gebunden, so daß es bei Abbügeln oder Glanzstoßen der Zurichtung nicht ausschwitzt und bei Lagerung des zugerichteten Leders keinen Fettausschlag ergibt. Sulfatiertes Rizinusöl wirkt nicht nur als Weichmacher, sondern auch wie ein oberflächenaktives Netzmittel. Bei geringer Saugfähigkeit der Lederoberfläche kann es die Benetzbarkeit fördern und damit gleichmäßigen Auftrag des Ansatzes begünstigen. Andererseits muß berücksichtigt werden, daß narbenwunde Stellen deutlich stärker saugen als Hautflächen mit intaktem Narben. In solchen Fällen muß sulfatiertes Rizinusöl vorsichtig dosiert werden, damit die Zurichtflotte nicht stellenweise unerwünscht tief in das Lederfasergefüge einzieht, an Füll- und Egalisierwirkung einbüßt und den Narben verhärtet.

Das als Weichmacher für Eiweiß-Zurichtungen verwendete sulfatierte Rizinusöl steht dem als Färbereihilfsmittel in der Textilindustrie beim Färben von Baumwolle eingesetzten *Türkischrotöl* nahe. Die Textilindustrie ist weltweit ein bedeutender Wirtschaftsfaktor, so daß Türkischrotöl in fast allen Ländern verhältnismäßig leicht beschafft werden kann. Trotzdem sollte der Lederzurichter vorsichtig mit Türkischrotöl umgehen. Infolge seiner Bestimmung als Netzmittel, das sich nach dem Färben aus dem Textilgut leicht wieder auswaschen lassen soll, ist es meistens stark hydrophil gehalten. Bei Verwendung als Weichmacher verbleibt es in der Zurichtschicht, kann die Fixierbarkeit vermindern und die Naßrcibechtheit beeinträchtigen. Man darf deshalb nur geringe Mengen von Türkischrotöl in der Lederzurichtung verwenden. Zweckmäßiger und sicherer ist es, wenn man ein schwächer sulfatiertes Weichmacheröl einsetzt, das noch ausreichend wasserlöslich ist, aber nach Auftrocknen der Zurichtschicht keine ausgesprochene Netzwirkung mehr ausübt.

Wasserlösliche Weichmacher anderer chemischer Natur sind *höhermolekulare Alkohole* oder deren Derivate, z. B. Polyglykole, Glycerin, Polyglycerin oder entsprechende Äther oder Ester. Sie unterscheiden sich in ihrer weichmachenden Wirkung von sulfatiertem Rizinusöl darin, daß sie viele Polymerisate gelatinieren. Das kann für die Kälteflexibilität vorteilhaft sein, sich bei heißem Bügeln oder Narbenprägen von gemeinsam eingesetzten Casein- und Polymerisatbindemitteln aber infolge gesteigerter Klebrigkeit nachteilig auswirken. Der weichmachende Effekt dieser wasserlöslichen Öle auf Eiweißfilme beruht in erster Linie auf ihrem hygroskopischen Verhalten. Sie verhindern unerwünscht starkes Austrocknen und verhüten entsprechend, daß die Zurichtung beim Lagern des Leders versprödet. Ihre Verwendung ist bei Glanzstoß-Zurichtung vorteilhaft, da sie glattes Gleiten der Stoßkugel begünstigen. Bei sehr feuchter Luft im Tropenklima, etwa zur Monsun- oder Passatzeit, kann allerdings das hygroskopische Verhalten die Glanzstoßbarkeit beeinträchtigen oder Glanzstoßen sogar unmöglich machen.

Als Weichmacher werden manchmal *wassermischbare Emulsionen* bezeichnet, die eigentlich nur modifizierende Zurichthilfsmittel sind. Dabei handelt es sich um gelatinierende Weichmacher für Nitrocellulose oder Kunststoffe, die zu wassermischbarer Form emulgiert sind. Sie üben keine unmittelbar weichmachende Wirkung auf Casein oder andere Eiweißstoffe aus, sondern sie werden wie ein Gleitmittel in den Zurichtfilm inkorporiert. Sie ergeben glatten, geschmeidigen Griff und begünstigen die Glanzstoßbarkeit. Wenn allerdings die glanzstoßbare Zurichtschicht zur besseren Füll- und Egalisierwirkung Anteile von Polymerisatbindemitteln oder für verbesserte Naßfestigkeit Nitrocelluloselackemulsion enthält, kann der gelatinierende Weichmacher sich auf das Glanzstoßen nachteilig auswirken. Bei Bügel-Zurichtungen von kombinierten Eiweiß-Polymerisat-Schichten kann der gelatinierende Weichmacher die Kältebeständigkeit verbessern. Er kann aber auch zu störender Klebrigkeit bei heißem Bügeln führen, wenn er in zu hoher Menge angewendet worden ist.

Ohne plastifizierende Wirkung auf Eiweiß- oder auf Polymerisatbindemittel sind *Wachsemulsionen.* Sie ergeben füllende, elastisch haltende Einlagerungen in den Zurichtschichten, lassen eine gleichmäßige, ruhige Fläche erhalten und vermitteln dem zugerichteten Leder einen glatten, geschmeidigen Griff. Neben diesen Effekten wirken sie bei polymerisathaltigen Bügel-Zurichtungen dadurch vorteilhaft, daß die Zurichtschicht nicht an der Bügelplatte klebt oder daß das Leder sich zumindest relativ leicht und ohne Beschädigung der Filmschicht von der Platte löst. Solche als Bügelhilfe verwendeten Wachsemulsionen müssen vorsichtig ausprobiert werden. Besonders dann, wenn sie größere Anteile von Paraffin enthalten, können sie nach dem Zwischenbügeln die Zurichtoberfläche stark wasserabstoßend machen, so daß eine nachfolgende wässrige Appretur nur schwierig und ungleichmäßig benetzt und nicht genügend haftet. Lösemittelappreturen, besonders Nitrocelluloselacke, sind gegen Paraffin sehr empfindlich. Selbst wenn keine sichtbaren Flecken entstehen, kann die Haftfestigkeit so weit geschwächt werden, daß die Appretur sich bei Biegen des Leders grau aufzieht und bei Knickbeanspruchung sich blasenartig vom Untergrund abhebt.

3.4.2 Weichmacher für Lösemittel-Zurichtungen. Unter den wasserunlöslichen Filmbildesubstanzen erfordert praktisch nur die Nitrocellulose Weichmacher. Polymerisate und Polyurethane sind im allgemeinen intern durch den Aufbau der Filmsubstanz weichgemacht. Nitrocellulose-Lackemulsionen sind für die Anwendung als Appretiermittel gebrauchsfertig plastifiziert. Bei Verwendung als Farbenbindemittel werden sie nur anteilig in kleinerer Menge neben Eiweißstoffen oder Polymerisaten eingesetzt. Die Filmschichten werden dabei durch innere oder äußere Weichmachung der anderen Filmbildner plastifiziert. Als Weichmacher für Nitrocellulose-Zurichtmittel werden daher nur wasserunlösliche Substanzen angewendet.

Nitrocelluloselacke und auch die entsprechenden wässrigen Emulsionen enthalten durchschnittlich 80 bis 120 % Weichmacher auf trockene Nitrocellulose bezogen. Die Weichmacher machen den Film nicht nur dehn- und biegeelastisch, sondern sie steigern auch Glanz, Haftfestigkeit, Licht- und Wärmebeständigkeit.[94] Als Weichmachungsmittel werden natürliche Öle pflanzlichen Ursprungs oder synthetische Esteröle verwendet. In Ausnahmefällen werden für besondere Zwecke auch Weichharze oder andere Substanzen herangezogen, um die Filmeigenschaften der Nitrocellulose zu modifizieren. Esteröle wirken auf Nitrocellulose wie ein Lösemittel. Sie wandeln die faserige Nitrocellulose in einen zusammenhängenden, transparenten Filmkörper um und werden als »gelatinierend« bezeichnet. Natürliche Öle üben keine Lösewirkung aus. Sie erfüllen im Film die Funktion eines Gleitmittels und werden als »nichtgelatinierende« Weichmacher bezeichnet. Weichharze gehen ebenso wie die zuweilen zusammen mit Nitrocellulose angewendeten Polyurethane als plastifizierende Komponente in den Filmverband ein.

Unter den *nichtgelatinierenden* Pflanzenölen nimmt das »nichttrocknende« Rizinusöl den ersten Platz ein. Das zu den »halbtrocknenden« Ölen zählende Rüböl wird nur vereinzelt angewendet. Das »trocknende« Leinöl scheidet als Weichmacher für Nitrocellulose-Zurichtmittel aus, da es infolge der mit zunehmender Alterung ansteigenden Oxidation verhärtet und den Lack versprödet.

Rizinusöl wird in großem Umfang als gepreßtes, filtriertes, aber nicht weiter nachbehandeltes »rohes« Öl verwendet. In jüngerer Zeit wird verstärkt ein Öl herangezogen, das in der Wärme mit Luft durchblasen und dadurch anoxidiert und polymerisiert worden ist. Es ist als »geblasenes Rizinusöl« im Handel. Die Blasbehandlung ergibt gegenüber dem rohen Öl eine etwas höhere Viskosität und eine etwas dunklere, bräunliche Farbe des Öls. Geblasenes Rizinusöl läßt Lacke mit höherem Glanz und etwas besserer Reißfestigkeit bei etwas verminderter maximaler Dehnbarkeit erhalten. Rizinusöl wird als nichtgelatinierender Weichmacher nicht fest in Nitrocellulose gebunden. Es kann bei Erwärmen, z. B. durch Bügelbehandlung, aus dem Film ausschwitzen und ölige Flecken auf dem Leder bilden. Geblasenes Rizinusöl ist besser wärmebeständig und weniger ausschwitzanfällig als rohes Öl. Die Gefahr, daß das im Nitrocellulosefilm nicht gebundene Rizinusöl teilweise in das Leder abwandert und die Lackschicht versprödet, besteht nur dann, wenn eine Nitrocelluloseschicht unmittelbar auf das Leder aufgetragen wird. Bei Nitrocellulose-Zurichtungen wird aber fast immer eine Polymerisatgrundierung vorgeschaltet, die als Sperrschicht gegen das Abwandern des Weichmachers dient. Hier wirkt sich rohes wie geblasenes Rizinusöl besonders vorteilhaft aus, da es als nichtgelatinierender Weichmacher den Polymerisatfilm weder anlöst noch anquillt, so daß das Öl weder durch die Grundierschicht migrieren noch vom Leder aufgesogen werden kann.

Vom chemischen Verhalten her sind die *gelatinierenden* Weichmacher die für den Nitrocellulosefilm interessanteren Komponenten. Sie lösen einerseits die Nitrocellulose und werden andererseits durch diese Lösewirkung im Film, der eine Art fester Lösung darstellt, gebunden. Entsprechend besteht unter den Gegebenheiten der Lederzurichtung keine Gefahr, daß der Weichmacher aus dem Lack ausschwitzt. Als gelatinierende Weichmacher werden höhermolekulare Ester organischer Dicarbonsäuren, von Phthalsäure, Adipin- oder Sebacinsäure, eingesetzt. Die Alkoholkomponente der Ester geht etwa vom Butyl- bis zum Octyl- bzw. Äthylhexylalkohol. Je länger die Kohlenstoffkette der Weichmacher ist, um so weniger sind sie flüchtig, um so besser ist die Alterungsbeständigkeit der Zurichtung. In den meisten Fällen ergeben Weichmacher mit höherer Kettenlänge auch stärkeren Glanz. Die in früheren Jahren häufig anzutreffenden Phosphorsäureester, z. B. Trikresylphosphat, haben immer mehr an Bedeutung verloren und werden kaum mehr verwendet. Ursache für ihren Rückgang ist einmal eine nervenlähmende Giftwirkung von Orthokresol und zum anderen die gegenüber den Dicarbonsäureestern geringere Lichtbeständigkeit der phosphat-weichgemachten Nitrocellulosefilme.

Die Lösewirkung der gelatinierenden Weichmacher äußert sich gegenüber Rizinusöl in höherer Dehnbarkeit und besserer Elastizität des Films. Sie ergibt aber geringere Zugfestigkeit. Die Bindung im Film verhindert, daß der Weichmacher, sachgemäße Dosierung vorausgesetzt, beim Bügeln nicht ausschwitzt und daß die Zurichtung beim Glanzstoßen nicht »schmiert«. Überdosierung kann jedoch dazu führen, daß der Nitrocellulosefilm klebrig wird. Der Gelatiniereffekt kann auch zum Anquellen von Polymerisatbindemitteln in der Grundierung und dazu führen, daß Weichmacheranteile aus dem Nitrocellulosefilm abwandern, bis sich ein Gleichgewicht zwischen ursprünglich weichmacherfreier Polymerisatschicht und weichmacherhaltiger Nitrocelluloseschicht einstellt. Vorzüge und Nachteile der gelatinierenden und nichtgelatinierenden Weichmacher können kompensiert werden, wenn man beide gemeinsam im Nitrocellulosefilm anwendet. Eine derartige Kombination ist die am häufigsten anzutreffende Art der Weichmacherverwendung bei der Lederzurichtung. Die natürlichen und die synthetischen Öle lösen sich ineinander. Rizinusöl kann auf diese Weise im Nitrocellulosefilm gebunden und am Ausschwitzen gehindert werden. Zugfestigkeit und Dehnbarkeit des Films werden auf optimales Verhalten ausgeglichen. Anquellen der Grundierung und Abwandern von Weichmacher unterbleiben. Die günstigste Weichmacherwirkung für Nitrocelluloselacke in der Lederzurichtung ergibt sich bei Einsatz eines Weichmachergemischs von 1 Teil Phthalat- oder Adipat-Weichmacher zu 3 bis 4 Teilen rohem oder geblasenem Rizinusöl.

In einigen Sonderfällen können als Weichmacher der Nitrocellulose synthetische *Weichharze* zugefügt werden. Sie wirken füllend, begünstigen glatten Verlauf und steigern dadurch Glanz und glatten Griff. Sie sind filmbildend und ergeben einen dichten Oberflächenabschluß, wie er sonst nur mit dickeren Filmschichten erreicht werden kann. Ihre sirupartige Konsistenz verzögert etwas das Trocknen des Nitrocelluloselacks, ergibt aber sehr gute Haftfestigkeit, auch auf einer etwas fettreicheren Unterlage. Die Weichharze können auf Phthalsäurebasis kondensiert oder als Acrylsäureester polymerisiert sein. Die dem Lack zugesetzte Menge ist niedrig zu dosieren, damit ausreichende Kälteflexibilität gewährleistet bleibt. Weichharze werden als Weichmacher nicht nachträglich vom Lederzurichter dem Lackansatz zugefügt, sondern sie werden bereits bei der Herstellung des Lacks eingearbeitet. Ähnlich ist die Situation bei Weichmachern, welche angewendet werden, um gut glanzstoßbare Nitrocellulosefilme zu erhalten. Solche Spezialweichmacher sind *Kampfer* und *Butylstearat.* Sie werden ebenfalls bei der Herstellung des Lacks der Nitrocellulose einverleibt. Kampfer verhält sich wie ein gelatinierender Weichmacher. Butylstearat löst Nitrocellulose nicht, wird aber im Film ziemlich gut gebunden. Kampfer ist flüchtig, obwohl er eine feste Substanz darstellt. Die Flüchtigkeit macht sich vor allem in einem lang anhaltenden, penetranten Geruch des zugerichteten Leders bemerkbar. Daher wird das geruchsschwache, mild riechende Butylstearat vorgezogen.

3.5 Lösemittel und Verdünnungsmittel. Für die Anwendung von Farbzubereitungen, Bindemitteln und Appretiermitteln auf der Basis von Nitrocellulose oder Polyurethanen sind organische Lösemittel erforderlich. Ein großer Teil der angewendeten Produkte besitzt echte lösende Funktion. Daneben werden auch nicht lösende Produkte verwendet, die mit den Lösungen verträglich sind und als Viskosität und Trockenverlauf regulierende Verdünnungsmittel oder als verbilligende Streckungsmittel dienen.

Aus der Vielzahl existierender organischer Lösemittel werden die für die Lederzurichtung geeigneten nach folgenden Gesichtspunkten ausgewählt:

1. Sie müssen Celluloseester oder bei Polyurethan-Einkomponentenlacken bereits vernetzte Polyurethane rückstandslos auflösen oder zumindest mit solchen Lösungen mischbar sein, ohne daß die Lacksubstanz chemisch verändert und allmählich schwer löslich oder gar unlöslich wird. Alkohole, Dimethylformamid oder -acetamid scheiden für die Verwendung bei Zweikomponenten-Polyurethanlacken wegen der Umsetzung von Isocyanat mit Hydroxyl- oder Aminogruppen aus.
2. Die Lösemittel sollen möglichst farblos sein. Sie dürfen den Farbton des Lackfilms nicht verändern und sollen keine nennenswerten Wassermengen aus der Luftfeuchtigkeit anziehen, weil sie sonst die Löslichkeit der Lacksubstanz beeinträchtigen und die Bildung eines homogenen Films stören. Wasserstörungen hängen zumeist mit dem Auftreten stärkerer Verdunstungskälte bei rasch flüchtigen Lösemitteln, z. B. Aceton, zusammen. Mit Wasser azeotrope Gemische bildende Lösemittel, z. B. Äthyl- oder Butylalkohol, lassen Wasserstörungen weitgehend vermeiden.
3. Sie sollen neutral sein, da sauer oder alkalisch reagierende Lösemittel die Emballagen, Gefäße oder Rohrleitungen der Maschinen, auf denen sie angewendet werden, korrodieren und durch die gelösten Substanzen den Lack angreifen können. So ist mit Pyridin vergällter Alkohol als Verdünnungsmittel für Nitrocelluloselacke nicht geeignet, da die Pyridinbase den Lack braun verfärbt und die Filmsubstanz zerstört.
4. Sie sollen den Lack möglichst rasch zu einem Film mit klebfreier Oberfläche trocknen lassen. Sie dürfen aber nicht zu rasch verdunsten, damit die aufgetragene Lacklösung gut verlaufen und die Lederoberfläche egalisieren kann. Die Verdunstungsgeschwindigkeit der auszuwählenden Lösemittel hängt von den Anwendungsbedingungen des Lacks ab. Sie kann bei Spritzanwendung am stärksten sein, während Gießaufträge wegen des Umlaufens der Lacklösung in der Maschine und Tamponierlacke wegen des Verweilens in offenen Schalen langsameres Verdunsten erfordern. Rasch verdunstende Lösemittel würden in diesen Fällen die Viskosität der Lacklösung und entsprechend Verlaufeigenschaften und Auftragsmenge während der Anwendungszeit laufend verändern.

5. Die Filmsubstanz lösende und als Verdünner angewendete nichtlösende organische Lösemittel müssen so aufeinander abgestimmt sein, daß in dcn einzelnen Verdunstungsphasen stets ausreichende Mengen echter Lösemittel anwesend sind. Diese Maßnahme verhindert Störungen der Filmbildung, garantiert guten Verlauf und sichert das erforderliche Haften des Films auf der Unterlage.

Für Nitrocellulose sind echte Lösemittel

Ketone:	Aceton, Methyläthylketon, Butylketon, Cyclohexanon (Anon), Methylanon;
Ester:	Methyl-, Äthyl-, Butyl-, Cyclohexyl-acetat;
Ätheralkohole:	Äthylenglykol-mono-äthyl- oder -butyl-äther, kurz als Äthyl- oder Butyl-glykol bezeichnet;
Ätheralkoholester:	Methyl-, Äthyl, Butyl-glykolacetat.

Als nichtlösende Verdünnungsmittel können verwendet werden

Alkohole:	Äthyl-, Propyl-, Butylalkohol; Methylalkohol ist wegen der augenschädigenden Giftwirkung nicht mehr gestattet;
aromatische Kohlenwasserstoffe	Toluol, Xylol; Benzol ist als giftig in fast allen Ländern verboten; in verschiedenen Ländern ist auch die Anwendung von Toluol und Xylol nicht gestattet.

Aliphatische Kohlenwasserstoffe in Form von Lackbenzin sind theoretisch anwendbar, werden aber nur selten eingesetzt.

Interessant ist die Eigenschaft mancher nichtlösender Verdünnungsmittel, daß sie miteinander gemischt echte Lösewirkung für Nitrocellulose erlangen, z. B. Äther-Alkohol, Äther-Alkohol-Butanol, Alkohol-Toluol, Butanol-Toluol. Wenn man solche Verdünnungsmittel in der Leder-Zurichtabteilung verwendet, sollte man sie vor der Zugabe zum Lack erst miteinander mischen. Wenn sie einzeln zugesetzt werden, kann die Lacksubstanz teilweise ausfallen. Sie läßt sich dann beim Nachrühren der weiteren Komponente nur langsam und schwierig wieder homogen lösen.

Bei der Kombination von Löse- und Verdünnungsmitteln ist zu beachten, daß ein ausreichender Anteil echter Lösemittel bis zum Schluß des Verdunstens im Lack zurückbleibt. Überwiegen die nichtlösenden Verdünnungsmittel, kann die Filmbildung gestört werden und der Zurichtfilm nicht mehr genügend haften. Selbst wenn die Filmschicht nicht grau und trüb wird, müssen die Nachteile ungenügender Knickbeständigkeit und Reibfestigkeit befürchtet werden. Bei den in der Lösewirkung sich gegenseitig ergänzenden, allein aber nichtlösenden Verdünnungsmitteln ist darauf zu achten, daß sie möglichst weitgehend gemeinsam verdunsten. Wenn eine Komponente wesentlich rascher verdunstet und die andere zurückbleibt, können die gleichen Störungen auftreten wie bei getrennter Zugabe der Verdünnungsmittel. So ist die Kombination Äther-Alkohol ungünstiger als Butanol-Toluol. Äther verdunstet erheblich rascher als Äthylalkohol, während Toluol und Butylalkohol dichter beisammen liegen, ebenso wie Butylalkohol und Xylol.

Als Lösemittel für reaktive Polyurethanlacke sind solche auszuwählen, welche nicht mit Isocyanat reagieren und die noch nicht umgesetzten Lackkomponenten leicht lösen. Hierfür kommen in erster Linie Ketone und weitgehend alkoholfreie Ester in Betracht. Die für Nitrocelluloselacke verwendeten Ester enthalten meistens noch etwa 15 % Alkohol, der bei der Herstellung nicht abdestilliert worden ist. Diese »85 %igen« Esterlösemittel können Topfzeit und Dauer der Gebrauchsfähigkeit von reaktiven Polyurethanlacken beeinträchtigen. Man setzt deshalb vorzugsweise fraktionierte, möglichst 100 %ige Ester ein.

Die nicht reaktiven, schwach vernetzten Einkomponenten-Polyurethanlacke werden meistens in »soft solvents«, in Gemischen von Methyläthylketon, Isopropylalkohol und Toluol gelöst und auch mit solchen Mischungen verdünnt.

Polyamide sind in erster Linie in Alkoholen löslich, in Estern und Ketonen dagegen unlöslich. Je nach Aufbau und Kondensationsgrad neigen sie bei Alterung der Lacklösung zum Gelatinieren. Neuerdings können stabile Lacke durch Lösen spezieller Polyamide in Gemischen von Alkoholen, Cycloalkoholen und aromatischen Kohlenwasserstoffen hergestellt werden.[105] Sie werden mit einem entsprechenden, vom Lackhersteller gelieferten Verdünnergemisch auf gebrauchsfertige Verdünnung eingestellt.

Die für die Lederzurichtung verwendeten Lacke werden im allgemeinen als gelöste Konzentrate geliefert. Sie werden dann in der Lederfabrik gebrauchsfertig verdünnt und den jeweiligen Anwendungsbedingungen angepaßt. Von vielen Herstellerfirmen werden dafür geeignete »Verdünner« angeboten. Das sind keineswegs nur nichtlösende Verdünnungsmittel. Sie enthalten im Gegenteil hochwertige Lösemittel, die meistens aus verschiedenen Komponenten gemischt sind und teilweise auch nichtlösende Verdünnungsmittel enthalten.

Wenn der Zurichter sich einen Verdünner selbst zusammenstellen will, dann muß er die nachstehenden Faktoren beachten:

1. Ausschlaggebend ist, ob die einzelnen Lösemittelkomponenten die Filmsubstanz lösen oder ob sie nur die vorliegende konzentrierte Lösung verdünnen. Lackkonzentrate mit hochwertigen Lösemitteln vertragen manchmal erstaunlich hohe Zusätze von Verdünnungsmitteln.

2. Die Verdunstungsgeschwindigkeit von lösenden und nichtlösenden Anteilen muß sorgfältig aufeinander abgestimmt werden. Als Richtlinie gelten hierfür Verdunstungszahl und Siedegrenzen (Tabelle 7).

Verdunstungsgeschwindigkeit und Siedegrenzen laufen nicht exakt parallel. Die nichtlösenden Kohlenwasserstoffe verdunsten im Vergleich zu den echten Lösemitteln rascher als es ihren Siedegrenzen entspricht. Als allgemeine Richtlinie kann angenommen werden, daß niedrig siedende, leicht flüchtige Lösemittel den auf das Leder aufgetragenen Lack rasch antrocknen lassen, aber weniger Glanz ergeben, Verlauf und Haftfestigkeit vermindern. Hochsiedende, langsam verdunstende Lösemittel erfordern längere Trockendauer, steigern Glanz, Verlauf, Egalisiervermögen und Haften des Films.

Für Lederlacke scheiden die sehr rasch flüchtigen Niedrigsieder Äthyläther und Aceton praktisch aus, da sie die Filmbildung unter den vorherrschenden Anwendungsbedingungen mehr stören als fördern. Ein oft verwendetes, aber als schnell verdunstende Komponente nur anteilig eingesetztes Lösemittel ist das auch als »Essigester« bezeichnete Äthylacetat. Ihm ist Methyläthylketon anwendungstechnisch etwa gleichzustellen. Als Verdünnungsmittel werden vorwiegend Äthyl- oder Butylalkohol zusammen mit Toluol herangezogen. Die Alkohole bilden zusammen mit Wasser azeotrope Gemische, lassen Feuchtigkeit leichter und rascher entfernen und wirken daher als Schutzmittel gegen Wasserstörungen. Besonders vorteilhaft verhält sich in dieser Hinsicht Butylalkohol. Die Alkohole werden durch Toluol kompensiert;

	lösend (L) verdünnend (V)	Verdunstungs-zeit	Siedegrenzen °C
Aceton	L	2,1	55–56
Methyläthylketon	L	2,6	79–81
Äthylacetat	L	2,9	74–78
Toluol	V	6,1	110–111
Methylalkohol	V	6,3	64–65
Äthylalkohol	V	8,3	78
Isopropylalkohol	V	10,5	80–82
Butylacetat (85%)	L	12,5	110–132
Xylol	V	13,5	136–140
n-Butylalkohol	V	33	114–118
Methylglykolacetat	L	35	138–152
Cyclohexanon	L	40	150–156
Äthylglykol	L	43	132–136
Methylcyclohexanon (85%)	L	50	165–176
Äthylglykolacetat	L	52	149–160

Tabelle 7: Nitrocellulose-Lösevermögen, Verdunstungszeit und Siedegrenzen organischer Lösemittel[69]. (Angaben der Verdunstungszeit sind bezogen auf Äthyläther = 1.)

das Gemisch wirkt als Löser. Trotzdem muß der gesamte Verdünner als Sicherheitsfaktor ein echtes Lösemittel enthalten, dessen Verdunstungszeit und Siedegrenzen die Kennzahlen der Verdünnungsmittel übersteigen. Hierfür bietet sich Butylacetat an, das bei nicht zu langer Trockendauer günstige filmbildende Eigenschaften für Nitrocelluloselacke besitzt. Ein solches Lösemittelgemisch aus

20 bis 25 Teilen Äthylacetat
30 Teilen Äthyl- oder Butylalkohol
30 Teilen Toluol
20 bis 15 Teilen Butylacetat

kann gegebenenfalls auch zum Verdünnen nichtreaktiver Polyurethanlacke verwendet werden.

Unabhängig davon, welche Einzelkomponenten man bevorzugt, ist zu beachten, daß Verdunstungszeit und Siedegrenzen der einzelnen Bestandteile möglichst fortlaufend ineinander übergehen. Die Verdunstungszeit der für sich allein nichtlösenden Verdünnungsmittel soll möglichst nahe beieinander liegen, damit nicht während des Trockenvorgangs eine Komponente allein zurückbleibt und dann die Filmbildung stört. Zumindest ein Anteil von 10 bis 20 % des gesamten Lösemittelgemischs soll langsamer verdunsten als die Verdünnungsmittel, damit die filmbildende Substanz bis zum Erstarren zu einem homogenen Film verfließen kann.

Komplikationen beim Verdünnen von Nitrocelluloselacken können weitgehend vermieden werden, wenn man als einziges Lösemittel Butylacetat (85 %) verwendet, das als Schutz gegen Wasserstörungen bereits 15 % Butylalkohol enthält. Das ist freilich nicht das preisgünstigste Produkt, sein Einsatz wird aber dadurch interessant, daß man anwendungstechnisch weitgehende Sicherheit hat und daß man nur ein einzelnes organisches Lösemittel vorrätig zu halten braucht. Das Lösemittel kann gegebenenfalls auch zum Verdünnen kombinierter Polyurethan-Nitrocellulose-Lacke verwendet werden, wenn man die begrenzte Topfzeit – infolge der Anwesenheit von Butylalkohol – berücksichtigt und nur jeweils für eine Arbeitsschicht bestimmte Ansatzmengen bereitet. Das ist besonders dann leicht durchführbar, wenn derartige Spezialzurichtungen nur für kleinere Partiegrößen vorgenommen werden.

3.6 Verschiedenartige Zurichthilfsmittel. Die Hauptbestandteile der Zurichtschichten, Deckfarben, Schönungsfarbstoffe, Bindemittel, Weichmacher, Grundier- und Appretiermittel, sind zwar in der Lage, die Lederoberfläche abzuschließen, sie reichen aber in vielen Fällen nicht völlig aus. Der Zurichter ist bemüht, die Wirkung der angewendeten Zurichtmittel zu verfeinern oder bestimmte Effekte zu erzielen, die sein Leder von dem der Konkurrenz abheben. Er verwendet hierzu weitere Hilfsmittel, deren Aufbau und Wirkungsweise je nach dem gewünschten Effekt unterschiedlich ist.[64]

3.6.1 Verlaufmittel. Die Lederoberfläche ist besonders bei vollnarbigem Leder je nach Art und Intensität der Nachgerbung und Fettung und je nachdem, ob das Leder an der Luft hängend oder auf beheizten Platten, z. B. bei der Vakuumtrocknung, getrocknet worden ist, mehr oder weniger wasserabstoßend. Wenn die Zurichtung mit einer Spritzfärbung der Lederoberfläche beginnt oder wenn eine Bürstfärbung durch Aufstreichen der Farbstofflösung mit einer Bürste vorgenommen wird, dann ist es wichtig, daß die Farbflotte die Lederoberfläche gleichmäßig benetzt und sie an allen Stellen möglichst gleich intensiv anfärbt. Um Benetzungsschwierigkeiten und dadurch verursachte Flecken zu vermeiden, kann man der Farbstofflösung Verlaufmittel zusetzen. Das sind oberflächenaktive Netzmittel auf der Basis von Alkan- oder Arylalkylsulfonaten, Fettalkoholsulfaten, Paraffinsulfonaten, Sulfobernsteinsäureestern. Sie heben die Grenzflächenspannung zwischen Lederoberfläche und Farbflotte auf. Bevorzugt werden Netzmittel ausgewählt, die nicht schäumen, da Schaum den glatten Verlauf der Flotte stört. Die angewendete Menge sollte möglichst niedrig gehalten werden, damit das Leder nicht unerwünscht stark »wasserzügig« wird.

In gleicher Weise wie bei der Vorfärbung des noch nicht beschichteten Leders kann die Oberfläche von grundiertem, zwischengebügeltem Leder schwer benetzbar sein. Die aufgetragene Zurichtflotte wird dann nur noch schwer angenommen und läßt sich nicht gleichmäßig verteilen. Bei Gieß- oder Airless-Spritzauftrag kann die flüssige Schicht sich stellenweise zusammenziehen und zu unbedeckten Löchern, sogenannten »Fischaugen«, aufreißen. Hier kann der Zusatz eines Verlaufmittels ebenfalls Abhilfe schaffen und sowohl den Verlauf wie auch die Haftfestigkeit verbessern. Auch in diesem Fall muß betont werden, daß das Verlaufmittel in der Zurichtflotte vorsichtig dosiert werden soll, damit die Naßreibechtheit der Zurichtung nicht beeinträchtigt wird.

Nicht zu stark ausgeprägte Benetzungsschwierigkeiten lassen sich zuweilen durch Bürst- oder Plüschauftrag beheben, weil die Streichbehandlung das Leder intensiver benetzt. Verläuft die Flotte trotzdem nicht genügend, so können bei Farbstofflösungen oder bei pigmentierten Zurichtflotten »Plüschstreifen« auftreten, die sich in parallel laufenden, abwechselnd hell und dunkel gefärbten Linien äußern. Die Ursache für solche Plüschstreifen muß nicht unbedingt geringe Benetzbarkeit der Lederoberfläche sein. Auch zu starke Saugfähigkeit kann dazu führen, daß die Flotte aus den Faser- oder Haarbüscheln von Plüschholz oder Bürste durch das Leder so rasch aufgenommen wird, daß sie gar nicht gleichmäßig auf dem Leder verlaufen kann. Eine solche Erscheinung trat z. B. bei der Bürstfärbung von vegetabil gegerbtem Vachetteleder für Kofferwaren und Möbelpolster auf. Zusatz eines Verlaufmittels zur Farbstofflösung konnte den Fehler nicht beheben, sondern verschlimmerte sogar die Streifenbildung. Nachdem die Narbenoberfläche leicht mit Wasser übersprüht worden war, um die Saugfähigkeit zu vermindern, konnte streifenfrei bürstgefärbt werden.

3.6.2 Penetratoren. Viele organische Lösemittel wirken sehr gut netzend. Bei noch nicht beschichteter Lederoberfläche neigen sie dazu, tief in das Lederfasergefüge einzudringen und die in der Flotte enthaltenen Zurichtmittel mit in das Leder hineinzuziehen. Sie werden bevorzugt für narbenfestigende Imprägnierungen verwendet, aber auch für Spritzfärbungen herangezogen. Wegen ihrer Tendenz zum tiefen Eindringen werden solche Zurichthilfsmittel als »Penetrator« bezeichnet. Sie stellen meistens Gemische von wässrigen Lösungen oberflächenaktiver Substanzen vom Typ der vorgenannten Verlaufmittel mit wassermischbaren Lösemitteln, vorwiegend höheren Alkoholen, dar.

Der Vorteil der organischen Lösemittel gegenüber den netzenden Sulfoverbindungen liegt einmal darin, daß sie nicht schäumen und daß sie zum anderen nur im Augenblick der Anwendung wirken. Nachdem die durch den Penetrator transportierte Substanz auf und in dem Leder verteilt ist, verdunsten die Lösemittel während des Trocknens und werden dadurch unwirksam. Es bleibt keine wieder benetzende Substanz zurück, so daß das Leder nicht nässeempfindlich bleibt. Wenn trotzdem die meisten Penetratoren nicht ausschließlich auf Lösemitteln aufgebaut sind, sondern zusätzlich nichtflüchtige Netzmittel enthalten, so ist das darin begründet, daß die Lösemittel vorwiegend in die Tiefe wirken, während die Sulfonate mehr in die Breite zielen, also in der Fläche verteilen.

Die für die Narbenimprägnierung verwendeten, wassermischbaren Substanzen sind im wesentlichen sehr feinteilige, niedrigermolekulare Polymerisate. Die penetrierenden Lösemittel können diese Polymerisate anquellen und sie im Extremfall so hochviskos werden lassen, daß sie nur noch schwierig und unvollkommen in die Narbenschicht einziehen. Da die Lösemittel wasserlöslich sind, wird die unerwünschte Quellwirkung bei Anwesenheit genügend hoher Wassermenge unterbunden oder zumindest so stark abgebremst, daß in der Mischung die Penetrierwirkung des Lösemittels überwiegt. Andererseits können oberflächenaktive Substanzen die Lederoberfläche so stark benetzen, daß das Wasser die Faserbündel des intakten oder angeschliffenen Narbens rasch anquillt. Dadurch kann die Lederoberfläche immer stärker zuquellen und das Eindringen der Imprägnierflotte hemmen.

Das vorbeschriebene Verhalten zeigt, daß Imprägnierflotten keineswegs um so besser in das Leder eindringen, je mehr Penetrator ihnen zugesetzt wird. Bei steigender Penetratormenge wird am Anfang der Zugabe das Einziehen verbessert, bis ein Optimum erreicht ist. Bei weiterem Zusatz nimmt dann das Eindringvermögen wieder ab. Dabei ist die Relation zwischen Imprägniermittel, Penetrator und Wasser unterschiedlich. Sie hängt nicht nur von den angewendeten Produkten, sondern auch vom Leder, von dessen Gerbung, Nachgerbung und Fettung, sowie von der Faserstruktur ab. Das optimale Mischungsverhältnis kann für die jeweils vorliegenden Anwendungsbedingungen durch einen »Tropfentest« ermittelt werden.

Man bereitet im Labormaßstab eine wässrige Flotte des Narbenimprägniermittels:

1. 250 Teile Imprägniermittel
   750 Teile Wasser

Parallel dazu wird ein Ansatz mit extrem hoher Penetratormenge eingestellt:

2. 250 Teile Imprägniermittel
   500 Teile Wasser
   250 Teile Penetrator

Mit einer Injektionsspritze, wie sie in medizinischen Laboratorien oder Unfallstationen als Wegwerfartikel zu finden ist, notfalls auch mit einer Kapillarpipette, setzt man einen Tropfen der Testflüssigkeit 1. auf das zu behandelnde Leder und kontrolliert mit der Stoppuhr die Zeit bis zum völligen Einsaugen. Der Tropfen ist eingesogen, wenn eine in der Flüssigkeit sich spiegelnde Lichtquelle, z. B. ein Fenster, nicht mehr reflektiert wird. Die Tropfengröße muß bei jedem Versuch gleich sein. Sie wird weitgehend durch den Durchmesser der Tropfdüse reguliert. Deshalb ist für jeden Versuch innerhalb einer Serie das gleiche Tropfgerät zu verwenden. In weiteren Versuchen werden Mischungen der Flüssigkeiten 1. und 2. geprüft. Man mischt z. B.

Flüssigkeit 1.	90	80	70	60	50	40	30	20	10	Teile
Flüssigkeit 2.	10	20	30	40	50	60	70	80	90	Teile

Jede Mischung enthält die gleiche Menge Imprägniermittel, nur das Verhältnis von Wasser zu Penetrator ändert sich. Die gestoppten Eindringzeiten werden notiert. Die Prüfung der Mischserie wird fortgesetzt, solange die Eindringzeit der geprüften Mischung gegenüber der vorangehenden abnimmt. Steigt die Eindringzeit an, so kann man zur Kontrolle noch die nächste Mischung prüfen, um sich von weiterhin zunehmender Eindringdauer zu überzeugen. Aus der Mischung mit der kürzesten Eindringzeit läßt sich die optimale Penetratormenge leicht errechnen. Sie beträgt z. B. für die

Mischung 70/30	75 Teile Penetrator pro 1000
Mischung 60/40	100 Teile Penetrator pro 1000

Ein solcher Tropfversuch kann Herumprobieren mit vorbereiteten Maschinenansätzen, das unter Umständen langwierig sein kann, ersparen.

3.6.3 Füllmittel. Narbengeschliffenes oder gespaltenes Leder, zuweilen auch vollnarbiges Leder mit gröberem Porenbild, erfordert einen stark füllenden, als Oberflächenversiegelung bezeichneten Abschluß. Unregelmäßigkeiten der Lederoberfläche sollen möglichst weitgehend egalisiert, rauhe oder längerfaserige Stellen geebnet werden. Das fertig zugerichtete Leder muß dabei keineswegs glatt wie Lackleder sein, weil es dann unnatürlich, kunststoffartig aussieht. Die füllende, versiegelnde Zurichtschicht wird in vielen Fällen durch Aufpressen eines feinporigen Narbenbildes oder durch Phantasienarben aufgelockert.

Fülle und egalisierender Abschluß werden in erster Linie durch die Grundierschicht herbeigeführt. Als Füllmittel dienen vornehmlich mit farblosen Pigmenten bzw. Mattiermitteln versetzte *Wachsemulsionen.* Sie sind auf synthetischen Wachsen, auf gebleichtem Ozokerit oder auf natürlichem Wachs, meistens Carnaubawachs, aufgebaut, enthalten als Pigmentträger daneben Lösungen von Casein oder modifizierten Caseinsubstanzen und sind mit Kaolin, Talkumpuder, Bentonit oder speziellen Kieselsäurederivaten pigmentiert. Die pigmentierenden Füllstoffe ergeben die erwünschte Fülle und Flächenruhe, die Wachssubstanzen ergeben zusammen mit den Eiweißstoffen Fülle und Oberflächenglätte. Außerdem wirkt das Wachs störendem Kleben der Polymerisatbindemittel in der Grundierung beim Bügeln oder Narbenpressen entgegen. Die anorganischen Füllkörper mattieren die Filmschicht. Das ist im Interesse der angestrebten Flächenruhe erwünscht, zumal eine matte Grundierschicht durch glanzgebende Farb- und Appreturschichten kompensiert werden kann. Die Füllkörper neigen aber auch zu grauem Aussehen. Sie müssen deshalb, vor allem bei dunklen Farbtönen und Schwarz, vorsichtig dosiert sein und sollten nur in der Grundierschicht verwendet werden.

Wenn die Grundierung weniger intensiv füllen muß, wenn sie mit geringer Schichtdicke aufgebracht wird, vornehmlich die Oberfläche glätten und die Saugfähigkeit für den Auftrag dünnschichtiger Effektfarben und Appreturen vermindern soll, werden als Füllmittel pigmentfreie Wachsemulsionen oder kombinierte Emulsionen von Wachsen und Ölen verwendet. Sie bewirken vollen, glatten und weichen Griff und fungieren zugleich als Hilfsmittel für verbesserte Bügel- und Stapelfähigkeit des grundierten Leders, da die Oberfläche weniger klebrig ist.

Die Wachsemulsionen sind meistens nichtionischer Natur, sie können auch anionisch oder schwach kationisch sein. Nichtionische Emulsionen sind nach dem Abbügeln oft besser nässebeständig als die verseiften, anionischen Emulsionen; anionische bewirken meistens stärker füllenden Abschluß. Kationische Emulsionen werden für Spezialeffekte benützt, um vollen, runden Griff zu erzielen, Narbenfehler möglichst weitgehend zu verdecken und um die Oberflächenklebrigkeit intensiv zu vermindern. Daß kationische Emulsionen überhaupt gemeinsam mit den anionischen Grundiermitteln angewendet werden können und daß sie sich nicht gegenseitig ausfällen, beruht darauf, daß die Kationaktivität nur im sauren Medium wirksam ist. Je mehr der pH-Wert der Gesamtmischung durch die überwiegend neutral bis schwach alkalisch eingestellten anionischen Bindemitteldispersionen, Caseinlösungen und Pigmentfarbenteige angehoben wird, um so mehr geht die kationische Ladung in nichtionisches Verhalten über, um so besser sind kationische Emulsionen mit anionischen verträglich. Um gute Stabilität der Mischung zu gewährleisten, sollten die ohnehin in geringeren Anteilen angewendeten kationischen Wachsemulsionen erst zum Schluß eingerührt werden, nachdem die anionischen Komponenten zuvor zusammengemischt worden sind. Es ist auch vorteilhaft, daß die kationische Emulsion vor Verdünnen des Gesamtansatzes untergemischt wird, da die Ladungsaktivität in konzentrierten Flüssigkeiten weniger intensiv ausgeprägt ist als bei Anwesenheit einer größeren Wassermenge.

3.6.4 Klebeverhütungsmittel. Die thermoplastischen Polymerisate erweichen unter dem Einfluß von Wärme und »fließen«, wenn gleichzeitig Druck angewendet wird. Darauf beruht der Versiegelungseffekt beim Zwischenbügeln und ebenso die Formgebung des Films beim Narbenpressen. Das thermoplastische Verhalten führt auch dazu, daß die Lederoberfläche klebrig wird, daß das gebügelte Leder nur mit erhöhtem Arbeitsaufwand von der Platte gelöst werden kann und daß bei Zwischenlagerung auf dem Bock der gesamte Stapel mehr oder weniger intensiv zusammenkleben kann. Mit der Oberflächenklebrigkeit ist auch die Gefahr verbunden, daß die Zurichtschicht durch Staub oder Lederfasern verschmutzt wird.

Um der störenden Klebrigkeit auszuweichen, können verschiedene Maßnahmen ergriffen werden. Eine davon ist die Mitverwendung von *Wachsemulsionen* in der Grundierung, die bei dem am häufigsten angewendeten System der Bügelzurichtung hohe Anteile thermoplastischer Bindemittel enthält. Die als Füllmittel in der Grundierung verwendeten Wachspräparate erfüllen zugleich die Funktion eines Klebeverhütungsmittels.

Klebeverhütend sind auch *Paraffinemulsionen.* Sie schmelzen im allgemeinen bei niedrigerer Temperatur als Wachse und bilden dadurch eine Trennzone zwischen Polymerisat und Metallplatte, die das Leder nach dem Bügeln leicht von der Platte entfernen läßt. Wenn auf die Grundierung lösemittelverdünnte Zurichtschichten aufgetragen werden, muß man mit Paraffinen vorsichtig sein, da leicht Fettflecken entstehen.

Andere klebverhütende Möglichkeiten bestehen darin, daß in die Grundierschicht *nichtthermoplastische Bindemittel* eingebaut werden. Eiweißbindemittel, Nitrocelluloseemulsionen oder Polyurethandispersionen heben die Gefahr des Klebens weitgehend auf. Sie können allerdings die Grundierschicht versteifen und die Flexibilität der Zurichtung beeinträchtigen. Es kann daher vorteilhafter sein, daß man auf die thermoplastische Grundierschicht – ohne zwischenzubügeln – eine klebfreie, nichtthermoplastische, nur geringe Polymerisatanteile enthaltende Farbegalisierschicht aufträgt und erst dann bügelt oder narbenpreßt. Solche Zusatzschichten sind vor allem beim Narbenpressen vorteilhaft. Sie gestatten die Anwendung höherer Temperatur und höheren Preßdrucks. Das Narbenbild kann markanter herausgearbeitet werden und »bleibt besser stehen«. Es muß auch nicht befürchtet werden, daß stärker markierte Narbenprägungen die thermoplastische Grundierschicht durchschneiden.

Die Kunststoffteilchen liegen in der Polymerisatdispersion und auch noch im zusammengeflossenen Film als gequollene Partikel vor. Die Quellung geht mit fortschreitendem Austrocknen des Films zurück und parallel dazu nimmt auch die Klebrigkeit ab. Das störende, die Qualität der Zurichtung beeinträchtigende Kleben beim Zwischenbügeln und Stapeln kann schon dadurch weitgehend reduziert werden, daß das Leder zuvor gut durchgetrocknet wird. Wer die Zurichtung mit nur kurzen Intervallen ohne ausreichendes Zwischentrocknen im Sturmschritt durchziehen will, ist auf unnötig hohe Zusätze von Klebeverhütungsmitteln angewiesen und lädt sich damit anderweitige Schwierigkeiten auf.

Sehr intensiv klebverhütend wirkt Silikonöl. Vor dessen Anwendung in der Grundierung ist jedoch unbedingt zu warnen! Es wirkt sehr stark wasserabstoßend und hydrophobiert die abgepreßte Lederoberfläche so stark, daß kein nachfolgender wässriger Auftrag darauf abbinden kann. Soweit Silikonöl in der Lederzurichtung angewendet wird, ist es nur als letzter Auftrag geeignet. Wenn man silikonbehandeltes Leder überhaupt noch abbügeln will, sollte eine gesonderte Bügelplatte dafür reserviert werden, die nicht zum Zwischenbügeln benützt werden darf. Schon ein Hauch von Silikonöl an der Bügelplatte genügt, um den Auftrag einer weiteren Schicht auf das gebügelte Leder zu stören.

3.6.5 Fleischseitenappretur. Die Klebrigkeit der frisch beschichteten Lederoberfläche kann sowohl von thermoplastischen Bindemitteln wie auch von langsam trocknenden Lacken verursacht werden. Sie bringt es mit sich, daß die Zurichtschicht besonders empfindlich ist gegen Verschmutzung durch Verunreinigungen aus der Luft oder durch Berühren mit anderen Gegenständen. Die Fleischseite des Leders ist besonders kritisch als Schmutzüberträger bei Kontakt mit der Zurichtschicht. Auf und zwischen den Fasern setzt sich Staub fest. Beim Narbenschleifen werden zwangsläufig feine Faserteilchen auf die Fleischseite übertragen und auch bei vollnarbigem Leder bleiben feine Faserenden vom Falzen her an der Fleischseite haften. Auch wenn das Leder während der Zurichtarbeiten beim Zwischenstapeln Narben auf Narben gelagert wird, gibt es immer Stellen, an denen die Fleischseite einer

Haut die Narbenseite einer anderen berührt. Selbst eine scheinbar nicht mehr klebrige Oberfläche kann dabei Faserstaub aufnehmen und verschmutzen.

Dieser Schwierigkeit kann man dadurch begegnen, daß zu Beginn der Zurichtung vor dem ersten Auftrag auf der Narbenseite die Fleischseite mit einer staubbindenden Appretur behandelt wird. Gleichzeitig damit werden die freien Faserenden der Fleischseite abgebunden und man erzielt eine glatte Lederrückseite mit angenehmem Griff.

Die früher bei vegetabil gegerbtem Leder oder bei Spaltleder oft angewendeten einfachen Aasappreturen aus Caragheenmoosextrakt, Tragantschleim oder aus Methylcellulose werden kaum mehr benützt. Sie binden die Fasern zwar gut ab, bleiben aber wasserempfindlich und können bei Naßwerden schleimig-schmierig werden. Bevorzugt werden Polymerisatdispersionen verwendet, die in starker Verdünnung eingesetzt werden können, da ja kein vollständiger, filmbildender Abschluß der Fleischseite erforderlich ist. Im allgemeinen kommt man bei den üblichen etwa 40 %igen Polymerisatbindern für die Lederzurichtung mit einem Spritzauftrag aus 1 Teil Polymerisatdispersion zu 9 Teilen Wasser aus. Die Fleischseitenappretur kann in einem gewünschten Farbton pigmentiert werden. Meistens wird sie farblos angewendet.

3.6.6 Verdickungs- und Stabilisiermittel. Für die Zurichtung von Leder mit faseroffener Oberfläche, von Spaltleder oder von tief geschliffenem Rindoberleder, ist es angebracht, daß man Zurichtansätze mit höherer Viskosität verwendet. Die viskose Einstellung verhindert, daß der Auftrag in das stärker saugfähige Fasergeflecht intensiv eingesaugt wird. Die Zurichtflotte hält sich weitgehend an der Oberfläche, der entstehende Film überbrückt die offenen Faserzwischenräume und die Zurichtung füllt und egalisiert die Fläche schon beim ersten Grundierauftrag. Die Viskosität muß den Anwendungsbedingungen angepaßt werden. Sie kann bei Streichaufträgen mit Bürste oder Plüsch höher sein als beim Gießen oder Airless-Spritzen.

Einige der als Filmbildner verwendeten Polymerisatdispersionen besitzen von sich aus verdickende Eigenschaften. Das sind polymerisierte Acrylsäureester mit freien Carboxylgruppen. Wenn der pH-Wert der niedrig viskosen, von Natur aus schwach sauren Dispersion durch Zusatz von Ammoniak auf etwa pH 9 angehoben wird, nimmt die Viskosität stark zu. Das Verdicken sollte vorsichtig erfolgen, indem Ammoniak langsam in die zuvor auf Anwendungskonzentration verdünnte Grundierflotte eingerührt wird. Wird konzentriertes Ammoniak der unverdünnten Polymerisatdispersion unmittelbar beigemischt, fällt der Binder unter starkem Verklumpen aus. Er kann dann nicht mehr oder nur durch langwieriges, sehr intensives Durchrühren wieder homogen verteilt werden.

Binder, die nicht von sich aus verdickbar sind, werden mit einem Verdickungsmittel versetzt. Solche Produkte arbeiten nach dem gleichen Prinzip wie vorstehend beschrieben. Sie enthalten freie Carboxylgruppen in Form von Polyacryl- oder –methacrylsäure und werden durch Ammoniak aus dünnflüssiger Dispersion in eine hochviskose Lösung übergeführt. Im Prinzip wirken auch andere Alkalien, z. B. Natron- oder Kalilauge verdickend, doch steigert Ammoniak die Viskosität am meisten und außerdem beeinträchtigt es die Wasserfestigkeit des Films praktisch nicht. Ammoniak verflüchtigt beim Trocknen der Grundierschicht, während Alkalilaugen im Film verbleiben.

Das Verdicken von Airless- oder Gießflotten für narbengeschliffenes Leder bezweckt neben hoher Füllwirkung, daß die verhältnismäßig nassen Aufträge nicht von der Lederoberfläche wegfließen. Beim Gießen kommt der Viskositätssteigerung noch der zusätzliche Effekt zu, daß die Gießflotte stabilisiert wird. Der Binder darf durch die starken Scherkräfte, welche bei dem kontinuierlichen Umpumpen durch die Gießmaschine auf die Flotte einwirken, nicht ausflocken. Der flüssige Gießvorhang darf während des freien Falls von der Gießlippe auf das Leder nicht abreißen. Er darf auch durch die Luftwirbel, welche von dem rasch durchlaufenden Leder hervorgerufen werden, nicht aufreißen. Außerdem darf die Gießflotte beim Rücklauf in den Sammelbehälter und beim Eindrücken in den Verteilerkasten möglichst keinen Schaum bilden, weil das die Stabilität des Gießvorhangs und die Ausbildung eines glatten, homogenen Films auf dem Leder stört.

Die in ammoniakalischer Lösung wirksamen Polyacrylsäureverdicker erhöhen die Viskosität und stabilisieren auch die Gießflotte. Ihre Wirksamkeit kann aber während der Anwendung auf der Gießmaschine zurückgehen. Durch den Umlauf der Flotte verflüchtigt sich ein Teil des Ammoniaks, so daß die Viskosität allmählich abnimmt und die durch die Maschineneinstellung ursprünglich einregulierte Menge der auf das Leder aufgetragenen Flüssigkeit immer mehr anwachsen kann. Für Gießflotten werden deshalb spezielle Stabilisiermittel bevorzugt. Solche »Gießpasten« sind unabhängig von pH-Schwankungen, die innerhalb der verschiedenen Gießansätze auftreten können. Sie können auf der Basis von Polyvinyläther oder anderen, hochviskose Lösungen ergebenden Substanzen aufgebaut sein. Sie sind schaumdämpfend und gewährleisten glatten Verlauf des Gießvorhangs über die gesamte Anwendungsdauer der Gießflotte.

3.6.7 Mattier- und Griffmittel. Der letzte Auftrag, die Appretur, bestimmt maßgeblich Aussehen und Griff des zugerichteten Leders. Man kann damit Glanz- und Matteffekte mit den dazwischen liegenden Stufen von Seidenglanz bis halbmatt einstellen. Auch der Griff der Lederoberfläche kann von trocken bis fettig oder wachsartig »schmalzig« variiert werden.

Richtung und Ausmaß der gewünschten Abwandlung von Glanzstufe und Griff sind je nach Abnehmerkreis und Verwendungszweck des zugerichteten Leders sehr verschieden. Sie hängen auch stark von modischen Einflüssen ab. Die Einstellung jeweils gesonderter Appretiermittel für die unterschiedlichen Effekte durch den Hersteller würde Lagerhaltung und Vorratsdisposition der Zurichtabteilung komplizieren und außerdem die Individualität der einzelnen Lederfabriken einschränken. Man zieht es deshalb vor, die Standardappretiermittel mit geringen Beimischungen von Mattier- und Griffmitteln abzuwandeln.

Die meisten dieser Zusatzmittel sind auf der Basis von Wachsemulsionen aufgebaut. Sie können natürliche oder synthetische Wachse, Paraffinemulsionen, emulgierende oder emulgierte natürliche Weichmacheröle, synthetische Esterweichmacher oder polymere Weichharze, Metallseifen oder feinstverteilte Kieselsäurederivate allein oder untereinander in verschiedenen Anteilen gemischt enthalten. Die anzutreffenden Varianten sind sehr groß, sie unterscheiden sich im Effekt oft nur wenig voneinander. Abwandlungen der Glanzstufen lassen sich noch relativ leicht unterscheiden. Die Beurteilung des Griffs ist in vielen Fällen sehr subjektiv und durch Worte kaum zu beschreiben. Der Zurichter wählt diese Zusatzmittel im allgemeinen mehr nach dem erzielten Effekt als nach ihrem chemischen Aufbau aus.

Trotzdem darf die chemische Natur der Mattier- und Griffmittel nicht völlig außer acht gelassen werden. Das gilt besonders für Schuhoberleder, weil das in der Schuhfabrik nach der Fertigung des Schuhs durch Abwaschen gereinigt und mit einem neuen Appreturauftrag »gefinisht« wird. Stark wasserabstoßende Griffmittel auf Paraffin- oder Metallseifen-Basis können Auftragsmöglichkeit und Haften des Schuhfinishs beeinträchtigen. Sie können dazu führen, daß die Zurichtung an den Gehfalten des Schuhs »reißt«. Es bilden sich beim Knicken in den Falten feine graue bis weiße Linien, die aussehen als wäre der Finish gerissen. Er ist meistens noch intakt, wie man bei Betrachten unter der Lupe feststellen kann, hat sich aber in den Knicklinien vom Untergrund abgehoben und wird dadurch transparent. Der darunter liegende Hohlraum läßt ihn weißlich durchscheinen. Die nicht mehr mit dem Untergrund verbundene Appreturschicht ist gegenüber mechanischer Beanspruchung geschwächt. Sie kann nach kurzer Tragezeit platzen, so daß der Schuh gegen Nässeeinfluß von außen nicht mehr geschützt und vorzeitigem Verschleiß ausgesetzt ist. Der Lederhersteller sollte daher seinen Abnehmer vorsorglich informieren, wenn er die Appretur eines bestimmten Ledertyps gegenüber vorangegangenen Lieferungen durch Griffmittel abgeändert hat. Er sollte den Abnehmer auch auf mögliche Folgen aufmerksam machen, wenn dieser von ihm Abänderungen des Aussehens oder Griffs aus modischen Gründen verlangt. Schwierigkeiten bei der Verarbeitung des Leders müssen nicht unbedingt, sie können aber auftreten. Da Schuhe sowohl mit wässrigen wie auch mit lösemittelverdünnbaren Finishmitteln nachbehandelt werden können, kann der Verarbeiter Schwierigkeiten meistens umgehen, wenn er darauf vorbereitet ist.

3.6.8 Weißmacher. Bei der Zurichtung von weißem Leder wird – soweit nicht die Mode gebrochene Weißtöne wie »Eierschale« oder »Elfenbein« vorschreibt – ein möglichst reines, strahlendes Weiß angestrebt. Man kommt diesem Ziel nahe, wenn man weiße Pigmentfarbe auf der Basis des blaustichigen Titanoxidweiß Rutil anstatt des cremestichigen, etwas besser deckenden Anatas verwendet. Man kann im Deckfarbenansatz die weiße Farbe auch bläuen, indem man ein reines, brillantes organisches Blaupigment untermischt. Diese Maßnahme muß aber äußerst vorsichtig getroffen werden. Man darf nur »Spuren« von Blaupigment verwenden, denn schon ein geringer Überschuß kann den Weißton graustichig abtrüben.

Für besonders reinen Weißeffekt werden gelegentlich »Weißmacher« verwendet. Das sind organische Disulfosäureverbindungen, wie sie als optische Aufheller in Waschmitteln eingesetzt werden. Ihre Wirkung besteht darin, daß sie den ultravioletten Bereich des Tageslichts in sichtbares Licht umwandeln und dadurch die Reflexion des auffallenden Lichts verstärken. Optische Aufheller können sowohl in der weißen Deckfarbe wie auch in der Appretur angewendet werden.[78] Sie sind nur wirksam, wenn sie im wässrigen Medium eingesetzt werden. Bei Anwendung in organischen Lösemitteln kommen sie praktisch nicht zur Wirkung.

3.7 Fixiermittel. Das für die Glanzstoß-Zurichtung von Boxkalb- und Chevreauleder am meisten gebrauchte Binde- und Appreturmittel ist Casein. In seiner ursprünglichen Form ist es in Wasser nicht löslich, sonst könnte es aus der Milch nicht ausgefällt werden. Es quillt aber in Wasser deutlich an. Für die Anwendung bei der wässrigen Zurichtung wird es durch Alkalieinwirkung in wasserlösliches Caseinat übergeführt. Das gilt sowohl für »reines« wie auch für chemisch modifiziertes Casein. Eine Ausnahme macht nur das vereinzelt für spezielle Anwendungen herangezogene kationische »säurelösliche« Casein.

Von den für die Lederzurichtung verwendeten Caseinlösungen wird verlangt, daß sie für die Anwendung in vollem Umfang homogen mit Wasser verdünnt werden können und daß sie keine verklumpenden Quellkörper enthalten. Nach dem Auftrocknen auf dem Leder soll aber die Zurichtung die Lederoberfläche gegen Nässe schützen. Die Zurichtschicht soll nicht wieder anquellen und gegen nasses Reiben möglichst weitgehend widerstandsfähig sein. Das leicht wasserlösliche Caseinat erfüllt diese Forderung nicht. Überspritzen mit einer Säurelösung dämmt die Wasserlöslichkeit zwar ein, kann aber das Anquellen bei Wassereinwirkung nicht verhindern. Die Zurichtung wird entsprechend nicht naßreibfest. Damit die wässrige Zurichtung ausreichend nässebeständig wird, wird sie »fixiert« oder gehärtet«.

Als Fixiermittel wird allgemein *Formaldehyd* benützt. Er wird teils allein, teils zusammen mit einer organischen Säure, teils mit Säure und Chromsalz angewendet. Als vorteilhaft hat sich als Fixierlösung ein Ansatz aus

300 Teilen Formaldehyd (etwa 30 %ig)
650 Teilen Wasser
50 Teilen Essigsäure (etwa 30 %ig = 6°Bé)

bewährt. Die Fixierwirkung kann noch gesteigert werden, wenn der Fixierlösung eine geringe Menge Chromsalz zugefügt wird. Die Menge sollte nicht mehr als 0,1 bis 0,3 Gramm Chromoxid bzw. 0,5 bis 1 Gramm Chromsalz pro Liter betragen. Höhere Chromanteile fixieren nicht stärker, sie können aber zu einem Grauschleier führen. Chromsalzfreie Lösungen werden oft als »Fixierer«, chromsalzhaltige als »Härter« bezeichnet. Die Bezeichnungsweise ist aber nicht exakt definiert und nicht streng abgegrenzt.

Die Frage, ob es sich bei der Fixierung um einen Gerbvorgang oder um eine andere Art von chemischer Umsetzung handelt, ist sicherlich nicht von reinem theoretischem Interesse. Damit der Fixiereffekt bestmöglich genutzt wird, sollte man sich Klarheit über die Vorgänge verschaffen. Die Tatsache, daß mit Formaldehyd und Chromsalz fixiert wird, legt Analogieschlüsse mit der Formaldehyd- und Chromgerbung nahe. Die Beobachtung, daß in erster Linie Casein fixierbar ist, die dem Kollagen chemisch näherstehende Gelatine aber nur wenig fixiert werden kann, spricht gegen einen Gerbvorgang. Hinzu kommt, daß Formaldehyd im schwach alkalischen Bereich am intensivsten, im sauren Bereich dagegen kaum gerbt. Der analytische Nachweis einer Formaldehydgerbung beruht darauf, daß Formaldehyd durch Säurebehandlung des Leders wieder freigesetzt wird. Eine Formaldehydfixierung ist im alkalischen bis neutralen Medium praktisch unwirksam, sie wirkt nur im sauren Gebiet. Eine Erklärung für diese Widersprüche zwischen Gerbung und Caseinfixierung kann damit gegeben werden, daß es sich bei der Fixierung um einen Kondensationsvorgang handelt. Einer der ältesten organischen Kunststoffe ist ein als »Galalith« bezeichnetes Kunsthorn, aus dem Knöpfe, Kämme und andere Gebrauchsartikel gefertigt wurden. Galalith wird aus Casein und Formaldehyd hergestellt und die Kondensation wird im sauren Medium durch Zusatz von Schwefelsäure intensiviert. Bei der Fixierung wird das wasserempfindliche Casein in einen beständigen »Kunststoff« umgewandelt.

Mit dem Effekt der Formaldehydfixierung als Kondensationsvorgang hängt es zusammen, daß nur im sauren Medium befriedigend fixiert werden kann. Es ist zwar in vielen Fällen möglich, daß man mit Formaldehyd allein eine ausreichende Zwischenfixierung erzielt, doch beruht das nur darauf, daß der Aldehyd infolge von Oxidationserscheinungen gewisse Anteile von Ameisensäure enthält. Der Säuregehalt kann in weiten Grenzen schwanken je nach Alter und Aufbewahrung des Produkts. Es ist daher sicherer, daß man bei gesondertem Fixiergang der Lösung noch Säure zusetzt. Zum Ansäuern wird die weniger schleimhautreizende Essigsäure der Ameisensäure vorgezogen.

Der im schwach alkalischen Bereich gebremsten Kondensation ist es zuzuschreiben, daß man der caseinhaltigen Farb- oder Appreturflotte Formaldehyd zusetzen kann, ohne daß deren Stabilität dadurch beeinträchtigt wird. Besonders stabil sind in dieser Hinsicht polyamidmodifizierte Produkte. Kritisch sind ammoniakalisch aufgeschlossene Caseinlösungen, weil sich Formaldehyd mit Ammoniak zu Hexamethylentetramin umsetzt. Dadurch wird dem Caseinat die wasserlöslich machende Komponente entzogen und das Casein flockt allmählich innerhalb einiger Stunden aus. Der Formaldehydzusatz zur Caseinflotte spart einen gesonderten Spritzgang für die Zwischenfixierung ein. Voraussetzung für stabile Casein-Formaldehyd-Mischungen ist, daß Formaldehyd erst zum Schluß in die bereits verdünnte Caseinflotte eingerührt wird. Zusammenmischen in konzentrierter Form macht das Casein sofort unlöslich. Weitere Voraussetzung ist, daß keine Säure zugegeben werden darf. Sobald der pH-Wert der Mischung unter etwa 6 absinkt, fällt das Casein ebenfalls aus. Schließlich muß auf Chromsalz verzichtet werden. Es aktiviert als Säurespender die Kondensation so stark, daß das Casein sofort ausfällt oder gelatiniert. Der Zurichter muß entscheiden, ob die rationellere Arbeitsweise der gemeinsamen Anwendung von Casein und Formaldehyd in dem erzielbaren Fixiereffekt ausreicht, oder ob eine gesonderte Fixierbehandlung mit Formaldehyd und Säure erforderlich ist. Die am intensivsten wirkende Chromsalzhärtung sollte nur zum Schluß vorgenommen werden. Als Zwischenbehandlung kann sie Benetzungswirkung und Haftfestigkeit eines nachfolgenden Appreturauftrags unerwünscht stark beeinträchtigen.

Gegenüber der farblosen Formaldehyd-Säure-Fixierlösung ergibt der Chromsalzhärter einen leichten Blau- bis Grünstich der fixierten Lederoberfläche. Das kann bei Weißzurichtungen gelegentlich stören. Es sind aber auch Fälle bekannt, in denen Härtung mit Chromsalz einen leichten Cremestich der Weißzurichtung kompensiert und einen reineren, neutralen Weißton ergeben hat. Im Bedarfsfall kann der Zusatz von Calciumchlorid die Fixierwirkung der Formaldehyd-Säure-Lösung verstärken, ohne daß sich der Farbton der fixierten Appretur verändert. Die Zusatzmenge beträgt etwa 2 bis 4 Gramm pro Liter. Sie ist höher als bei Chromsalz, da zweiwertige Ionen die Kondensation weniger intensiv fördern als dreiwertige. Die Aushärtung dauert im allgemeinen auch etwas länger.

Formaldehyd weist einen stechenden, zu Tränen reizenden Geruch auf. Es ist daher unangenehm zu verarbeiten. Außerdem steht es in dem – noch nicht erwiesenen – Verdacht, krebserregend zu sein. So hat es nicht an Versuchen gefehlt, Formaldehyd durch andere Fixiermittel zu ersetzen. Andere, weniger flüchtige und milder riechende Aldehyde wurden geprüft. *Glyoxal,* der bei der Oxidation von Äthylalkohol entstehende Dialdehyd, fixiert deutlich schwächer. Die Wirkung reicht in vielen Fällen nicht aus. *Glutardialdehyd,* der als mild wirkendes, weichmachendes Gerbmittel bekannt ist, fixiert gut, bewirkt aber gelbe bis braune Verfärbung der Appretur. Das stört zwar bei den modisch oft bevorzugten Brauntönen des zugerichteten Leders nicht. Die Anwendung von Glutardialdehyd scheidet aber bei leuchtend bunten, hellen Farben, vor allem bei Weißzurichtungen aus.

Ein vollwertiger Ersatz für den universell anwendbaren, relativ preisgünstigen Formaldehyd ist bisher nicht gefunden worden. Man kann die Fixierung nur umgehen, indem man wasserverdünnbare, aber wasserfest auftrocknende Binde- und Appreturmittel, z. B. Nitrocelluloseemulsionen oder Polyurethandispersionen, anstelle von Eiweißprodukten oder zusammen mit diesen heranzieht. Das verändert jedoch unter Umständen das Aussehen, vor allem aber den Griff des zugerichteten Leders.

3.8 Imprägniermittel. Die Zurichtung deckt die Lederoberfläche mehr oder weniger intensiv ab. Sie bildet eine Schutzschicht, die das Lederfasergefüge gegen Verschmutzung und Nässe schützt. Ein solcher Schutz ist bei der unzugerichteten Fleischseite nicht gegeben. Er ist auch nur bedingt gewünscht, z. B. als Schutz gegen Verschmutzen durch Schleifstaub mit einer Fleischseitenappretur. Dagegen soll z. B. bei Schuhoberleder ausreichende Saugfähigkeit für Wasserdampf von den Fußausdünstungen erhalten bleiben, weil das für den Tragekomfort erforderlich ist.

Anders liegen die Verhältnisse bei Rauhleder, Velour- oder Nubukleder, dessen Oberfläche nicht beschichtet ist, sondern sogar eine besonders offene Faserstruktur aufweist. Die durch Spalten, Falzen oder Schleifen freigelegten Faserenden nehmen sowohl Schmutz als auch Nässe stark an. Man darf sich nicht dadurch täuschen lassen, daß auf die Faseroberfläche aufgegebene Wassertropfen längere Zeit stehen bleiben oder abperlen. Beim Knicken oder Stauchen des Leders zieht Wasser schnell ein und nimmt einen großen Teil von Schmutzstoffen mit in das innere Lederfasergefüge. Schmutzflecken, Verkrustungen und Brüchigkeit des Leders sind die Folge, abgesehen davon, daß die Nässe durch das Leder durchschlägt.

Um diesen Nachteilen vorzubeugen, wird das Leder imprägniert. Wasserabstoßend machende »Hydrophobiermittel« werden in das Lederfasergefüge eingelagert. Sie müssen so tief einziehen, daß sie die freien Faserenden der Lederoberfläche nicht verkleben. Der weiche, samtartige oder seidige Griff muß erhalten bleiben. Wasserabstoßende Wirkung läßt sich durch viele öl-, fett- oder wachsartige Substanzen, durch komplexe Metallverbindungen höherer Fettsäuren und andere Materialien von verschiedenartigem chemischem Aufbau erzielen. Solche Produkte werden im wesentlichen im Zusammenhang mit der Lederfettung eingesetzt. Sie sind im Band 4 dieser Fachbuchreihe (M. Hollstein: Entfetten, Fetten und Hydrophobieren) behandelt, so daß hier nicht näher darauf eingegangen werden soll. Diese Substanzen werden vorzugsweise im wässrigen Medium angewendet und unter intensivem Kneten und Walken in das Lederfasergefüge eingearbeitet, so daß sie weitgehend gleichmäßig verteilt werden können. Bei der Imprägnierung und Hydrophobierung im Gange der Zurichtarbeiten wirken die Imprägniermittel nicht auf nasses, sondern auf trockenes Leder ein. Die Anwendung von Wasser scheidet aus. Die Oberflächenspannung würde gleichmäßigeres Benetzen und tiefes Einziehen der Imprägnierlösung stark behindern. Mitverwendung von Netzmitteln steht wegen deren Hydrophilie dem angestrebten wasserabweisenden Effekt der Imprägnierung entgegen.

Für die Imprägnierung werden Lösungen hydrophober Substanzen in organischen Lösemitteln benützt. Sie werden nur selten im Tauchverfahren, etwa mit Durchlauf durch die Multima-Maschine[67], angewendet. Das Leder wird im allgemeinen auf der Airless-Spritzmaschine oder auf der Gießmaschine behandelt. Die einseitige Anwendung der Imprägnierlösung reicht für den Imprägniereffekt aus, da das trockene Leder organische Lösemittel rasch und begierig aufnimmt. Außerdem ist es nicht nachteilig, wenn die als Außenseite verarbeitete Faseroberfläche intensiver imprägniert wird als die Unterseite. Für die einseitige Imprägnierung von Rauhleder wird in erster Linie *Silikonöl* verwendet, als Lösemittel dienen meistens chlorierte Kohlenwasserstoffe, z. B. Perchloräthylen. Das Lösemittel ist keineswegs problemlos, es wirkt narkotisierend, verursacht Kopfschmerz und Übelsein. Die Imprägnierung sollte deshalb auf gut abgekapselten Maschinen und Trockenanlagen erfolgen, die mit starken Absaugvorrichtungen versehen sind.

Obwohl Silikonöl sehr stark wasserabweisend ist, garantiert seine Verwendung als Imprägniermittel nicht ohne weiteres vollen Erfolg. So können stärker netzende Emulgatoren, welche eventuell bei der Lederfettung mitverwendet worden sind, die Hydrophobierwirkung erheblich beeinträchtigen und unter Umständen sogar ins Gegenteil verkehren[106]. Silikonöl wird auch nicht vom Leder gebunden, es wird nur im Lederfasergefüge eingelagert. Mit zunehmender Alterung wandert es immer mehr in die interfibrillaren Zwischenräume der Lederfaserbündel hinein und verliert dadurch an Wirksamkeit. Schuhwerk und Bekleidung aus Velour- oder Nubukleder muß deshalb nachimprägniert werden. Die Hersteller von Schuh- und Lederpflegemitteln stellen hierfür geeignete Spraydosen zur Verfügung.

Silikonöl ist nicht nur in organischen Lösemitteln löslich, es mischt sich auch leicht mit natürlichen oder Mineralölen. Silikonisiertes Leder bleibt, auch wenn es vollen Nässeschutz bietet, empfindlich gegen Verschmutzen durch Fettstoffe. Fettflecken lassen sich kaum wieder entfernen. Gegen Verschmutzen dieser Art hilft die Imprägnierung des Leders mit *perfluorierten Kohlenwasserstoffen.* Solche Fluorverbindungen werden praktisch in gleicher Weise wie Silikonöl als Lösung in organischen Lösemitteln auf das Leder einseitig aufgebracht. Sie zeichnen sich durch einen umfassenden Schutz von unbeschichtetem Leder mit faseriger Oberfläche aus. Fett und Öl, selbst Tinte oder Kugelschreiber, bilden keine Flecken. Allgemeine Anwendung von Fluorkohlenwasserstoffen für die Imprägnierung von Rauhleder leidet ebenso wie die von Silikonölen unter der Kostenfrage.

Für spezielle technische Einsatzgebiete kann Leder zum Schutz gegen Öle mit Paraffinen, Wachsen und synthetischen Harzen, für erhöhte Widerstandsfähigkeit gegen Hitzeeinwirkung mit Zubereitungen aus Chlorparaffinen, Antimon-, Zink- oder anderen Metalloxiden und organischen Stickstoff- oder Phosphorverbindungen imprägniert werden. Die dafür benutzten Rezepturen sind meistens Betriebsgeheimnis. Zur Imprägnierung wird das trockene Leder meistens in die geschmolzene Imprägniermasse getaucht. Dieses »Einbrennen« ist eine abgewandelte Art der Lederfettung. Die im Schmelzfluß niedrig viskose Masse wird vom Leder aufgesaugt, erstarrt beim Abkühlen und wird dadurch im Fasergefüge festgehalten.

3.9 Velourleder-Lüster. Velourleder-Lüster sind Appreturen für Rauhleder. Sie werden als Abschlußbehandlung angewendet und haben verschiedene Funktionen zu erfüllen:

1. Ihr ursprünglicher Zweck ist, den die Lederoberfläche bildenden Fasern einen seidigen Glanz zu geben (französisch: lustre = Glanz). Gleichzeitig soll damit ein weicher, zarter Griff und möglichst auch eine wasserabstoßende Wirkung erzielt werden. Es liegt nahe, daß man einen derartigen Effekt durch Anwendung von Öl- oder Fettsubstanzen erzielen kann. Eine solche Nachfettung darf jedoch nicht zu intensiv ausfallen, weil sonst der Velour »speckig« wird, die Fasern aneinander hängen und die leichte, freie Beweglichkeit der Faserenden, welche den seidigen Charakter bewirkt, verloren geht.
2. Mit der Behandlung der Lederoberfläche zur Verbesserung der Faserbeschaffenheit wird auch ein egalisiertes Aussehen angestrebt. Bei der Färbung von Velourleder treten trotz aller färberischen Maßnahmen für gleichmäßigen Farbausfall immer wieder gewisse Schwankungen des Farbtons auf. Nuancenunterschiede können sich durch unterschiedliche Strukturdichte der Lederfasern innerhalb einer Fläche, durch gewisse Unregelmäßigkeiten der Farbstoffaufnahme innerhalb einer Partie oder auch durch erforderliches, unterschiedlich intensives Nachschleifen des gefärbten Leders an längerfaserigen Hautstellen ergeben. Farbtonabweichungen zeigen sich auch dann, wenn Leder aus verschiedenen Herstellungs-

partien sortiert und zu einem größeren Verkaufsposten zusammengestellt wird. Die Behandlung des Leders mit einem farbigen Lüster, der entweder mit Schönungsfarbstoff oder mit Pigmentfarben angefärbt ist, kann viel zum Ausgleich des Farbtons der gesamten Partie beitragen.

3. Velourleder zeigt praktisch immer eine gewisse Tendenz zum Abfärben. Im allgemeinen hat das nichts mit ungenügender Farbechtheit zu tun, denn das Leder färbt beim Anfassen oder Überreiben mit einem trockenen Tuch oft ziemlich stark ab, während es bei Eintauchen in Wasser überhaupt nicht ausblutet. Die Ursache für dieses trockene Abfärben ist feiner Staub von geschliffenen Faserenden, der teils mechanisch, teils durch elektrostatische Aufladung an der faserigen Lederoberfläche festgehalten wird. Dieser Staub läßt sich durch Ausbürsten des Leders nach dem Schleifen nicht ausreichend entfernen. Er wird, wenn das Leder »gemillt« wird, um ihm tuchartig weichen Griff zu erteilen, praktisch nicht beseitigt, höchstens gleichmäßig verteilt. Man kann der Bildung des störenden Schleifstaubs am ehesten entgegenwirken, indem man das abgewelkte Velourleder vor dem Trocknen »naß« schleift, weil in diesem Stadium die Faserteilchen nicht elektrostatisch festgehalten werden. In vielen Fällen wird versucht, den verbliebenen Schleifstaub durch Bindemittelanteile des Velourleder-Lüsters im Leder zu binden.

Aus diesen drei wichtigen Funktionen ergibt sich die zweckmäßige Zusammensetzung des Velourleder-Lüsters aus

1. griffverbesserndem Fettstoff,
2. nuancierendem Farbstoff oder Pigment,
3. Staubbindemittel.

Velourleder-Lüster werden in gleicher Weise wie Appreturen auf die Lederoberfläche aufgespritzt. Üblicherweise geschieht das im Preßluft-Spritzverfahren. Für diese Anwendungsweise kann der Lüster sowohl wässrig als auch auf organischen Lösemitteln aufgebaut sein.

Für *wässrige Lüster* kommen als Fettstoffe z. B. Lickeremulsionen in Betracht. Auch das für wässrige Zurichtungen als Weichmacher benützte sulfatierte Rizinusöl oder auch emulgiertes synthetisches Weichmacheröl können verwendet werden. Es ist darauf zu achten, daß die Fettstoffe nicht zu stark hydrophil sind, damit das Velourleder nicht unerwünscht wasserzügig wird. Sulfatiertes Rizinusöl ergibt – allein angewendet – meistens nicht den bevorzugten milden, seidigen Griff, sondern trockenere, etwas papierartig sich anfühlende Lederfasern. Es kann durch unsulfatiertes Öl sowohl im Griff als auch in der wassersaugenden Wirkung kompensiert werden. Geeignet sind rohes oder geblasenes Rizinusöl, Oliven- oder Erdnußöl. Von Fischölen ist wegen des oft nachhaltigen, unangenehmen Geruchs abzuraten. Ebenso sollten verharzende Öle, z. B. Leinöl, vermieden werden wegen der Gefahr des »Verspekkens« der Velourfasern. Gut brauchbar ist ein Gemisch aus etwa gleichen Anteilen von sulfatiertem und rohem oder geblasenem Rizinusöl. Es muß sich mit Wasser zu einer homogenen milchigen Emulsion mischen lassen.

Zum Anfärben des Lüsters sind feinstverteilte organische Pigmente am besten geeignet, da sie wasserunlöslich auftrocknen. Falls es die Nuance oder Brillanz des Farbtons erfordert, können auch Schönungsfarbstoffe verwendet werden. Hier sind die auf trockenem Leder am besten abbindenden flüssigen Metallkomplexfarbstoffe zu bevorzugen.

Als Staubbindemittel werden weiche Polymerisate eingesetzt, die den milden Griff des Velourleders nicht beeinträchtigen. Anzuraten sind möglichst feinteilige Polymerisatdispersionen oder niedrig viskose Lösungen von mittlerem Polymerisationsgrad. Da die Binder tief in das Lederfasergefüge einziehen und den Staub im Inneren des Leders binden sollen, erscheinen Bindemittel gut geeignet, wie sie für die narbenfestigende Imprägnierung von Schleifboxleder herangezogen werden. Gegebenenfalls kann ein Penetratorzusatz die Tiefenwirkung begünstigen.

Der Velourleder-Lüster darf keinesfalls die faserige Lederoberfläche beladen, er darf daher keinen zusammenhängenden Film bilden. In gleicher Weise wie bei Fleischseitenappreturen genügt eine niedrige Konzentration der Anwendungsflotte. Unter Berücksichtigung der vorgenannten Faktoren ergeben sich für die Rezeptur eines Velourleder-Lüsters etwa folgende Anhaltspunkte:

100 bis 200 Teile Imprägnierbinder
0 bis 50 Teile Pigmentfarbe
0 bis 50 Teile flüssiger Schönungsfarbstoff
600 bis 700 Teile Wasser
0 bis 50 Teile Penetrator
50 bis 100 Teile Rizinusölmischung (gleiche Teile sulfatiert und unsulfatiert)

Es kommt zuweilen vor, daß auch nach Überspritzen mit einem wässrigen Lüster das Velourleder noch immer »abfärbt«. Nochmalige Lüsterbehandlung, höhere Lüsterkonzentration oder nasseres Spritzen nützen meistens nichts, sie bringen nur die Gefahr einer Beeinträchtigung der Velouroberfläche und des Griffs mit sich. In solchen Fällen kann ein *Lösemittellüster* vorteilhaft sein. Die feinen Velourstaubfasern sind spezifisch leicht. Sie schwimmen in der wässrigen Lüsterflotte auf und lagern sich erneut an der Lederoberfläche ab. Nasses Aufspritzen eines wässrigen Lüsters wird daher die Reibechtheit nicht verbessern, sondern kann eher das Abfärben verschlimmern. Gegenüber den spezifisch leichten organischen Lösemitteln sind die Velourstaubfasern entweder gleich schwer oder eher schwerer. Sie schwimmen nicht auf, werden in das Fasergefüge mit hineingezogen und dort festgehalten. Der Staub wird nicht mehr abgerieben, das Leder färbt nicht mehr ab.

Als einfach zusammenstellbarer Lüster kann ein stark ölhaltiger, angefärbter oder pigmentierter Nitrocelluloselack dienen, etwa in der Zusammensetzung

50 bis 100 Teile Nitrocelluloselack
0 bis 50 Teile Nitrocellulosepigmentfarbe
0 bis 50 Teile flüssiger Schönungsfarbstoff
50 bis 80 Teile Rizinusöl (roh oder geblasen)
750 bis 850 Teile Lösemittel

Als Lösemittel kann ein preisgünstiges Verdünnergemisch eingesetzt werden, da ja der Nitrocelluloselack nicht zu einem homogenen Film verlaufen muß. Es genügt z. B., daß eine Mischung aus gleichen Anteilen von denaturiertem Äthylalkohol und Toluol verwendet wird, der eventuell 10 % Äthyl- oder Butylacetat zugesetzt werden können.

Tabelle 8: Deutsche Hersteller von Lederzurichtmitteln.

Firma*	BASF	Bayer	Henkel	Hoechst	Langro	Quinn
Caseinfarben	+	+	+	+	+	+
caseinfreie oder -arme Lederfarben	+	+	+	+	+	+
Plastik- oder Kompaktfarben	o	–	+	–	–	–
Nitrocell.-Emulsions-Farben	+	–	+	–	–	+
spez. Zubereitungen, z. B. Leuchtfarben	o	+	o	+	+	–
Nitrocellulose-Farben	+	+	+	+	+	+
saure Schönungsfarbstoffe	+	+	+	–	–	–
basische Farbstoffe	+	+	+	+	+	+
Farbstoffverlackungen	o	–	o	–	+	–
Metallkomplexfarbstoffe	+	+	+	+	+	+
Narbenimprägniermittel	+	+	+	+	+	+
Grundiermittel für Stoßzur.	+	+	+	+	+	+
Grundiermittel für Bügelzur.	+	+	+	+	+	+
Grundiermittel auf Lösemittelbas.	+	+	+	–	+	+
Thermopl. Bindemittel für Bügelzur.	+	+	+	+	+	+
nichttherm. Bindemittel für Bügelz.	+	+	+	+	+	+
nichttherm. Bindemittel für Stoßzur.	+	+	+	+	+	+
Bindemittel für Nitrocell.-Zur.	+	+	+	+	+	+
Bindemittel für Polyurethan-Zur.	+	+	+	+	+	+
Appretiermittel: Glanz, Top	+	+	+	+	+	+
Nitrocellulose-Emulsionen	+	+	+	+	+	+
Polyurethan-Dispersionen od. Ionomere	+	+	+	+	+	+
Polymerisat-Dispersionen	+	–	+	+	+	+
Nitrocell.-Lackappreturen	+	+	+	+	+	+
Polyurethan-Appretiermittel	+	+	+	+	+	+
Polyamidlack	+	–	–	–	–	–
Weichmacher für wäßr. Zur.	+	+	+	+	+	+
Weichmacher für Lösemtl.-Zur.	+	+	+	+	+	+
Organ. Löse- u. Verdünnungsmittel	+	+	+	+	+	+
Verlaufmittel	+	+	o	+	+	+
Penetratoren	+	+	+	+	+	+
Füllmittel, z. B. Wachsprodukte	+	+	+	+	+	+
Klebeverhütungsmittel	+	+	+	+	+	+
Fleischseitenappreturen	+	–	+	+	o	o
Verdickungs- u. Stabilisiermittel	+	+	+	+	–	+
Mattierungs- u. Griffmittel	+	+	+	+	+	+
Weißmacher (opt. Aufheller)	o	+	o	+	–	–
Fixiermittel	o	+	+	–	+	+
Imprägniermtl. f. Hydro- u. Oleophobierg.	+	+	+	+	+	+
Velourlederlüster	o	+	+	+	–	–

\+ Produkte lieferbar
– Produkte nicht im Lieferprogramm
O Rezepturen werden auf Anfrage mitgeteilt

* BASF Aktiengesellschaft, 6700 Ludwigshafen
Bayer AG, 5090 Leverkusen, Bayerwerk
Henkel Kommanditgesellschaft auf Aktien, 4000 Düsseldorf 1
Hoechst Aktiengesellschaft, 6230 Frankfurt am Main 80
Langro-Chemie, Theo Lang GmbH, 7000 Stuttgart 40
K. J. Quinn GmbH, 7022 Leinfelden-Echterdingen 1

3.10 Überblick über die Produktpaletten deutscher Hersteller von Lederzurichtmitteln. Für die vielseitigen Anwendungsgebiete und die zahlreichen Variationsmöglichkeiten der verschiedenen Lederzurichtmittel stellen die Hersteller derartiger Produkte eine umfangreiche Palette ihrer Erzeugnisse zur Verfügung. Der Zurichter hat dadurch die Möglichkeit, die für seine Anwendungsgebiete bestmöglich geeigneten Zurichtmittel auszuwählen. Als Hinweis auf die jeweils verfügbaren Gruppen von Lederzurichtprodukten mag die nebenstehende Aufstellung über den Angebotsumfang der deutschen Hersteller von Lederzurichtmitteln dienen (Tabelle 8).

III. Technik der Zurichtung

Die Zurichtung ist die letzte Behandlung, der das Leder vor seiner Fertigstellung unterzogen wird. Zurichten bedeutet, das Leder veredeln, bedeutet den Gebrauchswert des Leders verbessern, dem Leder Eigenschaften erteilen, die es ohne die Zurichtung nicht oder zumindest nicht in ausreichendem Ausmaß erfüllt. Man kann dem Leder die Qualitätseigenschaften nicht ohne weiteres ansehen. Die für einen bestimmten Ledertyp charakteristischen Eigenschaften werden vom Käufer stillschweigend vorausgesetzt. Einzelne Eigenschaften, z. B. Knickfestigkeit, Naßreibechtheit, eventuell auch Haftfestigkeit der Zurichtung, können durch einen Schnelltest orientierend geprüft werden. Andere, durch die Lederzurichtung beeinflußte Eigenschaften, z. B. Farbgestaltung, modisches Aussehen, Griff, Oberflächenglätte, sind äußerlich sofort erkennbar. Es ist daher verständlich, daß Wert darauf gelegt wird, dem Leder durch die Zurichtung Aussehen und Eigenschaften zu verleihen, welche zum Kauf besonders anreizen. An die Zurichtung werden immer höhere Anforderungen gestellt, sowohl in modischer Hinsicht als auch im Hinblick auf technologische Eigenschaften. Diesen Wünschen sind jedoch Grenzen gesetzt. Da die Zurichtung eine Behandlung der Lederoberfläche – in den meisten Fällen durch Auftragen relativ dünner Schichten – darstellt, kann der Zurichter zwar das Aussehen des Leders in weiten Grenzen verändern, er bleibt aber in den grundlegenden Eigenschaften an das Verhalten des vorliegenden Leders gebunden. Das Lederfasergefüge bestimmt Festigkeit, Dehnungselastizität, Zügigkeit, Formhaltevermögen des Leders. Diese Eigenschaften werden durch die Zurichtung praktisch nicht beeinflußt.

Durch sorgfältige, sachgemäße Zurichtbehandlung kann die Qualität des Leders erheblich verbessert werden. Unsachgemäße Zurichtung kann die Qualität verderben und den Gebrauchs- und Verkaufswert eines Leders vermindern. Ein hochwertiger Zurichteffekt setzt voraus, daß die ausgewählten Zurichtmittel dem Ledertyp und den gewünschten Eigenschaften angepaßt werden. Er erfordert aber auch, daß die einzelnen Arbeitsgänge, die Auswahl der verschiedenen Aufträge und die Art ihrer Anwendung dem Verhalten des Leders und seiner Oberflächenbeschaffenheit entgegenkommen. Für den Zurichter ist es deshalb wichtig, daß er nicht nur die grundlegenden Eigenschaften der Zurichtmittel kennt und gegeneinander abwägt, sondern er muß auch den Einfluß der mechanischen Arbeiten auf die Lederbeschaffenheit berücksichtigen. Die Art des Auftrags, Zwischentrocknen, Fixieren, Trockentemperatur und -geschwindigkeit, Polieren, Bügeln oder Glanzstoßen können den Ausfall der Zurichtung bisweilen stärker beeinflussen als die Zusammensetzung der Farb- und Appreturflotten.

Für die Auswahl einer geeigneten Zurichtmethode soll der Zurichter sich zunächst Klarheit über die geforderten Qualitätseigenschaften verschaffen, überprüfen, welche Arbeitsweise mit den vorhandenen Zurichtgeräten und -apparaturen durchgeführt werden kann, dann die daraus sich ergebende Rezeptur zusammenstellen und schließlich an einzelnen »Vorläufer«-Stücken kontrollieren, wie weit der angestrebte Zurichteffekt erreicht wird[107]. Außerdem ist abzuwägen, welche Kosten eine bestimmte Zurichtart verursacht und wie der Kosten- und

Qualitätsvergleich zu einer anderen Methode ausfällt. Die meisten Zurichteffekte sind weder an bestimmte Zurichtmittel, noch an exakt festgelegte Zurichtmethoden gebunden. Der Zurichter wird mit Unterstützung des Hilfsmittellieferanten immer einen Weg zur bestmöglichen Zurichtweise finden, die unter den bestehenden Betriebsbedingungen erreicht werden kann. Daß die mit einer ausgearbeiteten Zurichtweise erzielte Qualitätsstufe beibehalten bleibt, setzt jedoch eine vertrauensvolle, enge Zusammenarbeit zwischen Gerber und Zurichter voraus. Wenn z. B. für eine bestimmte Lederart Intensität oder Art der Nachgerbung, die Zusammensetzung des Lickergemischs oder die Verwendung eines Hilfsmittels bei der Färbung geändert worden sind, sollte der Zurichter auf jeden Fall rechtzeitig informiert werden, selbst wenn die Änderungen nur unbedeutend erscheinen. Schon geringfügige Veränderungen im Saugvermögen der Lederoberfläche können das Abbindevermögen der Filmbildner, die Ausbildung des Films mehr an der Oberfläche oder innerhalb des Fasergeflechts, die Haftfestigkeit, Knickbeständigkeit und Reibechtheit der Zurichtschichten beeinflussen. Der Zurichter kann sich durch Vorversuche darauf einstellen, wenn er vorsorglich informiert worden ist. Wenn er mit einer unter anderen Voraussetzungen erarbeiteten Rezeptur vorgeht, ist es häufig schon zu spät, bis ein auftretender Fehler bemerkt wird. Den Schaden auszugleichen ist oft kostspielig und zeitraubend, und trotzdem bleibt das Umarbeiten meistens ein risikobehaftetes Flickwerk. Vorbeugen ist hier wie in jedem Fall besser als heilen!

1. Vorbereitung des Leders für die Zurichtung

Die Zurichtung zielt darauf ab, daß die Lederoberfläche möglichst einheitlich gestaltet und ihr Aussehen soweit egalisiert wird, daß Einzelteile für die spätere Verarbeitung aus jeder Stelle der gesamten Hautfläche beliebig zusammengefügt werden können. Der angestrebte Zurichteffekt setzt voraus, daß die angewendeten Farb- und Appreturflotten vom Leder möglichst gleichmäßig aufgenommen werden und daß die mechanischen Zurichtarbeiten sich auf die gesamte Lederfläche möglichst einheitlich auswirken. Bei dem derzeit modisch bevorzugten Typ des Anilinleders, bei dem Schwankungen in der Beschaffenheit der Lederoberfläche nicht durch kräftigeres Pigmentieren überdeckt werden können, kommt noch hinzu, daß die Vorfärbung des Leders einen möglichst gleichmäßigen Farbton ergeben soll. Das gilt in besonderem Maße für helle, brillante Nuancen, während dunklere Farben erfahrungsgemäß besser ausgeglichen werden können. Sachgemäße Vorbereitung der Zurichtung beginnt mit dem Sortieren, mit der Auswahl und dem Zusammenstellen von Zurichtpartien und mit der Entscheidung, welche Posten unpigmentiert in hellen oder in dunklen Farbtönen, welche schwächer oder stärker pigmentiert, welche vollnarbig oder mit korrigiertem Narben zugerichtet werden sollen.

Die Anwendung von Druck auf die Lederoberfläche, wie sie zum Glätten und Glänzen bei der Glanzstoßbehandlung, aber auch beim Polieren, Bügeln oder Narbenpressen vorgenommen wird, wirkt sich je nach dem Gegendruck der Lederfaserstruktur unterschiedlich auf das Aussehen aus. Gleichmäßiger Zurichteffekt kann in der gesamten Lederfläche nur dann erzielt werden, wenn das Leder auf einheitliche Dicke gespalten oder gefalzt ist, wenn die Fleischseite sauber bearbeitet ist, weder »Treppen« eingefalzt sind, lose Faserzotteln anhaften, noch Metzgerschnitte oder »Ausheber« vorliegen. Saubere Zurichtung der Narbenoberfläche setzt saubere Bearbeitung der Fleischseite des zuzurichtenden Leders voraus.

1.1 Ausreiben des Narbens. Damit die Zurichtmittel gleichmäßig vom Narben angenommen werden und auf der Lederoberfläche fest haften können, muß das Leder ausreichend und an allen Stellen möglichst gleichmäßig saugen. Die Saugfähigkeit ist im allgemeinen bei vegetabil gegerbtem oder bei nachgegerbtem Leder größer als bei Chromleder. Geschliffenes oder gespaltenes Leder saugt wesentlich stärker als vollnarbiges, maskiert gegerbtes Chromleder meistens mehr als Chromleder ohne maskierende Gerbung. Art und Intensität der Fettung oder gar wasserabweisende Imprägnierung können die Saugfähigkeit wesentlich beeinflussen. Die Haftfestigkeit der Zurichtschicht bestimmt deren Schutzwirkung. Sie hängt weitgehend vom Abbinden des ersten Auftrags auf dem Leder ab. Die hauptsächlichen Schwierigkeiten wegen schlechten Saugens und dadurch verursachter geringer Haftfestigkeit ergeben sich bei rein chromgegerbtem, vollnarbigem Leder, z. B. bei Boxkalb-, teilweise auch bei Chevreauleder, oder auch bei stark gefettetem, faßgeschmiertem Leder. Dieser als »Waterproofleder« bezeichnete Typ hat allerdings gegenüber früheren Jahren weit an Bedeutung verloren, da Skistiefel heute aus anderen Materialien gefertigt werden. Bei den nur wenig saugenden Lederarten wird in den meisten Fällen der Narben zu Beginn der Zurichtung ausgerieben.

Zum Narbenausreiben wird bei Boxkalbleder eine wässrig verdünnte Lösung von Ammoniak oder von Milchsäure verwendet. Ammoniak verseift und emulgiert das auf der Narbenschicht befindliche Fett, so daß das Leder durch die aufgetragene wäßrige Farbflotte leichter benetzt werden kann. Durch Ausreiben mit Ammoniak kann jedoch der Narben empfindlich werden und nach Auftrocknen der Zurichtung zur »Splissigkeit« neigen. In solchen Fällen kommt man besser zurecht, wenn man mit Milchsäure ausreibt. Milchsäure kann im Gegensatz zu Ammoniak Fettsubstanzen nicht emulgieren. Ihre benetzungsfördernde Wirkung beruht darin, daß die in der Narbenzone angereicherten Chromsalze stärker maskiert werden, so daß sich das wasserabstoßende Verhalten vermindert. Milchsäure verursacht außerdem eine schwach saure obere Narbenzone. Die gesteigerte Benetzbarkeit der Lederoberfläche kann nicht dazu führen, daß die Zurichtflotte unerwünscht tief in das Leder eindringt und den Narben verhärtet, da die Löslichkeit des Caseins durch die saure Zone vermindert wird. Ausreiben mit Milchsäure ist narbenschonender als mit Ammoniak; man sollte daher stets zuerst Milchsäure versuchen und nur in Ausnahmefällen, wenn der Narben sehr schwierig benetzbar ist, auf Ammoniak zurückgreifen.

Um die benetzende Wirkung der Milchsäurelösung zu beschleunigen, wird zuweilen ein oberflächenaktives, anionisches oder nichtionisches Netzmittel zugesetzt. Das kann aber dazu führen, daß das Leder narbenempfindlich wird, daß die Fixierbarkeit der Zurichtung beeinträchtigt und die Quellempfindlichkeit bei Dämpfen oder Abwaschen des Leders bei der Schuhfertigung gesteigert wird. Sicherer und schonender als die ausgeprägt hydrophilen Netzmittel sind Alkoholzusätze, z. B. von Spiritus, Isopropylalkohol, Butanol. Die Alkohole mischen sich leicht mit der Ausreiblösung, benetzen die Lederoberfläche gut und lösen die Fettstoffe so weit an, daß sie sich leicht emulgieren und von der Narbenoberfläche entfernen lassen. Sie beeinträchtigen das Narbenverhalten des zugerichteten Leders nicht und hinterlassen auch keinen nachteiligen Einfluß auf die Zurichtschicht, da sie beim Trocknen verdunsten. Als Ausreiblösung kann ein Ansatz aus

50 Teilen Milchsäure
100 Teilen Alkohol
850 Teilen Wasser

verwendet werden.

Der Narben von Chevreauleder ist in den meisten Fällen – wegen der angewendeten stärkeren Maskierung der Chromgerbung – ausreichend benetzbar. Schwierigkeiten kann die Ablagerung von kolloidem Schwefel bei Zweibadgerbung oder bei Abstumpfen der Chromgerbung mit Natriumthiosulfat bereiten. Sollte sich ein Narbenausreiben erforderlich machen, ist anzuraten, zunächst nur eine etwa 10%ige Alkohollösung zu versuchen, da der Narben von Chevreauleder besonders empfindlich ist.

Stark gefettetes Leder, z. B. Waterproofleder, erfordert kräftig wirkendes Ausreiben des Narbens. Man verwendet ein anionisches Netz- und Emulgiermittel zusammen mit Ammoniak. Damit das Fett leichter emulgiert und von der Lederoberfläche entfernt werden kann, ist der Zusatz von Alkohol anzuraten. Daraus ergibt sich etwa folgender Ansatz:

10 bis 15 Teile Ammoniak
10 Teile anionisches Netzmittel
150 bis 200 Teile Alkohol
775 bis 825 Teile Wasser

Außerdem ist zu berücksichtigen, daß die Fettschmiere feste Fettstoffe – z. B. Talg – enthält, die sich schwieriger emulgieren lassen als die bei Raumtemperatur flüssigen Öle. Die Narbenreinigung ist intensiver, wenn sie mit einer auf 40 bis 50°C erwärmten Ausreiblösung vorgenommen wird. Bei dieser Temperatur schmelzen die festen Fettstoffe und lassen sich dann leichter emulgieren.

Der Narben von Boxkalbleder wird im allgemeinen mit einem Tuch ausgerieben. Bei kräftig gefettetem, geschmiertem Rindleder ist eine Bürste mit mittelharten Borsten ratsam. Das ausgeriebene Leder sollte bei Raumtemperatur abgelüftet werden. Wenn es warm getrocknet wird, kann wieder Fett aus dem inneren Lederfasergefüge an die Lederoberfläche wandern und das Benetzen erneut erschweren. Außerdem ist es für gleichmäßigen Auftrag der Zuricht-Grundierflotte und für volles Erhalten der Narbengeschmeidigkeit vorteilhaft, wenn der beim Ausreiben angefeuchtete Narben vor der Zurichtung nicht wieder völlig austrocknet. Narbenausreiben ist nur erforderlich, wenn der erste Zurichtauftrag mit wäßriger Flotte erfolgt. Mit Lösemitteln verdünnte Zurichtansätze benetzen im allgemeinen auch ohne vorheriges Ausreiben den Narben gut.

1.2 Naßpigmentieren. Die Tendenz der modernen Lederzurichtung ist vorwiegend dahin ausgerichtet, dem Leder ein möglichst natürliches Aussehen zu verleihen. Das Narbenbild soll ungetrübt erhalten bleiben, und die Lederoberfläche darf nicht stumpf und abgedeckt erscheinen. Vollnarbiges Leder wird bevorzugt und unpigmentiertes Anilin-Aussehen angestrebt.

Dem Idealziel, daß die gesamte Produktion vollnarbig und nur mit Anilinfarbstoff angefärbt zugerichtet wird, stehen zwei ausschlaggebende Faktoren entgegen:

1. Die Narbenbeschaffenheit des verarbeiteten Hautmaterials ist im allgemeinen nicht völlig einheitlich. Der Narben zeigt teilweise wunde Stellen, er ist in der Nackenpartie riefig mit stärker geschlossenen Haarporen in den Falten und mehr offenen Poren auf den Faltenrücken. Er weist – vor allem bei Ziegenfellen – dunkel gefärbte Streifen längs der Rückenlinie auf und zeigt neben deutlich sichtbaren, offenen auch weniger sichtbare, wieder zugewachsene Narbenverletzungen.

2. Die Unregelmäßigkeiten des Narbens treten durch die Anilinfärbung meistens betont hervor. Das zeigt sich schon bei der Färbung des Leders im Faß. Noch stärker prägen sich solche Unterschiede bei der Oberflächenfärbung durch Spritzbehandlung aus, weil unterschiedliche Porosität mit unterschiedlicher Saugfähigkeit und entsprechend mit verschieden intensiver Farbstoffaufnahme parallel läuft. Außerdem ist reine Anilinzurichtung stets in gewissem Ausmaß lichtempfindlich. Die Farbstoffe bleichen durch Sonnenlicht allmählich aus, der Farbton wird blasser.

Gegenüber löslichen Farbstoffen haben Pigmente den Vorteil, daß sie den Farbton des Leders wesentlich besser egalisieren und daß sie in den allermeisten Fällen auch eindeutig besser lichtbeständig sind. Ihr Nachteil besteht vor allem darin, daß sie nicht die Brillanz der Anilinfärbung erbringen und daß sie die Lederoberfläche beschichten, so daß das natürliche Narbenbild überdeckt wird. Bei Einwirken von Druck und Reibung, z. B. bei Glanzstoßen oder Polieren, bleibt der Farbton von pigmentiert zugerichtetem Leder weitgehend einheitlich, während das Charakteristikum der Anilinzurichtung darin besteht, daß die Narbenkuppen dunkler werden, die Vertiefungen der Haarporen dagegen hell bleiben. Die Ursache für dieses Verhalten der Pigmentzurichtung ist darin zu erblicken, daß bei Auftrag der Zurichtflotte auf die trockene Lederoberfläche das Fasergefüge verhältnismäßig rasch einen Teil der Flüssigkeit aufsaugt, während Pigment und Bindemittel infolge ansteigender Viskosität oder beginnender Filmbildung an der Narbenoberfläche zurückgehalten werden[108]. Eine solche Filterwirkung des Narbens besteht bei der Anilinzurichtung nicht. Der gelöste Farbstoff zieht mit der Flüssigkeit in das Fasergefüge ein. Die Narbenoberfläche bleibt transparent.

Die dem natürlichen Aussehen des Leders entgegenstehende Ablagerung der Pigmente an der Narbenoberfläche kann umgangen werden, wenn die Zurichtflotte nicht auf den trockenen Narben aufgetragen wird, sondern die Narbenzone feucht ist. Die Filterwirkung der dichten Narbenfaserstruktur hört auf, wenn die Narbenschicht so viel Feuchtigkeit enthält, daß sie nicht mehr spontan der aufgetragenen Flotte Flüssigkeit entzieht. Auf diesem Effekt beruht die Methode des Naßpigmentierens.

Damit das Leder die pigmentierte Zurichtflotte aufnimmt, darf es nicht zu naß sein. Völlig durchnäßtes Lederfasergefüge würde den Auftrag weitgehend wieder abfließen lassen. Der Wassergehalt des Leders beträgt nach dem Lickern und Färben etwa 75 %. Er geht bis zum lufttrockenen Zustand auf etwa 13 % zurück. Von der insgesamt entfernten Wassermenge werden

durch Abtropfen auf dem Bock	etwa 15 %
durch Abwelken und Aussetzen	etwa 25 %
durch Vakuumtrocknen bis zur Stollfeuchte	etwa 15 %

weggebracht. Die Hauptmenge von etwa 45 % verliert das Leder erst beim Nachtrocknen. Der Feuchtigkeitszustand nach dem Vakuumtrocknen ist für Naßpigmentieren zwar prinzipiell geeignet, doch ist in diesem Zustand gerade die Narbenzone am stärksten angetrocknet. Der Zustand des Leders nach dem Stollen erscheint günstiger, da bis dahin die Feuchtigkeit im gesamten Leder mehr ausgeglichen und die Faserstruktur des Narbens durch die Stollbehandlung stärker aufgelockert ist. Um bevorzugt die Narbenzone anzufeuchten, wird das Leder unmittelbar vor dem Auftrag der Zurichtflotte auf der Narbenseite leicht mit Wasser überspritzt. Die anzuwendende Wassermenge beträgt etwa

50 ml Wasser pro Quadratmeter Leder

Der Grundierauftrag erfolgt mit einer Flotte, die etwa

100 Teile Pigmentteig
100 Teile Bindemittel
800 Teile Wasser

enthält. Am günstigsten ist ein Plüschauftrag, da auf diese Weise die vom Leder angenommene Flüssigkeitsmenge nahezu automatisch geregelt wird. Die Grundierfarbe kann aber auch gespritzt, gegebenenfalls sogar gegossen werden. Der höhere Feuchtigkeitsgehalt der Narbenzone zieht allmählich in das trockenere retikulare Fasergefüge, und die Zurichtflotte wird im gleichen Maße vom Leder aufgesaugt. Pigment und Bindemittel ziehen mit ein. Die gleichmäßige Pigmentverteilung innerhalb des Narbenfasergeflechts egalisiert die Lederfarbe oft noch intensiver, als mit gleicher Pigmentmenge auf der Lederoberfläche erreicht werden kann. Da der Narben nicht beschichtet ist, bleibt das natürliche Aussehen erhalten. Leichtere Narbenbeschädigungen werden ausgeglichen, und man kann auch eine narbenfestigende Imprägnierung von Vollnarbenleder erzielen[108].

1.3 Schleifen des Narbens. Oberflächenverletzungen des Narbens, etwa Mist- oder Urinschäden, verwachsene Striegel-, Dornen- oder Stacheldrahtrisse, selbst leichte Faulstellen vermindern, wenn nicht tiefer in das Lederfasergefüge hineinragende Beschädigungen vorliegen, die Haltbarkeit und Strapazierfähigkeit des Leders kaum. Sie bleiben aber bei vollnarbiger Zurichtung deutlich sichtbar, beeinträchtigen durch ihr unschönes Aussehen die Entnahme der einzelnen Zuschnitte aus der Lederfläche und vermindern damit Verwertungsrendement und Verkaufswert des Leders. Von solchen Beschädigungen sind in erster Linie die Häute von Rindern betroffen, die in großen Herden im Freien leben, sogenannte »Wildhäute«. Im Gegensatz dazu sind die von Stall- und Weidevieh stammenden »Zahmhäute« narbenreiner und vorteilhafter verwertbar.

Um die oberflächlichen Narbenfehler soweit wie möglich unsichtbar zu machen, damit das Leder für viele Zwecke besser verwertet werden kann, wird der Narben in der gesamten Fläche des Leders angeschliffen, er wird »korrigiert«. Vernarbte, oft etwas wulstig hervortretende Rißverletzungen werden abgeflacht, freie Faserenden des angegriffenen, rauhen Narbens kurz geschliffen und eingeebnet. Damit das Leder noch einen möglichst hohen Gebrauchswert behält, darf der Narben nur leicht angeschliffen werden. Zu tiefes Schleifen bis zum völligen Entfernen der Narbenzone würde zu nahezu gleichem Aussehen und Verhalten führen wie bei Spaltleder und entsprechend auch zu gleich wertgemindertem Einstufen.

Die Narbenkorrektur von Rindleder verfolgt neben dem Zweck, Narbenbeschädigungen möglichst weitgehend auszugleichen, noch ein weiteres Ziel. Sie soll dazu beitragen, daß das Aussehen von Rindleder dem von Kalbleder möglichst nahekommt. Der Anfall an Kalbfellen reicht nicht aus, um den Wunsch nach dieser zarten, feinnarbigen Lederart zu befriedigen. Man versucht daher, das Aussehen des Rindleders durch die Zurichtung dem Kalbleder weitgehend ähnlich zu machen. Ein wesentlicher Unterschied zwischen Kalb- und Rindleder liegt im äußeren Aspekt, in der Feinheit der Narbenporen (Abb. 7).

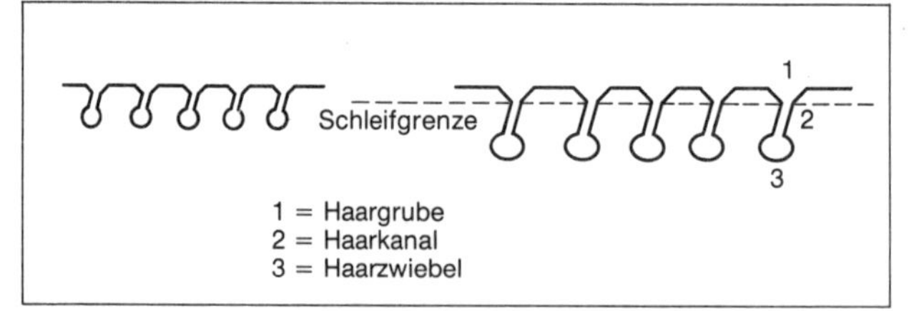

Abb. 7: Schnittbild von Kalbleder (links) und Rindleder (rechts).

Um Rindleder dem Aussehen von Kalbleder anzunähern, ist die äußere Narbenzone soweit abzuschleifen, daß die weit offenen Haargruben bis nahe an die engere Öffnung des Haarkanals beseitigt werden. Wenn man tiefer schleift, wird das feine, engmaschige Fasergeflecht der Narbenzone in unerwünschtem Ausmaß entfernt, und man kommt in die Zone der weit ausgebuchteten Haarzwiebeln. Das Aussehen der geschliffenen Oberfläche ähnelt dann wieder der grobporigen Beschaffenheit des ungeschliffenen Rindleders. Die naturgegebene Struktur des Rindledernarbens setzt der Schleiftiefe eindeutige Grenzen, um Vorteile aus der Narbenkorrektur zu ziehen. Tiefer gehende Narbenschäden können nicht weggeschliffen werden, denn man verursacht damit mehr Nachteile als Vorteile. Neben den weit geöffneten Haarzwiebeln können loser, doppelhäutiger Narbenwurf hervortreten, die tief angeschliffenen Lederfasern können durch die Zurichtflotten stärker angequollen werden und »hochgehen«, der Oberflächenabschluß kann ungleichmäßig und unruhig werden. Bei straffem Spannen des zugerichteten Leders, z. B. beim Zwicken und Überholen von Schuhschäften, können die bei zu tiefem Schleifen freigelegten gröberen Lederfasern hochgedrückt werden, die Lederoberfläche kann dann wie Spaltleder aussehen. Es ist daher erforderlich, daß die Schleiftiefe bei der Narbenkorrektur sorgfältig überwacht wird.

Damit gleichmäßig und in der gesamten Hautfläche gleich tief geschliffen werden kann, muß das Leder glatt liegen und an allen Stellen möglichst gleichmäßig dick sein. Für eine glatte Fläche wirken sich Pasting- oder auch Vakuumtrocknen vorteilhaft aus. Durch Trocknen auf der Platte bleibt das Leder eben, der Narben ist flach, die Haartrichter ragen nur wenig tief in das Leder hinein, Halsfalten, Mastriefen und oberflächliche Narbenbeschädigungen sind weitgehend ausgeebnet. Um dieses Verhalten optimal zu erreichen, muß neben der Trockenmethode auch die vorangehende Bearbeitung des Hautmaterials, Äscher, Gerbung, Nachgerbung und Fettung mithelfen. Wenn das Leder zum Trocknen aufgehängt wird, muß dafür gesorgt werden, daß die Ränder sich nicht rund ziehen. Das ist auch wichtig, wenn das Leder nach dem Stollen gespannt und getrocknet wird. Je enger Nägel oder Spannklammern gesetzt werden und je weniger scharf das stollfeuchte Leder ausgezogen wird, um so glatter bleiben die Kanten. Ein durch straffes Spannen erzielter Flächengewinn ist sowieso meistens illusorisch, weil die Fläche durch Nässeeinfluß und Trocknen bei der Zurichtbehandlung wieder zurückgeht.

Trocknen des Leders durch Aufhängen – sei es an der Luft oder im Trockenkanal – ergibt nicht gleich flachen, ausgeebneten Narben wie Trocknen auf der Pasting- oder Vakuumplatte. Man kann, wenn keine andere Trockenmöglichkeit als eine Hängetrocknung gegeben ist, die Schleifbarkeit dadurch verbessern, daß man das Leder vor dem Schleifen abbügelt. Das Leder sollte dabei möglichst etwas feucht sein, die Bügeltemperatur 80 bis 90° C betragen, der Bügeldruck kann auf die Hälfte bis ein Viertel des betriebsüblichen Preßdrucks vermindert werden. Es hat sich bewährt, daß eine solche Bügelbehandlung mit der Anwendung der Fleischseitenappretur kombiniert wird. Durch Aufspritzen der faserabbindenden Appretur auf der Fleischseite wird das Leder angefeuchtet, beim Zwischenstapeln zieht die Feuchtigkeit durch. Man bügelt mit der Narbenseite nach oben auf einer glatten Gummiunterlage ab. Der Narben wird dadurch flach gelegt, die Fleischseite wird ausreichend abgeschlossen. Sie nimmt dann beim Schleifen weniger Staub an als die unbehandelten, offenen Lederfasern. Das Leder verschmutzt beim Stapeln während der Zurichtung und beim Sortieren weniger, da kaum Schleifstaub von der Fleischseite auf die Zurichtschicht übertragen wird.

Um gleichmäßigen, feinfaserigen Schliff zu erreichen, wird der Narben zweimal geschliffen, mit mittelfeinem Schleifpapier vor- und mit feinkörnigem Papier nachbehandelt. Scharfes Schleifpapier mit grober Körnung sollte vermieden werden, da es tiefer gehende Schleifrisse verursachen kann, die sich durch die Zurichtung äußerlich zwar wieder schließen lassen, bei Spannen oder Zugbeanspruchung des Leders aber wieder aufgezogen werden können. Unter den verschiedenen Typen von Schleifmaschinen sind Maschinen mit breiten Walzen und mit pneumatischem Druckausgleich vorzuziehen, die die gesamte Lederfläche in kontinuierlichem Durchlauf erfassen. Bei Maschinen mit schmalem Schleifzylinder besteht auch bei oszillierender Bewegung die Gefahr, daß Schleifbahnen und Ansatzstellen sichtbar bleiben, wenn großflächiges Leder geschliffen wird. Außerdem ist der Arbeitsaufwand größer, wenn auf schmalen Schleifmaschinen mehrere Bahnen nebeneinander geschliffen werden müssen. Breitbahnige Schleifmaschinen erfordern trotz des möglichen Druckausgleichs, daß auf gleichmäßige Lederdicke und auf eine saubere Fleischseite geachtet wird, da vor allem enger begrenzte, kleinflächige Stellen mit höherem Gegendruck die Gefahr tieferen Abschleifens der Narbenschicht verursachen. Zuweilen werden Hälse und Flanken von Rindhäuten, welche auf einer breiten Durchlaufmaschine geschliffen werden, gesondert auf einem schmalen Schleifzylinder behandelt.

Gleichmäßiger Oberflächenabschluß der Zurichtung setzt feinen, kurzfaserigen Schliff des Narbens voraus. Gröber aufgerissene Fasern beeinträchtigen Flächenruhe und einheitliche Filmbildung. Der angestrebte Schleifeffekt wird durch eine füllende, den Narben fixierende Nachgerbung begünstigt. Weiche, offen strukturierte Chromlederfasern lassen sich nur schwierig kurz abschleifen. Für kurzen, feinfaserigen Schliff ist eine Schleifgrundierung vorteilhaft. Sie soll die Lederfasern innerhalb der Narbenzone abbinden, so daß nur die freien Faserenden abgeschliffen werden. Dazu muß sie voll in das Leder einziehen und darf nicht auf der Lederoberfläche stehenbleiben. Bei ungenügendem Eindringen der Grundierung besteht die Gefahr, daß das Schleifpapier rasch zugeschmiert wird und nicht mehr greift oder zumindest die Oberfläche ungleichmäßig abschleift. Die Grundierung zieht um so besser ein, je stärker die Narbenoberfläche bereits geöffnet ist. Man schleift deshalb das unbehandelte Leder vor, grundiert, trocknet und schleift nach. Aus diesem Grund wird bei der Narbenkorrektur stets zweimal geschliffen (Abb. 8).

Die Funktion der Schleifgrundierung deckt sich mit der einer narbenfestigenden Imprägnierung. Da heute praktisch jedes Schleifboxleder narbenimprägniert wird, verbindet man diese Behandlung mit dem Schleifen. Auf das vorgeschliffene Leder wird die Imprägnierflotte aufgegossen. Die Eindringgeschwindigkeit wird so eingestellt, daß der Gießauftrag voll eingezogen ist, wenn das Leder das Transportband der Gießmaschine verläßt. Anstatt zu gießen, kann man die Imprägnierflotte auch Airless-spritzen. Mit Preßluftspritzen wird keine genügend große Flüssigkeitsmenge aufgebracht, und außerdem bremst der auf der Lederoberfläche entstehende starke Luftwirbel das angestrebte tiefe Einziehen des Imprägnierbinders ab. Das imprägnierte Leder wird, wenn es die Maschine verläßt, im feuchten Zustand Narben auf Narben und Fleischseite auf Fleischseite gestapelt, damit sich die Imprägnierung in der Narben- und in der Übergangszone zum retikularen Fasergefüge weitgehend gleichmäßig verteilen kann. Erst dann wird das Leder getrocknet und mit sehr feinkörnigem Schleifpapier nachgeschliffen. Die Narbenzone muß dabei gut trocken sein, weil sie sonst beim Schleifen verschmiert. Mit dem Schleifen wird mehr ein abbimsender Poliereffekt als eine ausgesprochene Schleifwirkung angestrebt. Trotzdem muß die Narbenoberfläche nach der Imprägnierung etwas angerauht werden, damit die Pigment-Binder-Flotte der nachfolgenden Grundier- oder Deckfarbenschicht gleichmäßig aufgenommen wird und sich fest abbindet. Reine Polierbehandlung des vorgeschliffenen, narbenimprägnierten Leders auf dem rotierenden Stein befriedigt in vielen Fällen nicht.

Nach dem Schleifen muß das Leder gründlich entstaubt werden. Auf dem Narben etwa verbleibender Schleifstaub kann sich bei Streichauftrag der Grundierflotte zu Körnchen oder faserigen Klümpchen zusammenballen und dadurch die homogene Filmbildung stören. Bei Gieß- oder Spritzauftrag können zwar die Krümel vermieden werden, doch besteht die Gefahr, daß die Deckschicht auf einer Staubschicht »schwimmt« und nicht fest auf dem Leder haftet. Ein schlitzförmiger Saugtrichter an der Schleifmaschine zieht nach dem Schema eines Staubsaugers den Schleifstaub schon während des Schleifens weitgehend ab. Trotzdem läuft das Leder nach dem Schleifen noch durch eine Entstaubmaschine. Diese kann als wirksamen Teil eine rotierende Bürstwalze enthalten, an die das Leder durch eine Gegendruck- und Transportwalze oder durch eine zweite Bürstwalze angedrückt wird. Solche Bürstmaschinen tragen oft die Gefahr in sich, daß die Lederoberfläche infolge der Reibung elektrostatisch aufgeladen wird und daß der Staub dann hartnäckig daran haftet. Der modernere Maschinentyp ist die Blasluft-Entstaubmaschine. Sie arbeitet mit einer »Luftbürste«. Das ist ein über die gesamte Maschinenbreite laufendes Rohr, in das feine Lochdüsen eingebohrt sind. Aus diesen Düsen wird Luft mit kräftigem Strahl über das Leder geblasen und der damit weggeführte Staub durch einen Saugtrichter entfernt (Abb. 9).

Die Schleifbehandlung sollte grundsätzlich in einem abgesonderten, von den übrigen Zurichträumen getrennten Schleifraum durchgeführt werden. Die Schleifstaub enthaltende Abluft wird durch einen Staubsack filtriert und ins Freie geblasen. Keinesfalls darf die Luft des Schleifraums in die Zurichträume gelangen, da sie stets mit feinen Staubteilchen beladen ist, die das zugerichtete Leder verschmutzen können.

Die Narbenimprägnierflotte wird zweckmäßigerweise mit Schönungsfarbstoff angefärbt. Naturelles Leder wird dadurch vor der pigmentierten Zurichtung vorgefärbt. Bereits im Faß gefärbtes Leder verliert bei dem gröberen Vorschleifen vor der Imprägnierung einen beträchtlichen Teil der an der Narbenoberfläche befindlichen, intensiv gefärbten Lederfasern. Die Lederfarbe wird am geschliffenen Narben deutlich heller als an der Fleischseite. Außerdem sind Farbnuance und Farbtiefe nicht mehr in der gesamten Fläche des geschliffenen Leders gleichmäßig. Die mit der Narbenimprägnierung gefärbte Lederoberfläche ist vorteilhaft für leichte und rasche Kontrolle des Entstaubens. Wenn man den nachgeschliffenen und entstaubten Narben mit der Hand überstreicht, kann man am Verschmutzungsgrad der Handfläche schnell erkennen, ob der Schleifstaub genügend entfernt ist oder nicht. Wenn der Staub in Einzelfällen dem Leder hartnäckig anhaftet, kann er durch Ausreiben des Narbens mit einem alkoholfeuchten Tuch oder Putzwolle entfernt werden.

Abb. 8: Schleifmaschine.

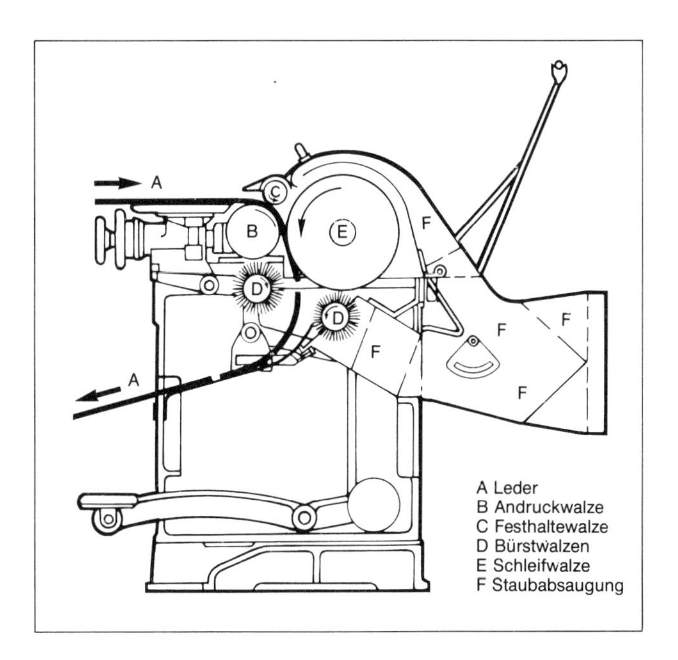

Abb. 9: Blasluft-Entstaubmaschine.

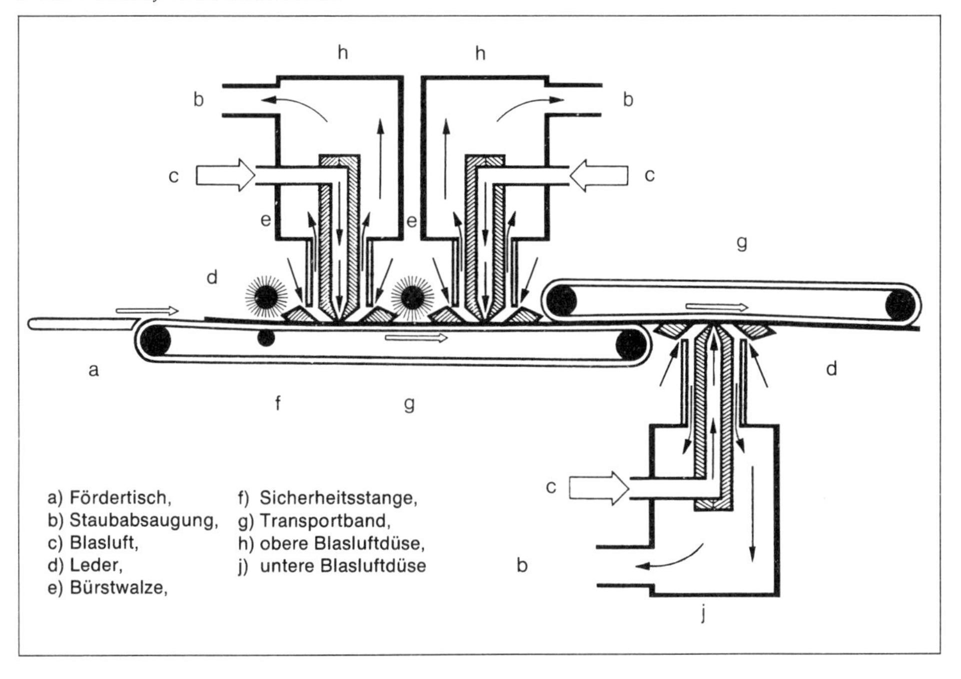

Für die angefärbte Narbenimprägnierung kann etwa folgender Ansatz dienen:

250 Teile Imprägnierbinder
50 Teile Penetrator
0 bis 100 Teile flüssiger Schönungsfarbstoff
600 Teile Wasser

Die Penetratormenge kann etwas niedriger bemessen sein als bei farblosen Imprägnierflotten, da der Lösemittelanteil der Schönungsfarbstoff-Lösung als Penetrierhilfe wirkt.

1.4 Polieren, Glanzstoßen, Bügeln, Narbenpressen. In gleicher Weise, wie ungenügende Saugfähigkeit der Lederoberfläche Gleichmäßigkeit und Qualitätseigenschaften der Zurichtung beeinträchtigt, kann das gegenteilige Verhalten, nämlich zu starkes Saugvermögen, die Zurichtung stören. In solchen Fällen zieht die aufgetragene Zurichtflotte zu tief und ungleichmäßig intensiv in das Leder ein, vor allem in den Bauchteilen, in den Flämen und zuweilen auch am Nacken. Der Auftrag füllt dann zu wenig, egalisiert nicht ausreichend, der Narben quillt an, wird hart und krustig. Unerwünscht hohe Saugfähigkeit kann besonders bei vegetabil gegerbtem, stärker nachgegerbtem oder auch bei geschliffenem Leder auftreten, wenn die Narbenimprägnierung das Fasergefüge nicht ausreichend abgedichtet hat. Man kann starker Saugfähigkeit der Lederoberfläche durch den Herstellungsprozeß, durch die Art der Gerbung und Fettung, durch die Trockenmethode, z. B. durch Vakuumtrocknen, entgegenwirken. Bei bereits zurichtfertig vorliegendem Leder muß man nach anderen geeigneten Maßnahmen suchen. Vorteilhaft wirkt es sich aus, wenn man, um den Narben zu schonen und die Zurichtung mehr an der Oberfläche zu halten, das Leder vor dem Auftragen der Grundier- oder Farbflotte durch Anwendung von Druck abschließt.

Eine der gegebenen Möglichkeiten ist das *Polieren.* Das Leder wird mit der Narbenseite gegen eine mit hoher Geschwindigkeit rotierende Walze gedrückt. Die Polierwalze besteht aus einem zylinderförmigen Stein, an dessen Oberfläche V-förmig angeordnete Leisten ausgebildet sind. Die Anordnung der V-Leisten bewirkt, daß das Leder während der Polierbehandlung von der Walzenmitte nach außen gedrückt wird, so daß keine Falten entstehen können oder vorhandene Falten flachgezogen werden. Das Leder wird durch eine langsam laufende Gegendruck- und Transportwalze an den Polierzylinder angepreßt. Die hochtourige Polierwalze verursacht auf der Lederoberfläche intensive Reibung und Wärmeentwicklung. Bei geschliffenem Leder werden die aufgerauhten, hochstehenden Faserenden flachgelegt und geglättet. Bei vollnarbigem Leder mit tiefer ausgeprägten, gröberen Haarporen, z. B. Ziegenleder, werden die Narbenkuppen etwas zusammengedrückt und eingeebnet, so daß ein flacher, glatter, feinporiger Narben entsteht. Die Reibungswärme zieht beim Polieren etwas Fett an die Oberfläche, der Narben wird dadurch etwas wasserabstoßend und infolge der abgedichteten Faserstruktur weniger saugfähig (Abb. 10 und 11).

Wenn keine Poliermaschine zur Verfügung steht, kann man auch auf einer Schleifmaschine polieren. Hierzu wird gebrauchtes Schleifpapier mit der gekörnten Seite nach unten, mit der glatten Rückseite nach oben auf den Schleifzylinder gespannt und das Leder dann in gleicher Weise wie auf dem Stein poliert. Anstatt Schleifpapier kann auf den Schleifzylinder auch ein spezielles Poliertuch aufgezogen werden. Bei Polieren auf der Schleifmaschine muß besonders darauf geachtet werden, daß das Leder faltenfrei in die Maschine einläuft, da die

Abb. 10: Poliermaschine

Abb. 11: Polierstein.

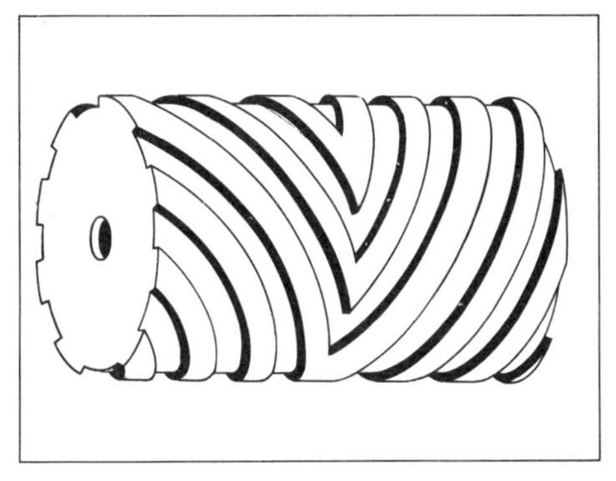

Bespannung des Schleifzylinders nicht in V-Form angeordnet werden kann und deshalb keine Falten glättet, sondern sie zu »Zwickeln« zusammenquetscht.

Polieren läßt im allgemeinen eine sehr glatte und geschlossene Lederoberfläche erhalten. Der reibende Druck der Polierwalze kann allerdings, besonders bei weicherem Leder, die Faserstruktur zwischen Narben- und Fleischseite etwas verzerren, so daß empfindliches Leder losnarbig werden kann. Der Polierstein gleitet besser und schont den Narben mehr, wenn er mit Leinöl imprägniert oder mit einer Mischung aus gleichen Teilen Leinölfirnis und Petroleum bestrichen und dann gut getrocknet wird. Die Polierwirkung kann hinsichtlich Oberflächenabschluß und Glätte intensiviert werden, wenn die Lederoberfläche vor dem Polieren mit einem Poliergrund behandelt wird. Der Poliergrund kann auf einer Wachsemulsion, einer Mischung von Wachs- und Ölemulsion aufgebaut sein, er kann eine tief eindringende Polymerisat- oder auch Polyurethandispersion enthalten. Polieren ist eine vorteilhafte Vorbereitung von vollnarbigem und auch von fein geschliffenem Leder für Anilinzurichtungen.

Die Lederoberfläche kann durch *Glanzstoßen* noch ausgeprägter geglättet werden als durch Polieren. Das Leder wird mit einer Grundierung aus nichtthermoplastischem Eiweißbindemittel, Polymerisat- oder Polyurethandispersion, Weichmacheröl, Wachsemulsion behandelt, getrocknet und glanzgestoßen. Hierzu wird das Leder auf ein hart abgefedertes, mit einem Lederriemen oder Filz- und Lederstreifen abgedecktes Brett mit der Fleischseite nach unten aufgelegt. Über den Narben gleitet an einem kräftig drückenden Pendelarm ein fest eingespannter, zylinderförmiger Stoßkörper aus Glas, Achat oder Stahl. Die glatt polierte Oberfläche dieser »Stoßkugel« reibt die Lederoberfläche in schmalen Bahnen unter starker Reibwärme glatt. Während des Stoßens wird das Leder von Hand weitergerückt, so daß immer neue Bahnen geglättet werden, bis die gesamte Lederoberfläche erfaßt ist. Der günstigste Glanzstoßeffekt wird erzielt, wenn die Kugel in der Richtung der Haarporen über den Narben gleitet, zunächst in der Längsrichtung vom Kern zur Schwanzwurzel und vom Kern zum Hals, dann diagonal zu den Klauen und schließlich quer in die Bauchteile (Abb. 12).

Die Glanzstoßbehandlung basiert auf dem gleichen Prinzip wie das Polieren. Druck und Reibwärme legen angerauhte Narbenfasern flach, ebnen tiefere Haarporen oder leichte

Narbenverletzungen ein und schließen die Lederoberfläche weitgehend ab. Die Glanzstoßwirkung ist intensiver als beim Polieren, da der Reibdruck auf eine kleinere Fläche konzentriert ist. Man kann die angeschliffene Oberfläche soweit abschließen, daß sie einem vollnarbigen Leder fast gleichkommt. Bei nur stellenweise abgebimstem Narben führt eine solche Vorbereitung zu brillanten Anilinzurichtungen, welche Narbenverletzungen kaum mehr erkennen lassen. Die Glanzstoßvorbehandlung von angeschliffenem Leder gestattet bei deckender Zurichtung eine nur leichte Farbschicht, welche die Lederoberfläche nicht belastet. Sie trägt dazu bei, daß auch Bügel-Zurichtungen das natürliche Aussehen des Leders weitgehend aufrechterhalten und kunststoffartiges Aussehen vermeiden. Glanzstoßen kann aber auch, ebenso wie Polieren, bei Überbeanspruchung der Narbenzone zu Losnarbigkeit führen.

Narbenkorrigiertes Leder wird bei starker Saugfähigkeit zuweilen vor dem ersten Deckfarbenauftrag *hydraulisch abgebügelt.* Man wendet dabei hohe Temperaturen von 80 bis 90 °C, aber nur mäßigen Druck an – etwa die Hälfte bis ein Viertel des betriebsüblichen Bügeldrucks –, damit die gesamte Faserstruktur nicht zu stark zusammengedrückt wird und damit das zugerichtete Leder einen milden, weichen Griff behält. In vielen Fällen wird anstatt der völlig glatt polierten Bügelplatte eine Platte mit angerauhter, sandgestrahlter Fläche bevorzugt. Die dadurch hervorgerufenen, sehr feinen Unebenheiten der abgebügelten Lederoberfläche sind erwünscht, weil die geschliffenen Faserenden in den Vertiefungen fester in das Leder eingedrückt werden und weil die beinahe mikroskopisch feinen Poren die meistens als Gießauftrag aufgebrachte Grundierflotte besser annehmen und fester haften lassen als eine völlig glatt gebügelte Oberfläche. Bügeln schont das Narbenfasergefüge im allgemeinen mehr als Polieren oder Glanzstoßen und erfaßt größere Flächen auf einmal, so daß die Behandlung rascher vor sich geht. Die senkrecht anhebende und senkende hydraulische Bügelpresse bewirkt aber nicht den weichmachenden Stolleffekt, wie er durch Polieren oder Glanzstoßen verursacht wird. Das gebügelte Leder ist deshalb meistens etwas weniger weich. Man kann auch bei Bügelbehandlung Leder mit weichem Griff erhalten, wenn man auf einer Bügelpresse mit seitlich wanderndem Druckzylinder oder auf einer Durchlaufbügelmaschine mit kalanderartig rotierenden Bügelzylindern abbügelt (Abb. 13).

Bügeln ist vor allem bei der Gieß-Zurichtung eine vorteilhafte Vorbehandlung von geschliffenem Leder. Die Oberfläche wird zumindest makroskopisch geglättet und das gesamte Leder nochmals ausgeebnet. Es durchläuft die Gießmaschine störungsfrei und verursacht bei Durchlaufen unter dem flüssigen Gießvorhang keine Luftwirbel, die den Vorhang flattern oder gar abreißen lassen. Die aufgegossene Flotte verläuft gleichmäßiger und zieht besser ein als ohne Vorbügeln. Voraussetzung ist jedoch, daß das abgebügelte Leder ausreichend saugfähig bleibt.

Anstatt das Leder mit einer glatten oder nur leicht angerauhten Platte abzubügeln, kann man auch ein *Narbenbild aufpressen.* Recht gut hat sich ein feiner Porennarben bewährt, dessen feine, nadelspitze Vertiefungen die geschliffenen Faserenden fest an das Lederfasergefüge anpressen. Anstatt des Porennarbens kann grundsätzlich auch jedes andere Narbenbild aufgepreßt werden. Vorteilhafter sind aber stets kleinflächige Narbungen, z. B. Saffian-, Perl- oder feiner Schrumpfnarben, eventuell auch Schweinsnarben. Wenn das Porenbild vor dem Auftrag einer Grundier- oder Deckschicht auf das geschliffene Leder aufgepreßt wird, wirkt das zugerichtete Leder natürlicher, als wenn die Narbenprägung erst nach der Filmbildung durch ein thermoplastisches Polymerisatbindemittel erfolgt. Großflächige, markante

Abb. 12: Glanzstoß-Maschine.

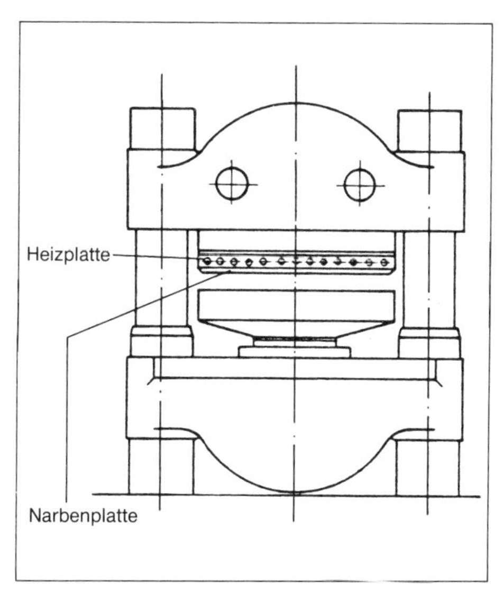

Abb. 13: Hydraulische Bügelpresse.

Narbenpressung – etwa Krokodilnarben – ist dagegen erst auf der Plastikbinderschicht durchzuführen, da das thermoplastische Polymerisat das Narbenbild stärker herausarbeiten läßt und besser beibehält.

Narbenpressen erfordert im allgemeinen höheren Druck als Bügeln. Trotzdem sollte im Interesse eines milden Ledergriffs der Preßdruck so niedrig wie möglich gehalten werden. Man kann geringeren Preßdruck durch höhere Temperatur und etwas längere Preßdauer ausgleichen. Für das Aufrechterhalten der Narbenprägung sorgt auch das Leder selbst mit. Vegetabil-synthetisch gegerbtes Leder hält das aufgepreßte Narbenbild besser als reines Chromleder. Die Nachgerbung verursacht eine Zwischenstellung zwischen diesen beiden Extremen. Je feuchter das Leder beim Pressen ist, um so besser hält zwar die Prägung, um so größer ist aber auch die Gefahr, daß das Leder hart wird und an Geschmeidigkeit einbüßt.

2. Zubereiten der Zurichtflotten.

Lederzurichtmittel stellen als Handelsware meistens Konzentrate dar. Sie liegen teilweise in fester Form, in überwiegender Menge als konzentrierte Flüssigkeit oder als Teig vor. Für den Gebrauch müssen die lösemittelfreien, festen Produkte gelöst, die flüssigen oder teigförmigen auf Anwendungskonzentration verdünnt werden. Zusammen mit dem Einstellen der Konzentration erfolgt das Abmischen der in den jeweiligen Rezepturen enthaltenen Einzelkomponenten.

Feste, feinkörnige oder pulverisierte Zurichtmittel, z. B. grießförmig-pulveriges Caseinat, Trockenblut, Blut- oder Eialbumin, löst man am zweckmäßigsten unter Mithilfe von netzendem und quellungsförderndem Weichmacheröl. Das Öl wird in laufwarmem Wasser von 40 bis 60 °C – für Eialbumin Wasser von nur 30 bis 40 °C wegen der Gefahr von Hitzekoagulation – gelöst und dann das Zurichtmittel unter Rühren eingestreut. Es verteilt sich gleichmäßig fein in der Flüssigkeit, quillt rasch durch und löst sich leichter, als wenn man das vorgelegte Produkt mit Wasser übergießt. Durch Einstreuen kann das störende und löseerschwerende Verklumpen verhindert werden. Man läßt den durchgemischten Ansatz zum Quellen stehen und rührt gelegentlich durch, bis eine homogene Lösung entstanden ist. Vor Aufkochen von Caseinat-Wasser-Gemischen ist zu warnen! Durch längere Hitzebehandlung wird das Caseinmolekül abgebaut, das Bindevermögen vermindert, und die wasserfeste Fixierbarkeit kann erheblich beeinträchtigt werden.

Die flüssige oder teigförmige Konsistenz der Lederdeckfarben und Zurichthilfsmittel beruht auf der Anwesenheit von Wasser oder organischen Lösemitteln. Diese sind mehr oder weniger stark flüchtig. Damit Konzentration und Ausgiebigkeit der einzelnen Produkte bis zum endgültigen Aufbrauchen unverändert erhalten bleiben, ist darauf zu achten, daß die Gebinde stets dicht verschlossen gehalten und an einem nicht zu warmen Platz abgestellt werden, um zu verhindern, daß Wasser oder Lösemittel verdunsten.

Bei Pigmentfarbpasten ist außerdem zu berücksichtigen, daß sie nicht einheitlich aufgebaut sind, sondern aus einem Gemisch von Pigmenten, Bindemitteln, Weichmachern, Dispergier-, Stabilisier- und Lösemitteln bestehen. Die Pigmente sind im allgemeinen spezifisch schwerer als die übrigen Komponenten. Auch wenn sie in dem gelösten Bindemittel in feinster Verteilung eingebettet und weitgehend homogen verteilt sind, können sie doch bei längerer Lagerung allmählich sedimentieren und sich im unteren Teil der Gebinde anreichern. Man darf deshalb Pigmentfarben nach Öffnen der Gebinde nicht einfach von oben abschöpfen, sondern muß stets erst den gesamten Inhalt gründlich durchrühren. Geschieht das nicht, kann jede entnommene Portion unterschiedliche Pigmentkonzentration aufweisen und die Deckwirkung und Farbnuance entsprechend verändert werden. Je nach Größe und Inhalt der Vorratsgebinde ist das Durchrühren unterschiedlich schwierig und aufwendig. Im einfachsten Fall kann man mit einem Holzstock oder Kunststoffstab aufrühren. Das erfordert aber meistens langwierige Behandlung und ist im allgemeinen nur bei kleineren Mengen ausreichend wirksam. Zweckmäßiger ist es, daß man mit einem rasch laufenden Rührer mit mechanischem Antrieb arbeitet. Der Rührer kann als Propeller oder als Lochscheibe ausgebildet sein. Er muß an einer langen Achse angebracht sein, damit man ihn bis an den Boden des aufzurührenden Gefäßes eintauchen kann. Für das Rührgerät gibt es verschiedenartige Konstruktionen. Als einfach hantierbar und gut wirksam hat sich eine elektrische Handbohrmaschine bewährt, wie sie jedem Heimwerker als Hobbygerät vertraut ist. Die hohe Rührgeschwindigkeit mischt bei wiederholtem Eintauchen und Anheben des Rührers den Farbteig gründlich durch, so daß schon kurzfristig eine homogene Mischung erhalten wird.

Die verschiedenen Zurichtmittel sind unterschiedlich viskos. Am höchsten ist die Viskosität im allgemeinen bei den Pigmentfarbenteigen. Ziemlich viskos sind auch Caseinlösungen, manche Lacke oder auch Wachspasten. Einzelne Polymerisatdispersionen können mittlere Viskosität aufweisen, die meisten sind dünnflüssig wie Nitrocelluloseemulsionen oder Polyurethandispersionen. Zähviskose Einstellungen – gleichgültig, ob es sich um wasser- oder lösemittelverdünnbare Produkte handelt – lassen sich schwieriger verdünnen als dünnflüssige. Erfahrungsgemäß erfolgt die Verteilung leichter und gleichmäßiger, wenn man viskose Produkte nicht sofort mit der gesamten Menge des Verdünnungsmittels versetzt und dann durchmischt, sondern wenn man zunächst nur einen kleinen Anteil des Verdünnungsmittels einrührt, zu glatter, dünnflüssiger Konsistenz verrührt und erst dann voll verdünnt. Für das

Zubereiten von Zurichtflotten, die aus mehreren Einzelkomponenten zusammengemischt werden, ist es am vorteilhaftesten, wenn man grundsätzlich die Substanz mit der höchsten Viskosität vorlegt, dann die weiteren Bestandteile in der Reihenfolge abnehmender Viskosität einzeln einrührt und die Gesamtmischung abschließend auf Anwendungskonzentration verdünnt. Ausnahmen von dieser Regel bestehen bei manchen Polymerisatdispersionen. Wenn es sich um selbstverdickende Binder handelt, deren Viskosität durch Alkali, besonders durch Ammoniak, stark erhöht wird, kann bei unverdünntem Mischen mit Caseinbindemitteln oder caseinhaltigen Deckfarbenpasten der pH-Wert der Mischung so hoch angehoben werden, daß das Gemisch gelatiniert oder verklumpt. In solchen Fällen darf der Polymerisatbinder erst in die bereits mit Wasser verdünnte Flotte eingerührt werden. Der Gesamtansatz verdickt dann nur wenig und bleibt homogen verteilt, ohne daß störende Klumpen entstehen. Bei Ansätzen, die mit organischen Lösemitteln verdünnt werden, in erster Linie bei Nitrocellulosefarben und -lacken, ist es ratsam, daß man die einzelnen Lösemittel zuvor mischt und dann die Gesamtmischung in den Ansatz einrührt. Das ist vor allem wichtig, wenn Alkohole und Toluol oder Xylol als Verdünnungsmittel verwendet werden. Werden die Verdünner für sich allein eingerührt, können sie zu Trübung oder gar zum Ausfällen des Lackansatzes führen, während sie als Gemisch den Ansatz störungsfrei verdünnen.

Jeder Ansatz von Lederdeckfarben und Zurichtmitteln ist vor der Anwendung durch ein feinmaschiges Sieb oder Tuch zu filtrieren. Ungelöste, krümelige, körnige oder schleimige Anteile müssen entfernt werden. Sie können beim Spritzen die Düsen – insbesondere die extrem feinen Düsen der Airless-Pistolen – verstopfen, beim Gießen den gleichmäßigen Ablauf von der Gießlippe beeinträchtigen und die homogene Filmbildung auf dem Leder stören. Bei nassen Aufträgen mit der Gießmaschine oder dem Airless-Verfahren kann es erforderlich sein, daß durch Anlegen eines leichten Vakuums der bei Zusammenrühren der einzelnen Komponenten in den Ansatz eingemischte Schaum entfernt wird, da schaumhaltige Flotten feine Krater in der Filmschicht verursachen können. Zum Entschäumen genügt es meistens schon, daß der Gieß- oder Spritzansatz in einem Gefäß mit aufgeschraubtem Deckel an eine Wasserstrahlpumpe angeschlossen und kurz entlüftet wird.

Die auf Einweißbasis aufgebauten Caseindeckfarben und -bindemittel enthalten Konservierungsmittel in ausreichender Menge, die sie in der konzentrierten Lieferform über eine längere Lagerdauer schützen. Die Konservierungswirkung geht aber zurück, wenn die Produkte auf Anwendungskonzentration verdünnt werden. Das macht sich vor allem dann bemerkbar, wenn die Ansätze nicht mit keimfreiem Kondens- oder Trinkwasser, sondern mit Betriebswasser verdünnt werden. Anwendungsfertig verdünnte caseinhaltige Zurichtflotten sollen kurzfristig verbraucht werden, zurückbleibende Restmengen können nur dann für längere Zeit aufgehoben werden, wenn ihnen zusätzlich Konservierungsmittel beigemischt wird. Betriebswasser sollte zum Bereiten der Zurichtflotten grundsätzlich vermieden werden, da es neben der Gefahr eiweißabbauender Bakterien auch den Nachteil mit sich bringt, daß die Wasserhärte Flecken oder sogar Salzausschläge auf dem zugerichteten Leder verursachen kann. Für die Zufuhr von Wasser für Zurichtansätze sind Eisenrohre nicht zweckmäßig. Bei längerem Stehen des Wassers in der Leitung, z. B. über das Wochenende, können sich Eisensalze bilden, welche die Stabilität der Zurichtflotte und die Qualität der Zurichtung beeinträchtigen können.

2.1. Nuancieren von Farbtönen. Die Pigmentzubereitungen der Lederdeckfarben beschränken sich aus Gründen der Rationalität auf die wichtigsten Grundfarbtöne. Neben den Buntfarbtönen des Regenbogenspektrums weisen sie noch Weiß, Schwarz und Braun auf. Die Farbpaletten der verschiedenen Herstellerfirmen enthalten im Durchschnitt jeweils etwa 12 bis 15 Farbtöne. Die einzelnen Grundfarben werden – mit Ausnahme von Weiß und Schwarz – nur selten für sich allein angewendet, meistens werden verschiedene Farben miteinander gemischt, um bestimmte Farbnuancen einzustellen. Das Nuancieren erfordert viel Erfahrung und auch Farbgefühl, um die gewünschte Abstimmung eines Farbtons optimal herauszuholen.

Einstellung von Farbtönen durch Abmischen von Grundfarben ist bei der Färbung des Leders mit löslichen Farbstoffen ebenso üblich wie bei der Zurichtung mit Pigmentfarben. Das Abmischen der Einzelfarben unterliegt aber bei Pigmenten anderen Gesetzen als bei Farbstoffen. Die bei der Färbung von Textilien, Leder oder Papier mit löslichen Farbstoffen schon seit längerer Zeit bekannten und theoretisch unterbauten Prinzipien der Ostwaldschen Farblehre und des Farbendreiecks können nicht ohne weiteres auf das Abstimmen und Abmischen von Pigmentfarben übertragen werden. Zwar ergeben auch bei den Pigmentfarben Mischungen von Weiß und Schwarz Grautöne mit zunehmender Aufhellung bei gesteigertem Weißanteil und zunehmender Abdunkelung mit gesteigertem Schwarzanteil, doch besteht für das Abmischen von Bunttönen keine gleichartige Gesetzmäßigkeit zwischen Farbstoffen und Pigmenten. Rot- und Blaupigment ergibt als Mischung nicht Violett-, sondern Brauntöne. Wenn rote Pigmentfarbe bläulich abgetönt werden soll, muß man Weiß zumischen. Rot und Orange werden durch Zusatz von Schwarzpigment nicht neutral abgetrübt, sondern der Farbton wird nach grünstichigem Braun verschoben. Ein gewünschter Farbton kann oft durch verschiedene Mischungen eingestellt werden, die sich in den einzelnen Ausgangsfarben und in deren Mengenrelation unterscheiden. Die eingestellten Nuancen unterscheiden sich dann meistens etwas in der Reinheit und Klarheit des Farbtons. Das Nuancieren wird im allgemeinen dadurch erleichtert, daß man prinzipiell versucht, den Farbton durch Abmischen von drei, höchstens in Ausnahmefällen vier Farbkomponenten zu erreichen.

Gewisse Besonderheiten des Nuancierens gelten auch für die Oberflächenfärbung durch Kontrastfarben oder Farbappreturen, die für Anilin- oder anilinartige Zurichtungen mit löslichem Schönungsfarbstoff angefärbt werden. Wenn bunte Farbtöne abgedunkelt werden sollen, darf kein Schwarzfarbstoff verwendet werden. Dadurch geht der brillante Anilincharakter verloren, der Farbton wird pigmentartig stumpf. Abgedunkelte, klare Anilintöne erhält man durch Zusatz von Blau, Türkis oder Violett[100].

Ein weiterer wichtiger Punkt für das Einstellen spezieller Farbnuancen ist, daß man den Farbton von Pigmentmischungen nicht durch lösliche Schönungsfarbstoffe »drücken«, d. h. in eine bestimmte Richtung verschieben soll. Farbstoffe tönen intensiver ab als Pigmente, sie werden deshalb in wesentlich geringerer Menge angewendet. Die niedrigere Konzentration an der Lederoberfläche und das spezifische Verhalten gegenüber Licht machen Farbstoffe lichtempfindlicher als Pigmente. Eine mit Hilfe von Farbstoffen eingestellte Nuance von Pigmentfarben kann schon nach kurzer Zeit »verschießen«.

2.2 Gefäße für die Zurichtflotten. Die »Farbküche«, derjenige Teil des Zurichtraums, in dem die Deckfarbenansätze zubereitet werden, wird leider nicht allzu selten in der Ausstattung ziemlich stiefmütterlich behandelt. Als Abfüllgefäße, mit denen Zurichtmittelportionen aus den Vorratsgebinden entnommen werden, findet man Kunststoffbecher, Glasbüchsen, Aluminiumtöpfe, zum Abmessen Gefäße aus Porzellan, emailliertem Eisenblech oder aus Kunststoff und Schöpfkellen aus Aluminium, emailliertem Eisen oder aus Kunststoff vor. Zum Dosieren dienen neben Meßbechern gläserne Zylinder. Als Mischgefäße werden für kleinere Ansätze Töpfe, Schüsseln oder Schalen aller Formen und aus verschiedenem Material benützt. Für größere Ansätze werden leere Farbkannen oder Trommeln bzw. Fässer von Bindemitteln verwendet. Zum Abwägen dienen neben modernen Tarierwaagen einfache Tafelwaagen. Gegen deren Benutzung ist nichts einzuwenden, wenn sie mit ausreichenden Gewichtssätzen versehen sind. Leider fehlen häufig gerade kleine Gewichte zum Austarieren der Gefäße. Man behilft sich mit Eisen-, Holz-, Leder- oder Kartonstücken, mit Nägeln oder mit einem Becher, der zum Ausbalancieren der Waage mit Wasser gefüllt wird. Einige Schalen mit mittleren bis kleinen Kugeln aus Eisen oder Blei können hierfür sehr nützlich sein.

Häufig werden kleine Ansätze gebraucht, um den Farbton einer Vorlage nach- oder modische Nuancen neu einzustellen. Von der Genauigkeit dieser Kleinansätze hängt der Ausfall der Betriebspartie ab. Deshalb sollte stets berücksichtigt werden, daß exakte Arbeit nur mit geeignetem Werkzeug geleistet werden kann und daß nur ein sauberer Arbeitsplatz zu sauberer und genauer Arbeitsweise erzieht!

Die Form der Gefäße für die Zubereitung von Deckfarbenansätzen ist belanglos, wenn sie vollständiges und gleichmäßiges Durchmischen und Verrühren der Einzelbestandteile gewährleisten. Wichtig ist, daß die Gefäße aus geeignetem Material bestehen. Der Aufbau der für die Lederzurichtung verwendeten Produkte ist sehr verschiedenartig, die Zusammensetzung dem Verarbeiter häufig nicht genau bekannt. Deshalb sollten von vornherein alle Gefäßstoffe vermieden werden, welche die Zurichtmittel ungünstig beeinflussen können.

Glas ist gegenüber allen Zurichtmitteln indifferent, es ist aber leicht zerbrechlich. Wenn Ansätze heiß zubereitet werden müssen, z. B. Auflösen von pulverisierten Schönungsfarbstoffen, sind dünnwandige Becher aus hitzebeständigem Glas zu benutzen, die auch auf einer Heizplatte nicht platzen. Zur Sicherheit sind Glasstäbe zum Umrühren am Ende mit einem Stück Gummischlauch zu überziehen.

Porzellan ist haltbarer als Glas. Es beeinflußt die Zurichtmittel ebenfalls nicht und kann auch erhitzt werden. Porzellangefäße sind denen aus Glas vorzuziehen.

Gefäße aus blankem *Metall*, z. B. Aluminium, Eisen, Konservendosenblech, sind kritisch. Das Metall kann durch wäßrige Zurichtmittel korrodieren, besonders wenn benutzte Gefäße ungereinigt stehen bleiben. *Aluminium* ist am empfindlichsten, es ist nicht nur im sauren oder neutralen, sondern auch im alkalischen Bereich stärkerer Korrosion ausgesetzt. Hinzu kommt, daß man die Korrosion von Aluminium im Gegensatz zu der leicht erkennbaren Rostbildung bei Eisen anfänglich kaum bemerkt. Die gebildeten Aluminiumsalze können Weichmacheröl zu unlöslichen Metallseifen ausfällen, sie können auch Polymerisatbindemittel auskoagulieren. Gleiche Gefahr der Beeinträchtigung der Stabilität von Zurichtmitteln besteht bei emailliertem *Eisen* oder bei Eisenblech. Wenn die schützende Emaille durch Stoß oder Schlag beschädigt und abgesprungen ist, bilden sich Roststellen. Diese sind ebenso schädlich wie blankes Metall. Deshalb sollten Metallgefäße oder Schöpflöffel aus emailliertem Metall kritisch auf Emailleschäden geprüft, am zweckmäßigsten für wäßrige Zurichtmittel überhaupt vermieden werden. Sie können für wasserfreie Nitrocellulosefarben oder -lacke oder auch für Polyurethanlacke verwendet werden, solange keine Gefahr von Rostverfärbung, z. B. bei farblosem Lack, besteht. Als einziges blankes Metall kann korrosionsfreier *Edelstahl* unbedenklich angewendet werden.

Als recht gut geeignet und zweckmäßig haben sich Meßbecher, Töpfe, Schalen und Eimer aus *Kunststoff*, z. B. Polyvinylchlorid, Polystyrol oder Polyäthylen, bewährt. Sie sind ausreichend bruchfest und ihre Formbeständigkeit reicht für kalte oder lauwarme Zubereitungen gut aus. Solche Gefäße beeinflussen wäßrige Ansätze nicht und sind auch gegen die für die Lederzurichtung benutzten organischen Lösemittel ausreichend beständig. Kunststoffgefäße lassen sich auch leicht reinigen.

Geeignete Abfüll- und Dosiergeräte sind eine wichtige Voraussetzung für sorgfältige Zubereitung und für die Haltbarkeit der Zurichtansätze. Ebenso wichtig ist es aber auch, daß sie stets sauber gehalten und unmittelbar nach Gebrauch gereinigt werden. Angetrocknete Reste von Farben und Bindemitteln erfordern erfahrungsgemäß wesentlich intensivere Reinigungsbehandlung als frische, noch flüssige Mischungen. Die Gefahr der Beschädigung von Kunststoffgefäßen ist bei Ausscheuern oder Auskratzen entschieden größer als bei dem für frische Ansätze oft nur erforderlichen einfachen Ausspülen.

Sehr wichtig ist für die Reproduzierbarkeit von eingestellten Rezepturen, daß die Ansätze genau dosiert werden. Methoden, bei denen »nach Gefühl« abgemischt oder »mit drei Schöpflöffeln auf einen Eimer« abgemessen wird, sind überholt und werden den heutigen Anforderungen nicht mehr gerecht. Grundsätzlich sollte jede Komponente abgewogen und nur Wasser mit einem graduierten Gefäß abgemessen werden. Das leicht und rasch durchführbare Abmessen in einem Meßzylinder scheitert bei vielen Farbteigen und Bindemitteln daran, daß die Viskosität derartiger Produkte blankes Auslaufen aus den Meßgefäßen verhindert, so daß die Dosierung durch die an der Wandung zurückbleibenden Anteile ungenau wird.

3. Auftragen der Zurichtmittel auf das Leder

Die Lederzurichtung ist eine Behandlung der Lederoberfläche mit Materialien, die lederfremd sind, die nicht wie Gerbstoffe, Farbstoffe oder die meisten Lederfettungsmittel auf die Lederfaser aufziehen. Die Zurichtmittel ergeben eine schützende Schicht auf dem Leder. Ihre Anwendung ist im Grundprinzip nichts anderes als ein »Anstreichen«, das in Arbeitstechnik, den angewendeten Materialien und in der Zusammensetzung der Rezepturen dem Material Leder spezifisch angepaßt ist. Die Durchführung der Lederzurichtung beruht darauf, daß im allgemeinen mehrere Schichten auf das Leder aufgetragen werden, die sich fest auf dem Leder verankern und möglichst zu einer geschlossenen Einheit miteinander verbinden sollen. Trocknen und mechanische Behandlung zwischen den einzelnen Aufträgen sorgen dafür, daß die Lederoberfläche geglättet und gleichmäßig abgeschlossen wird und daß sie durch die Zurichtung das gewünschte Aussehen und die angestrebten Qualitätseigenschaften erhält. Die einzelnen Zurichtschichten müssen gleichmäßig auf der gesamten Lederoberfläche verteilt werden, strukturelle Unterschiede der verschiedenen Flächenteile – Kern, Hals, Bauch – ausgleichen und das Leder glatt und möglichst fein bedecken. Es soll nicht ausgesprochen beschichtet oder beladen werden, sondern möglichst natürlich aussehen.

Die Zurichtmittel werden im allgemeinen in dünnflüssiger Form angewendet. Die Zurichtflotten können dadurch mit verhältnismäßig geringer Substanzmenge aufgetragen werden und trocknen zu durchsichtigen oder zumindest sehr dünnschichtigen, den Narben kaum belastenden Filmschichten auf. Die Auftragstechnik muß sich der Verarbeitung von Flüssigkeiten anpassen. Hierfür haben sich im wesentlichen drei Methoden eingebürgert: das Streich-, das Spritz- und das Gießverfahren.

In den meisten Fällen werden die Auftragsverfahren miteinander kombiniert. Die Flotten für kompaktere Filmschichten – in erster Linie Grundierschichten – werden aufgegossen oder aufgestrichen. Flotten für dünnere Schichten – Kontrastfarben oder Appreturen – werden gespritzt. Diese Einteilung ist jedoch nicht absolut bindend. Je nach den Gegebenheiten sind für die einzelnen Aufträge alle Varianten möglich.

3.1 Streichauftrag. Leder ist im Vergleich zu Holz oder Metall, die ebenfalls oberflächenbeschichtet werden, ein stark saugfähiges Substrat. Wenn eine filmbildende Flüssigkeit aufgestrichen wird, können bei zu intensivem Aufsaugen des Verdünnungsmittels oder umgekehrt bei zu geringem Ansaugen von viskosen, nur wenig verlaufenden Flüssigkeiten Streifen entstehen. Um das zu vermeiden und den flüssigen Auftrag glatt und gleichmäßig zu verteilen, müssen die Ansätze auf dünnflüssige Konsistenz verdünnt und mit möglichst großflächigen Streichgeräten ziemlich naß aufgebracht werden. Die in der Anstrichtechnik vielfach angewendeten Pinsel werden für die Lederzurichtung nicht verwendet.

Für den Streichauftrag auf Leder ist das »Plüschbrett« am weitesten verbreitet. Es handelt sich dabei um ein rechteckiges oder längliches, birnenförmiges Holzbrett mit abgerundeten Kanten, das mit einem weichen, samtartigen Stoff bezogen ist. Die feinen Plüschfasern dieses Stoffs wirken wie eine extrem dichte, kurzfaserige Bürste. Sie saugen bei Eintauchen in die Zurichtflotte die Flüssigkeit auf und geben sie bei Überstreichen der Lederoberfläche an das Leder ab. In manchen Betrieben wird es vorgezogen, die Bespannung nicht unmittelbar auf das Holzbrett aufzuziehen, sondern man legt ein Schaumgummipolster dazwischen. Bei dieser Anordnung kann man glatter und ausgiebiger streichen. Ansatzstellen können dadurch besser vermieden werden (Abb. 14).

Statt des Plüschholzes wird zuweilen auch eine weiche *Haarbürste* benutzt. Sie wird bei vollnarbigem Leder mit wenig saugender Oberfläche, z. B. bei stärker gefettetem, geschmiertem Waterproofleder, vorgezogen, weil man den Grundierauftrag mit der Bürste stärker in die Narbenschicht einmassieren und besser verankern kann. Bei geschliffenem Leder mit stark saugender Oberfläche kann die Bürste infolge der Fähigkeit, größere Flüssigkeitsmenge beim Aufstreichen abzugeben, Auftragstreifen leichter vermeiden als das Plüschholz. Bei Spaltleder wird der erste Streichauftrag der füllenden Grundierung fast ausnahmslos aufgebürstet, meistens mit einer härteren Bürste, damit man die Grundierflotte möglichst tief einreiben und die langen Spaltlederfasern gründlich einbetten kann. Der zweite Auftrag wird eventuell geplüscht, um die Spaltoberfläche glatt abzuschließen.

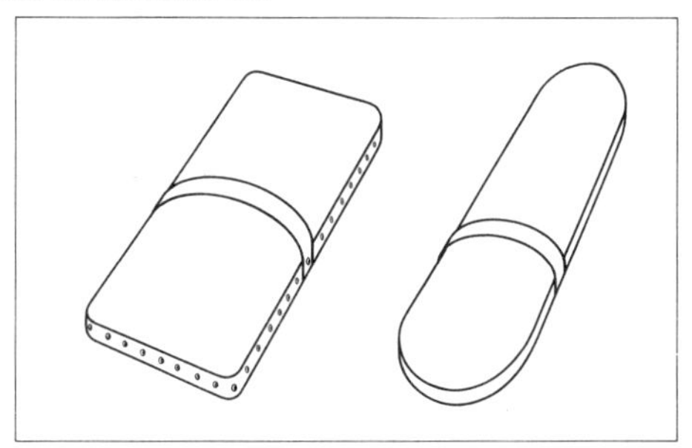

Abb. 14: Plüschhölzer.

Bei glanzgestoßenem Leder mit feinem, flachem Narben, z. B. Boxkalb- oder Chevreauleder, wird die Farbflotte, vor allem aber die Appretur, zuweilen mit einem *Schwamm* aufgetragen. Die Eiweißlösung wird durch leicht gleitendes Überreiben des Narbens sehr fein und gleichmäßig verteilt. Die sehr dünne Beschichtung ergibt beim Glanzstoßen besonders hohen Glanz und sehr glatten, zarten Griff des Leders. Die mit dem Schwamm aufgetragene Flotte wird zuweilen noch mit einem trockenen Plüschholz oder mit einer weichen Bürste verrieben.

Für den Streichauftrag wird das Leder auf einer waagrechten Tafel flach ausgebreitet. Es hat sich bewährt, die Zurichtflotte ziemlich naß aufzubringen, rasch über die gesamte Fläche zu verteilen und dann mit Plüsch oder Bürste nachzureiben. Hierbei wird meistens von beiden Seiten der Tafel her gearbeitet. Eine Arbeiterin trägt die Flüssigkeit mit Schwamm, Plüschholz oder Bürste auf, die auf der gegenüberliegenden Seite der Tafel stehende reibt nach.

Bei größeren Zurichtpartien wird für rascheren Durchsatz statt der Tafel ein endloses *Plüschband* benützt. Das im allgemeinen aus gummiertem Tuch bestehende Band bewegt sich endlos auf einem Rahmen und transportiert das Leder mit gleichmäßiger Geschwindigkeit. Das Leder wird am Kopfende des Arbeitstischs aufgelegt, während des Laufens wird die Zurichtflotte aufgetragen und verrieben. Am Ablaufende wird das Leder entweder abgenommen und zum Ablüften aufgehängt, oder es läuft durch einen an das Plüschband sich anschließenden Trockentunnel. Bei großflächigen Häuten wird in Vierergruppen gearbeitet. Zwei einander gegenüberstehende Arbeiter tragen am Einlauf des Plüschbands die Zurichtflotte auf, zwei weitere reiben nach, während das Leder weiter läuft. Anstatt des Auftragens von Hand kann auch mechanisch aufgetragen werden. Bei der einfachsten Einrichtung wird am Einlauf über dem Plüschband eine mit Löchern oder Sprenkeldüsen versehene Rohrbrükke angebracht, aus der der Zurichtansatz ziemlich naß auf das Leder aufgeträufelt wird. Nachgerieben wird dann von Hand. Für die Serienfertigung großer Partien kann statt des Aufträufelns auch naß gespritzt oder gegossen und dann bei Ablaufen des Leders von der Maschine mit Plüsch nachgerieben werden.

Dem Arbeitsprinzip des Plüschbands entspricht die *Bürstauftrag-* oder *Appretiermaschine.* Sie besteht aus einem Farbtrog, in dem ein parallel zur Achse geriffelter Zylinder umläuft. Durch die Riffelung entnimmt der Zylinder dem Trog eine genau dosierte Flüssigkeitsmenge. Der Überschuß fließt von der glatten Zylinderoberfläche in den Trog zurück. Von dem Riffelzylinder nimmt eine rotierende Bürstwalze den Zurichtansatz ab und überträgt ihn auf das Leder, das unter der Bürstwalze auf einem Transportband vorbeiläuft. Das Transportband ist hinter dem Auslauf aus der Maschine als Arbeitstisch ausgebildet, wie bei dem Plüschband. An beiden Längsseiten dieses Tischs stehen Arbeiterinnen, die den Auftrag mit Bürste oder Plüschholz verreiben und in das Leder einmassieren. Es ist auch möglich, daß maschinell nachgeplüscht wird. Hierzu werden endlose Plüschbänder verwendet, die sich wie eine Transportraupe von Schwerlastfahrzeugen über rotierende Zylinder bewegen. Jeweils zwei solcher Plüschraupen stehen sich im spitzen Winkel gegenüber. Sie streichen über das Leder, verreiben die aufgetragene Flüssigkeit und glätten die Oberfläche, so daß keine Handarbeit mehr erforderlich ist (Abb. 15).

Die Bürstmaschine benötigt verhältnismäßig große Ansätze. Die Flotte wird aus einem Vorratsgefäß kontinuierlich in den Farbtrog umgepumpt; der Überschuß fließt in den Vorratsbehälter zurück. Dadurch, daß die Flotte dauernd in Bewegung bleibt, wird verhindert, daß sie sich entmischt bzw. daß sich Pigmentpartikel absetzen. Umpumpgefäß und

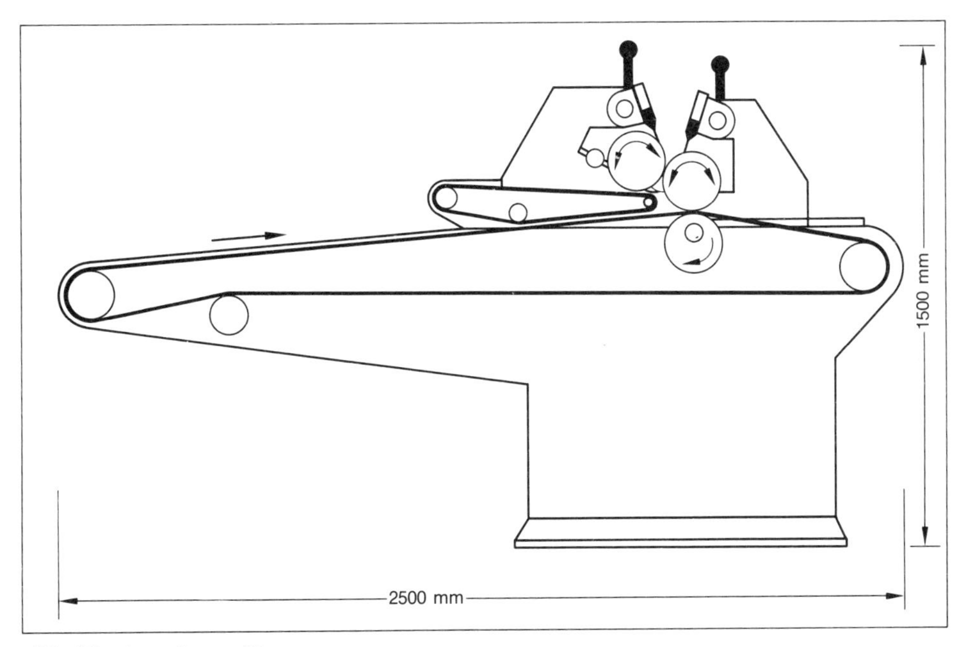

Abb. 15: Appretiermaschine.

Farbtrog müssen stets mit einer genügend großen Flüssigkeitsmenge versorgt sein. Die Bürstmaschine ist deshalb nur dann rentabel, wenn fortlaufend größere Partien in der gleichen Farbnuance zugerichtet werden oder wenn man sie für den Auftrag farbloser Flotten, etwa für die Narbenimprägnierung benützt.

Die Bürstauftragmaschine stellt hohe Anforderungen an die Stabilität der Auftragflotte. Die einzelnen Borsten der rasch rotierenden Bürstenwalze reiben und schlagen stark sowohl auf dem Rillenzylinder der Dosierwalze wie auch auf dem Leder. Die als Bindemittel verwendeten Polymerisatdispersionen können durch diese Beanspruchung koagulieren, genauso wie durch Schlagen von Sahne Butterklümpchen abgeschieden werden. Beim Abstreifen der Flüssigkeit vom Rillenzylinder können die Borsten Luft in die Flüssigkeit hineindrücken und Schaum bilden, der das Entstehen eines gleichmäßigen Films auf dem Leder erschwert. Auf der Bürstmaschine kann deshalb nicht jeder Ansatz unbedenklich verarbeitet werden. Es hat sich bewährt, daß man für die Zurichtflotte Bindemitteldispersionen auswählt, die »ribbelfest« sind, d. h. die bei Verreiben des unverdünnten Binders auf der Hand keine Krümel bilden.

Je mehr der Deckfarbenansatz mit Wasser verdünnt ist, um so niedriger wird seine Viskosität, um so stärker ist die Neigung der spezifisch schweren Pigmente, sich am Boden abzusetzen. Um gleichmäßigen Farbton und Deckeffekt der auf das Leder aufgetragenen Flotte zu gewährleisten, müssen sowohl die löslichen wie auch die dispergierten unlöslichen Bestandteile in der Flüssigkeit einheitlich verteilt sein. Das wird bei der Bürstmaschine dadurch erreicht, daß die Flotte im Farbtrog zirkuliert, aus einem Vorratsgefäß ständig umgepumpt und in dem Vorratsbehälter meistens noch zusätzlich durchgerührt wird; bei Auftrag von Hand wird die Zurichtflotte nicht ununterbrochen bewegt. Die Flotte wird von

Zeit zu Zeit durch Eintauchen von Plüschholz, Bürste oder Schwamm portionsweise aus einem Gefäß entnommen. Während des Stehens der Flüssigkeit zwischen den Arbeitsgängen können Pigmente sich teilweise absetzen. Die Flotte muß deshalb vor jedem Eintauchen des Auftraggeräts durchgerührt werden. Damit das Absetzen der Pigmente möglichst weitgehend vermieden wird, ist es vorteilhaft, als Farbgefäß eine flache Schale oder Schüssel zu verwenden. Die Flüssigkeitsmenge sollte auch nicht zu groß sein, damit sie leicht und vollständig durchgerührt werden kann. Je flacher der Flüssigkeitsspiegel über dem Gefäßboden liegt, um so geringer ist die Gefahr des Absetzens. Hohe Töpfe sind ungeeignet, zumal die Auftragsgeräte schwierig darin eingetaucht werden können. Wenn die Tauchschalen aus einem größeren Vorratsgefäß wieder aufgefüllt werden, muß der Vorratsansatz zuvor gründlich aufgerührt werden.

Für Handaufträge hat sich eine einfache Rührvorrichtung für die Tauchschale recht gut bewährt, um die Auftragflotte dauernd in Bewegung zu halten und das Pigmentabsetzen zu verhindern (Abb. 16). Etwa in der Mitte der Längsseite des Arbeitstischs wird eine Platte montiert, die sich auf einer senkrecht stehenden Achse fortdauernd dreht. Auf dieser Platte wird die Tauchschale mit der Zurichtflotte aufgesetzt. In die Schale ragt eine kleine Platte hinein bis dicht über den Boden. Sie ist quer zur Drehrichtung angebracht und wirkt als Strombrecher, der die rotierende Zurichtflotte dauernd aufwirbelt. Bei Entnahme der Flüssigkeit braucht man Plüschholz, Bürste oder Schwamm nur leicht auf den Flüssigkeitsspiegel aufzusetzen und muß nicht zum Aufrühren tief eintauchen. Das Streichgerät wird nicht mit Flüssigkeit überladen und verteilt die Flotte gleichmäßiger auf dem Leder, ohne daß Tropfflecken und beim Ansetzen Naßstellen verursacht werden.

Es ist vorteilhaft, wenn der auf das Leder aufgestrichene Auftrag nachträglich verrieben wird, gleichgültig, ob er auf der Maschine oder von Hand aufgebracht worden ist. Die Flotte wird mit dem Plüschholz oder mit einer weichen Bürste verrieben, bis auf dem Leder keine nassen Stellen mehr verblieben sind. Es kann dann sofort zum Ablüften aufgehängt werden ohne Gefahr, daß die Farbe stellenweise wegfließt. Das Leder trocknet rascher und wenn die aufgehängten Leder sich an einzelnen Stellen berühren, verbleiben keine oder kaum sichtbare Flecken. Die beschichtete Oberfläche ist nach dem Verreiben weniger klebrig und daher weniger schmutzanfällig. Vor allem aber wird der Zurichtansatz stärker in das Leder einmassiert. Er haftet fester und läßt glatteren Griff des zugerichteten Leders erhalten. Das Verreiben des Grundierauftrags ist aus diesem Grund auch dann anzuraten, wenn das Leder nicht zum Trocknen aufgehängt wird, sondern waagerecht liegend durch einen Trockentunnel läuft.

Dem Streichauftrag ähnlich ist die Methode des *Aufrollens*. Sie wird nur vereinzelt, z. B. bei orientierenden Versuchen für Vorgrundierungen oder Narbenimprägnierungen, angewendet. An einem mit Handgriff versehenen Metallbügel steckt eine Walze. Sie ist mit einem saugfähigen Material, mit Schaffell oder mit Filz, überzogen. Die Walze wird in die Zurichtflotte eingetaucht, über das Leder gerollt, und die Grundierflüssigkeit während des Abrollens vom Leder aufgesaugt. Das Aufrollen eignet sich nur für Flüssigkeiten, die rasch in das Leder einziehen. Es wird nicht für Deckfarbenaufträge angewendet, da die nasse Rolle zu viel Flüssigkeit auf die Lederoberfläche aufträgt (Abb. 17).

Streichaufträge setzen sowohl für das Aufbringen der Flotte als auch für das Nachreiben voraus, daß die Lederoberfläche leicht zugänglich ist. Das Leder wird flach liegend über eine offene Strecke transportiert. Das Arbeitspersonal, das die Zurichtflotte von Hand aufstreicht

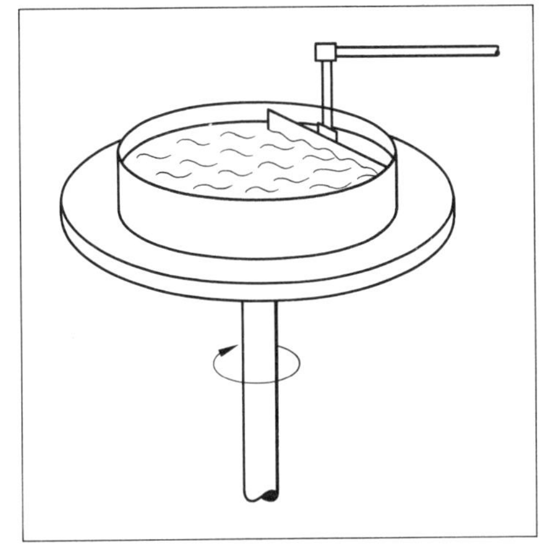

Abb. 16: Rührvorrichtung.

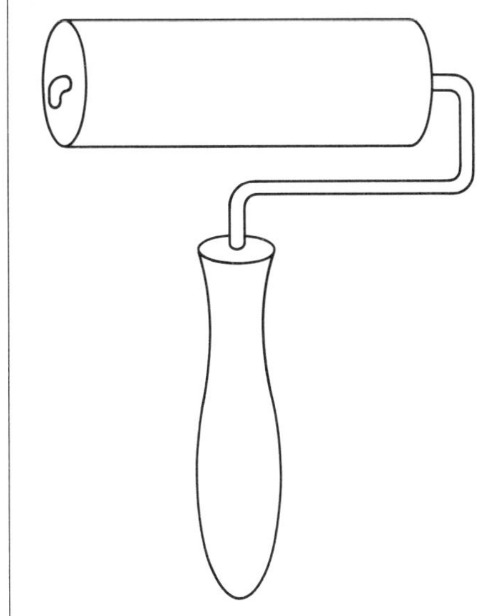

Abb. 17: Fellrolle.

oder verreibt, beugt sich während des Arbeitens über das Leder und ist entsprechend der »Abluft« der beschichteten Lederoberfläche ausgesetzt. Es ist verständlich, daß unter diesen Voraussetzungen lösemittelhaltige Ansätze durch die sich bildenden Lösemitteldämpfe das Atmen und damit die Arbeitsmöglichkeit erschweren. Das ist einer der Gründe, weshalb im Streichverfahren im allgemeinen nur geruchsarme, wäßrige Zurichtflotten verarbeitet werden. Ein weiterer, technisch bedingter Grund, daß Lösemittelansätze nicht auf das Leder aufgestrichen werden, ist der, daß organische Lösemittel die Lederoberfläche leicht benetzen und rasch vom Leder aufgenommen werden. Intensives Einmassieren ist deshalb nicht erforderlich und Aufstreichen würde in vielen Fällen sogar Schwierigkeiten verursachen, weil die Flüssigkeit rascher vom Leder aufgesaugt wird, als sie über eine größere Fläche verteilt werden kann. Lösemittelflotten werden durch Spritz- oder Gießauftrag auf das Leder aufgetragen.

3.2. Spritzauftrag. Die Zurichtflüssigkeit kann unter Druckeinwirkung zu sehr feinen Tröpfchen verteilt und in dieser Form auf das Leder aufgespritzt werden. Das Zerstäuben zu Tröpfchen erfolgt mit Hilfe von Loch- oder Ringdüsen, der Druck wird durch Preßluft erzeugt. In den Anfängen der Spritztechnik wurde von Hand gespritzt. Die Spritzdüsen waren für einfaches Hantieren in Pistolenform ausgebildet. Man spricht deshalb heute oft noch von »Spritzpistolen«, obwohl die an modernen Spritzmaschinen angebrachten Düsen mit der ursprünglichen Pistolenform kaum noch etwas gemein haben.

Die zu feinen Tröpfchen verdüste Spritzfarbe läßt sich sehr gleichmäßig auf dem Leder verteilen. Mit der Spritzzurichtung kann man daher ruhiges und einheitliches Aussehen der Lederoberfläche erreichen. Man kann mit dem Spritzauftrag die aufgebrachte Flüssigkeitsmenge ziemlich fein dosieren und stärker reduzieren, als das beim Streichauftrag möglich ist.

In solchen Fällen trocknet die gespritzte Flotte ziemlich rasch und das Leder kann ohne langwieriges Zwischentrocknen, welches den Arbeitsablauf hemmt, erneut überspritzt werden. Die Spritzbehandlung ist daher eine interessante Basis für die Ausarbeitung maschineller, mehr oder weniger automatisch durchführbarer Zurichtmethoden.

Für Spritzaufträge sind sowohl wäßrige wie auch lösemittelverdünnte Ansätze verwendbar. Bei maschinellem Auftrag kann in weitgehend abgeschlossenen Kabinen bzw. Spritzzellen gearbeitet werden, so daß die Atmosphäre des Arbeitsraums nur wenig durch Lösemitteldämpfe beeinflußt wird. Man kann mit geringem Flüssigkeitsauftrag »trocken« für dünne Zurichtschichten oder mit höherer Flüssigkeitsmenge und eventuell auch mit höherer Konzentration »naß« für dickere Beschichtung spritzen. Trockenere Aufträge werden im Preßluftverfahren, nassere im »luftfreien« Airless-Verfahren durchgeführt.

Das grundlegende Arbeitsprinzip der bestehenden verschiedenen Arten von Spritzmaschinen ist gleich, unabhängig davon, nach welchem System die Spritzdüsen funktionieren. Die Durchführungsform der Spritzbehandlung kann bei den einzelnen Maschinenarten im Detail unterschiedlich sein. In jedem Fall wird das Leder auf einem Transportband mit gleich bleibender Geschwindigkeit an der Spritzpistole vorbei bewegt. Die Pistole wird ebenfalls bewegt, und zwar quer zur Laufrichtung des Leders. Dadurch wird das Leder in nebeneinander laufenden, sich überlappenden Bahnen überspritzt. Allgemein liegt das Leder waagrecht auf dem Transportband und die Pistole spritzt senkrecht von oben. Nur in Ausnahmefällen wird für spezielle Effekte mit schräg gerichtetem Strahl gespritzt. Der waagrechte Transport des Leders gestattet, daß das zuzurichtende Leder rasch und unkompliziert auf das Band aufgelegt und von ihm wieder abgenommen werden kann, da es nicht angeheftet werden muß, sondern lose aufliegt. Die Spritzpistole bewegt sich über die gesamte Bahnbreite hin und her. Sie läuft entweder in der Schiene eines Brückengestells oder schwingt an einem waagrecht pendelnden Schwenkarm. In beiden Fällen laufen die Spritzbahnen bei der Hin- und Herbewegung der Pistole parallel zueinander. Auf dem Leder beschreiben sie eine Zickzacklinie, da das Leder während der Seitwärtsbewegung der Spritzpistole vorwärts bewegt wird. Die Spritzbahn ist bei Bewegung der Pistole an der Brückenschiene als Gerade, bei Bewegung am Pendelarm als Kreisbogen ausgebildet. Bei den modernen »Rundläufer«-Spritzmaschinen werden vier, sechs oder acht Pistolen eingesetzt. Sie sind an sternförmig angeordneten Armen befestigt, die sich als Karussell im Kreis drehen. Jede Pistole überstreicht bei dem Rundumlauf das Leder zweimal, im Vorderbogen von links nach rechts, im Hinterbogen von rechts nach links oder umgekehrt. Die Spritzbahnen bestehen wie beim Pendelarm in Kreisbogen. Die beiden konkaven und konvexen Bahnen der einzelnen Pistolen überschneiden sich in spitzwinkliger Kreuzung. Die Bogenbahnen der verschiedenen Pistolen laufen parallel zueinander. Die Spritzbehandlung mit mehreren Pistolen in der Rundläufermaschine ergibt sehr gleichmäßig verteilte Aufträge. Die Spritzbahnen liegen sehr dicht, das Flächenbild wird dadurch besonders ruhig und die Maschine gewährleistet infolge des möglichen raschen Laufs hohen Durchsatz.

Die Durchsatzgeschwindigkeit der Spritzmaschine hängt zu einem wesentlichen Teil davon ab, wie breit der Spritzstrahl das Leder bedeckt. Das Leder darf während einer Seitwärtsbewegung der Spritzpistole nur so weit vorwandern, daß der nächste Spritzstrahl die Randpartie des vorangegangenen noch eindeutig erfaßt und überlappt. Ist die Durchlaufgeschwindigkeit zu hoch, treten streifenartige Schattierungen oder Dreieckspitzen, sogenannte »Zwickel«, mit geringerer Deckung an den Seitenpartien des Leders auf. Bewegungsgeschwindigkeit der

Spritzpistolen und Lauftempo des Leders müssen genau aufeinander abgestimmt sein. Das Verhältnis von Durchlaufgeschwindigkeit des Leders und Aufeinanderfolge der einzelnen Spritzbahnen hängt davon ab, wie breit der Spritzstrahl auf die Lederoberfläche auftrifft. Bei gleich bleibendem Streuwinkel der Spritzdüse wird der überspritzte Streifen um so breiter, je weiter die Pistole vom Leder entfernt ist, und um so schmaler, je näher die Pistole sich über dem Leder befindet. Dem angestrebten Ziel, daß mit einem Spritzgang eine möglichst breite Bahn überspritzt wird, sind Grenzen gesetzt, weil mit breiter Verteilung Deckkraft und Egalisierwirkung vermindert werden. Wenn die Düsenöffnung vergrößert wird, kann man mehr Flüssigkeit und entsprechend auch mehr Substanz spritzen. Das erfordert jedoch erheblich höheren Spritzdruck, sonst lassen sich die Flüssigkeitströpfchen nicht mehr fein genug verteilen, und die bespritzte Fläche sieht unruhig aus. Hoher Spritzdruck belastet die Ventile der Pistolen und steigert den Verschleiß. Bei zu großem Spritzabstand können außerdem die durch die Luft fliegenden Spritztröpfchen schon so viel Flüssigkeit verlieren und so viskos werden, daß sie auf dem Leder nicht mehr einwandfrei verfließen, zu punktförmigen »Stippen« antrocknen, in extremen Fällen zu rauhem Griff der Lederoberfläche führen und keine genügende Schutzwirkung der Zurichtschicht erreichen lassen.

Aus diesen Beobachtungen und Erfahrungen in der Spritztechnik haben sich für die Arbeitsweise der Spritzmaschinen gewisse Grundbedingungen herausgeschält, die für wäßrige Zurichtflotten bei Preßluftspritzen etwa folgende Parameter ergeben:

Düsenöffnung:	1,5–2,5mm
Spritzdruck:	3–5 bar bzw. atü
Pistolenabstand vom Leder:	30–40 cm
Laufgeschwindigkeit des Leders:	8–18 m/min

Die Laufgeschwindigkeit und damit der Durchsatz des Leders hängt von der Anzahl der zugleich arbeitenden Spritzpistolen ab. Bei wenigen Pistolen muß das Leder die Maschine langsam durchlaufen, bei größerer Pistolenzahl kann es rascher transportiert werden.

3.2.1. Spritzen mit Preßluft. Das Aufspritzen der Zurichtflotten beruht auf der Zerstäubertechnik. Ein Luftstrahl läuft an dem mit der Flüssigkeit verbundenen Ansaugrohr vorbei, erzeugt unmittelbar vor dem Rohr ein Vakuum und reißt dadurch die im Rohr befindliche, fortlaufend nachgesaugte Zurichtflotte mit sich. Bei Austritt aus der Düse wird der flüssigkeitsbeladene Luftstrahl stark beschleunigt. Er versprüht die Flüssigkeit zu feinen Tröpfchen und schleudert sie auf die Lederoberfläche. Eine Ventilnadel öffnet oder schließt die Spritzdüse. Sie kann durch ihre Stellung zum Düsenaustritt die Verteilungsfeinheit der Tröpfchen und die Ausbildung des Spritzstrahls zum »Rundstrahl« mit kreisförmigem oder zum »Flachstrahl« mit ovalem Querschnitt regulieren.

Mit der Spritzpistole kann von Hand oder maschinell gearbeitet werden. Für das *Handspritzen* ist die Zufuhr der Flüssigkeit und der Luft in einem pistolenförmigen Gerät zusammengefaßt. Die Preßluft wird über einen Schlauch durch den Handgriff der Pistole zugeführt. Die Zurichtflüssigkeit kann aus einem oben auf die Pistole aufgesetzten oder aus einem unter dem »Lauf« angehängten Topf für kleinere Flottenmengen oder aus einem Schlauch zugeführt werden, der mit einem größeren Vorratsgefäß in Verbindung steht. Die den Spritzvorgang einleitende oder abstoppende Ventilnadel wird durch Fingerdruck an einem Abzugsbügel betätigt. Bei *Maschinenspritzen* werden Flüssigkeit und Preßluft über einen Schlauch der Spritzdüse zugeführt. Die Luft kann auch durch das hohle Rohr des Haltearms für die Düse geleitet werden. Öffnen und Schließen der Düse wird elektronisch gesteuert. Die Düse befindet sich am Ende eines senkrecht angeordneten Rohrs, in dem sich die Mechanik für das Mischen von Luft und Flüssigkeit und für die Steuerung der Ventilnadel befindet (Abb. 18).

Beim Spritzen wird ein erheblicher Druck auf das Leder ausgeübt. Damit die Lederoberfläche trotzdem glatt liegen bleibt, wird das Leder auf eine feste Unterlage aufgelegt. Bei stationärem Bespritzen des Leders von Hand besteht die Unterlage meist aus einem Rost von gekreuztem Drahtgitter, bei Durchlauf des Leders durch die Spritzmaschine aus parallel laufenden Perlonschnüren. Bei Handspritzen ist das Leder auf dem Gitterrost angeheftet und hängt senkrecht oder leicht geneigt bis zu einem Winkel von 60 Grad. Bei Maschinenspritzen liegt es waagrecht auf den Perlonschnüren und ist nicht befestigt. Der Druck des aufgespritzten Luft-Flüssigkeits-Nebels erzeugt auf dem Leder Luftwirbel und Rückprall. Um zu vermeiden, daß farbiger Sprühnebel die Luft des Arbeitsplatzes belastet, wird bei Handspritzen die Abluft hinter dem Leder, bei Maschinenspritzen im allgemeinen über dem Leder abgesaugt. Bei Handspritzen hängt das Leder in einer an der Vorderfront offenen, an den Seiten geschlossenen und an der Hinterfront mit der Abzugsöffnung des Ventilators versehenen Spritzkabine. Der Raum der Spritzmaschinen ist bis auf einen ziemlich schmalen Schlitz am Ein- und Auslauf des Leders abgekapselt. (Abb. 19).

Der Auftrag der Spritzflotte kann von Hand gut gesteuert werden. Man spritzt zum gleichmäßigen Verteilen der Zurichtmittel in parallel laufenden schrägen Bahnen von links unten nach rechts oben und über Kreuz zurück von rechts unten nach links oben. Die Pistolenbahn wird von Kante zu Kante des Leders geführt, so daß nur geringe Spritzverluste

Abb. 18: Spritzpistole.

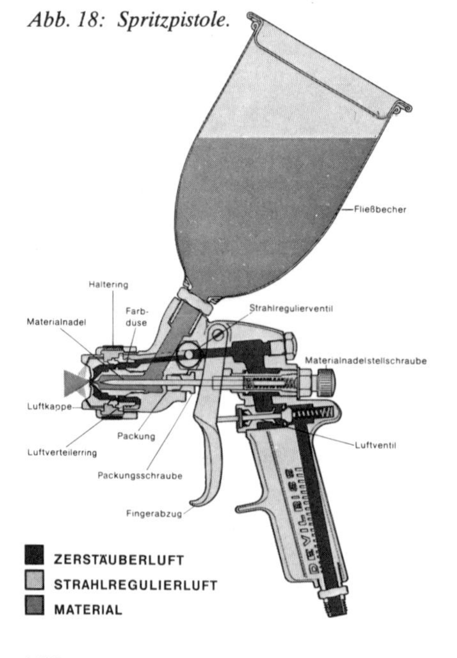

Abb. 19: Spritzkabine.

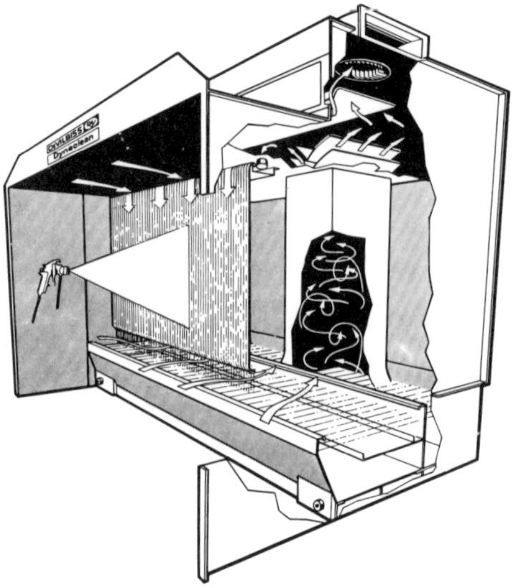

entstehen. Beim Spritzen auf der Maschine müssen die Pistolen die gesamte Breite des Transportbands überstreichen. Infolge der unregelmäßigen Flächenform des Leders würden bei kontinuierlichem Spritzen teilweise beträchtliche Leerflächen bespritzt, wodurch großer Spritzverlust und Unkostenaufwand verursacht würden. Die Spritzmaschinen sind deshalb mit automatischer Steuerung ausgestattet, welche die Pistolen abschaltet, sobald sie über die Lederfläche hinaus bewegt werden. Ursprünglich wurde über Photozellen gesteuert. Am Trägerarm der Spritzdüse ist über dem Leder eine Lichtquelle als Sender angebracht. Unter dem Leder und Transportband läuft an der gleichen Drehachse wie die Düsen eine Lichtzelle als Empfänger. Solange der Lichtstrahl durch das zwischen Sender und Empfänger liegende Leder unterbrochen ist, bleibt die Spritzdüse geöffnet. Wenn der Lichtstrahl die Empfangszelle erreicht, die Fläche also nicht von Leder bedeckt ist, wird die Düse geschlossen. Das System arbeitet jedoch nicht problemlos. Wenn auch der Spritzverlust weitgehend reduziert werden kann, wird doch stets ein kleiner Anteil der Spritzflotte über den Lederrand hinaus gespritzt. Dadurch wird das »Fenster« der Lichtzelle allmählich abgedeckt und die Steuerung blockiert.

Die moderne Art der Düsensteuerung arbeitet mit elektronischer Flächenmessung. Bei Einlassen in die Spritzmaschine läuft das Leder unter einer Lichtbrücke hindurch, welche die vom Leder bedeckte Fläche des Transportbands erfaßt. Mit einer Zeitverzögerung, die dem Transportweg des Leders von der Meßbrücke bis zum Düsenkarussell entspricht, wird der Spritzvorgang so reguliert, daß die Maschine nicht nennenswert über den Rand des Leders hinaus spritzt. Gegenüber ungesteuertem Spritzen kann der Spritzverlust bei

Lichtzellensteuerung	um 50 % von 30 auf 15 %
Meßbrückensteuerung	um 60 bis 65 % von 30 auf 12–10 %

vermindert werden. Völlig ausschalten läßt sich der Spritzverlust nicht, da ein Teil der versprühten Flotte durch den auf der Lederoberfläche verursachten Luftwirbel zurückprallt und mit der Abluft abgezogen wird (Abb. 20).

Die für das Spritzen erforderliche Preßluft wird durch einen Kompressor erzeugt und von diesem den Spritzpistolen durch eine Rohrleitung zugeführt. Der starke Druck und die hohe

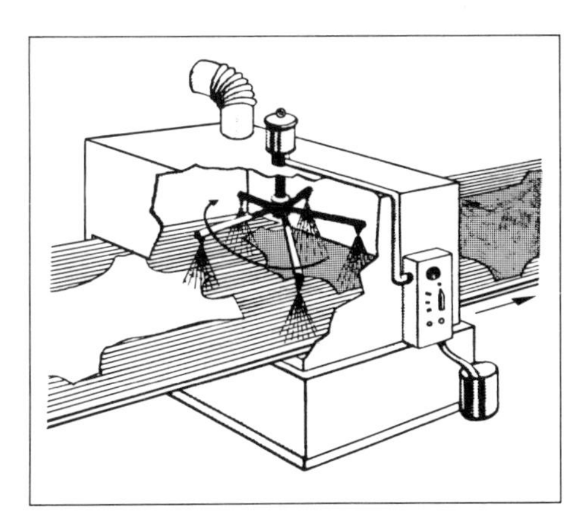

Abb. 20: Spritzmaschine.

Strömungsgeschwindigkeit der Luft können von der Schmierung des Kompressors feine Öltröpfchen mitreißen. Diese dürfen nicht auf das Leder gelangen, da sie – besonders bei wässriger Zurichtung – die gleichmäßige Ausbildung des Zurichtfilms stören. An der Spritzmaschine ist ein Ölabscheider angebracht, der die Preßluft durch eine Filtervorrichtung reinigt. Dieser Ölabscheider kann seine Funktion nur so lange erfüllen, wie er wirksame Reinigungskapazität besitzt. Die abgeschiedene Ölmenge muß daher regelmäßig abgelassen werden. Wenn Öl in die Spritzdüse und von dort auf das Leder gelangt, bilden sich deutlich erkennbare, kreisförmige Flecken von mehreren Millimetern Durchmesser, sogenannte »Fischaugen«, die das Aussehen und die Verwendbarkeit des Leders deutlich vermindern. Aus Sicherheitsgründen sollte der Ölabscheider nach jedem Stillstand der Spritzmaschine vor dem erneuten Anlaufen, auf alle Fälle vor jeder neuen Arbeitsschicht bzw. an jedem Morgen gereinigt werden.

3.2.2 Airless-Spritzen. Das in der Lackiertechnik schon seit längerer Zeit angewendete Verfahren des »Spritzens ohne Luft« wurde etwa 1960 für die Lederzurichtung eingeführt. Das Airless-Verfahren unterscheidet sich von der Preßluftmethode dadurch, daß die Spritzflüssigkeit nicht von einem Luftstrom mitgerissen wird, sondern daß sie unter pneumatischem Druck durch eine sehr feine Düse gepreßt und als sehr fein verteilter Sprühstrahl ohne Beimischung von Luft auf das Leder gespritzt wird[110]. Die Zurichtflotte wird aus einem Vorratsgefäß entweder durch Luftdruck oder durch eine Förderpumpe in die Spritzpistole gedrückt. Dort wird der Druck durch den Reibungswiderstand der außerordentlich feinen Düse, deren Durchmesser oft nur wenige Zehntelmillimeter beträgt, auf 80 bis 120 bar (Atmosphären) gesteigert und die Flüssigkeit zerstäubt. Der hohe Druck und dessen Entspannung im Augenblick des Austretens der Spritzflotte aus der Düse üben starke Scherkräfte auf die Bindemittel aus. Für das Airless-Verfahren können daher nur Zurichtmittel herangezogen werden, die gegen mechanische Beanspruchung voll widerstandsfähig sind, damit die Düse nicht durch abgeschiedene Filmpartikel verstopft wird. Auch die Pigmente der Deckfarbenansätze müssen sehr fein dispergiert sein und die Flotte muß durch ein engmaschiges Filtertuch oder sehr feines Sieb filtriert werden. Nach beendetem Spritzen müssen die Pistole und das gesamte Spritzaggregat gründlich gereinigt und gut durchgespült werden, damit keine Filmhäutchen antrocknen und Verkrustungen verursachen können, die durch den hohen Arbeitsdruck beim nächsten Spritzen losgerissen werden und die Spritzdüse zusetzen können.

Im Airless-Verfahren können sowohl wäßrige als auch Lösemittelansätze gespritzt werden. Da der Spritzauftrag deutlich nasser ist als beim Preßluftverfahren, lassen sich Lösemittelansätze meistens günstiger spritzen als wäßrige, weil ihre Viskosität auf dem Leder rascher ansteigt und sie daher weniger wegfließen können. Bei Spritzen von Nitrocelluloseemulsionen hat es sich als vorteilhaft erwiesen, daß sie zumindest anteilig mit organischen Lösemitteln verdünnt werden. Bei rein wäßriger Verdünnung können sie wolkig auftrocknen. Höherviskose Polyurethan- oder Nitrocelluloselacke verlaufen bei Airless-Spritzen zu dickeren, sehr homogenen Filmschichten. Beim Airless-Verfahren ist es erforderlich, daß die Spritzpistolen sehr sorgfältig auf die Saugfähigkeit der Lederoberfläche, auf das Fließverhalten der Spritzflotte und auf die angewendete Auftragsmenge eingestellt werden. Die Einstellung muß im allgemeinen noch genauer sein als beim Spritzen mit Preßluft.

Der Spritzstrahl der Airless-Pistole ist nicht mit Druckluft vermischt. Rückprall und

Hochwirbeln bei Auftreffen auf das Leder sind nur gering, und nur wenig verdüste Flotte wird im Luftraum der Spritzkabine verstäubt. Man kann sehr rationell arbeiten, weil fast die gesamte Flüssigkeit auf das Leder trifft und kaum Farbverluste auftreten. Durch den hohen Spritzdruck und die fehlende Luftbeimischung wird nasser gespritzt als beim Preßluftverfahren. Die Möglichkeit, daß auch höherviskose Flüssigkeiten zu einem homogenen Film verfließen, ist weitgehend gegeben. Allerdings liegt auch die Gefahr nahe, daß der nasse Auftrag niedrigviskoser Flüssigkeiten wegläuft und »Nasen« bildet. Das Leder soll deshalb bei Airless-Spritzen stets waagerecht liegen und weder senkrecht noch schräg aufgehängt werden.

3.2.3 Reinigen der Spritzmaschine. Gleichgültig, ob mit Preßluft oder Airless, mit wäßrigen oder lösemittelhaltigen Flotten gearbeitet wird, hängen Qualität und Aussehen der Zurichtung von sauberem Arbeiten ab. Spritzaggregate, Zuführleitungen und Farbbehälter müssen nach jeder Benutzung sorgfältig gereinigt und ausgespült werden. Die Reinigung ist leichter durchführbar und gründlicher wirksam, wenn sie sofort nach Beendigung des Spritzens vorgenommen wird. Wenn erst einmal eine Haut oder ein Film angetrocknet ist, erfordert deren Beseitigung oft hohen Arbeitsaufwand, während Flüssigkeiten meistens leicht ausgespült werden können. Lösemittelansätze sind hinsichtlich Reinigung kritischer als wäßrige, da sie im allgemeinen rascher antrocknen. Besonders sorgfältig muß man umgehen, wenn bei Wechsel der Spritzflotten von wäßrigen auf Lösemittelsysteme oder umgekehrt übergegangen wird. Lösemittellösliche Zurichtmittel werden im allgemeinen durch Wasser ausgefällt und hängen dann besonders zäh an schwer zugänglichen Stellen fest. Wenn irgend möglich, sollten getrennte Spritzanlagen eingerichtet werden, auf denen einerseits nur wäßrig und andererseits nur mit Lösemitteln gearbeitet wird. Dadurch lassen sich für die wäßrige Anlage die bei Spritzen von Lösemittelsystemen unbedingt erforderlichen Sicherheitseinrichtungen – Explosionsschutz, Abkapselung von Motorgehäusen und Beleuchtungseinrichtungen – einsparen.

Exakt zugerichtetes Leder soll nicht nur eine tadellose Oberfläche, sondern auch eine saubere Rückseite aufweisen. Deshalb ist es wichtig, daß auch die Unterlage des Leders – die Transportschnüre der Spritzmaschine – laufend gesäubert wird. Es läßt sich auch bei Steuerung der Spritzdüsen nicht völlig vermeiden, daß Anteile der Spritzflotten auf die Unterlage kommen. Transportschnüre mit rundem Profil und glatter Oberfläche nehmen am wenigsten auf und lassen sich am leichtesten reinigen. Die endlosen Schnüre werden, nachdem sie das Leder am Auslauf der Maschine abgegeben haben, im Unterteil der Maschine zurückgeführt. Sie können an dem abfallenden Teil der Rücklaufstrecke abgespült und durch rotierende Bürsten gereinigt werden. In manchen Betrieben durchlaufen sie auf dem Rückweg noch einen mit Kieselsteinen gefüllten Kasten und werden durch Reiben nachgereinigt. Die Intensität der Reinigungsbehandlung richtet sich nach dem Grad des Verschmutzens. Auf jeden Fall sollen die Schnüre bei Eintreffen an der Einlaufstelle der Maschine wieder sauber und trocken sein.

Die aus der Spritzkabine abgesaugte Abluft ist mit Farbstaub bzw. mit Nebel von Lösungen filmbildender Substanzen beladen. Sie wird mit einem Ventilator abgezogen und durch einen Schacht in die Außenluft abgeführt. Damit die Umgebung möglichst wenig durch die Abluft belästigt wird, sind auf dem Abzugsweg Prallbleche angebracht, an denen sich die Ballaststoffe absetzen. Das Abzugssystem muß ebenfalls regelmäßig gereinigt werden. Besonders kritisch ist das Flügelrad des Ventilators, zwischen dessen Enden und dem Kranz des umgebenden Gehäuses nur ein schmaler Schlitz besteht. An den an dem Kranz abgeschiedenen und angetrockneten Filmresten reiben die Ventilatorflügel und verursachen Reibwärme, die bei Nitrocellulose zu Selbstentzünden führen kann. Die Filmkrusten brennen meistens nicht spontan ab, da sie noch unbrennbare Pigmente und nicht selbstentzündliche organische Substanzen enthalten. Es entstehen vielmehr Schwelbrände, die erst nach mehreren Stunden in Flammen ausbrechen. Brände an Spritzmaschinen treten fast immer erst mehrere Stunden nach Abstellen der Maschine auf, meistens während der Nacht. Bei Spritzen von Nitrocellulose muß deshalb für regelmäßiges Reinigen der Abzugsvorrichtung Sorge getragen werden. Das gilt auch für wasserhaltige Nitrocelluloseemulsionen, die zwar im Originalzustand wenig feuergefährlich sind, deren angetrockneter Film aber gleich stark entzündlich ist wie bei Lösemittellacken.

3.3 Gießauftrag. Die in der holzverarbeitenden Industrie bewährte Lackiermethode durch Aufgießen einer Lacklösung auf die zu beschichtende Oberfläche hat auch in der Lederzurichtung Eingang gefunden. Die Gießtechnik hat viel zur Rationalisierung der Zurichtarbeiten beigetragen. Sie wird vornehmlich bei der Zurichtung von narbenkorrigiertem Rindleder angewendet. Der Gießauftrag unterscheidet sich vom Streichauftrag dadurch, daß er weder durch Reiben noch durch Bürsten auf dem Leder verteilt werden muß. Die im nassen Zustand angequollene, empfindliche Narbenzone wird geschont, kostensteigernde Handarbeit kann eingespart werden. Der Unterschied zum Spritzauftrag besteht darin, daß die Zurichtflotte nicht in einzelnen Tröpfchen bahnenweise auf das Leder aufgesprüht wird, sondern daß sie in einem Guß auf die gesamte Lederoberfläche auffließt. Die gesamte Beschichtung wird dadurch einheitlich, Ansatzstellen bleiben vermieden.

Das Prinzip der Gießzurichtung besteht darin, daß das Leder waagerecht unter einem senkrecht herabfallenden flüssigen Farbschleier hindurchläuft. Es wird dabei mit der Zurichtflotte übergossen. Die aufgegossene Flüssigkeit trocknet dann auf der Lederoberfläche zu einem Film auf. Die verhältnismäßig naß aufgetragene Flotte erfordert längere Zeit bis zum Trocknen, sie hat ausreichend lange Gelegenheit in das Lederfasergefüge der Narbenzone einzuziehen und dadurch den Film fest auf der Lederoberfläche zu verankern[111,112].

Für die Durchführung der Gießzurichtung steht eine spezielle Farbengießmaschine zur Verfügung. Sie besteht aus Gießtisch und Gießkopf (Abb. 21).

Der *Gießtisch* wird aus zwei waagerechten, endlos umlaufenden Transportbändern gebildet. Diese sind in der Mitte der Maschine unterteilt, so daß sie eine zuführende und eine abziehende Transportunterlage bilden. Zwischen zuführendem und abziehendem Band liegt ein etwa 15 cm breiter Spalt, der durch einen Gitterrost überbrückt ist. Über dem Spalt befindet sich der Gießkopf, aus dem die Gießflotte herunterfließt. Die Unterbrechung der Transportstrecke unter dem Gießkopf verhindert, daß Zurichtflotte auf die Unterlage auffließt. Dadurch bleibt die unzugerichtete Rückseite des Leders sauber.

Der *Gießkopf* besteht aus einem langgestreckten Kasten mit quadratischem oder rechteckigem Querschnitt. Er reicht über die gesamte Breite der Maschine und überbrückt entsprechend auch die volle Breite des unter ihm hindurchlaufenden Leders. Der Gießkasten kann entweder ringsum geschlossen oder an der Oberfläche offen sein. Die Form des Gießkastens hängt davon ab, nach welchem System die Maschine arbeitet, ob das Ausfließsystem oder das Überlaufsystem angewendet wird.

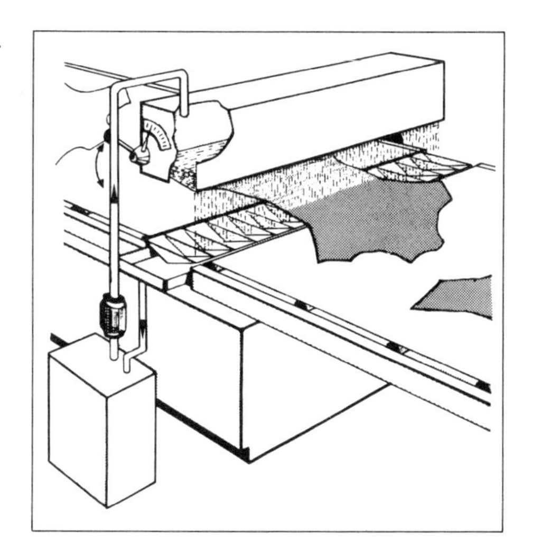

Abb. 21: Gießmaschine.

3.3.1 Ausfließsystem. Bei dem Ausfließsystem der Gießzurichtung wird ein geschlossener Gießkasten verwendet. An der Bodenfläche befindet sich ein über die gesamte Längskante laufender Schlitz, dessen Öffnungsweite durch die senkrecht darüber stehende Längswand des Gießkastens variiert werden kann. Aus diesem Schlitz fließt die in dem Gießkopf befindliche Zurichtflotte heraus und fällt über die Gießlippe – eine an der Bodenkante angebrachte Metallschiene – wie ein Wasserfall als flüssiger Vorhang senkrecht auf das vorübergleitende Leder herunter. Der nicht auf das Leder auftreffende, seitlich vorbeifließende Flüssigkeitsüberschuß fällt durch den Rost über dem Spalt zwischen zu- und abführendem Transportband in eine darunter befindliche Auffangrinne. Er wird von dieser einem Sammelbehälter zugeführt und durch eine Förderpumpe aus dem Behälter in den Gießkopf zurückgedrückt. Daraus ergibt sich ein kontinuierlicher Kreislauf der Gießflotte. Die Menge der im Kreislauf zirkulierenden Flotte wird jeweils um den von dem begossenen Leder aufgenommenen Anteil vermindert, die Flotte muß entsprechend von Zeit zu Zeit in dem Vorratsbehälter, aus dem die Pumpe den Gießkopf versorgt, ergänzt werden. Durch Annähern oder Entfernen der am Boden und an der Seitenwand angebrachten Gießlippen kann der Gießschlitz, aus dem die Flotte ausfließt, enger oder weiter eingestellt werden. Bei schmal gehaltenem Schlitz fließt wenig, bei weiter gestelltem Schlitz entsprechend mehr Flüssigkeit aus. Voraussetzung für gleichmäßig ausfließende Flottenmenge ist, daß der Druck innerhalb des Gießkopfs konstant bleibt, da die bei konstanter Öffnung des Gießschlitzes austretende Flüssigkeitsmenge durch den auf dem Schlitz lastenden Flüssigkeitsdruck beeinflußt wird. Der Druck kann durch verschiedene Maßnahmen geändert und reguliert werden.

Der Gießkasten ist im allgemeinen nicht voll mit Flüssigkeit angefüllt. Ein Überlaufrohr läßt die von der Förderpumpe dem Gießkopf zugeführte überschüssige Flüssigkeit, welche nicht durch den Gießschlitz austritt, in den zirkulierenden Kreislauf zurückfließen. Der Luftdruck innerhalb des Gießkopfs ist über das Überlaufrohr mit der Außenluft ausgeglichen. Es herrscht weder Über- noch Unterdruck. Der Gießdruck wird in diesem Fall ausschließlich durch die Höhe des Flüssigkeitsstands bestimmt, dessen Niveau durch die Einstellung des Überlaufrohrs gegeben ist.

Eine andere Möglichkeit besteht darin, daß man das Überlaufrohr bei Füllen des Gießkopfs schließt und statt dessen ein Luftventil öffnet. Das Flüssigkeitsniveau läßt sich dabei auf eine gewünschte, mit einem Schauglas kontrollierbare Höhe einstellen. Wird nun das Luftventil geschlossen und der Gießschlitz geöffnet, dann wird der Abfluß der Flüssigkeit an den Gießlippen weitgehend durch den Luftdruck innerhalb des Gießkopfs geregelt. Wenn die Förderpumpe mehr Flotte zuführt als über die Gießlippen abfließt, steigt der Flüssigkeitsstand an, komprimiert die überstehende Luft und der erhöhte Luftdruck preßt mehr Flüssigkeit aus dem Gießschlitz heraus. Führt die Pumpe zu wenig Flüssigkeit zu, sinkt das Niveau ab, im Luftraum entsteht ein Unterdruck, der den Flottenausfluß abbremst. Das Flüssigkeitsniveau läßt sich an dem Schauglas in einfacher Weise kontrollieren. Mit einer stufenlos regulierbaren Förderpumpe läßt sich der Zufluß der Flotte in den Gießkopf so einstellen, daß Flüssigkeits- und Luftdruck im Gießkasten und entsprechend auch die ausfließende Flottenmenge konstant bleiben.

3.3.2 Überlaufsystem. Ein anderes Gießsystem arbeitet mit einem Gießkopf, der als oben offener Trog ausgebildet ist und an einer der offenen Längskanten eine Gießlippe aufweist. Die Gießlippe fungiert wie eine Traufe. Die Zurichtflotte fließt aus dem Trog über und wird durch die Gießlippe in der gesamten Länge des Gießkopfs gleichmäßig verteilt. Die überlaufende Flüssigkeit steht weder unter Druck noch unter Vakuum. Ihre Menge wird durch die Förderpumpe dosiert. Ein Sicherheitspuffer, wie er im geschlossenen Gießkopf bei Druckschwankungen gegeben ist, besteht nicht. Konstante Gießmenge und gleichmäßiger Ausfall der Gießzurichtung sind von exakter Arbeit der Förderpumpe und von sorgfältig eingestellter Dosierung abhängig. Abgesehen von Form und Arbeitsweise des Gießkopfs sind der übrige Aufbau der Gießmaschine und der Arbeitsablauf bei beiden Gießsystemen gleich.

Schäumende Zurichtflotten stören besonders stark bei dem Überlaufsystem, da der aufschwimmende Schaum leicht über die Überlauflippe mit abschwimmt und auf das Leder aufgetragen wird. Schaumblasen können zwar während des Trocknens und der Filmbildung auf dem Leder aufplatzen und vergehen, aber selbst kleine Mengen verbleibender Bläschen oder offener Krater stören das Oberflächenbild des zugerichteten Leders mitunter erheblich. Deshalb hat sich das Überlaufsystem für wäßrige Flotten, die im allgemeinen leichter zum Schäumen neigen, weniger bewährt als das Ausfließsystem. Mit der Überlaufmethode werden bevorzugt die nicht schäumenden, lösemittelverdünnten Farben oder Lacke gegossen.

3.3.3 Arbeitsbedingungen beim Gießen. Damit der Gießauftrag einen gleichmäßig verteilten, an allen Stellen der Lederfläche möglichst gleichmäßig dicken und entsprechend überall gleich elastischen Film ergibt, muß dafür gesorgt werden, daß die Gießflotte stets mit gleicher Flüssigkeitsmenge auf das Leder auffließt. Um die hierfür erforderlichen Voraussetzungen zu erfüllen, müssen verschiedene Faktoren berücksichtigt werden. Der Ausfall der Gießzurichtung wird im allgemeinen durch folgende Parameter beeinflußt:

Konstruktionsmerkmale der Gießmaschine,
Einstellung des Gießvorhangs,
Verhalten der Gießflotte,
Verhalten des Leders,
Trockenbedingungen.

3.3.3.1 Konstruktionsmerkmale der Gießmaschine. Die ursprüngliche Entwicklung der Gießmaschine war ausgerichtet auf den Auftrag von Lacklösungen auf Holz oder Flächen aus andersartigem Material. Die Maschine wurde mit den im wesentlichen gleichen Konstruktionsmerkmalen für die Zurichtung von Leder übernommen. Hierbei werden neben Lösungen auf der Basis organischer Lösemittel in erheblichem Umfang auch wäßrige Zurichtflotten herangezogen. Diese verhalten sich beim Gießen anders als Lacke. Der wesentliche Unterschied liegt darin, daß die filmbildende Substanz der Lacke *Lösungen* in organischen Lösemitteln darstellen, während es sich bei den wäßrigen Flotten um *Dispersionen* feinstverteilter Kunststoffteilchen in Wasser handelt.

Das wäßrige Medium bringt die Gefahr von Korrosionen und von Rostbildung mit sich. Diejenigen Metallteile der Gießmaschine, welche mit der Gießflotte in Berührung kommen, müssen daher korrosionsbeständig sein. Es ist unabdingbare Voraussetzung, daß der Gießkopf innen emailliert ist und daß die Gießlippen aus Edelstahl gefertigt sind. Aber auch alle anderen, von der Gießflotte durch- oder überflossenen Maschinenteile – Rohrleitungen, Vorratsgefäße, Pumpe, Verteilerrinne im Gießkopf, Auffangrinne, Prallblech, Führungsrost – müssen korrosionsfest sein. Die Korrosionsbeständigkeit ist nicht so sehr wegen eines Schutzes von Metallteilen gegenüber der nur schwach alkalischen wäßrigen Zurichtflotte erforderlich, sondern sie soll umgekehrt dem Schutz der Gießflotte gegenüber den durch Korrosion entstehenden Metallsalzen dienen. Besonders korrosionsgefährdet sind Eisen und Aluminium. Ihre wasserlöslichen Salze beeinträchtigen die Stabilität der wäßrigen Dispersionen. Aluminiumteile sind noch kritischer zu bewerten als Eisenteile, da Aluminium sowohl im sauren wie auch im alkalischen Medium wasserlösliche Salze bildet. Alle Maschinenteile, die keiner stärkeren Druck- oder sonstigen mechanischen Beanspruchung ausgesetzt sind, und die deshalb nicht aus emailliertem Eisen oder korrosionsfestem Stahl gefertigt sein müssen, können mit Vorteil aus preisgünstigem Kunststoff bestehen. Das betrifft z. B. die Farbverteilerrinne innerhalb des Gießkopfs, den Rost zum Überbrücken des Spalts zwischen zu- und ableitendem Transportband, die Auffangrinne und die darin befindliche Prallplatte unterhalb des herabfallenden Gießvorhangs, Siebe und Siebrahmen vor und hinter der Förderpumpe, Rohr- oder Schlauchleitungen und eventuell auch das Vorratsgefäß für die zirkulierende Gießflotte. Die korrosionsbeständigen Maschinenelemente verhindern störende Wechselwirkungen mit der wäßrigen Dispersion und verhüten Elektrolyteinflüsse, welche zur Bildung von Koagulat, zu stellenweisem Verstopfen des Gießschlitzes und zu Aufreißen des flüssigen Gießvorhangs führen können.

Eine weitere ernste Störung des gleichmäßigen Gießverlaufs kann durch auftretenden Schaum verursacht werden. Die Schaumbildung hängt sicherlich zu einem wesentlichen Teil vom Verhalten der Gießflotte ab. Bei wäßrigen Dispersionen muß infolge der vorhandenen Emulgatoren fast immer damit gerechnet werden, daß sich Schaum entwickelt. Der Intensität des Schäumens kann aber durch zweckmäßige Gestaltung der Maschineneinrichtung entgegengewirkt werden. Die in der Maschine zirkulierende Gießflotte wird durch den Förderdruck der Pumpe in den Gießkasten hineingedrückt. Sie darf bei dem Ausfließsystem nicht durch den Einfüllstutzen in die im Gießkopf befindliche Flotte hineinsprudeln, sondern soll auf eine über die gesamte Länge des Kastens führende Verteilerrinne und von dieser an der Innenwand des Gießkopfs möglichst schaumfrei in das Flottenreservoir hinabfließen. Bei dem Gießkopf für das Überlaufsystem soll der Einfüllstutzen möglichst dicht am Boden liegen, damit die Flüssigkeit eintreten kann, ohne daß schaumbildende Luft mitgerissen wird.

Die überschüssige, am Leder vorbeifließende Flotte wird in einer Auffangrinne gesammelt. Sie soll nicht unmittelbar in die in der Rinne befindliche Flüssigkeit hineinfallen, weil dadurch Schaumblasen entstehen. Es ist anzuraten, daß in die Auffangrinne eine etwa im Winkel von 45 Grad geneigte Aufprallplatte eingestellt wird, auf die der herabfallende Farbvorhang auftrifft und von der er dann weitgehend schaumfrei in die Rinne abfließt. Die Auffangrinne führt dann die Gießflotte erneut dem Vorratsbehälter für die Förderpumpe zu. Bei dem zuführenden Rohr oder Schlauch ist darauf zu achten, daß der Ausfluß dicht am Boden des Vorratsbehälters endet, damit auch hier kein Schaum entsteht. Außerdem muß kontrolliert werden, daß der Vorratsbehälter stets ausreichend mit der Gießflotte gefüllt ist, damit die Pumpe nicht Luft ansaugt, die dann nur noch Schaum in den Gießkasten eintreten ließe.

3.3.3.2 Einstellung der Gießmaschine. Damit die auf das Leder aufgegossene Flotte in der gesamten Fläche eine gleichmäßige Beschichtung ergibt und damit die Zurichtung nicht nur auf einem Leder, sondern auf sämtlichen Ledern einer Partie und innerhalb der verschiedenen Partien des gleichen Fabrikats möglichst einheitlich ausfällt, muß dafür gesorgt werden, daß die Arbeitsbedingungen möglichst weitgehend konstant bleiben. Konstante Arbeitsverhältnisse setzen optimale Einstellung der Maschine voraus. Eine feste Formel läßt sich dafür nicht aufstellen, denn die Anforderungen sind je nach Lederart und Zusammensetzung der Gießflotte unterschiedlich. Immerhin ist es nützlich, gewisse Zusammenhänge zwischen Maschineneinstellung und Gießverlauf aufzuzeigen.

Am gleichmäßigsten kann die Lederoberfläche beschichtet werden, wenn gerade soviel Flüssigkeit auf das Leder aufgegossen wird, wie das Leder im Augenblick des Auftreffens auf die begossene Fläche aufnehmen kann. Ist die Flüssigkeitsmenge zu gering dosiert, wird der Gießvorhang durch das vorübergleitende Leder abgerissen, und es verbleiben unbedeckte Stellen auf dem Leder. Dieser Fehler ist bereits bei dem ersten durchlaufenden Leder erkennbar. Wird zuviel Flotte aufgegossen, staut sich die Flüssigkeit auf dem Leder. Der Überschuß läuft entweder über den Lederrand ab oder fließt nach der Mitte zusammen und bildet beim Trocknen Flecken. Auch das läßt sich mit einiger Übung rechtzeitig erkennen. Die Idealeinstellung der Gießmaschine ist gegeben, wenn die Fallgeschwindigkeit des herabfallenden Gießschleiers mit der Bewegungsgeschwindigkeit des waagerecht vorbeigleitenden Leders möglichst weitgehend übereinstimmt. Die Gießflotte kann sich dann wie eine von einer Rolle abgezogene Folie glatt auf das Leder auflegen. Es ist daher wichtig, daß die Fließgeschwindigkeit der Flotte und die Laufgeschwindigkeit der Transportbänder für die Fortbewegung des Leders gut aufeinander abgestimmt werden.

Für das Fließen des Gießvorhangs kann man das physikalische Gesetz des freien Falls zugrundelegen. Daraus ergibt sich, daß die Fließgeschwindigkeit um so mehr zunimmt, je weiter die Fallhöhe – der Abstand der Gießlippe über dem Leder – ansteigt. Daraus folgert auch, daß das Leder um so rascher bewegt werden muß, je höher der Gießkopf über dem Transportband eingestellt ist. Andererseits kann die Bandgeschwindigkeit um so langsamer eingestellt werden, je näher sich der Gießkopf über dem Leder befindet.

Die Fallgeschwindigkeit der Gießflotte erfüllt allerdings nicht völlig die Bedingungen für das Gesetz des freien Falls. Selbst wenn man die Bremswirkung der Luftreibung wegen der nur geringen Fallhöhe vernachlässigt, ist zu berücksichtigen, daß die einzelnen Flüssigkeitströpfchen nicht jedes für sich unbehindert herabfallen, sondern daß sie in einem zusammenhängenden Vorhang fließen. Innerhalb des Flüssigkeitsschleiers hängen die Tröpfchen durch

Kohärenzwirkung aneinander. Deshalb steht der reinen Fallwirkung die Viskosität der Gießflotte entgegen. Je höher viskos die Flüssigkeit ist, um so mehr wird die Fließgeschwindigkeit gebremst, um so zäher hängt der Vorhang an der Gießlippe, an der die Flotte den Gießkopf mit der Anfangsfallgeschwindigkeit Null verläßt. In die Maschineneinstellung muß daher neben Fallhöhe und Bandgeschwindigkeit auch die Viskosität der Flotte als weiterer Parameter eingehen.

Die Viskosität kann rasch und unkompliziert mit einem genormten Auslaufbecher nach DIN 53211[113] gemessen werden. Der Becher wird bis zum Überlaufrand mit der Meßflüssigkeit gefüllt, etwa aufschwimmender Schaum wird abgestrichen. Die Dauer des Ausfließens bis zum Abreißen des Flüssigkeitsstrahls wird mit einer Stoppuhr kontrolliert (Abb. 22).

Bei einer Auslaufdüse von 4 mm Durchmesser hat sich die Viskositätseinstellung von 17 bis 22 Sekunden Ausfließdauer bewährt. Das entspricht etwa der halben Fließgeschwindigkeit von Wasser. Praktisch alle wäßrigen Polymerisatdispersionen weisen in der Gießkonzentration niedrigere Viskositätszahlen als 20 auf. Die Gießviskosität muß deshalb durch Zusatz von Verdickungs- und Stabilisierungsmitteln zur Gießflotte eingestellt werden. Es ist anzuraten, daß man die Viskosität bereits am Tage vor der Benutzung der Flotte einstellt, die Flotte über Nacht stehen läßt und notfalls vor der Verwendung nur noch wenig korrigiert. Auf diese Weise können erst allmählich eintretende Viskositätsänderungen, die durch langsam wirkende Umsetzungsreaktionen zwischen dem Verdickungsmittel und einzelnen Komponenten der Gießflotte verursacht werden können, abgefangen und ausgeglichen werden.

Abb. 22: DIN-Becher 4 (DIN 53211).

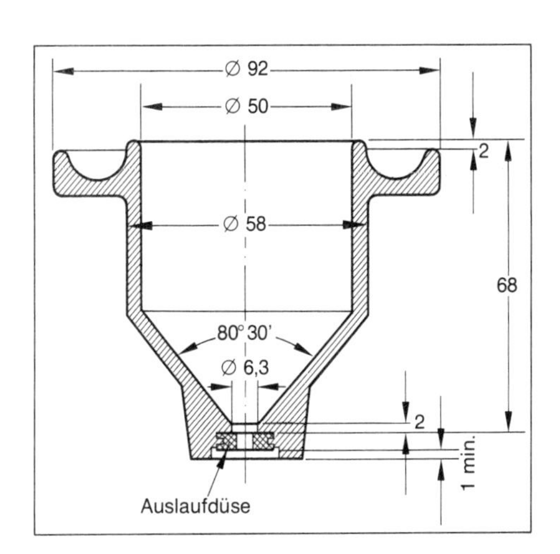

Bei der Gießzurichtung wird eine möglichst geringe Bandgeschwindigkeit angestrebt, damit das Leder mit unverminderter Transportgeschwindigkeit aus der Maschine heraus unmittelbar in einen nachgeschalteten Trockentunnel laufen und dort stapelfähig getrocknet werden kann. Diesem Ziel kann man dadurch nahekommen, daß man geringe Fallhöhe des Gießvorhangs und hohe Viskosität der Gießflotte anstrebt. Dem theoretischen Idealziel sind jedoch Grenzen gesetzt. Die an der Gießlippe aus dem Gießkopf austretende Flotte bildet eine verhältnismäßig dicke Flüssigkcitsschicht. Mit zunehmender Fallhöhe steigt die Fallgeschwindigkeit immer mehr an. Der Farbschleier wird durch sein eigenes Gewicht immer dünner ausgezogen, je länger der zurückgelegte Fallweg ist, so daß am Ende der Fallstrecke eine dünne Flüssigkeitsschicht auf das Leder aufgetragen wird. Bei nur kurzer Fallstrecke ist die ziehende, den Schleier verdünnende Wirkung nur gering, so daß der Auftrag zu massiv bleibt. Hohe Viskosität bremst zwar die Fallgeschwindigkeit und entsprechend auch die auf das Leder auftreffende Flüssigkeitsmenge ab, schließt aber die Gefahr ein, daß der Farbschleier abreißt oder stellenweise aufreißt. Außerdem haben langsam fließende, dünne Gießvorhänge den Nachteil, daß sie durch die vom vorübergleitenden Leder verursachten Luftwirbel flattern und bei nicht ganz glatter Lederoberfläche ungedeckte Flecken – Gießschatten – verursachten.

Die Zusammenhänge der Faktoren für die zweckmäßige Einstellung der Gießmaschine lassen sich im Prinzip wie folgt zusammenfassen:

1. niedrigviskose Flotten verlangen eine geringe Fallhöhe,
2. höherviskose Flotten lassen sich vorteilhafter bei größerer Fallhöhe gießen,
3. bei gleicher Viskosität erfordert ansteigende Fallhöhe größere Laufgeschwindigkeit des Leders,
4. unebenes Leder muß langsamer laufen als glattes, um Gießschatten zu verhüten,
5. geringere Laufgeschwindigkeit erhöht die aufgetragene Flüssigkeitsmenge und erschwert das Trocknen.

Als Anhaltspunkt für durchschnittliche Einstellung der Gießmaschine bei wäßrigen Flotten kann gelten:

Fallhöhe	20 bis 25 cm
Viskosität der Flotte	17 bis 22 (DIN-Sekunden)
Bandgeschwindigkeit	30 bis 40 m pro Minute (unter dem Gießvorhang).

Bei Maschinen mit geschlossenem Gießkopf wird die ausfließende Flüssigkeitsmenge durch die Öffnungsweite des Gießschlitzes geregelt. Die Förderpumpe hat nur dafür zu sorgen, daß das Flüssigkeitsniveau im Gießkasten nicht absinkt, überschüssige Flüssigkeitsmenge fließt in den Kreislauf zurück. Der Druck, mit dem die Flotte aus dem Gießkopf austritt, ist durch die Höhe des Flüssigkeitsstands gegeben. Eine wesentliche Voraussetzung für gleichmäßigen Ausfall der Gießzurichtung ist, daß der Gießschlitz – der Abstand der beiden Gießlippen voneinander – über die gesamte Maschinenbreite gleich weit ist, damit der Gießvorhang überall gleich dick ist. Die Öffnungweite des Gießschlitzes kann mit einem »Spion« – einem Metallplättchen von festgelegter Dicke – kontrolliert werden. Man fährt mit dem Spion an der Gießlippe entlang und tastet die Öffnungsweite ab. In vielen Fällen ist jedoch diese Kontrolle nicht exakt genug. Man kann die Gleichmäßigkeit des Gießschlitzes noch besser kontrollieren, indem man eine transparente, angefärbte Farbflotte auf ein Stück Leder gießt. Da die Farbflotte keine opake Deckwirkung besitzt, zeigen sich Unterschiede der Auftragsmenge, die durch abweichende Schlitzweite verursacht werden, in hellen und dunklen Farbstreifen auf dem Leder an. Der Schlitz muß dann durch die vorhandenen Stellschrauben reguliert werden. Oft kann man unterschiedliche Dicke des Farbschleiers schon beim Durchsehen durch den Gießvorhang an abweichender Farbtiefe erkennen.

Die Schlitzeinstellung kann sich wieder ändern, wenn die Maschine vor Einfüllen einer anderen Gießflotte gereinigt wird. Die Gefahr einer Änderung ist um so größer, je breiter die Gießfläche und je länger entsprechend der Gießkopf ist. Die Ursache dieser Änderung liegt in der Wärmeausdehnung des Metalls. Je stärker die Temperatur der den Gießkopf durchfließenden Flüssigkeit schwankt, um so mehr können sich die Gießlippen verziehen und die Schlitzöffnung verändern. Obwohl es für die Reinigung der Maschine oft vorteilhafter wäre, wenn bei Wechsel der Gießflotte der Gießkopf zunächst mit warmem Wasser durchgespült und dann kalt nachgereinigt wird, ist im Interesse der Erhaltung einer exakten Einstellung des Gießschlitzes anzuraten, daß die Maschine mit Wasser gleicher Temperatur wie die Gießflotte gereinigt wird.

3.3.3.3 Verhalten der Gießflotte. Wesentliche Voraussetzung für einwandfreies Auftragen der Gießflotte auf das Leder ist, daß der Flüssigkeitsvorhang ununterbrochen gleichmäßig fließt. Die Gießflotte muß eine hohe innere Zähigkeit besitzen, damit der Farbschleier nicht zu einzelnen Strähnen auseinanderbricht und nicht bei der vom Austreten aus dem Gießschlitz bis zum Auftreffen auf dem Leder stetig ansteigenden Fallgeschwindigkeit abreißt. Bei mittel- bis höherviskosen Flotten hält der Farbvorhang besser zusammen als bei dünnflüssigen. Der Zusammenhalt des Farbschleiers hängt jedoch nicht allein von der Viskosität der Gießflotte ab, sondern wird auch durch die in der Flotte enthaltenen einzelnen Substanzen beeinflußt.

Maßgeblichen Anteil am Verhalten der Gießflotte haben die Bindemittel. Sie werden in Form von Dispersionen hochmolekularer Polymerisate angewendet und bilden die Hauptmenge der Einzelkomponenten. Ihr Fließverhalten und das Beibehalten der ursprünglich eingestellten Eigenschaften der Gießflotte während der Zirkulation in der Gießmaschine bestimmen ihre Verwendungsfähigkeit. Die Polymerisatbindemittel sind Emulsionen feinstverteilter Kunststoffe in Wasser. Die einzelnen Teilchen sind im Wasser voneinander getrennt und fließen bei der Filmbildung zu einer zusammenhängenden Schicht zusammen. Das Zusammenfließen ist jedoch nicht ausschließlich an das Auftrocknen auf einem Substrat gebunden. Wenn die Emulsion gestört wird, wenn die Wasserhülle, welche die Teilchen umgibt und voneinander getrennt hält, unterbrochen wird, können sich einzelne Partikel miteinander verbinden und zu kleinen Hautfetzen oder Klümpchen zusammenballen. In extremen Fällen können größere Mengen der Dispersion ausfallen. Solche Störungen können durch starke mechanische Beanspruchung hervorgerufen werden, beim Umpumpen der Flotte oder beim Aufprallen der Gießflotte in der Auffangrinne. Dadurch kann die schützende Wasserhülle beiseitegequetscht werden, so daß einzelne Teilchen aneinander gepreßt werden und zusammenkleben. Emulsionsstörungen können auch durch Oberflächenadsorption der Polymerisatteilchen an den in der Flotte verteilten Pigmenten oder durch stark wasseranziehende, quellfähige Verdickungsmittel verursacht werden. Bei der Zubereitung der Gießflotte sollen Pigmente und Verdickungsmittel vor dem Abmischen mit der Bindemitteldispersion zur Sicherheit zuvor mit etwas Wasser verdünnt werden. Der Kontakt der Gießflotte mit ungeschützten Metallteilen der Maschine kann Korrosionen verursachen und die dadurch gebildeten Metallsalze können die Bindemitteldispersion ausflocken.

Alle diese Störungsmöglichkeiten lassen sich weitgehend dadurch ausschalten, daß man für die Gießflotte Bindemitteldispersionen auswählt, welche hohe Beständigkeit gegenüber mechanischen Scherkräften besitzen und gegenüber Elektrolyten weitgehend widerstandsfähig sind. Sorgfältige Auswahl von Art und Menge der Dispergiermittel, von Emulgatoren oder Schutzkolloiden bei der Herstellung der Bindemitteldispersionen läßt diese Stabilitätsforderungen erfüllen. Der Zurichter kann die Stabilität orientierend prüfen, indem er einige Tropfen der Dispersion auf dem Handteller verreibt. Stabile Dispersionen gehen in eine dicke Paste über, instabile ballen sich rasch zu Krümeln zusammen. Elektrolytempfindlichkeit läßt sich erkennen, wenn man in einem Reagenzglas einen Eisennagel mit der Dispersion übergießt und über Nacht stehenläßt. Bei empfindlichen Polymerisatbindemitteln lagern sich klebrige Kunststoffklümpchen an dem Nagel an oder umhüllen ihn mit einer dicken Schicht.

Wäßrige Gießflotten können mit wäßrigen Kunststofflösungen stabilisiert werden. Die mehr oder weniger zähflüssige Konsistenz der Lösungen läßt den Gießvorhang ruhig und gleichmäßig fließen und verhindert, daß er sich in Strähnen aufspaltet oder abreißt. Voraussetzung ist jedoch, daß die Kunststofflösung mit der Bindemitteldispersion einwandfrei verträglich ist, damit auch bei längerer Einwirkungsdauer Restflotten des Gießansatzes nach mehrtägigem Stehen nicht gelatinieren oder ausflocken. Als Stabilisiermittel können Lösungen von Polyacrylaten oder von Polyvinylätherverbindungen gleichermaßen vorteilhaft herangezogen werden.

Gleichmäßiges Gießen und einheitliche Schichtbildung auf dem Leder werden zuweilen dadurch gestört, daß die Gießflotte im Lauf des Arbeitsprozesses immer stärker schäumt. Auf dem Leder lagert sich statt eines glatten Aufgusses eine schaumige Schicht ab, die nicht mehr zu einem geschlossenen Film auftrocknet, sondern viele Bläschen einschließt, oder die mit kraterartigen Vertiefungen übersät ist, wenn die Schaumbläschen während des Trocknens aufplatzen. In Extremfällen kann die Schaumbildung so stark anwachsen, daß der Gießvorhang abreißt und aus dem Gießschlitz nur noch eine schaumdurchsetzte Flotte tropft. Starkes Schäumen wird vor allem durch die Förderpumpe verursacht. Man muß sich daher zunächst davon überzeugen, daß die Pumpe keine Luft ansaugen kann und daß stets eine genügende Flottenmenge für den zirkulierenden Flüssigkeitsumlauf vorhanden ist. Außerdem sind von vornherein Bindemittel und Zusatzstoffe auszuwählen, die nicht oder nur wenig schäumen. Als zusätzliche Schaumdämpfungsmittel können denaturierter Alkohol (Sprit) oder Glykoläther (Äthylglykol = Äthylenglykol-mono-äthyläther) herangezogen werden. Recht gut bewähren sich auch Nitrocellulose-Lackemulsionen. Sie dämpfen einerseits die Schaumbildung und fördern andererseits gleichmäßiges Fließen des Gießvorhangs. Stark schaumdämpfende Wirkung übt schließlich eine Mischung aus gleichen Teilen sulfatierten und unsulfatierten Rizinusöls aus. Die beiden Öle müssen gründlich miteinander verrührt werden, bevor man sie der Gießflotte zusetzt, sonst können Ölflecken auf dem Gießfilm auftreten.

Luftbläschen können in der Filmschicht auch auftreten, ohne daß Schaum in der Gießflotte enthalten ist. Sie kommen aus dem Lederfasergefüge heraus. Das Wasser aus der Gießflotte dringt in das Leder ein und verdrängt die in den Faserzwischenräumen befindliche Luft. Normalerweise entweicht die Luft durch das Leder hindurch nach unten, manchmal können aber auch Luftbläschen nach oben steigen und sich in gleicher Weise wie Schaumbläschen aus der Gießflotte in der Filmschicht einlagern. Dem Einschluß solcher Luftbläschen in dem Zurichtfilm wirken ober- bzw. grenzflächenaktive Stoffe entgegen, die als Verlaufmittel die Lederoberfläche gleichmäßig benetzen und glatte Filmbildung begünstigen. Luftbläschen lassen sich schwierig beseitigen, wenn die Gießflotte hochviskos ist und rasch zu einem Film antrocknet. Niedriger viskose Ansätze verhalten sich in dieser Hinsicht günstiger, sie bringen aber Nachteile durch unruhiges Fließen des Gießvorhangs mit sich. Bei zu dünnflüssiger

Gießflotte besteht zudem die Gefahr, daß der Aufguß auf dem Leder wegfließt und Flecken oder »Tränenbahnen« bildet.

3.3.3.4 Verhalten des Leders. Von den Ledereigenschaften sind vor allem die Saugfähigkeit und die Beschaffenheit der Lederoberfläche für die Gießzurichtung wichtig. Der Gießauftrag wird um so besser aufgenommen, je stärker das Leder die Flüssigkeit aufsaugt. Grundsätzlich läßt sich vegetabilisch-synthetisch gegerbtes Leder leichter begießen als chromgares. Die Saugfähigkeit von unmaskiert gegerbtem Chromleder ist geringer als bei maskierter Gerbung, sie wird schon durch leichte Nachgerbung gesteigert. Auch die Art der Fettung kann die Saugfähigkeit und damit das Verhalten des Leders bei der Gießzurichtung beeinflussen. Eine faseroffene Lederoberfläche ist für die Gießzurichtung günstiger als eine dicht geschlossene Narbenstruktur. Deshalb wird für die Gießzurichtung fast immer der Narben korrigiert, also mehr oder weniger stark angeschliffen. Spaltleder nimmt den Gießauftrag leichter an als Narbenleder. Allerdings sollte die Spaltoberfläche möglichst kurzfaserig nachgeschliffen werden, weil zu lange Fasern entweder eine sehr starke Beschichtung verlangen oder eine ungleichmäßige, unruhige Zurichtung ergeben. Auch bei der Narbenkorrektur ist auf kurzfaserigen, einheitlichen Schliff der gesamten Lederfläche zu achten. Wenn der Narben stellenweise durchgeschliffen ist und wenn neben kurzfaserigen Zonen grobfaserig geschliffene Stellen vorliegen, läßt sich bei der Gießzurichtung ebenso wenig eine gleichmäßige Zurichtschicht erzielen wie bei Streich- oder Spritzauftrag. Eine elegant wirkende Zurichtung mit gleichmäßig ruhiger Fläche, mit glattem Griff und mit wenig beschichtetem Aussehen erfordert möglichst fein- und kurzfaseriges Schleifen. Das wird durch eine leichte Nachgerbung begünstigt, weil dadurch die Fasern etwas starrer werden und beim Schleifen kürzer abgeschnitten werden können.

Die Lederoberfläche soll möglichst glatt und eben sein. Wellige Ränder verursachen »Gießschatten«, weil der flüssige Vorhang gekrümmte Randstellen überspringt, ohne daß die Talstellen mit Gießflotte bedeckt werden. Es ist vorteilhaft, wenn das Leder im Pasting- oder Vakuumverfahren getrocknet wird, weil es auf der Trockenplatte glatter und ebener auftrocknet als bei freiem Aufhängen in der Trockenluft. Für die Gießzurichtung wirkt sich auch günstig aus, daß das Leder zuvor – z. B. nach der Narbenimprägnierung – mit einer sandgestrahlten Platte abgebügelt wird oder einen feinen Porennarben aufgepreßt bekommt. Durch diese Behandlung wird eine gleichmäßig rauhe Oberfläche erzielt, welche verhindert, daß sich die Gießflotte stellenweise wieder zusammenzieht und ungedeckte oder nur wenig beschichtete Flecken ergibt. Vorbügeln oder Vorpressen schließt bei Spaltleder die Oberfläche etwas ab und trägt dazu bei, daß der Spalt mit weniger Farbauftrag rascher und gleichmäßiger beschichtet werden kann.

Schließlich ist zu berücksichtigen, daß das Leder auf der Gießmaschine nicht kontinuierlich transportiert wird, sondern daß der Zwischenraum zwischen zuführendem und abziehendem Transportband durch einen starren Rost überbrückt ist. Das Leder wird auf diesem Rost unter dem Gießvorhang hindurchgeschoben und durch das Gewicht der herabfallenden Flüssigkeit an den Rost gedrückt. Die messerartigen Gitterstreifen des Rosts bieten einen gewissen Gleitwiderstand, und auch der Farbschleier setzt dem Fortbewegen des Leders einen gewissen Widerstand entgegen, besonders im ersten Augenblick, wenn das Leder an den Gießvorhang herangeführt wird und die vordere Lederkante diesen durchstoßen muß. Damit das Leder glatt durch die Maschine laufen kann und nicht an der Gießstelle zu Falten zusammen geschoben wird, muß es eine gewisse Starrheit aufweisen. Infolge des höheren Eigengewichts ist kräftigeres Rindleder für die Gießzurichtung besser geeignet als leichtes Ziegen- oder Schafleder, festeres Schuhoberleder günstiger als sehr weichses Nappaleder für Polster- oder Bekleidungszwecke.

3.3.3.5 Trockenbedingungen. Gießfarbenansätze enthalten bei den üblicherweise angewendeten Konzentrationen 5 bis 30 % Trockensubstanz. Die aufgegossene Flüssigkeitsmenge beträgt im allgemeinen 80 bis 150 ml pro Quadratmeter Lederfläche. Sie ist deutlich größer als bei Spritz- oder Streichauftrag. Damit die hohe Wassermenge ausreichend verdunsten und die Filmsubstanz zu einer einheitlichen Schicht durchtrocknen und entquellen kann, ist ein erheblicher Trocknungsaufwand erforderlich. Die Probleme des Trocknens liegen nicht allein in der erforderlichen Warmluftmenge, deren Bereitstellung durch Konstruktion und Ausmaße der Trockenanlage bewältigt wird. Sie ergeben sich auch durch den Ablauf des Trockenvorgangs, der den Qualitätsausfall der Gießzurichtung beeinflußt.

Der Farbauftrag ist noch naß, wenn das Leder aus der Gießmaschine herausläuft. Das Leder kann nicht sofort zum Trocknen aufgehängt werden, wie etwa bei einem Spritzauftrag, weil sonst die Gefahr besteht, daß die Gießfarbe stellenweise wieder abfließt. Das begossene Leder muß waagerecht liegend einen Trockentunnel durchlaufen, in dem es möglichst vollständig durchtrocknet, zumindest aber so weit vorgetrocknet wird, daß es ohne Oberflächenklebrigkeit zum Nachtrocknen aufgehängt werden kann. Das erfordert Trockentunnel bis zu etwa 60 m Länge. Zwischen dem Gießvorhang und dem Einlaufen in die Heißluft des Trockentunnels sollte das Leder mehrere Meter bei normaler Raumtemperatur transportiert werden, damit der Gießauftrag gleichmäßig verlaufen und einziehen kann und vorhandene Luftbläschen sich auflösen. Zu rasch einsetzendes heißes Antrocknen ergibt eine unruhige Oberfläche, Luftbläschen werden zu kraterartigen Vertiefungen eingebrannt, da sie sich in der schnell antrocknenden Filmoberfläche nicht mehr einebnen können. Deckschichten, die an der Oberfläche sehr rasch angetrocknet werden, trocknen nur langsam durch, und der Auftrag bleibt dann noch lange auf dem Leder in einem klebrigen Quellungszustand. Außerdem kann sich der Gießauftrag mit höherer Haftfestigkeit auf dem Leder verankern, wenn ihm vor dem Antrocknen etwas Zeit zum Einziehen in die Lederfaserstruktur gelassen wird.

In dem Wunsch, den Gießauftrag auf möglichst kurzer Trockenstrecke möglichst weitgehend durchzutrocknen, wird man dazu verleitet, die Trockentemperatur möglichst hoch einzustellen. Die andere Möglichkeit, daß durch geringe Transportgeschwindigkeit das Leder länger im Trockentunnel verbleiben kann, bleibt verwehrt, weil wegen des ständig nachdrängenden Leders der Durchlauf durch den Tunnel gleich rasch sein muß wie durch die Gießmaschine. Zu heißes Trocknen kann neben dem vorstehend angeführten Nachteil des zu frühen Abschließens der Filmoberfläche dazu führen, daß bei Mitverwendung von Eiweißbindemitteln in der Gießfarbe der Film spröde und splissig wird, so daß das Leder bei schärferem Biegen platzt, oder daß die Filmoberfläche zu stark abgeschlossen wird und nachfolgende Farb- oder Appreturaufträge nicht mehr einwandfrei haften. Die Lufttemperatur sollte im Trockentunnel 60 bis 70°C nicht nennenswert übersteigen. Wenn das Leder bis zum endgültigen Trocknen im Tunnel bleibt, sollte am Ende der Trockenstrecke, kurz bevor das Leder den Tunnel verläßt, kalte Luft auf die Lederoberfläche aufgeblasen werden. Dadurch wird die durch die Hitze des Trockentunnels hervorgerufene thermoplastische

Klebrigkeit der Filmoberfläche zurückgedrängt und das Leder kann gestapelt werden, ohne Gefahr zu laufen, daß es im Stapel zusammenklebt. Die Gefahr des Klebens auf dem Stapelbock ist größer, wenn das Leder Narben auf Narben gelagert wird. Andererseits ist die Gefahr geringer, daß die beschichtete Oberfläche durch Staubreste von der Fleischseite beschmutzt wird.

3.3.3.6 Gießzurichtung von Lackleder. Der Gießauftrag von Polyurethanlack, die im allgemeinen übliche Zurichtung von Lackleder, erfolgt nach dem gleichen Prinzip wie die wässrige Gießzurichtung. Die Probleme sind jedoch anders gelagert und entsprechend ist auch die Technik der Zurichtung abgewandelt.

Die viskose Polyurethanlösung neigt praktisch nicht zur Schaumbildung, so daß keine besonderen Maßnahmen zum Dämpfen von Schaum erforderlich sind. Da es sich um wasserfreie Lösungen handelt, besteht auch keine Gefahr von störenden Korrosionen an den Metallteilen der Maschine. Das wesentliche Problem besteht darin, daß der Polyurethanlack eine sehr dicke Schicht auf der Lederoberfläche bildet, die relativ lange Zeit zum Trocknen erfordert, und daß das Durchhärten des Lackfilms mehrere Stunden dauert. Solange die Lackoberfläche noch nicht völlig trocken ist, bildet sie eine klebrige Schicht, auf der sich Staubteilchen oder Faserpartikel hartnäckig festsetzen. Sie beeinträchtigen die für Lackleder charakteristische, spiegelglatte Fläche und stören nicht nur das Aussehen, sondern sie vermindern auch das Zuschnittrendement des Leders. Deshalb muß auf absolute Staubfreiheit der Atmosphäre im Lackgießraum besonderer Wert gelegt werden. Für das Gießen von Lackleder ist es vorteilhaft, wenn ein von den übrigen Arbeitsräumen der Lederfabrik völlig isolierter Raum zur Verfügung steht. Er wird zweckmäßigerweise mit einer Eingangsschleuse versehen, d. h. er sollte nur über einen Vorraum mit zwei hintereinander geschalteten Türen betreten werden können. Um zu verhüten, daß Staub in den Gießraum gelangt, kann der Gießraum durch ein Gebläse unter leichtem Luftüberdruck gehalten werden. Die für diesen Überdruck und für die Zirkulation in der Trockenkammer angesaugte Frischluft wird durch einen Staubfilter geleitet. Es hat sich in einigen Betrieben auch bewährt, daß die Wände des Gießraums mit Wasser berieselt werden, um Staub zu binden und Aufwirbeln von Staub durch die im Raum hantierenden Arbeitskräfte zu vermeiden.

Das Aufgießen des Lacks und sein längere Zeit anhaltendes fließfähiges Verhalten verlangen, daß das Leder waagerecht liegend behandelt wird. Bei der langen Dauer des Durchhärtens scheidet ein Trocknen im Durchlauf durch einen Trockentunnel aus, weil das eine sehr lange Trockenstrecke erfordern würde. Man geht deshalb in vielen Fällen so vor, daß das zu lackierende Leder in Metallrahmen gespannt wird und die Gießmaschine zusammen mit dem Rahmen durchläuft. An der Auslaufstelle der Maschine werden die Rahmen abgenommen und auf einem Transportkarren übereinander gestapelt. Kleine Füßchen an den Ecken der Rahmen sorgen dafür, daß ausreichender Zwischenraum für die Zirkulation der Luft zwischen den einzelnen Ledern gewährleistet ist und daß sich die übereinander gelagerten Leder nicht berühren. Wenn der Stapel genügend hoch angewachsen ist, – etwa 15 bis 20 Rahmen – wird der Karren in einen Trockenraum mit zirkulierender Warmluft und eventuell Abführung von Lösemitteldämpfen geschoben. Das über Nacht getrocknete Leder wird dann abgespannt und die Rahmen werden neu bestückt.

Als Gießmethode wird für Lackleder das Überlaufsystem bevorzugt. Der Überlaufkopf läßt einen ruhig und gleichmäßig fließenden Gießvorhang erhalten. Er ist leichter zu reinigen als der Gießkopf des Ausfließsystems und hat weniger »tote Ecken«, in denen sich der bei Zweikomponentenlacken immer zäher werdende Lack festsetzen kann. Grundsätzlich sind natürlich auch Ausfließgießköpfe für das Lackgießen verwendbar, sie erfordern aber eine noch sorgfältigere Überwachung und Wartung.

3.4 Andere Auftragstechniken. Streich- und Spritzauftrag sind die am häufigsten angewendeten Zurichttechniken für nur wenig beschichtetes, vollnarbiges Leder. Bei Leder mit korrigiertem Narben, das kräftigere Beschichtung erfordert, wird in vielen Fällen die Gießmethode – zumindest für die Grundierung, oft auch für die Egalisierfarbe – bevorzugt. Die bei vollnarbigem und geschliffenem Leder gleichermaßen aufgetragene dünne Appreturschicht wird wegen der geringen Dosierung praktisch stets gespritzt.

Daneben gibt es noch verschiedene andere Auftragsmöglichkeiten. Sie werden nicht allgemein angewendet, können aber für besondere Anwendungsgebiete und Zurichteffekte herangezogen werden.

3.4.1 Bedrucken von Leder. So wie Papier oder Textilmaterial einfarbig oder bunt, mit Linien- oder mit Flächenmotiven bedruckt werden kann, läßt sich auch die von Natur aus saugfähige Lederoberfläche bedrucken. Man kann hierzu die Siebdruck- oder auch die Rasterdruckmethode anwenden.

Beim *Siebdruckverfahren* wird ein engmaschiges Gitter als Negativschablone vorbereitet: Diejenigen Flächenteile, welche auf dem Leder als bedrucktes Motiv erscheinen sollen, bleiben auf der Schablone frei; die anderen Stellen, welche beim Drucken ausgespart werden sollen, werden mit einer Lackschicht bedeckt. Die präparierte Druckschablone wird auf einen Rahmen aufgespannt, so daß sie den stellenweise durchlässigen Boden eines Siebkastens bildet. Auf einem Tisch mit nicht saugfähiger, leicht zu reinigender Platte wird das zu bedruckende Leder flach ausgebreitet und der Siebkasten aufgesetzt. An einer Seitenkante des Siebkastens wird eine hochviskose Druckpaste aus Polymerisatdispersion, Pigment und Verdickungsmittel aufgetragen. Sie wird mit einer »Rakel« – einem über die gesamte Breite in den Kasten hineinragenden flachen Brett – über den Siebboden gestrichen und dabei durch die offenen Stellen des Siebgitters auf das Leder gedrückt. Der Siebkasten wird dann abgehoben und das aufgedruckte Motiv erscheint auf dem Leder. Nach dem Trocknen kann mit entsprechend ergänzter Schablone erneut gerakelt werden, so daß mehrfarbige Druckmotive möglich sind. Je feiner das Siebgitter ist, um so schärfer können die Konturen des Drucks eingehalten werden. Allerdings sind Grenzen dadurch gesetzt, daß sehr enge Maschen niedriger viskose Druckpasten verlangen, die leicht dazu neigen, auf dem Leder etwas breit zu fließen. Für das Schablonenmaterial hat sich ein feinmaschiges Perlongewebe als gut geeignet erwiesen. Der Siebdruck eignet sich für Flächenmotive besser als für Linienmuster.

Ein abgewandeltes Verfahren des Siebdrucks ist das *Flockdruckverfahren.* Es arbeitet mit einem gleichartig vorbereiteten Siebkasten wie die Siebdruckmethode. Der Unterschied besteht darin, daß das Leder mit einem farblosen Binder bedruckt wird. Unmittelbar nach dem Bedrucken wird das Leder mit Hilfe eines Siebs mit kurz geschnittenen bunten Textilfasern bestreut. Die Flocken haften auf den noch feuchten, klebrigen Stellen der mit dem Binder bedruckten Konturen fest. Der Überschuß wird nach dem Trocknen abgeschüttelt, -geklopft oder -gebürstet. So lassen sich samtartige Blumenmuster oder andere, plastisch hervortretende Motive erzielen. Das Beflocken kann entweder in einfacher Weise durch

Schütteln des Siebs von Hand über dem Leder oder in verfeinerter Technik elektrostatisch durch spontanen Ladungsausgleich zwischen Sieb und Lederunterlage ausgeführt werden.

Größeren apparativen Aufwand erfordert das *Rasterdruckverfahren,* bei dem die Lederoberfläche mit einer gravierten Kalanderdruckwalze bedruckt wird. Das Leder wird auf einem Transportband an die Druckwalze herangeführt und läuft zwischen dieser und einer Anpreßwalze hindurch. Der Durchlaufschlitz ist nur eng, das Leder muß deshalb in der Dicke sehr gleichmäßig gefalzt sein und die Stärke darf nach den Seiten hin nur wenig abfallen. Außerdem darf das Leder nicht zu dünn sein. Sind diese Bedingungen nicht erfüllt, wird das Druckmotiv an dünneren Lederstellen unscharf oder farbschwach und an den Randpartien können Transportband oder Anpreßwalze teilweise mit bedruckt werden und die Fleischseite der nachfolgenden Leder verschmutzen. Weitere Voraussetzungen für gleichmäßiges Bedrucken ist, daß das Leder faltenfrei unter der Druckwalze hindurch läuft. Hierzu helfen »Breithalter«, das sind schräg gestellte Rollen an beiden Seiten des Transportbands, welche das Leder beim Hindurchlaufen automatisch flach streichen.

Als Druckmotiv sind in die Druckwalzen natürliche Narbenbilder, etwa Ziegen-, Schweins- oder Rindlederschrumpfnarben, oder auch Phantasienarbenzeichnungen eingraviert. Infolge der feinen Rasterstruktur können sowohl scharf begrenzte wie auch weich ineinander übergehende »wolkige« Strukturen gedruckt werden. Die ineinander fließenden weichen Strukturen können soweit verfeinert sein, daß sie einen einheitlichen Flächendruck ergeben und daß das Leder aussieht, als hätte es eine Oberflächenfärbung erhalten.

Als Druckfarbe werden in den meisten Fällen keine viskosen Pigmentpasten, sondern niedrig- bis mittelviskose Farbstofflösungen eingesetzt. Sie werden durch ein Rakelsystem auf dem Druckkalander verteilt und dosiert. Die druckende Fläche des Druckzylinders kann die Druckfarbe in sehr feinen Gruben mit sich führen, aus denen sie vom Leder aufgesaugt wird. Diese Methode wird als *Tiefdruckverfahren* bezeichnet. Sie eignet sich vor allem für Flächendruck und für weich ineinander übergehende Konturen. Die Farbe kann aber auch wie bei einem Stempel auf den Spitzen der Rasterfläche sitzen und von diesen auf das Leder aufgedruckt werden. Man spricht dann vom *Hochdruck-* oder *Offsetverfahren.* Es ist für viskose Farbstofflösungen und auch für Pigmentpasten geeignet und wird für Motive mit scharfen Konturen bevorzugt.

Nachteil des Rasterdruckverfahrens sind die sehr hohen Kosten der Druckwalzen, so daß sich das Verfahren nur rentiert, wenn große Serien mit dem gleichen Motiv bedruckt werden können.

3.4.2 Tamponieren. Eine ausschließlich auf Oberflächeneffekt von narbengepreßtem Leder ausgerichtete Zurichtbehandlung ist das Tamponieren. Stoff, Putzwolle oder Watte werden zu einem kissenartigen Ballen zusammengedrückt und mit einem dünnen Tuch überspannt, das wie ein Beutel oben zusammengezogen und verschnürt wird. Der so gebildete Tampon wird in einer Schale mit flachem Boden oder auf einer Glasscheibe auf eine viskose, farblose oder bunt gefärbte Lacklösung leicht aufgedrückt, so daß er etwas Lack aufsaugen kann. Das bereits beschichtete, mit markanter Narbenprägung versehene Leder wird mit dem Tampon praktisch ohne Druckanwendung leicht überrieben. Dabei ist darauf zu achten, daß nur die Narbenkuppen mit Tamponierlack bestrichen werden und daß kein Lack in die Narbenvertiefungen einfließt. Auf diese Weise lassen sich ansprechende zweifarbige Zurichteffekte oder Glanz-Matt-Effekte erzielen, wie sie etwa bei Reptilleder- oder Schrumpfnarben-Imitationen gewünscht werden. Ein weicher Übergang der Tamponierfarbe, der sich ohne scharf begrenzte Ränder von der Grundfarbe der Narbenvertiefungen abhebt, erhöht das natürliche Aussehen der Zurichtung. Er erfordert eine leichte Hand beim Tamponieren, läßt sich aber in relativ kurzer Zeit erlernen.

Eine Abwandlung des Tamponierverfahrens stellt die früher bei vegetabilisch gegerbten Täschner- und Polstervachetten häufig durchgeführte *Antikzurichtung* dar. Auf das naturelle oder gefärbte Leder wird ein Wildrindnarben mit vielen gröberen und feineren Riefen aufgepreßt. Auf die Narbenerhöhungen wird dann gelöstes oder geschmolzenes Wachs auftamponiert. Nachdem der Wachsüberzug erstarrt ist, wird entweder eine schwarze Farbstofflösung oder eine schwarz pigmentierte Bindemittelmischung auf das Leder aufgespritzt. Das getrocknete Leder wird danach mit einem benzin-getränkten Lappen abgewischt, um das Wachs wieder zu entfernen. Die durch das auftamponierte Wachs reservierten Flächenteile treten im ursprünglichen oder nur leicht abgedunkelten Farbton wieder hervor. Die angefärbten Vertiefungen erscheinen dunkel und ergeben einen ausgeprägten Farbkontrast. Zum Abschluß wird das gesamte Leder mit einem farblosen Schutzlack überspritzt.

3.4.3 Folienkaschieren. In manchen Fällen kann es zweckmäßig sein, daß man die Zurichtschicht des Leders nicht in einzelnen, durch mehrere aufeinander folgende Aufträge gebildeten Schichten aufbaut, sondern daß man den Zurichtfilm durch komplizierte Herstellungsmethoden außerhalb der Lederfabrik auf einer Trägerfolie erzeugt und von dieser dann auf das Leder überträgt. Solche *Transferfolien* werden z. B. bei der Herstellung von Gold- und Silberleder für Abendschuhe oder Handtaschen verwendet. Auf eine mit einer Trennschicht – meistens auf der Basis von Polyurethan – präparierte Papierbahn wird Aluminiumbronze im Hochtemperaturverfahren aufgedampft. Die Bronze kann entweder im Farbton naturell gehalten sein und erscheint dann im Silberton, oder sie kann mit gelben Farbstoffen vom leuchtend hellen Gold bis zum rötlich dunklen Altgold angefärbt werden. Die Verwendung goldgetönter Kupferbronze hat sich nicht bewährt, da diese durch Säureeinflüsse aus dem Leder oder aus der Atmosphäre mit zunehmendem Alter zur Grünverfärbung neigt.

Das zuzurichtende Leder wird mit einem Polymerisatbindemittel, das als Klebstoff bzw. als Haftgrund dient, überspritzt. Die Transferfolie wird mit der beschichteten Seite glatt und faltenfrei auf das Leder aufgerollt und die präparierten Leder werden zum »Anziehen« von Folie und Grundierung kurze Zeit gestapelt. Nach wenigen Stunden Verweilzeit wird auf einer hydraulischen Bügelpresse mit relativ geringem Druck bei etwa 80 °C abgebügelt, um die Lackschicht auf dem Leder festzuschweißen. Abschließend wird die Trägerfolie von der Lederoberfläche abgezogen. Die Polyurethan-Trennschicht läßt die Papierbahn sauber entfernen und bildet auf dem Leder den schützenden Abschlußlack.

Durch das Aufdampfen des Metalls auf die Folie wird eine außerordentlich feine Metallverteilung erreicht. Ein derartig gleichmäßiger Metallspiegel kann mit keinem metallpigmentierten Lack auf dem Leder erzeugt werden. Die Leuchtkraft des Metallspiegels kann noch gesteigert werden, wenn der auf das Leder aufgetragene Haftgrund weiß anpigmentiert wird. Allerdings darf er nicht zu stark pigmentiert sein, damit hohe Haftfestigkeit der metallisierten Folie auf dem Leder gewährleistet bleibt.

Die metallisierte Folie ist im allgemeinen weniger dehnungselastisch als die mit den üblichen Methoden auf das Leder aufgebrachten Zurichtschichten. Leder für Gold- und Silber-Zurichtung sollte deshalb nicht nennenswert zügig sein. Wenn es beim Auflegen bzw.

Aufrollen der Transferfolie glatt gestreckt und vom aufgetragenen Haftgrund noch etwas feucht ist, zieht sich die Lederfläche beim Trocknen etwas zusammen, so daß keine Dehnungsspannung auf die Folie ausgeübt und die Zurichtung nicht knickempfindlich wird. Beim Abbügeln zum Festschweißen der Folie ist darauf zu achten, daß die Bügelunterlage nicht elastisch weggedrückt werden kann, damit die Transferfolie nicht aufreißt. Schaumgummiunterlagen sind unzweckmäßig, härterer Gummi mit Gewebeeinlage ist vorteilhaft.

3.4.4 Beschichten mit Polyurethanschaum. Eine dem Folienkaschieren ähnliche Oberflächenbehandlung stellt die lösemittelarme Polyurethanbeschichtung von Spalt- und Schleifboxleder dar. Hierbei wird nach dem Zweikomponenten-System gearbeitet. Die Vorbereitung des Trägermaterials, von dem aus das Leder beschichtet wird, erfolgt im Gegensatz zu den Transferfolien nicht außerhalb der Lederfabrik, sondern unmittelbar vor der Anwendung auf der Beschichtungsmaschine. Die Reaktionskomponenten werden mit Dosierpumpen einem an der Einlaufstelle der Maschine montierten Mischkopf zugeführt und aus diesem heraus auf eine Matrize oder eine Trägerfolie gespritzt. Ein Transportband führt die Beschichtungsmasse auf der Folie oder auf den Matrizen in die Maschine ein. Dort wird das zu beschichtende Leder über Transportwalzen auf die Polyurethanschicht aufgelegt und mit einem elastischen Führungsband aufgedrückt. Trägermatrize oder -folie und Leder durchwandern dann einen Trockentunnel, in dem das Polyurethangemisch gehärtet wird, und am Auslaß der Maschine wird das beschichtete Leder von der Trägerunterlage abgezogen (Abb. 5, S. 37).

Das Polyurethan für die Zurichtschicht kann aus einem geeigneten Prepolymer zusammen mit Isocynat gebildet werden. Man erhält dabei eine kompakte, gegen mechanische Beanspruchung sehr widerstandsfähige Filmsubstanz, die sich z. B. als Zurichtung von Fußball-Leder gut bewährt hat. Die kompakte, massive Filmschicht eignet sich vor allem für dünnere Aufträge auf kurzfaserig angerauhtem Schleifboxleder. Bei Spaltleder, das einen ziemlich dicken Schichtauftrag erfordert, verbraucht der kompakte Zurichtfilm unerwünscht viel Substanz, macht das Leder schwer und verteuert die Zurichtkosten. Man zieht es vor, in solchen Fällen der Ausgangsmischung ein Treibmittel zuzusetzen, das den Film zu einer feinporigen Masse aufschäumt. Der ausreagierte Polyurethanschaum kann zum Abschluß glatt abgebügelt oder narbengepreßt werden. Dadurch wird die oberste Schicht dicht abschließend zusammengedrückt, während der Hauptanteil der Filmschicht als feinporiger Schaum verbleibt. Die aufgelockerte Struktur vermittelt der Zurichtschicht gute Biege- und Knickelastizität, ergibt einen angenehmen, samtig warmen Griff und läßt vorteilhafte Wärmeisolierung erreichen, wie sie z. B. bei Eislaufstiefeln gefragt ist.

Das Narbenbild des beschichteten Leders kann auch ohne nachträgliches Pressen von vornherein durch die Matrize geformt werden. Die Matrizen werden meistens aus Silikonkautschuk gefertigt. Sie sind elastisch und lassen sich leicht von dem beschichteten Leder ablösen. Außerdem sind sie sehr dauerhaft und können für lange Zeit immer wieder verwendet werden. Die Beschichtung mit Matrizen läßt praktisch unbegrenzte Variationen des Narbenbilds mit natürlicher Zeichnung oder Phantasienarbenprägung zu. Außerdem kann zusätzlich zwischen Polyurethanschicht und Leder ein Faservlies eingelegt werden. Dadurch läßt sich dünnes und leichtes Spaltleder, das wegen ungenügender Festigkeit sonst nicht mehr verwendbar wäre, verstärken und zu guter Gebrauchsfähigkeit verfestigen[114].

4. Fixieren

Eiweißbindemittel werden für die Lederzurichtung in wässriger Lösung angewendet. Wenn die Zurichtschicht auf dem Leder getrocknet wird, geht die Wasserlöslichkeit der Eiweißstoffe infolge einer gewissen Hitzedenaturierung zwar etwas zurück, doch reicht das bei weitem nicht aus, um die erforderliche Nässebeständigkeit der Zurichtung zu erreichen. Deshalb müssen Eiweißbindemittel wasserfest fixiert werden. Als Fixiermittel wird im allgemeinen Formaldehyd verwendet, entweder allein oder im Gemisch mit Säure oder mit Säure und Chromsalz. Die Fixierung ist weitgehend auf Eiweißprodukte beschränkt, auch einige Polymerisatbindemittel, die wasserlösliche Stickstoffverbindungen als Dispergiermittel oder Schutzkolloid enthalten, sprechen in gewissem Umfang auf die Formaldehydfixierung an. Andere wasserlösliche Bindemittel, wie etwa Cellulosederivate oder Pflanzenschleime, werden durch die Fixierung nicht erfaßt. Sie bleiben in Wasser löslich oder zumindest stark wasserquellbar. Sie sind besonders kritisch zu überprüfen und sollten völlig ausgeschaltet werden, wenn sich eine Zurichtrezeptur als nässeempfindlich erweist.

Das wirksame Mittel der Fixierlösung ist Formaldehyd, ein Gas, das seine Wirkung vornehmlich in wässriger Lösung ausübt. Alle Maßnahmen für die Durchführung des Fixiervorgangs sind darauf auszurichten, daß die Formaldehydlösung so weitgehend wie irgend möglich ausgenutzt werden kann. Als erster Punkt ist zu berücksichtigen, daß volle Fixierwirkung nur im sauren Medium erreicht wird. Die als Eiweißbindemittel im überwiegenden Umfang eingesetzten Caseinlösungen sind alkalisch aufgeschlossen und trocknen auch zu einer alkalisch reagierenden Filmsubstanz auf. Daher ist anzuraten, daß die Fixierlösung angesäuert wird, auch dann, wenn sie infolge partieller Oxidation des Formaldehyds bereits etwas Ameisensäure enthält. Zum Ansäuern verwendet man im allgemeinen eine leicht flüchtige organische Säure, damit ein eventuell bei der Fixierung aufgetragener Überschuß beim Antrocknen verdunstet und keine Gefahr von Salzbildung gegeben ist. Das würde zu störenden weißlichen Ausschlägen führen. Von den möglichen Ansäuerungskomponenten Ameisen- oder Essigsäure wird der letzteren der Vorzug gegeben, weil sie weniger stechend riecht und die Augen- und Nasenschleimhäute weniger intensiv reizt. Für eine stark wirksame Abschlußfixierung, wie sie bei Eiweißappreturen erforderlich ist, wird als zusätzlicher Säurespender und als gesteigerte Fixierhilfe noch ein kleiner Anteil Chromsalz zugegeben (vgl. Kapitel II, S. 140).

Die Fixierlösung wird im Preßluftverfahren auf das Leder aufgespritzt. Es soll nicht übermäßig naß gespritzt werden, denn dann ist unnötig hoher Energieaufwand für das Trocknen erforderlich. Es darf aber auch nicht zu sparsam gespritzt werden, denn die Fixierlösung muß mit der gesamten Eiweißmenge der Zurichtschicht reagieren können, bevor der Formaldehyd verdunstet ist. Aus diesem Grund ist es unzweckmäßig, wenn die zu fixierende Zurichtschicht vor dem Fixierauftrag stark aufgetrocknet wird. In einem solchen Fall muß die Fixierlösung den Zurichtfilm erst wieder anquellen, damit sie mit den Eiweißstoffen reagieren kann. Während dieser Zeit verflüchtigt sich aber bereits ein nicht unbeträchtlicher Anteil des Formaldehydgases, so daß man entweder keine ausreichende Fixierwirkung erreicht oder einen unnötigen Überschuß an Fixierlösung anwenden muß. Die am weitesten gehende Ausnützung der Fixierlösung kann erreicht werden, wenn man die eiweißhaltige Zurichtflotte und das Fixiermittel gemeinsam spritzt. Daß man Formaldehyd der Spritzflotte unmittelbar beimischt, ist jedoch nicht in jedem Fall möglich. Caseinlösungen sind im allgemeinen mit Formaldehyd nur begrenzt verträglich. Schon bald nach dem Mischen können sie beginnen auszuflocken oder zu gelatinieren. Außerdem vertragen sie in keinem Fall den Zusatz von fixierbegünstigender Säure oder gar von Chromsalz. Der direkte Zusatz von Formaldehyd beschränkt sich deshalb meistens auf eine quellungsvermindernde Zwischenfixierung der Spritzflotte. Dabei ist darauf zu achten, daß der Ansatz kurzfristig innerhalb weniger Stunden verbraucht wird. Uneingeschränkte Anwendung von eiweißhaltiger Spritzflotte und Fixiermittel ist dann möglich, wenn eine Spritzmaschine mit zwei hintereinander geschalteten Spritzkabinen zur Verfügung steht. Man kann damit in einem Durchgang zuerst die Spritzfarbe oder die Appretur und unmittelbar danach das Fixiermittel spritzen. Wenn eine solche Einrichtung nicht vorhanden ist und die Fixierung in einem gesonderten Arbeitsgang durchgeführt werden muß, dann sollte die Spritzfarbe oder Appretur nur leicht abgelüftet werden, so daß die Schicht voll aufnahmefähig für die Fixierung bleibt.

Die den Caseinlösungen anwendungstechnisch nahestehenden polyamidartig modifizierten Eiweißbindemittel sind in wässriger Lösung formaldehydverträglich und lassen eine Fixierung in gemeinsamer Anwendung zu. Der Grund für dieses Verhalten ist darin zu erblicken, daß die Kondensation der wasserlöslichen Vorstufe zum wasserunlöslichen Polyamid durch Formaldehyd konzentrationsabhängig ist. Wenn man das unverdünnte polyamidartige Eiweißbindemittel mit konzentriertem Formaldehyd vermischt, dann genügen schon wenige Tropfen Fixiermittel, um das flüssige Produkt zu einer gallertigen Masse erstarren zu lassen. Wird dagegen das Bindemittel zuvor mit Wasser verdünnt und wird dann die Formaldehydlösung eingerührt, dann ist die Kondensation unterbunden und die Mischung verbleibt wochenlang als stabile Lösung. Erst wenn bei Antrocknen der Mischung auf dem Leder die für eine Kondensation zum Polyamid erforderliche kritische Konzentration erreicht ist, setzt die Umsetzung zum wasserbeständigen Film ein. Die Kondensationsreaktion ist jedoch nicht nur von der Konzentration der beiden Umsetzungskomponenten abhängig, sondern sie wird auch durch Säure ausgelöst. Wenn man der wässrig verdünnten, stabilen Mischung Säure oder Säure und Chromsalz zufügt, setzt die Kondensation sofort ein und das entstehende Polyamid fällt aus. Die gemeinsame Anwendung von Binde- und Fixiermittel in einer Flotte ist daher in gleicher Weise wie bei Caseinlösungen nur für die Zwischenfixierung geeignet. Sie hat aber den Vorteil einer nahezu unbegrenzten Anwendungszeit der Mischung.

Von besonderer Bedeutung ist die Fixierwirkung für die Appreturschicht. Soweit Eiweißbindemittel als Appretur angewendet werden, das ist aus modischen Gründen und vor allem wegen des angenehmen, natürlichen Griffs noch ziemlich häufig der Fall, muß auf intensives Durchfixieren geachtet werden. Fixierung mit Formaldehyd allein reicht bei reinem Eiweißfilm im allgemeinen nicht aus, um volle Naßreibechtheit zu erzielen. Für die Abschlußfixierung werden deshalb Fixierlösungen aus Formaldehyd, Essigsäure und Chromsalz vorgezogen, während Formaldehyd allein entweder in gesonderter Anwendung oder als Zusatz zur Spritzflotte im allgemeinen nur als quellungsmindernde Zwischenfixierung dient. Falls nur eine leichte egalisierende Zurichtung vorgenommen wird, die bereits im ersten Auftrag mit Eiweißbindemittel beginnt, bei deren Zwischenfixierung Formaldehyd bis zur Narbenschicht durchdringt, muß man mit der Anwendung des Fixiermittels vorsichtig sein. Bei kräftiger Formaldehydanwendung kann der Narben verhärten, splissig werden und bei Dehnen oder scharfem Biegen des Leders platzen. Vegetabilisch gegerbtes oder nachgegerbtes Leder ist empfindlicher als chromgares. Bei Anwendung der Formaldehydfixierung nur in den oberen Schichten auf einer den Narben abschließenden Grundierung besteht erfahrungsgemäß keine Gefahr, daß die Narbenelastizität beeinträchtigt wird.

So, wie bei den Anwendungsbedingungen der Fixierlösung auf möglichst weitgehende Ausnützung der Fixierwirkung geachtet werden soll, ist auch beim Trocknen des fixierten Leders zu berücksichtigen, daß das Fixiermittel möglichst gründlich auf die Zurichtschicht einwirken kann. Die Fixierwirkung wird nicht nur durch stärkeres Vortrocknen vor dem Fixierauftrag erschwert, sondern sie wird auch durch zu heißes und vor allem durch zu rasch einsetzendes Trocknen nach der Fixierbehandlung beeinträchtigt. Je wärmer getrocknet wird, um so rascher wird der Formaldehyd als flüchtiges Gas in die Luft getrieben, um so weniger kann er in der Zurichtschicht wirksam werden. Wenn das mit Fixiermittel überspritzte Leder langsamer und bei niedrigerer Temperatur getrocknet wird, kann die Zurichtung wirksamer fixiert werden als bei raschem und heißem Trocknen. Wenn auf der Spritzmaschine in gesondertem Durchgang fixiert wird, kann die Temperatur des Trockentunnels herabgesetzt werden, da ja mit der Fixierlösung eine relativ geringe Flüssigkeitsmenge auf das Leder kommt. Wird dagegen in einem Durchgang Farbe gespritzt und fixiert, dann kann die Trockentemperatur nicht vermindert werden, da ja das Leder nach Durchlaufen der Trockenstrecke stapelfähig sein muß. In einem solchen Fall ist es zweckmäßig, daß man mit höherer Formaldehydkonzentration fixiert und etwa 13 bis 15 % Formaldehyd – absolut berechnet, entsprechend etwa 40 bis 45 % handelsüblicher Formalinlösung – anwendet, während man bei langsamem Ablüften im kühleren Trockentunnel oder auf dem Trockenstern mit etwa 10 % Formaldehydkonzentration bzw. mit 30 % Formalin auskommt.

Die Fixierung mit Formaldehyd wird oft als lästig empfunden, zumal sie keine sofort sichtbare Qualitätsverbesserung des zugerichteten Leders erbringt. Versuche zum Austausch von Formaldehyd mit geruchsschwächeren Mitteln, z. B. mit Glutardialdehyd, haben sich bisher nicht durchgesetzt, da dieses Fixiermittel gleichen Arbeitsaufwand mit sich bringt und wegen leichter Braunfärbung für weißes und hellfarbiges Leder nicht geeignet ist.

Der Trend zur Rationalisierung der Zurichtarbeiten geht mehr dahin, daß man Zurichtbindemittel und -rezepturen sucht, welche keine Fixierung erfordern. Das ist durchaus möglich, wenn man nicht auf wässriger, sondern auf Lösemittelbasis mit Nitrocellulose- oder Polyurethanprodukten zurichtet. Der Ausfall der Zurichtung weicht aber im Gesamtcharakter, im Aussehen und besonders im Griff von der wäßrigen Zurichtung deutlich ab. Man versucht deshalb einen Kompromiß einzugehen mit hitzevernetzenden, wassermischbaren Polymerisatbindemitteln, mit nur geringem Zusatz wasserlöslicher Eiweißbindemittel und mit wasserverdünnbaren Nitrocellulose-Lackemulsionen oder Polyurethandispersionen als Appretur. Soweit die Eiweißprodukte noch eine quellfeste Fixierung der Zwischenschicht erfordern, wird Formaldehyd in der Emulsionsappretur angewendet. Die Nitrocellulose trocknet zwar von sich aus ohne Fixierung zu einem wasserfesten Appreturfilm auf, doch fixiert der Formaldehyd die Eiweiß- oder Polyamidsubstanz enthaltende Zwischenschicht ohne gesonderten Arbeitsgang. Bei allen zu wasserfesten Filmen auftrocknenden Emulsionsappreturen muß schließlich bedacht werden, daß die Schutzwirkung gegen trockenes und vor allem gegen nasses Reiben nur dann gegeben ist, wenn ausreichende Mengen aufgetragen werden, um einen zusammenhängenden Film zu erzielen. Hauchartiges Übersprühen des Leders ist praktisch unwirksam, weil die Substanzmenge für eine schützende Appreturschicht nicht ausreicht.

5. Trocknen

Die Lederoberfläche muß nicht nur bei Beendigung der Zurichtung, sondern auch nach jedem Auftrag der einzelnen Schichten getrocknet werden. Die flüssigen Aufträge erfordern jeweils einen ausreichend trockenen Untergrund, damit die Flüssigkeit einziehen und der entstehende Film sich fest in der Unterlage verankern kann. Bei der Trocknungsbehandlung kommt es daher nicht nur auf das endgültige Auftrocknen des Leders, sondern auch auf das Zwischentrocknen nach den verschiedenen Aufträgen an. So kann z. B. der Streichauftrag einer Egalisierfarbe auf eine ungenügend getrocknete Grundierung dazu führen, daß die Unterlage stellenweise wieder aufgerissen oder abgerieben wird. Andererseits kann zu scharfes Austrocknen einer Zwischenschicht Einziehen und Verankern des nachfolgenden Auftrags beeinträchtigen und zu ungenügender Haftfestigkeit der Zurichtung führen. Bei Spritzauftrag kann die Flotte auf zu stark getrockneter Unterlage abperlen oder sich zu Tröpfchen zusammenziehen, so daß kein gleichmäßiger, ruhiger Oberflächenabschluß erzielt wird.

Zwischentrocknen zwischen den einzelnen Aufträgen begünstigt im allgemeinen die gleichmäßige Aufnahmefähigkeit der Lederoberfläche für die nachfolgende Flotte. Wird auf eine noch ziemlich feuchte Grundierschicht sofort ein weiterer Auftrag gegeben, nimmt das Leder weniger Flotte an. Deck- und Egalisierwirkung bleiben geringer, so daß eventuell noch ein weiterer Auftrag erforderlich ist, damit die zugerichtete Lederfläche nicht unruhig wird. Andererseits bleibt der auf die noch feuchte Grundierung aufgebrachte zweite Auftrag von viskosen, konzentrierten Deckfarbenansätzen verstärkt an der Lederoberfläche und schließt bei faseriger Struktur die langen Fasern rasch ab. Von dieser Beobachtung macht man oft bei der Grundierung von Spaltleder Gebrauch. Der erste Grundierauftrag wird in die Spaltoberfläche eingebürstet, damit die Filmschicht sich tief zwischen den Fasern verankern und abbinden kann. Unmittelbar danach wird der zweite Auftrag aufgeplüscht und möglichst glatt verstrichen. Auf diese Weise kann man einen gut egalisierenden Oberflächenabschluß erzielen und zugleich die Einsatzmenge an Zurichtmittel niedrig halten.

Beim Trocknen der einzelnen Aufträge, insbesondere beim Zwischentrocknen der unteren Schichten, ist zu berücksichtigen, daß jede Anwendung einer wässrigen Zurichtflotte das Fasergefüge der Lederoberfläche mehr oder weniger stark durchnäßt. Dadurch quellen die Lederfasern und in besonderem Maße die empfindlichen, fein strukturierten Narbenfasern an. Sie entquellen beim Trocknen wieder, können bei erneutem Nässeeinfluß wieder anquellen und das Wechselspiel setzt sich mit jedem weiteren Auftrag und Trockenvorgang fort. Jedes Anquellen der Lederfasern erzeugt Spannungen innerhalb des Fasergefüges. Je schneller und je schärfer zwischengetrocknet wird, um so weniger können sich die Spannungen beim Entquellen ausgleichen. Je rascher die Zurichtung weiter fortgeführt wird, um so weniger kann die Faserspannung abgemildert werden und sich das Leder erholen. Die Gefahr, daß das zugerichtete Leder losnarbig wird oder splissig, ist bei scharfen Trockenbedingungen und bei sehr rascher Folge der einzelnen Zurichtgänge weitaus größer als bei mildem, langsamem Trocknen. Zwischenzeitliches Ablagern des Leders und Abkühlenlassen auf Raumtemperatur wirken sich auf Griff, Narbenfeinheit und Narbenelastizität vorteilhaft aus. Sicherlich steht ein abgebremster Ablauf der Zurichtbehandlungen dem Bestreben nach Rationalisierung und dem Wunsch nach raschem Fertigstellen des Leders in kontinuierlicher Folge der Zurichtgänge entgegen. Man muß sich aber darüber klar werden, daß jedes »Durchjagen« des

Leders durch die Zurichtung unweigerlich die Lederqualität mindert. Nachteilige Einflüsse der beschleunigten Zurichtung werden in erster Linie durch zu harte Trockenbedingungen hervorgerufen.

Bei der Trockenbehandlung während der Zurichtarbeiten unterscheidet man zuweilen zwischen Ablüften und Trocknen. Beide Methoden verfolgen das gleiche Ziel, nämlich eine Entwässerung der auf die Lederoberfläche aufgetragenen Zurichtschicht. Sie unterscheiden sich in der Art ihrer Durchführung.

Zum *Ablüften* wird das Leder bei Raumtemperatur oder in nur mäßig erwärmten Räumen bei meistens nur geringer Luftbewegung aufgehängt. Das Wasser verdunstet dabei nur langsam, so daß die Bindemittel der Deckschicht oder Appretur nicht übertrocknet werden und entsprechend auch nicht verspröden können. Auch das Fasergefüge der Narbenschicht wird geschont. Die Lederfasern entquellen langsam, Spannungen in der Faserstruktur können sich ausgleichen. Es besteht keine Gefahr, daß das Leder über das normale Maß des natürlichen Feuchtigkeitsgehalts hinaus übertrocknet wird, und entsprechend bleibt der Narben geschmeidig und elastisch. Ablüften wird als Zwischenbehandlung bei der Zurichtung von vollnarbigem Leder bevorzugt, weil die stärker eiweißhaltigen Schichten dadurch nicht verhärten und ohnehin meistens nur geringe Flüssigkeitsmengen bei den einzelnen Aufträgen auf das Leder aufgebracht werden.

Zum Ablüften wird das Leder an Haken oder Klammern aufgehängt oder über Stangen geschlagen. Die Stangen können mit dem darüber hängenden Leder parallel in ein Trockengestell eingeschoben werden oder sternenförmig an drehbaren Säulen angeordnet sein. Damit das Leder spannungsfrei auftrocknen kann, ist es im allgemeinen vorteilhaft, daß es in voller Länge freihängend an Kopf, Schwanz oder Klauen aufgehängt anstatt über Stangen geschlagen wird. Wenn man es über Stangen schlägt, sollten die Stangen nicht zu dünn sein, weil sonst die unter stärkerer Biegung auftrocknende Auflagebahn einen krausen Narben bekommen kann. Man kann diesem Nachteil entgehen, indem man über die Aufhängestange ein großkalibriges Kunststoffrohr zieht oder bei Aufhängebügeln auf der Oberseite der Tragestange ein nach unten gebogenes halbes Rohr befestigt, so daß die Krümmung des aufgehängten Leders gering ist und die Belastung an der Biegestelle vermindert wird. Außerdem ist anzuraten, daß beim Aufhängen über eine Stange die Biegekante von Bauchmitte zu Bauchmitte verläuft, da die meistens gröberporige Rückenlinie, wenn sie die Auflagebahn bildet, durch Zug- und Dehnungsbeanspruchung während des Hängens beim Trocknen in unerwünschtem Ausmaß betont wird.

Im Gegensatz zum Ablüften wird das *Trocknen* bei höherer Temperatur und im allgemeinen auch unter stärkerer Luftbewegung durchgeführt. Die mit der Zurichtflotte auf das Leder aufgebrachte Flüssigkeit wird verdampft und mit der über dem Leder hinweg bewegten Luft abgeführt, so daß der Trockenvorgang beschleunigt wird. In Einzelfällen kann das beschichtete Leder in einem Trockenraum aufgehängt werden. Eine Umluftturbine saugt die Luft an, erhitzt sie und stößt sie in den Trockenraum wieder aus. Durch einen Ventilator kann jeweils ein Teil der mit Feuchtigkeit beladenen Warmluft aus dem Trockenraum abgezogen werden und eine entsprechende Menge trockener Frischluft wird automatisch nachgesaugt. Da feuchte und warme Luft stets nach oben steigt, sollte die Abluft stets oben abgezogen, die Frischluft unten zugeführt werden. Es ist darauf zu achten, daß die Luft im Trockenraum nicht zu stark feuchtigkeitsgesättigt wird, weil sie sonst den Trockenvorgang verzögert.

In modernen Trockeneinrichtungen für den steten Durchsatz größerer Partien läuft das beschichtete Leder von der Spritz- oder Gießmaschine unmittelbar in einen Trockentunnel. Das Leder wird nicht zum Trocknen aufgehängt, sondern waagerecht liegend transportiert. Dadurch werden Arbeitskräfte eingespart, weil der Übergang in den Trockentunnel automatisch erfolgt. Außerdem wird durch diese Arbeitsweise verhindert, daß bei nassen Aufträgen ein Teil der Flotte vom Leder wegfließen oder sich an einzelnen Stellen ansammeln kann. Das Trocknen im Tunnel erfolgt durch Durchblasen von Luft, die die Feuchtigkeit wegführt. Die Trocknungswärme kann entweder durch Warmluft erzeugt werden, oder das Leder wird von oben her durch Glühlampen, Heizröhren oder gaserhitzte Reflektoren bestrahlt. Die Lufttemperatur beträgt im heißen Teil des Trockentunnels 70 bis 80 °C, im Einlaß- und im Endsektor des in mehrere Kabinen unterteilten Tunnels ist sie niedriger und nähert sich der Temperatur des Arbeitsraums. Bei Warmlufttrocknung hängt der Trockeneffekt unter festgelegten Bedingungen der Lufttemperatur und des Luftdurchsatzes im allgemeinen von der aufgebrachten Flüssigkeitsmenge, der Zusammensetzung der Zurichtflotte und von der Schichtdicke des sich bildenden Zurichtfilms ab. Die Strahlungstrocknung kann zusätzlich durch die Farbnuance des zugerichteten Leders beeinflußt werden, je nachdem, wie die Zurichtschicht und die eventuell darin enthaltenen Pigmente die Strahlungswärme aufnehmen oder sie reflektieren.

Die Trockengeschwindigkeit des warm getrockneten Leders ist erheblich größer als die des kühl abgelüfteten. Trotzdem nimmt das Trocknen weitaus mehr Zeit in Anspruch als jeder einzelne Flottenauftrag. Die Bandgeschwindigkeit muß im Trockentunnel mit der Durchlaufgeschwindigkeit des Leders durch die Auftragmaschine übereinstimmen, damit kontinuierlicher Arbeitsfluß gewährleistet ist. Das bedeutet, daß sehr lange Trockenstrecken bzw. Tunnelanlagen erforderlich sind. Trockentunnel von 50 bis 60 m Länge sind durchaus nicht unüblich, und zusammen mit der vorgeschalteten Auftragmaschine und dem benötigten Platz für Bereitstellen des zuzurichtenden Leders und Stapeln des getrockneten Leders ergibt sich eine Länge des Zurichtraums bis zu 100 m. Wenn diese Länge nicht zur Verfügung steht, muß entweder das in einem kürzeren Tunnel nur oberflächlich angetrocknete Leder abgenommen und zum weiteren Trocknen aufgehängt werden, oder man kann es eine Trockenkammer in mehreren Etagen durchlaufen lassen. Hierbei wird das begossene oder bespritzte Leder bei Verlassen der Maschine auf einen Lattenrost gezogen, der sich alternierend in unterschiedlichem Steigwinkel verändert, so daß jeweils ein Leder auf eine von drei übereinander liegenden Ebenen einer Trockenkammer abgegeben wird. Der zwischengeschaltete Rost wirkt als Puffer, und die Durchlaufgeschwindigkeit des Leders durch die Trockenanlage kann auf ein Drittel der Geschwindigkeit des Passierens durch die Auftragmaschine gesenkt werden. Entsprechend läßt sich die Länge der Trockenkammer auf etwa 20 m verkürzen. Die Anlage nimmt nur einen höheren Raum in Anspruch als der normale Trockentunnel, doch reicht eine Höhe des Zurichtraums von etwa 4 bis 4,5 m aus, um einen solchen Etagentrockner aufzustellen (Abb. 23).

Zwischentrocknen und abschließendes Trocknen sind die langsamsten Prozesse der Zurichtung. Sie bestimmen das Tempo der Auftragsfolge für die einzelnen Schichten. Durch Warmtrocknen kann gegenüber dem Ablüften ein beträchtlicher Zeitgewinn für die gesamte Zurichtung herausgeholt werden. Trotzdem darf die Zeitersparnis nicht übertrieben werden, denn starke Hitzeeinwirkung begünstigt Wanderung und Ausschwitzen von Weichmacheröl aus dem Zurichtfilm oder von Fettstoffen aus dem Leder, kann Eiweißbindemittel denaturieren und verspröden – man denke an »sonnenbrandige« getrocknete Häute – und kann

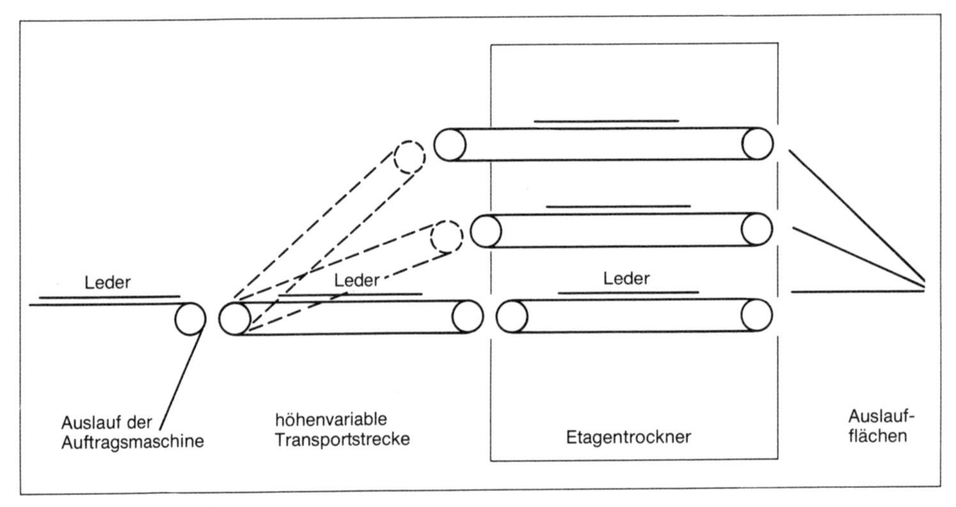

Abb. 23: Etagentrocknung.

Schrumpfungserscheinungen des feuchten Leders mit Spannungen zwischen Narben- und Retikularschicht hervorrufen. Warmtrocknen ist zweifellos ein unabdingbares Erfordernis der modernen Zurichttechnik. Es sollte aber in vernünftigem Rahmen durchgeführt und die Auswirkung auf die Qualität des Leders und der Zurichtung sorgsam beachtet werden.

Einblasen von Luft in den Trockentunnel und die dadurch verursachte Luftumwälzung führen die bei Verdunsten des Wassers gebildete feuchte Atmosphäre fortlaufend von der Lederoberfläche weg. Heiße Luft nimmt begieriger Wasserdampf auf als kalte. Zu Beginn des Trocknens, bei Einlaufen des Leders in den Trockentunnel, kann die Luft noch kühl sein, da die überschüssige Feuchtigkeit relativ leicht abgegeben wird. Mit fortschreitendem Antrocknen soll jedoch die Lufttemperatur ansteigen, um der Zurichtschicht und dem Leder die restliche Feuchtigkeit ausreichend zu entziehen. Im Endsektor des Tunnels ist es dagegen vorteilhaft, wenn die Lufttemperatur wieder abgesenkt und Kaltluft auf die Lederoberfläche aufgeblasen wird. Das abgekühlte Leder läßt sich besser stapeln und neigt weniger zum Zusammenkleben auf dem Bock. Thermoplastische Binderfilme sind nicht nur klebrig, wenn in ihnen noch Feuchtigkeit verblieben ist, sie kleben auch – und häufig in noch stärker ausgeprägtem Ausmaß –, wenn der trockene Film der Wärme ausgesetzt ist. In einem auf Bock gesetzten Stapel kann sich die Wärme erstaunlich lange halten, so daß entsprechend auch die Gefahr des Zusammenbackens besteht, besonders, wenn noch der verschweißende Druck des Stapelgewichts hinzu kommt.

5.1. Zwischenstapeln und Transportieren. Im Zusammenhang mit der Trocknung, vor allem mit dem Zwischentrocknen, sind Lagerung und Transport des Leders im halbfertigen Stadium ein wichtiges Problem. Solange die Lederoberfläche noch nicht durch die schützende Appretur endgültig abgeschlossen ist, bleibt sie empfindlich gegen Faserstaub, anderen Schmutz, gegen Reiben oder Bekratzen. Im Zwischenstadium muß das Leder für den nächsten Auftrag jeweils wieder an die Zurichtmaschine herangebracht werden. Es besteht zwar die Möglichkeit kontinuierliche Zurichtstraßen aufzubauen, bei denen das Leder mit der Grundierung begossen wird, von der Gießmaschine durch den Trockentunnel zur Bügelpresse läuft, von da aus auf der Spritzmaschine egalisiert, erneut getrocknet, mit der Appretur überspritzt, abschließend getrocknet und schlußgebügelt wird. Solche Anlagen sind aber sehr kostspielig und rentieren sich nur, wenn der gleiche Ledertyp mit gleichartiger Zurichttechnik in sehr großen Partien, möglichst im gesamten Produktionsumfang, hergestellt wird.

In den meisten Betrieben sind die Voraussetzungen hierfür nicht gegeben. Aus Sortimentsgründen wird vollnarbiges und geschliffenes Leder mit Spritzaufträgen, Streich- und Spritzaufträgen oder Gieß-, Streich- und Spritzaufträgen zugerichtet. Manchmal ist nur eine Spritzmaschine vorhanden, zuweilen werden abwechselnd Gieß- und Spritzmaschine dem gleichen Trockentunnel vorgeschaltet. Für Zwischenbügeln und Schlußbügeln steht eventuell nur eine Bügelpresse zur Verfügung. Die durchlaufende Lederpartie muß nach jedem Arbeitsgang gesammelt und zum nächsten Arbeitsplatz gebracht werden. Oft wird das Leder nach dem Zwischentrocknen auf einem »Bock« gestapelt, auf einem abgerundeten Balken, der auf vier Füßen befestigt ist und auf Rollen durch den Zurichtbetrieb geschoben werden kann. Gestapelt wird im allgemeinen Narben auf Narben, weil damit die geringste Verschmutzung verursacht wird. Bei dem Aufschlagen auf den Bock sollte darauf geachtet werden, daß die einzelnen Leder sich möglichst flächengleich bedecken, um zu vermeiden, daß Faserstaub von der Fleischseite des einen auf die Narbenseite des übernächsten Leders übertragen wird. So ist es z. B. vorteilhaft, daß beim Stapeln von Rindlederhälften linke und rechte Hälften abwechselnd aufeinander gelegt werden. Gleichmäßiges Aufschlagen verhindert auch, daß der Stapel vom Bock rutscht. Die Stapelhöhe soll nicht zu hoch sein, da der Preßdruck auf die unteren Häute auf dem Rücken des Bocks rasch anwächst, so daß hohe Stapel leichter zusammenkleben als flachere.

Wenn das Leder zwischen zwei Spritzaufträgen abgelüftet wird, kann der Trockenvorgang mit dem Transport kombiniert werden. Bei Verlassen der Spritzmaschine werden in diesem Fall die einzelnen Stücke abgenommen und über einen Bügel gehängt. Die Bügel sind an einer Transportkette befestigt, das Leder wird langsam neben der Spritzmaschine zur Einlaßstelle zurückgeführt und erneut durch die Spritzkabine gelassen. Jedes überspritzte Leder hängt frei an der Luft, ist vor Verschmutzen oder Ankleben an einem anderen Leder geschützt und kommt automatisch nach dem Ablüften ohne Arbeitsaufwand wieder am Arbeitsplatz an.

6. Maschinelle Zurichtbehandlung

Die Zurichtung des Leders dient der Veredlung der Lederoberfläche. Sie besteht nicht allein darin, daß verschiedene Schichten auf das Leder als Flüssigkeit aufgetragen werden und zur Filmsubstanz auftrocknen, sondern sie soll auch einen schützenden Oberflächenabschluß ergeben, der einerseits das Aussehen des Leders verbessert und andererseits die Widerstandsfähigkeit gegen äußere Einflüsse erhöht. Die einzelnen Auftragsschichten sollen sich untrennbar miteinander verbinden und sich fest und dauerhaft auf der Lederoberfläche verankern. Zusätzlich sollen Ungleichmäßigkeiten der Faserstruktur geebnet und die gesamte Fläche einheitlich geglättet oder mit einem gewünschten, besonderen Narbenbild versehen werden. Diese gesamten Anforderungen werden nicht ohne weiteres durch Auftragen und Antrocknen der verschiedenen Zurichtflotten erreicht. Es sind vielmehr mechanische Bearbeitungsgänge erforderlich, die teils vor, teils zwischen den Flottenaufträgen und schließlich auch als Abschlußbehandlung durchgeführt werden.

Gleichmäßiger Ausfall der Zurichtung in der gesamten Lederfläche, auf allen Ledern der gleichen Zurichtpartie und gute Reproduzierbarkeit in verschiedenen Partien des gleichen Fabrikats setzt sorgfältiges Vorbereiten des Leders voraus. Der Einfluß auf die Zurichtqualität setzt nicht erst mit dem Auftragen der Grundierflotte ein, sondern er beginnt schon vor dem Auftrocknen des Leders. Abgesehen von einer Beeinflussung der Saugfähigkeit der Lederoberfläche und damit der Haftfestigkeit der Zurichtung durch Gerbung, Nachgerbung und Fettung hängen Flächenruhe und Gleichmäßigkeit der Zurichtung davon ab, ob das Leder in einheitlicher Stärke ausgespalten und sorgfältig und kurzfaserig gefalzt wird. Die Methode, mit der das Leder nach der Gerbung getrocknet wird, übt einen deutlichen Einfluß auf Feinheit und Glätte des Narbens aus und auch darauf, wie intensiv das Leder bei der Zurichtbehandlung beschichtet werden muß. So ist Klebetrocknung eine vorteilhafte Vorbereitung für die Schleifbehandlung von narbenkorrigiertem Leder, weil der Narben durch das Ankleben des Leders an die Pastingplatte glattgestreckt wird, weil Narbenverletzungen oder wulstige Narbenverwachsungen flachgezogen werden und weil der Pastingkleber die Narbenfasern beim Schleifen sehr kurz abschneiden läßt. Vakuumtrocknung ist die ideale Vorbereitung für vollnarbig zuzurichtendes Leder. Es ergibt eine sehr dichte, glatte und feinporige Narbenstruktur, die im Gegensatz zu gepastetem Leder frei ist von Verunreinigungen durch wasserlöslichen Klebstoff. Der Einführung des Vakuumtrocknens ist es zu verdanken, daß die schwach beschichtende Anilinzurichtung von vollnarbigem Leder in großem Ausmaß überhaupt erst allgemein möglich geworden ist.

Alle diese vorbereitenden Arbeiten sind zwar wichtig für die Lederzurichtung, sie werden aber im »nassen« Sektor der Lederherstellung durchgeführt, bis das Leder im getrockneten Zustand für die Zurichtung vorliegt. Der Zurichter hat keinen unmittelbaren Einfluß darauf. Er sollte aber stets Gelegenheit haben, mit dem Gerber seine Erfahrungen und Beobachtungen auszutauschen und seine Wünsche für die Beschaffenheit des Leders zu diskutieren. Auf jeden Fall sollte der Zurichter über jede Änderung informiert werden, die bei einer Lederpartie gegenüber der bisherigen betriebsüblichen Herstellungsweise vorgenommen worden ist. Vertrauensvolle Zusammenarbeit zwischen Gerb- und Zurichtabteilung hilft unnötige Fehler vermeiden und verhütet Schäden, die oft erst bei Verarbeitung oder Gebrauch des zugerichteten Leders hervortreten.

6.1 Glanzstoßen. Zu den ältesten maschinellen Behandlungen der Lederoberfläche zählt das Glanzstoßen. Es wird vorwiegend bei vollnarbigem Leder durchgeführt, das mit Eiweißbindemitteln zugerichtet worden ist. In erster Linie kommen hierfür Boxkalb- und Chevreauleder oder die von der klassischen Herstellungweise etwas abweichenden chromgaren Kalb- und Ziegenoberleder in Betracht. Zuweilen wird auch vollnarbiges Rindleder in Glanzstoßzurichtung auf Eiweißbasis zugerichtet oder Roßbekleidungsleder mit Nitrocellulose-Zurichtung. Für hochmodisches Damenschuhwerk wird glanzgestoßenes Futterleder mit Anilinaussehen in Eiweiß-, Nitrocellulose- oder kombinierter Zurichtweise bevorzugt. Vegetabilisch gegerbtes Rindleder wird mit Nitrocellulose-Zurichtung als Blankleder für Reitsportartikel in manchen Betrieben noch glanzgestoßen, und bei Anilinvachetteleder für Lederwaren ist die Glanzstoß-Zurichtung in einigen Fällen noch anzutreffen. Bei Reptilleder wird das charakteristische Narbenbild von Krokodil-, Eidechs- oder Schlangenleder durch die Glanzstoßbehandlung erst voll zur Geltung gebracht. Wegen der unter dem Druck der gleitenden Stoßkugel auftretenden Wärmeentwicklung ist die Glanzstoßbehandlung weitgehend an die

Verwendung nichtthermoplastischer Bindemittel gebunden. Thermoplastische Polymerisate können höchstens in der unteren Grundierschicht anteilig mitverwendet werden.

Für das Glanzstoßen stehen verschiedene Maschinentypen zur Verfügung. Bauart und Arbeitsprinzip der Maschinen unterscheiden sich nur wenig voneinander. Manche Maschinen arbeiten mit schräg nach hinten geneigter Arbeitsbahn. Sie sind meistens für höheren Stoßdruck und für schwere Lederarten bestimmt. Maschinen des leichteren Bautyps für geringeren Druck und leichteres Leder haben eine waagerecht angeordnete Stoßbahn (Abb. 12, S. 161).

Die Stoßbahn besteht aus einem etwa 10 cm breiten Brett, das auf Stahlfedern gelagert ist, so daß es dem Stoßdruck elastisch nachgeben kann. Es ist mit einem Filzstreifen belegt, über dem ein Streifen von kräftigem Riemenleder liegt. Darauf wird das zu stoßende Leder lose aufgelegt. Die *Stoßkugel* stellt entgegen ihrem Namen keine Kugel, sondern einen Zylinder dar, der in eine Halteklaue eingespannt ist und der mit der runden Zylinderoberfläche über das Leder geschoben wird. Er ist an einem Pendelarm befestigt, der den Zylinder unter hartem Druck auf dem Leder entlang bewegt und auf dem Rückweg den Stoßzylinder vom Leder abhebt, so daß sich stoßendes Anpressen des Leders auf die Unterlage und unbelastete freie Beweglichkeit des Leders abwechseln.

Die Stoßkugel kann aus Glas, Stahl oder Achat bestehen. In den meisten Fällen wird Glas verwendet. Die Auswahl des Materials hängt von den jeweiligen Betriebserfahrungen ab. Die Stoßkugeln aus verschiedenem Material können in den Stoßmaschinen im allgemeinen beliebig ausgetauscht werden. Wichtig ist, daß die Stoßkugel die Reibwärme, welche beim Glanzstoßen entsteht, möglichst gleichmäßig beibehält. Stahl gibt im allgemeinen die Wärme rascher und stärker ab als Glas oder Achat. Zu Beginn des Glanzstoßens muß kontrolliert werden, ob die auf das Leder aufsetzende Zylinderkante sauber und glatt poliert ist, sonst können Kratzstreifen auf dem Leder auftreten.

Beim Glanzstoßen wird die Kugel in schmalen Bahnen über den Ledernarben geführt. Wenn die Kugel auf dem Rückweg über dem Leder schwebt, wird das Leder weiter gerückt, so daß eine Stoßbahn neben die andere gelegt wird, bis die gesamte Lederfläche erfaßt ist. Die glatteste Oberfläche und den höchsten Glanz kann man erzielen, wenn jeweils in der Richtung der schräg in die Lederfaserstruktur hinein ragenden Haargruben gestoßen wird. Man beginnt etwa in der Rückenmitte und stößt parallel zur Rückenlinie nach dem Schwanz, nach dem Kopf, dann senkrecht zur Rückenlinie in die Bauchpartien und schließlich diagonal in die Klauen. So sind für die Glanzstoßbehandlung eines Leders viele Stoßgänge erforderlich, und es hängt von der Geschicklichkeit des Stoßers ab, daß die einzelnen Bahnen auf der gesamten Fläche ohne erkennbare Ansatzstellen ineinander übergehen. Eine wichtige Voraussetzung dafür ist, daß der Stoßzylinder etwas länger ist als die Breite der Stoßunterlage und daß die beiden Längsseiten des Unterlageriemens nicht scharfkantig begrenzt, sondern leicht abgerundet sind.

Zurichtungen auf Eiweißbasis, wie sie im allgemeinen bei Chevreau- oder Boxkalbleder vorliegen, werden meistens zweimal glanzgestoßen. In den meisten Fällen zieht man es vor, auf der pigmentfreien Appretur oder auf einer sehr pigmentarmen Zwischenappretur zu stoßen, weil Stoßen auf pigmentreicher Deckfarbenschicht glattes Gleiten der Stoßkugel erschwert und zu einem unruhigen Flächenbild führen kann. Griff, Narbenfeinheit und Flächenruhe werden verbessert, wenn das Leder nach dem Glanzstoßen abgebügelt wird. Dabei wirkt sich ein Abbügeln mit heißem Handbügeleisen besonders vorteilhaft aus, weil dadurch die Narbenschicht leicht gedämpft und gut egalisiert wird. In manchen Fällen geht der hohe Glanz der gestoßenen Oberfläche durch das Bügeln etwas zurück, weil das heiße Bügeleisen Fettstoffe oder Wachsanteile hochziehen kann. Das fördert einen angenehmen, milden Griff und außerdem ergibt der etwas gedämpfte Glanz ein ruhiges Gesamtbild und natürlichen, edlen Ledercharakter.

Eine wesentliche Voraussetzung für einwandfreies Glanzstoßen ist, daß die Stoßkugel glatt über das Leder gleitet. Das Leder darf durch die Kugel nicht weggezogen und nicht zu Falten zusammen geschoben werden, die Zurichtschicht darf nicht rupfen und nicht abschmieren. Bei der nur sehr dünnen und substanzarmen Beschichtung von Eiweiß-Zurichtungen spielt nicht nur das Verhalten der Zurichtschicht, sondern auch das Eigenverhalten des Leders eine wichtige Rolle. Die Lederdicke soll möglichst gleichmäßig sein, damit der Stoßdruck an allen Hautstellen möglichst einheitlich ist. Das Leder soll eine dichte Faserstruktur besitzen und einen gewissen Stand aufweisen, damit es durch den reibenden Druck der Stoßkugel nicht zu Falten gequetscht wird. Hoher Fettgehalt des Leders und zu Harzbildung neigende Fettanteile können die Stoßbarkeit stark beeinträchtigen. Wichtig ist auch, daß die Zurichtschicht auf dem Leder gut durchgetrocknet ist, damit sie nicht klebt, rupft oder sich stellenweise abschiebt. Hygroskopische Weichmacher können in dieser Hinsicht nachteilig sein. Zu hoher Weichmacheranteil der Zurichtflotte kann bewirken, daß die Zurichtung beim Glanzstoßen schmiert. Die Reibhitze kann selbst bei ziemlich »trockener« Appreturschicht Weichmacheröl aus den Grundschichten hochziehen. Andererseits kann zu geringe Weichmachermenge, besonders im Zusammenhang mit nur geringer Bindekraft der Zurichtschicht, dazu führen, daß die Zurichtschicht beim Stoßen abpulvert.

Bei der Glanzstoß-Zurichtung von nitrocellulose-gedecktem Leder ist die Lederoberfläche im allgemeinen kräftiger beschichtet als bei Eiweiß-Zurichtung. Das Stoßverhalten hängt daher vorwiegend von der Zusammensetzung der Nitrocelluloseschicht ab. Das Stoßverhalten von Nitrocellulosefilmen wird maßgeblich durch Menge und Art der Weichmacher beeinflußt. Günstig sind Mischungen gelatinierender und nicht gelatinierender Weichmacher. Hohe Anteile nicht gelatinierender Weichmacheröle können zu Fettflecken auf der Zurichtschicht führen. Vorteilhaft für Glanzstoßen sind Kampfer oder auch Butylstearat. Thermoplastische Grundierschichten dürfen nur in mäßiger Schichtdicke angewendet werden, damit sie die Glanzstoßbarkeit des darüber liegenden Nitrocellulosefilms nicht beeinträchtigen. Je mehr die Grundierschicht in das Lederfasergefüge einzieht und je weniger sie auf der Lederoberfläche abgelagert wird, um so geringer wird ihr Einfluß auf das Glanzstoßverhalten.

Die Glanzstoßbehandlung wirkt sich auch auf das Gesamtverhalten des Leders aus. Das gleitende Wandern von Stoßdruck und nachfolgender Entlastung bewirkt eine Art Stolleffekt auf das Lederfasergefüge. Glanzgestoßenes Leder besitzt deshalb einen milden, weichen Griff, der angenehmer, natürlicher ist als bei Glätten der Lederoberfläche durch Abbügeln auf einer Bügelpresse.

6.2 Bügeln. Am weitesten verbreitet ist als Methode der maschinellen Oberflächenbehandlung des zugerichteten Leders das Bügeln. Sein Ursprung ist das Überstreichen des Leders mit einem beheizten Handbügeleisen, das zum Glätten des Narbens auf der Lederoberfläche hin- und hergeschoben wird. Gegenüber dem üblichen Haushaltbügeleisen ist das Bügeleisen für Leder von schwererer Bauart, um einen möglichst hohen Druck zu erzielen, der das Leder glättet und durch die Bügelhitze teilweise Feuchtigkeit und Fettstoffe an die Oberfläche zieht.

Der Narben wird dabei etwas aufgedämpft, er bekommt eine dichte, feine Struktur und einen glatten, geschmeidigen Griff. Die typische Spitzbogenform des Bügeleisens mit scharfen Kanten der Bügelfläche weicht immer mehr einer kreisrunden Tellerform mit abgerundeten Kanten, um Ansatzstellen beim Bügeln zu vermeiden. Solche Rundeisen sind 12 bis 20 kg schwer, sie lassen sich trotzdem relativ leicht bewegen. Das Bügeleisen wird elektrisch erhitzt, die Temperatur durch Thermostat reguliert und durch ein anmontiertes Thermometer laufend kontrolliert. Handgebügelt wird im allgemeinen nur eiweiß-zugerichtetes Leder. Als Bügelunterlage dient ein ebener Tisch, der mit einer kräftigen, nicht zu harten Filzdecke, zuweilen auch mit einem Wolltuch bespannt ist, um das Leder gegen unerwünschtes Ableiten der Bügelwärme zu schützen. Das hohe Gewicht des Bügeleisens gestattet, daß die Büglerin das Eisen nur gleitend über das Leder führt, ohen daß sie einen zusätzlichen Druck von Hand ausüben muß. Infolge der jeweils nur kurzen Berührungszeit der einzelnen Lederstellen mit dem heißen Bügeleisen kann die Bügeltemperatur bis auf 150 °C ansteigen, ohne daß Zurichtschicht oder Leder geschädigt werden.

Bei maschinellem Bügeln ist das Prinzip der Behandlung anders als beim Handbügeln. Im allgemeinen entfällt das massierende Gleiten der heißen Bügelfläche über das Leder. Die Bügelfläche bleibt länger mit dem Leder in Berührung, so daß der Temperatureinfluß deutlich stärker ist. Man muß deswegen mit niedrigerer Bügeltemperatur arbeiten, die im allgemeinen 80 bis 90 °C nicht übersteigt, und muß dafür mit höherem Druck arbeiten. Der Bügeleffekt hängt von drei Faktoren ab: Temperatur, Druck und Bügeldauer.

Wegen des rationellen Arbeitsflusses wird beim Bügeln kurze Bügeldauer angestrebt. Der Arbeitstakt der Bügelpresse ergibt normalerweise nicht mehr als 1 bis 2 Stunden Einwirkungszeit des vollen Preßdrucks. Man variiert meistens nur Temperatur und Druck in der Weise, daß höhere Temperatur mit geringerem Druck und niedrigere Temperatur mit höherem Druck ausgeglichen werden kann. Da die Methodik der Bügelpresse wegen der gegenüber dem Handbügeleisen längeren Kontaktzeit niedrigere Bügeltemperatur erfordert, muß mit wesentlich höherem Druck gearbeitet werden. Der höhere Bügeldruck muß auch deswegen angewendet werden, weil die Bügelplatte der Presse eine wesentlich größere Lederfläche erfaßt als das Handbügeleisen. Auf eine Bügelfläche von etwa einem Quadratmeter wirkt ein Druck von bis zu 20 Tonnen ein. Der Druck wirkt nicht nur auf die Zurichtschicht, sondern auch auf das gesamte Lederfasergefüge, das beim maschinellen Bügeln etwas zusammengepreßt wird. Der Griff des maschinen-gebügelten Leders ist daher vergleichsweise etwas härter als der des hand-gebügelten.

Bei den üblichen hydraulischen Bügelpressen wird das Leder mit der beschichteten Seite nach oben auf einen Arbeitstisch aufgelegt. Der Tisch wird durch Öldruck mit einem oder zwei Kolben angehoben. Die Lederoberfläche wird dabei gegen eine im oberen Teil der Presse unbeweglich angebrachte, beheizte Platte gedrückt und gebügelt. Mit Anheben des Arbeitstisches steigt vom Augenblick des Kontakts mit der oberen Heizplatte der Druck auf das Leder an, bis der angestrebte Höchstdruck erreicht ist. Er wird dann über eine als Bügeldauer festgelegte Zeit konstantgehalten, und schließlich wird die Arbeitsplatte wieder abgesenkt, wobei sich das Leder von der Bügelplatte löst. Das Leder wird auf dem Arbeitstisch weiter gerückt und der Bügelvorgang wiederholt. Das in der gesamten Fläche gebügelte Leder wird abschließend aus der Maschine herausgenommen und ein neues zum Bügeln eingelegt. Die Beheizung der Bügelplatte geschieht durch Elektro- oder Dampfheizung, ein Thermostat reguliert die Temperatur. Der Bügeldruck wird durch die Hydraulik der den

Arbeitstisch anhebenden Kolben geregelt. Die Bügeldauer überwacht eine Zeitschaltung, die bei Schließen der Presse und Erreichen des eingestellten Bügeldrucks einsetzt. Der Arbeitstisch wird nach Ablauf der Bügeldauer automatisch abgesenkt (Abb. 13, S. 161).

Als Bügelunterlage für das Leder liegt auf dem Arbeitstisch eine Platte aus Filz, aus mit Gewebeeinlage verstärktem Gummi oder aus Schaumgummi. Die Unterlage dient vor allem dazu, den Druck an den Rändern des Leders auszugleichen, da die unregelmäßig geformte Lederfläche nicht die gesamte Arbeitsfläche des Preßtischs ausfüllt. Der Druckausgleich ist am elastischsten bei Schaumgummi. Dieses Unterlagematerial neigt aber dazu, unter der Einwirkung des Preßdrucks etwas seitlich auszuweichen. Das kann zum »Schieben« des Zurichtfilms – besonders bei stärker thermoplastischen Polymerisatschichten – und in extremen Fällen zum Aufreißen der auf der thermoplastischen Schicht aufliegenden nichtthermoplastischen Appretur führen. Um das zu vermeiden, hat es sich bewährt, daß man die weiche Schaumgummiplatte mit einem nicht dehnbaren Perlongewebe umhüllt.

Der hydraulische Bügeldruck wirkt senkrecht auf die Lederoberfläche und drückt das Lederfasergefüge etwas zusammen. Der dadurch verursachte etwas härtere Griff des Leders ist je nach den Gegebenheiten unterschiedlich stark ausgeprägt. Vegetabilisches oder stärker nachgegerbtes Leder wird durch das Bügeln im allgemeinen härter als chromgares oder nur leicht übersetztes Leder. Feuchteres Leder wird durch die Bügelbehandlung meistens härter als trockenes. Je häufiger das Leder im Verlauf der Zurichtung hydraulisch gebügelt wird, um so mehr wirkt sich der Preßdruck auf das Lederfasergefüge aus. Damit der Bügeleffekt möglichst weitgehend auf die Zurichtschicht beschränkt bleibt, sollte auf hohe Bügeltemperatur und nur mäßigen Druck abgezielt werden, soweit das die Zurichtmittel und das angestrebte Glätten der Filmschicht zulassen. Kurze Preßdauer ist für geschmeidigen Ledergriff ebenfalls vorteilhaft, die Einwirkungszeit des Bügeldrucks hängt aber von den thermoplastischen Fließeigenschaften der Filmschicht unter dem Einfluß von Temperatur und Druck ab.

Wenn man die Bügelwirkung verschiedener Typen hydraulischer Pressen miteinander vergleichen will und insbesondere, wenn man die Angaben einer bestimmten Zurichtrezeptur nacharbeitet, muß berücksichtigt werden, daß das an der Maschine angebrachte Manometer nicht den effektiv auf das Leder ausgeübten Bügeldruck angibt, sondern daß es den auf die oder den Preßkolben wirkenden Öldruck anzeigt. Die Fläche der Kolben ist stets geringer als die Fläche der Bügelplatte, und das Verhältnis der Flächen zueinander ist bei den verschiedenen Maschinentypen unterschiedlich. Es kann zwischen 1 : 5 bis 1 : 10 liegen, so daß der effektive Bügeldruck bei gleicher Manometeranzeige um das Doppelte auseinander liegen und der relative Bügeleffekt entsprechend variieren kann. Bei den Rezepturangaben einer Zurichtweise kann im allgemeinen die Bügeltemperatur unverändert übernommen werden, während die Druckangabe auf die vorhandene Bügelpresse abgestimmt werden muß. Außerdem ist zu berücksichtigen, daß je nach der Form des zu bügelnden Leders die Bügelfläche unterschiedlich stark ausgenützt wird. Kleinere Lederflächen sind bei gleich bleibendem Preßdruck der Maschine und entsprechend bei gleicher Manometeranzeige einem höheren relativen Bügeldruck ausgesetzt. Deshalb hat es sich bewährt, daß man beim Bügeln von Rindlederhälften die Maschine bei vermindertem Manometerdruck abstoppt, wenn der Kopf- und Halsteil abgebügelt wird, der die Bügelplatte nur zu etwa einem Drittel ausfüllt. Bei kleineren Flächenschwankungen braucht man den Manometerdruck im allgemeinen nicht zu verändern, da die Unterlage unter dem Leder einen Teil des überschüssigen Bügeldrucks abfängt und elastisch ausgleicht.

Hydraulische Bügelpressen schließen sich durch senkrechtes Anheben des Preßtischs gegen die Bügelplatte. Beide Flächen werden planparallel einander angenähert. Bei Deckschichten mit stark thermoplastischem Verhalten kann es geschehen, daß die zwischen Lederoberfläche und Bügelplatte befindliche Luft während des Schließens der Presse nicht vollständig entweichen kann. Dadurch bleiben Luftblasen eingeschlossen, an denen die heiße Bügelplatte die Filmschicht nicht direkt berührt. Die Folge davon sind runde oder unregelmäßige begrenzte matte Flecken in der gebügelten glänzenden Fläche. Ein solcher Fehler tritt nicht auf, wenn der Bügeldruck nicht durch eine parallel zur Bügelplatte angehobene Preßplatte, sondern durch eine seitlich über die Bügelplatte rollende Walze erzeugt wird. Die Laufbewegung und die gewölbte Oberfläche des Preßzylinders schieben die Luft von der Bügelstelle weg und vermeiden Kontaktverluste zwischen Lederfläche und Bügelplatte durch Luft- oder Dampfblasen bei etwa noch vorhandener Restfeuchtigkeit der Filmschicht. Die Schiebewirkung der wandernden Andruckwalze übt einen gewissen Stolleffekt auf das Lederfasergefüge aus, die Faserstruktur wird weniger stark zusammengepreßt, der Griff des Leders bleibt milder. Bei narbenempfindlichem Leder kann die vorübergehende seitliche Faserverschiebung allerdings auch die Tendenz zu Losnarbigkeit begünstigen. Bei den Bügelpressen mit hin und her laufender Andruckwalze gibt es Typen mit Oberdruck und solche mit Unterdruck. Beide bestehen aus einem Brückengestell, in dem die beheizte Bügelplatte unbeweglich befestigt ist. Die bewegliche Walze drückt das Leder entweder von oben oder von unten an die Bügelplatte an. Zwischen der Walze und dem Leder befindet sich eine Riemenbahn. Sie verhindert, daß das Leder während des Bügelns durch die wandernde Walze weggeschoben wird. Zwischen jedem Hin- und Herlauf der Andruckwalze wird das Leder auf oder unter der Bügelplatte weiter gerückt oder gegen ein neues ausgewechselt. Die Durchsatzgeschwindigkeit ist bei Walzenpressen im allgemeinen etwas geringer als bei hydraulischen Bügelpressen (Abb. 24).

Ob von Hand, hydraulisch oder mit Walzendruck gebügelt wird, der Arbeitsablauf ist in jedem Fall diskontinuierlich und erfordert eine relativ lange Arbeitszeit, und oft stauen sich die durchlaufenden Zurichtpartien vor der Bügelpresse. Der Wunsch nach rationellem Arbeitsfluß ist verbunden mit der Suche nach einer kontinuierlich durchlaufenden Bügelmethode. Hierfür bietet sich das Kalandersystem an, bei dem das Leder zwischen einem rotierenden Bügelzylinder und einer oder mehreren Andruckwalzen hindurch läuft und ohne erforderliches Umlegen oder sonstiges Zwischenhantieren in einem Durchgang gebügelt wird. Derartige Durchlaufbügelpressen vereinigen in sich das Prinzip des Hand- und des

Abb. 24: Bügelpresse mit seitlich wanderndem Druckzylinder.

Maschinenbügelns. Wenn Anpreß- und Bügelwalze auf gleiche Laufgeschwindigkeit eingestellt sind, wirkt beim Durchlauf nur der Preßdruck auf die Zurichtschicht, verbunden mit einem leichten Stolleffekt auf das Lederfasergefüge. Die Walzen können aber auch auf »Friktion« eingestellt werden, wobei die Bügelwalze mit höherer Geschwindigkeit rotiert als die Andruck- und Transportwalzen. Durch die unterschiedliche Oberflächengeschwindigkeit übt die Bügelwalze in gleicher Weise wie das Handbügeleisen einen gleitenden und glättenden Bügeleffekt aus, der gegenüber dem stationären Bügelpressen höheren Glanz und feineres Narbenbild ergibt. Der Vorteil der Durchlaufbügelpresse liegt eindeutig bei der rationellen, weniger manuellen Arbeitsaufwand erfordenden Arbeitsweise. Trotzdem hat sich das Kalandersystem für die Bügelbehandlung von Leder bisher nicht allgemein durchgesetzt. Hemmungsgrund ist wohl die stets etwas schwankende Lederstärke, die sich bei Kalanderwalzen in unruhigem Aussehen der Lederoberfläche auswirkt und für die es bisher keinen ausreichenden Druckausgleich gibt (Abb. 25).

Ein abgewandeltes System der Durchlaufbügelpresse beruht ebenfalls auf dem Kalandereffekt. Das Leder läuft auf einem bogenförmig gespannten Transportband zwischen dem beheizten Bügelkalander und kleinen Andruckwalzen hindurch. Der Bügelvorgang ist nicht wie bei den üblichen Kalanderpressen auf eine sehr schmale Kontaktzone zwischen Andruck- und Bügelwalze begrenzt, sondern er erstreckt sich über einen größeren Kreisbogen des großkalibrigen Bügelzylinders. Dadurch kann man mit geringerem Druck unter milderen Temperaturbedingungen arbeiten und das Leder wird geschont (Abb. 26).

6.3 Narbenpressen. Narbenpressen und Bügeln sind im Prinzip gleichartige Oberflächenbehandlungen. Der Unterschied besteht darin, daß anstatt der spiegelglatten, hochglanzpolierten Bügelplatte eine gravierte Preßplatte verwendet wird, die auf das beschichtete Leder ein reliefartig ausgeprägtes Narbenbild aufpreßt. Hierbei sind die verschiedensten Variationen möglich. Auf geschliffenem Rindleder wird z. B. ein durch starke Falten bzw. Riefen gekennzeichneter Wildrindnarben, mittlerer bis feiner Schrumpfnarben, feinkörniger Saffian- oder gröberflächiger Seehundnarben, Krokodilnarben oder ein Phantasienarbenbild

Abb. 25: Durchlaufbügelpresse.

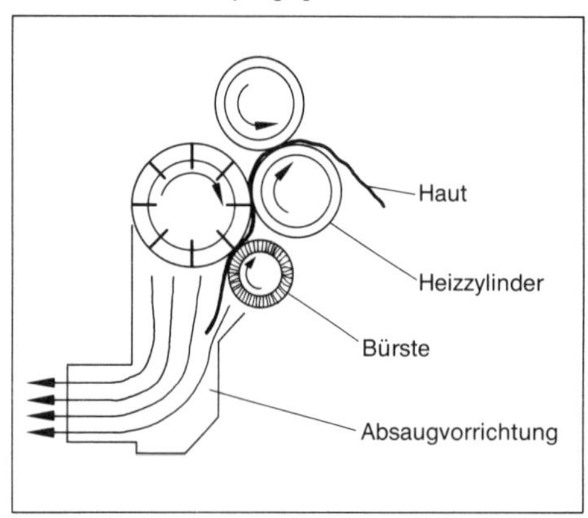

Abb. 26: Bügelkalander mit Transportband.

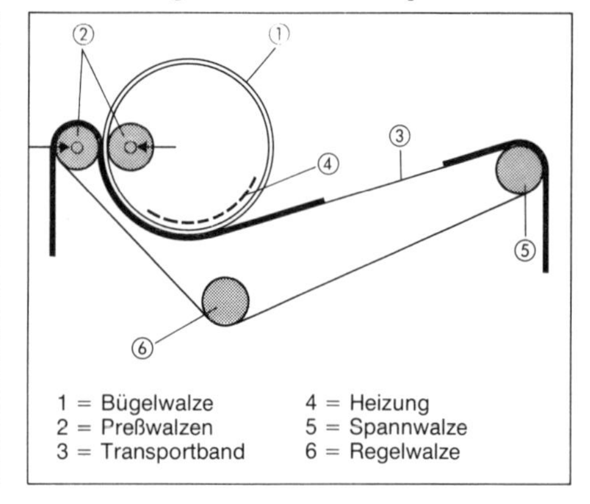

erzeugt. Ziegen- oder Bastardleder wird bevorzugt mit Exotennarben versehen, z. B. Babykroko-, Eidechs- oder Straußennarben. Auf jeden Fall wird beim Narbenpressen ein Narbenbild gewählt, das einer edleren, wertvolleren Lederart entspricht als das verarbeitete Hautmaterial. Durch Überspritzen mit einer Kontrastfarbe werden nachträglich nur einzelne Stellen des geprägten Narbens angefärbt. Durch Anspritzen mit schräg gerichtetem Spritzstrahl, der nur von einer Seite her gegen die Narbenerhöhungen gerichtet wird, entstehen Schattierungen, welche das natürliche Aussehen des imitierten Narbenbilds verbessern.

Narbenpressen verlangt im allgemeinen höheren Druck und längere Preßdauer als Bügeln. Deshalb werden bevorzugt hydraulische Pressen verwendet, bei denen der Druck länger auf die einzelnen Stellen der Lederoberfläche einwirkt als bei Walzenpressen oder Kalandersystemen. Leder mit überwiegend vegetabilisch gegerbtem Charakter läßt sich besser pressen als chromgares. Bei Chromleder läßt sich ein einigermaßen dauerhaftes Narbenbild nur erreichen, wenn hohe Temperatur, starker Preßdruck und lange Preßdauer angewendet werden können. Wenn das Leder vor dem Pressen von der Fleischseite leicht angefeuchtet wird, kann die Haltbarkeit der Narbenprägung gefördert werden.

Als Preßunterlage bewährt sich eine Filzplatte am besten. Ein durch längere Verwendung als Bügelunterlage bereits etwas hart gewordener Filz kann hierfür noch gut verwendet werden. Wenn auf dünnerem Leder ein stark ausgeprägtes Narbenbild aufgepreßt werden soll, ist es vorteilhaft, daß die Filzunterlage als Matrize ausgebildet wird, daß sie also das Bild der Narbenplatte widerspiegelt. Der Matrizeneffekt kann in einfacher Weise dadurch ausgebildet werden, daß der Filz leicht angefeuchtet und dann ohne Lederauflage mit starkem, länger anhaltendem Druck gepreßt wird. Wenn dann das Leder mit einer solchen Matrize gepreßt wird, muß man dafür sorgen, daß sich die Filzunterlage nicht verschiebt und Narbenplatte und Matrize bei jedem Preßgang exakt aufeinanderpassen. Die Filzunterlage kann mit Leisten oder Klammern an den Kanten des Preßtischs festgehalten werden. Man kann sie auch auf eine Sperrholzplatte aufkleben und diese am Preßtisch anschrauben.

Gummiunterlagen sind im allgemeinen unzweckmäßig, wenn das aufgeprägte Narbenbild stärker hervortreten soll. Sie können aber mit Vorteil verwendet werden, wenn auf narbengeschliffenem Leder ein feinporiger Narben aufgepreßt wird, der mehr dem Ziel einer einheitlichen, ruhigen Lederoberfläche dienen soll als der Erzeugung eines hervortretenden Preßnarbens. In solchen Fällen ist es ratsam, daß man eine mit Gewebeeinlage verstärkte Gummiplatte auswählt, die zwar in der Dicke elastisch etwas nachgeben kann, aber in der Fläche möglichts unverändert bleibt.

Das künstliche Narbenbild kann sowohl auf das unbeschichtete Leder vor der Zurichtung, wie auch auf die bereits aufgetragene Zurichtschicht aufgepreßt werden. Weiches, chromgares Leder nimmt die Narbenprägung stärker markierend auf, wenn es bereits ein thermoplastisches Bindemittel als Zurichtschicht trägt. Die intensiven Preßbedingungen führen in verstärktem Maße dazu, daß thermoplastische Zurichtschichten erheblich erweichen und an der Preßplatte kleben können, so daß sie bei Abziehen des Leders von der Preßplatte beschädigt werden. Man kann diesem Nachteil begegnen, indem auf die thermoplastische Schicht vor dem Narbenpressen eine nichtthermoplastische Zwischenappretur aus Eiweißstoffen, Nitrocellulose oder Polyurethandispersionen aufgetragen wird. In vielen Fällen ist es jedoch nicht ratsam, daß man erst nach der Schlußappretur den Narben aufpreßt. Durch die Erhöhungen und Vertiefungen des Narbenbildes wird die dünne Appreturschicht unregelmäßig verdehnt, und es können Spannungen auftreten, welche die Knick- und Biegeelastizität der Zurichtung beeinträchtigen. Wenn die Appretur erst nach dem Pressen aufgespritzt wird, verläuft sie gleichmäßiger und paßt sich ohne innere Spannung der geprägten Oberfläche an. Sie bleibt dadurch elastischer.

Imitationen von Eidechs- oder Schlangenleder werden auf Ziegen- oder Bastardleder durch Aufkaschieren von Abziehfolien erzeugt. Üblicherweise werden Kaschierfolien auf das mit einem thermoplastischen Haftgrund vorbehandelte Leder aufgebügelt. Bei den Reptilfolien kann es vorteilhaft sein, wenn die Folie mit einer wenig tief gravierten Prägeplatte anstatt mit einer glatten Bügelplatte aufgepreßt wird. Selbst wenn das Bild der Narbenprägung nicht genau mit der schuppenartigen Pigmentzeichnung der Kaschierfolie übereinstimmt, ist doch der optische Effekt der durch feine Linien unterbrochenen Lederoberfläche dem natürlichen Vorbild stärker angenähert als bei völlig glatter Fläche.

6.4 Krispeln, Millen. Zwei mechanische Behandlungsarten, welche sich vorwiegend auf das Lederfasergefüge, dagegen nur wenig auf die Zurichtschicht auswirken, sind Krispeln und Millen. Das Leder wird dabei gebogen und gestaucht, so daß es weich und geschmeidig wird. Gleichzeitig bilden sich auf der Lederoberfläche viele feine Fältchen aus, welche den Narben körnig oder in Form feiner Perlen aufwölben.

Beim Krispeln wird das Leder mit dem Narben nach innen scharfkantig zusammengebogen und die Biegekante wird unter Druck über die gesamte Lederfläche abgerollt, so daß das Leder Narben auf Narben über sich gezogen wird. Wenn von Hand gekrispelt wird, legt man das Leder auf eine flache Tafel auf, schlägt es etwa in der Mitte der Fläche zusammen, drückt mit einem flachen oder leicht gerundeten Brett, dessen Unterseite mit Kork belegt ist, auf die Biegefalte und zieht oder schiebt den oben liegenden Teil des Leders zur Außenkante des unten liegenden Teils (Abb. 27).

Die wandernde Quetschfalte kann in verschiedenen Richtungen über das Leder bewegt werden. Man kann sie parallel zur Rückenlinie oder auch quer dazu bewegen. Wenn sie nur in einer Richtung bewegt wird, drückt sich der Narben zwischen den feinen Falten in länglicher Spindelform hoch. Man erzielt damit das Bild des *Long-grain-Narbens.* Wenn man in zwei senkrecht zueinander stehenden Richtungen krispelt, bildet sich ein in feinen Quadraten gefalteter Narben aus, wie er früher für das klassische Boxkalbleder typisch war. Man kann auch zusätzlich zu Längs- und Querrichtung diagonal nach den Klauen hin krispeln und erzielt

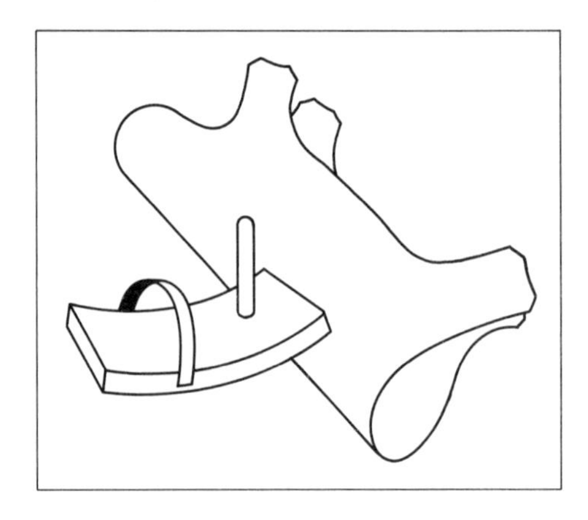

Abb. 27: Krispelholz.

dabei einen rundkörnigen Narben. Das für Feinlederwaren verarbeitete Saffianleder wird über vier oder acht Quartiere gekrispelt. Die Narbenzeichnung läßt sich bei einem etwas standigen Leder stärker ausgeprägt herauskrispeln als bei einem weicheren Leder. Sie wird bei vegetabilischer Gerbung oder bei intensiv nachgegerbtem Leder intensiver herausgearbeitet als bei chromgarem Leder. Wie beim Narbenpressen tritt der Krispelnarben stärker hervor, wenn das Leder vor der Krispelbehandlung leicht angefeuchtet wird. Mit dünnschichtiger Eiweiß-Zurichtung erzielt man im allgemeinen einen flachen Krispelnarben, etwa die feinen Quadrate des klassischen Boxkalbnarbens. Für stark gekörnten Saffinnarben wird eine kräftiger beschichtende Nitrocellulose-Zurichtung bevorzugt, deren abschließender Schutzlack nur geringe Weichmacheranteile enthält und ziemlich hart eingestellt ist.

Beim *Krispeln auf der Maschine* arbeitet man im Prinzip gleichartig wie von Hand. Anstatt mit dem Krispelholz unter dem Druck des Unterarms wird die Krispelfalte zwischen zwei mit Kork belegten Kalanderwalzen gedrückt und weiterbewegt (Abb. 28).

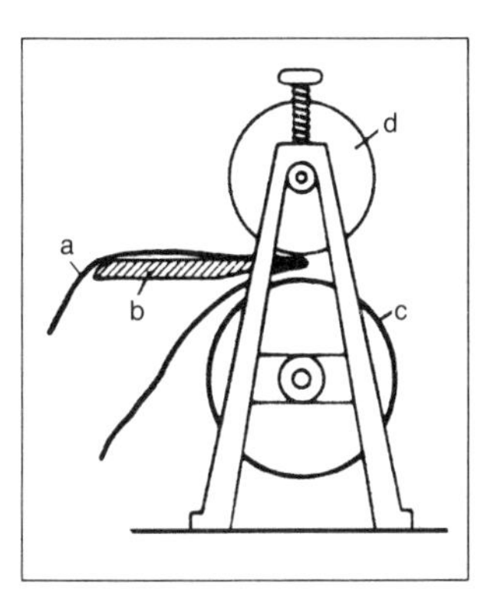

Abb. 28: Krispelmaschine.
a) Leder, b) Führungsbrett, c) mit Kork belegte Walze, d) Transportwalze

Auf einem flachen Arbeitstisch, der in eine ziemlich spitze Stahlkante ausläuft, wird das Leder an die Krispelwalzen herangeführt. Die obere Walze zieht das Leder auf der Oberseite der Stahlkante in die Maschine hinein, die untere Walze drückt es unter der Stahlkante wieder heraus. Je nachdem, wie weit die beiden Krispelwalzen aneinander angenähert sind und wie weit die Stahlkante in den von den beiden Walzen gebildeten spitzen Winkel hineinragt, kann scharfkantig oder unter milderen Bedingungen gekrispelt werden. Auch auf der Maschine kann man in Längs- oder Querrichtung, einfach oder über mehrere Quartiere krispeln. Maschinenkrispeln wird für größere und schwerere Häute bevorzugt, während das Handkrispeln im allgemeinen auf Kleintierfelle – Kalb-, Ziegen- oder Bastardleder – beschränkt bleibt.

Im Gegensatz zum Krispeln wird beim *Millen* nicht jedes einzelne Lederstück gesondert behandelt, sondern die gesamte Partie wird in ein Walkfaß gepackt. Das Faß rotiert mit etwa gleicher Geschwindigkeit wie beim Chromgerben. Es entspricht in seinen Dimensionen etwa einem Färbefaß, es ist also mehr hoch als breit, so daß das Leder beim Umlaufen einer intensiven Knick- und Walkbehandlung unterzogen wird. Die Millbehandlung erfolgt trokken, das Leder schwimmt nicht in einer Flotte, sondern es drückt mit seinem Partiegewicht auf die jeweils im unteren Teil des Fasses befindlichen Stücke. Die Bewegung des Leders im Faß entspricht mehr einem Rollen und Stauchen als dem Hochziehen und Herunterfallen im Gerb- oder Färbefaß.

Damit bei der starken mechanischen Beanspruchung des Leders im Millfaß die Fasern nicht brechen, sondern nur zu möglichst weitgehender, elastischer Beweglichkeit gelockert werden, soll das Leder nicht völlig ausgetrocknet sein, sondern etwas »klamm« in das Faß gegeben werden. Bei Velourleder hat die Millbehandlung den Vorteil, daß sie neben dem gewünschten weichen Ledergriff auch eine gewisse Reinigung der faserigen Lederoberfläche von Schleifstaub bewirkt. Lose Faserenden, die bei Ausbürsten oder Blasentstauben des Velourleders nicht voll erfaßt worden sind, können sich zumindest teilweise zu gröberen Faserkrümeln zusammenballen, die dann abgeschüttelt werden. Bei Leder mit zugerichteter, abgeschlossener Oberfläche verursacht das Millen neben dem weichen Griff eine intensive Faltenbildung der Narbenoberfläche. Wenn die Dichte der Faserstruktur zwischen Kern-, Bauch-, Hals- und Flämenteilen sehr unterschiedlich ist, kann das zu stark variierender Fältelung und zu unerwünschter, wilder Narbenkörnung führen. Das läßt sich dadurch umgehen, daß man auf das Leder vor dem Millen einen Schrumpf- oder Perlnarben aufpreßt. Der Narben wird dann bevorzugt in den bereits vorgeformten Linien der Prägung gestaucht und das Narbenbild bleibt ruhig und weitgehend einheitlich. Für Schleifboxleder mit Narbenprägung hat sich die Millbehandlung besonders bewährt, weil sie dem Leder den durch das Pressen verursachten etwas härteren Griff nimmt und weil sie außerdem das Narbenbild prägnanter und natürlicher hervortreten läßt.

Krispeln und Millen üben eine ziemlich intensive Reibwirkung auf die durch die Behandlung hervortretenden Narbenkuppen aus. Die Narbenerhebungen erhalten dadurch einen erhöhten Glanz, der mit milder Abstufung in die matteren Vertiefungen übergeht. Das elegante, natürliche Aussehen des Leders wird dadurch gesteigert. Knicken und Stauchen üben zusammen mit der Oberflächenreibung eine beträchtliche Beanspruchung auf das Haften der Zurichtschicht auf der Lederoberfläche aus. Nach den Erfahrungen über die Beanspruchungsfähigkeit und Haltbarkeit der Zurichtung bei Verarbeitung und Gebrauch des Leders sind Knick- und Haftfestigkeit sowie die Reibbeständigkeit der Zurichtung wichtige Kriterien für gute Qualität. Wenn das zugerichtete Leder die Krispel- oder Millbehandlung ohne irgendwelche Beschädigung übersteht, kann der Zurichter beruhigt sein und braucht im allgemeinen keine Schwierigkeiten hinsichtlich der Gebrauchsfähigkeit des Leders zu befürchten.

7. Kombinationsmöglichkeiten der Zurichtbehandlungen

Die Anwendung der verschiedenen Zurichtarten und die Durchführung der unterschiedlichen Zurichtmethoden sind nicht an ein festgelegtes, starres Schema gebunden. Auch die Vielzahl der für die Lederzurichtung zur Verfügung stehenden Zurichtmittel und Zurichthilfsmittel läßt sehr weitgehende Variationen der Zurichttechnik zu. Mit der Auswahl der Zurichtmittel, mit dem Aufbau der Zurichtrezeptur, mit der Anzahl der einzelnen Aufträge und mit der Anwendung der verschiedenen Zurichtmethoden können Aussehen und Griff des Leders, Verhalten bei der Verarbeitung und Beständigkeit im Gebrauch der aus dem Leder hergestellten Artikel weitgehend beeinflußt werden. Der Zurichter kann mit der Auswahl der Arbeitsweise, der hierbei eingesetzten Zurichtmittel und mit geeigneter Abstimmung des Zurichtverfahrens auf den jeweiligen Ledertyp, auf den vorgesehenen Verwendungszweck und auf die hierfür geforderte Beanspruchungsfähigkeit des Leders die Qualitätseigenschaften und die Eignung des Leders für den vorgesehenen Gebrauch weitgehend bestimmen. Es wäre jedoch unklug, die Zurichtweise ausschließlich auf die Qualitätseigenschaften auszurichten, wenn nicht zugleich die modische Attraktivität berücksichtigt wird. Ausgangspunkt für das Interesse des Käufers an einem Leder ist dessen Wirkung auf das Auge, hinzu kommt der Griff, wie die Lederoberfläche sich anfühlt. Die wesentlichen Qualitätseigenschaften werden automatisch als erfüllt vorausgesetzt. Dabei können die Arbeit des Zurichters und seine Entscheidung über die auszuwählende Zurichttechnik wesentlich erleichtert werden, wenn ihm von vornherein klare Angaben über Verwendungszweck und Gebrauchsanforderungen an das Leder mitgeteilt werden. So ist z. B. bei Lackleder ein schwieriges Problem, daß die dicke Lackschicht hohe Knick- und Dauerbiegefestigkeit erreicht, die sich bei nur leicht beschichtetem Anilinleder leicht erzielen läßt. Diese Knickelastizität des Lackleders erfordert die Anwendung mehrerer, gut aufeinander abgestimmter Zurichtschichten und die Auswahl hochwertiger Polyurethanprodukte. Sie ist unbedingt erforderlich, wenn das Lackleder für Damenpumps verarbeitet wird, deren langgeschnittenes Vorderblatt hohe Knickbeanspruchung in den Gehfalten verursacht. Sie ist aber unnötig und verteuert nur nutzlos die Zurichtbehandlung, wenn das Lackleder für Kappenbesätze und Applikationen verarbeitet wird, die keiner Knickbeanspruchung ausgesetzt sind.

Der Einfluß der Zurichtung auf die Qualitätseigenschaften ist naturgemäß begrenzt. Er geht nicht soweit, daß jedes beliebige Leder durch die Zurichtung zu einem Fabrikat erstklassiger Qualität gemacht werden könnte. Man muß berücksichtigen, daß die Zurichtung sich vorwiegend auf die Lederoberfläche und deren Verhalten auswirkt, während die durch die Faserstruktur bedingten Eigenschaften vom Hautmaterial und von der Behandlung bis zur Beendigung von Gerbung und Fettung abhängen.

Die vielen Variationsmöglichkeiten des Aufbaus der einzelnen Zurichtschichten und der Durchführung der Zurichttechnik erscheinen auf den ersten Blick verwirrend. Die Gestaltung der Arbeitsweise wird jedoch dadurch vereinfacht, daß man von gewissen grundlegenden Richtlinien ausgehen kann. So verlangt die Glanzstoß-Zurichtung, daß vorwiegend nichtthermoplastische Bindemittel angewendet werden. Diese bilden im allgemeinen keinen zusammenhängenden, abschließenden Film, wenn sie auf einer stark saugenden, faseroffenen Lederoberfläche angewendet werden. Die Stoß-Zurichtung ist deshalb weitgehend an vollnarbiges Leder gebunden, das höchstens leicht abgebimst und mit einem Poliergrund versehen werden kann. Bügel-Zurichtung mit thermoplastischen Bindemitteln ist auf geschliffener oder gespaltener Lederoberfläche ebenso anwendbar wie auf der dichten Faserstruktur von vollnarbigem Leder.

Für die Bügel-Zurichtung von Narbenleder reichen geringere Konzentration filmbildender Polymerisate und niedrigere Anwendungsmenge aus als bei geschliffenem oder Spaltleder, deren freie Faserenden abgebunden und mit einem zusammenhängenden Zurichtfilm abgedeckt werden müssen.

Die Qualität der Zurichtung hängt maßgeblich davon ab, daß die Beschichtung einwandfrei auf dem Leder haftet. Voraussetzung dafür ist gute Verankerung der Schichten. Diese hängt von der Saugfähigkeit der Lederoberfläche ebenso ab wie von der Zusammensetzung der Zurichtflotten und von der Auftragsmethode. Bei Leder mit nur wenig saugender Narbenschicht – das gilt insbesondere für vollnarbiges chromgegerbtes Leder oder unabhängig von der Gerbart für stärker gefettetes Leder – ist es fast immer erforderlich, daß der Narben vor der Zurichtung ausgerieben wird. Streich- oder Gießauftrag läßt im allgemeinen besseres Haften erreichen als Spritzauftrag. Die zugerichtete Lederoberfläche wird bei Spritzbehandlung meistens ruhiger als bei Streichauftrag. Konzentrierte Zurichtflotten bleiben stärker an der Lederoberfläche, verdünnte ziehen meistens besser und tiefer in das Lederfasergefüge ein. Höhere Konzentration füllt stärker, verankert sich aber weniger gut auf dem Leder. Sie ist deshalb für Leder mit stark saugender, faseroffener Oberfläche meistens gut geeignet, für vollnarbiges Leder dagegen kaum anwendbar. Ausnahmen bilden hochkonzentrierte Polymerisatdispersionen mit geringer Teilchengröße und hoher Dispersionsstabilität, die nicht sofort bei geringem Absaugen von Wasser durch das Leder zu einem Film zusammenfließen.

Werden mehrere dünne Zurichtschichten aufgetragen, kann – mit Ausnahme der bei offenen Fasern erforderlichen, füllenden Grundierung – ein besseres Zurichtergebnis erzielt werden, als das mit wenigen, kräftiger auftragenden Schichten möglich ist. Dünnere Schichten können fester, oberflächenhärter und daher gegen mechanische Beanspruchung besser widerstandsfähig gehalten werden als kräftigere Schichten. Die Elastizität muß durch die Härte nicht leiden, da sie durch die dünne Schicht begünstigt wird. Voraussetzung für verdünnte, substanzarme Aufträge ist, daß die vorangegangene Grundierung oder sonstige Vorbehandlung des Leders die dünne Flotte genügend an der Oberfläche hält und nicht in das Leder hineinziehen läßt.

Aufbau und Anwendungsweise der Zurichtflotten hängen nicht nur von dem jeweiligen Ledertyp ab. Die vorliegenden Betriebsverhältnisse hinsichtlich maschineller Einrichtungen und Trockenmöglichkeiten müssen berücksichtigt werden. Schließlich ist der Kostenfaktor für Arbeits-, Zeit-, Material- und Energieaufwand mitbestimmend[115]. Allerdings darf der Wunsch nach Rationalisierung und Einsparung nicht der Qualität und Verkaufsfähigkeit des zugerichteten Leders entgegenstehen.

Die aufgezählten Gesichtspunkte berücksichtigen die wichtigsten, grundlegenden Faktoren. Sie lassen sich sicherlich in vielen speziellen Einzelfällen weiter ergänzen. Sie lassen erkennen, daß für die Zurichtung keine einheitlichen, allgemein gültigen Grundregeln aufgestellt werden können. Die Arbeitsweise muß in Abhängigkeit von den herangezogenen Zurichtmitteln jeweils individuell auf das zuzurichtende Leder abgestimmt werden. Für nahezu jeden Hinweis auf dem Gebiet der Lederzurichtung gibt es eine oder sogar mehrere Ausnahmen. Der einzige Grundsatz, den der Zurichter beherzigen sollte, ist, daß die Qualität der Zurichtung mit dem Verhalten der Grundierung, insbesondere mit deren Verankerung und Haftfestigkeit, steht und fällt.

Als Anhaltspunkt für die verschiedenen Kombinationsmöglichkeiten von Zurichtweise und Zurichttechnik mag der nachstehende Überblick dienen:

Rindleder, vollnarbig
für *Schuhoberleder* als Rindboxleder; Glanzstoß-Zurichtung mit Eiweißprodukten; als Anilinleder Glanzstoß-Zurichtung auf Eiweißbasis oder Polierzurichtung mit abgebügelter Appretur aus Nitrocelluloseemulsion oder Polyurethandispersion.
für *Polster, Bekleidung* oder *Lederwaren* als Nappaleder; Bügel-Zurichtung pigmentiert oder im Anilincharakter mit Polymerisatgrundierung und Abschluß mit Nitrocelluloselack oder -emulsion oder mit Polyurethandispersion; zum Abschluß abgebügelt, eventuell gekrispelt oder gemillt; Auftragsweise: spritzen, Grundierung meistens Streichauftrag.

Rindleder, geschliffen
für *Schuhoberleder* oder *Lederwaren*; gedeckte oder Semianilin-Zurichtung mit narbenfestigender Vorimprägnierung, Grundierung mit thermoplastischen Polymerisatbindemitteln und wasserfeste Nitrocellulose- oder Polyurethanappretur; abschließend bügeln oder Narben pressen, danach eventuell millen; Auftragsweise: Narbenimprägnierung und Grundierung gießen oder Airless-spritzen, Kontrastfarbe und Appretur mit Preßluft spritzen.
für *Sportartikel;* Aufschäumen von Polyurethan, abbügeln oder Narben pressen.
für *Lackleder;* Narbenimprägnierung und thermoplastische Bügelgrundierung gießen, zwischenbügeln, Polyrethanlack aufgießen und aushärten lassen.

Rindspaltleder
für *Schuhfutter, Deckbrandsohlen* oder *Lederwaren;* gedeckte oder Semianilin-Zurichtung als Bügel-Zurichtung mit konzentrierter, füllender Polymerisatgrundierung, Abschluß mit Nitrocellulose- oder Polyurethanlack, fast immer mit aufgepreßtem Narbenbild; Auftragsweise: Grundierung meistens als Bürstauftrag, vereinzelt auch im Gießverfahren, Schutzlack im Airless- oder Preßluftverfahren gespritzt. Alternative Methode: Aufschäumen von Polyurethan, Narben pressen oder abbügeln.

Kalbleder
für *Schuhoberleder* als Boxkalbleder oder Anilinkalbleder; Glanzstoß-Zurichtung mit Eiweißprodukten und nur schwacher Pigmentierung für Boxkalbleder; als Anilinkalbleder vereinzelt Glanzstoß-Zurichtung, oft auch Polierzurichtung mit abgebügelter Appretur aus Nitrocelluloseemulsion oder Polyurethandispersion; als Abschluß eventuell krispeln oder millen. Anwendungsweise: eventuell Narben ausreiben oder Streichauftrag für Grundierung, sonst mit Preßluft spritzen.
für *Lederwaren;* Zurichtweise wie bei Anilinkalbleder für Schuhzwecke.
für *Lackleder;* Narben leicht anschleifen, versiegelnde thermoplastische Grundierung aufgießen oder Airless-spritzen, glatt bügeln oder polieren, Polyurethanlack aufgießen und aushärten.

Ziegenleder
für *Schuhoberleder* als Chevreauleder; Glanzstoß-Zurichtung mit Eiweißprodukten; Anwendungsweise: bevorzugt nur Spritzauftrag mit Preßluft, um zu vermeiden, daß durch Aufbringen größerer Wassermenge der Narben »hoch geht« (anquillt).

Ziegen-, Bastard- oder Schafleder
für *Futterleder, Deckbrandsohlen, Feinlederwaren* oder *Bekleidung* als Nappaleder; Verarbeitung vollnarbig oder mit leicht abgebimstem Narben; Grundierung gemischt aus thermoplastischen und nichtthermoplastischen Bindemitteln, eventuell mit Zusatz von Nitrocelluloseemulsion im Spritz- oder Streichauftrag; polieren, bügeln oder Narben pressen; Kontrastfarbe und Appretur mit wasserfest auftrocknenden Nitrocellulose- oder Polyurethanprodukten spritzen, abbügeln; eventuell krispeln oder millen.
für *Lederwaren* als Saffianleder; überwiegend wird Ziegenleder verarbeitet, da Narben bei Bastard- und vor allem bei Schafleder für prägnante Saffiankörnung zu weich; wenig schichtende, thermoplastische Grundierung im Streichauftrag; zwischenbügeln; wasserfeste

Farb- und Abschlußschicht auf der Basis von Nitrocelluloselack spritzen; eventuell nochmals bügeln, dann krispeln.
für *Luxusartikel* mit Gold-, Silber- oder Exotennarben; eventuell Narben leicht abbimsen, Haftgrund aus thermoplastischer Polymerisatdispersion aufspritzen, Abziehfolie auflegen oder aufrollen; auf hydraulischer Bügelpresse Folie mit glatter Bügelplatte oder mit flach gravierter Narbenplatte aufschweißen; abschließend Trägerfolie abziehen.

Reptilleder
aus Krokodil-, Schlangen- oder Eidechshäuten für *Schuhoberleder* oder *Luxuslederwaren;* überwiegend Glanzstoß-Zurichtung oder kombinierte Stoß-Bügel-Zurichtung auf der Basis schwach thermoplastischer Mischgrundierung von Polymerisatdispersionen mit Nitrocellulose- oder eventuell Polyamid- oder Eiweißprodukten; wasserfeste Nitrocellulose- oder Polyurethan-Schutzschicht; Glanzstoßen als Abschlußbehandlung auf der Nitrocelluloseappretur oder als Zwischenbehandlung mit abschließendem Abbügeln des Schlußlacks.

8. Sicherheitsmaßnahmen bei der Lederzurichtung

Für die Lederzurichtung werden Produkte angewendet, die nicht nur brennbar, sondern leicht entzündlich und brandbegünstigend sind, z. B. Nitrocelluloselacke und Polyurethanlacke und die hierfür erforderlichen organischen Lösemittel. Die Lösemittel verdunsten nicht nur während des Trocknens der Zurichtaufträge im Trockentunnel, sondern gelangen auch während des Spritzens oder Gießens der Zurichtflotten in die Atmosphäre des Arbeitsraums. Durch die Exhaustoren der Trockenanlagen werden Lösemitteldämpfe in die Außenluft des Betriebsgeländes und der Umgebung ausgestoßen. Die maschinelle Zurichtbehandlung übt fast immer beträchtlichen Druck auf das Leder aus, die Maschinen öffnen sich zum Einlegen, Weiterrücken oder Herausnehmen des Leders und schließen sich für den eigentlichen Arbeitsvorgang. An manchen Maschinen wird das Leder durch Transportwalzen automatisch in das Aggregat hineingezogen.

All diese Arbeitsgänge und Einwirkungsfaktoren gefährden in gewissem Ausmaß das Arbeitspersonal der Lederzurichterei. Um Unfälle zu vermeiden, sind Sicherheitsmaßnahmen erforderlich, auf deren Einhaltung der Zurichter sorgfältig achten sollte. Die Sicherheitsmaßnahmen konzentrieren sich auf folgende Teilgebiete:

Maschineneinrichtung,
Elektroinstallation,
Abluftabzugsvorrichtung,
Vorratslager.

Bewegliche Maschinenteile in Form von Antriebswellen oder Keilriemenscheiben an Schleif- und Poliermaschinen, Pumpenantrieben bei Bügelpressen, Antriebscheiben und Pendelarmen der Glanzstoßmaschinen, Zahnrad- oder Kettenverbindungen zwischen Transport- und Druckwalzen bei Kalandersystemen sollten möglichst schon bei Konstruktion der Maschinen in das ummantelnde Gehäuse einbezogen werden. Soweit das nicht möglich ist, sind sie durch Verschalungsgitter so abzukapseln, daß das Arbeitspersonal nicht hineinfassen kann, ohne daß die Maschine zuvor angehalten wird.

Öffnende und schließende *Einführungsstellen* für das Leder sollen durch eine Schutzblende abgesichert sein, die derart mit der Maschine gekoppelt ist, daß die Maschine sich erst schließen kann, wenn sich keine Hand mehr in der Gefahrenzone befindet. Bügel- oder Narbenpressen, an denen sich zwei Arbeiter gegenüberstehen, sind an beiden Seiten durch Schutzblenden abzusichern, und die Maschine beginnt erst zu arbeiten, wenn beide, getrennt bediente Schutzblenden geschlossen sind. Bei Pressen mit seitlich wandernder Druckwalze kann ein Bügel, der eine schwachstromgeladene Kette vor der Walze herzieht, den Arbeiter davor bewahren, daß er mit der Hand in gefährliche Nähe der Walze gerät. Das Brückengestell der Walzenpresse kann auch an beiden Längsseiten durch anheb- und absenkbare Schutzblenden abgesichert werden.

Bei Maschinen mit *rotierenden* Zufuhr- und *Arbeitswalzen,* wie sie z. B. in der Durchlaufbügelpresse oder in der Krispelmaschine vorliegen, können vorgezogene Metallbügel, welche gegen den Oberkörper des Arbeiters gerichtet sind, verhindern, daß der Zurichtarbeiter mit der Hand die Drucklinie der Walzen erreicht.

Man kann ab und zu beobachten, daß die Zurichtarbeiter die vorhandenen Sicherheitsvorrichtungen entfernen oder gefährlich weit aufbiegen, um einen höheren Akkordlohnsatz zu erreichen. Der Zurichter sollte in seinem eigenen Interesse seine Mitarbeiter immer wieder darauf aufmerksam machen, daß die Schutzmaßnahmen keine Schikanen zur Erschwerung der Arbeit sind, sondern ihrer persönlichen Sicherheit und Gesundheit dienen. Der Zurichter ist für die Unfallsicherheit seiner Mitarbeiter verantwortlich, und jeder Arbeitsausfall beeinträchtigt sein Durchsatzergebnis.

Bei der *Kompressoranlage* für den Luftdruck der Spritzmaschine sind Motor- und Pumpenantrieb sicher abzukapseln. Am zweckmäßigsten ist es auf jeden Fall, daß der gesamte Kompressor in einem gesonderten Raum außerhalb der Zurichtanlage aufgestellt und nur eine Preßluftrohrleitung an die Spritzmaschine herangeführt wird.

Jede *Elektroinstallation* ist explosionsgeschützt zu verlegen und abzukapseln. Alle Maschinen sind zum Schutz gegen elektrostatische Aufladung zu erden. Das gilt auch für Zurichträume und Anlagen, in denen gegenwärtig nur wäßrige Systeme angewendet werden, da nie mit Sicherheit vorausgesagt werden kann, ob nicht doch einmal feuergefährliche Materialien zum Einsatz kommen werden. Die Ventilatorflügel der Exhaustoranlagen an Spritzmaschinen sind täglich zu kontrollieren und zu reinigen, damit sie nicht durch Ablagerung von verkrustendem Spritzstaub »zuwachsen« und Reibungshitze verursachen, die zu Entzündung oder Schwelbrand führen kann.

Transportmittel, wie z. B. verschiebbare Lagerböcke oder Tafelkarren, sollen nicht auf eisernen Rädern, sondern auf Kunststoffrollen bewegt werden, um Funkenschlag zu vermeiden.

Die verarbeiteten *organischen Lösemittel* sind flüchtige Substanzen. Ihre Dämpfe sind physiologisch nicht unbedenklich, zumal dann nicht, wenn sie über längere Zeit in größerer Menge eingeatmet werden. Geruchsbelästigung, Kopfschmerzen, Müdigkeit, Schwindelgefühl oder Brechreiz können die Folge sein. Um die Verarbeiter von flüchtigen Substanzen gegen nachteilige Einflüsse der Dämpfe zu schützen oder sie davor zu warnen, sind Werte für die zulässige Höchstkonzentration in der Arbeitsatmosphäre festgelegt worden. Die MAK-Werte (maximale Arbeitsplatz-Konzentration) können für die verschiedenen Lösemittel in ziemlich weiten Grenzen schwanken. Sie hängen vom chemischen Aufbau – Alkohole, Ester, Äther, Ketone, Kohlenwasserstoffe, Chlorkohlenwasserstoffe – ab und werden bei rasch verdunstenden Niedrigsiedern schneller erreicht als bei hochsiedenden, langsam trocknenden Lösemitteln. Die MAK-Werte kann der Zurichter aus Tabellen entnehmen[116] oder vom

Lösemittellieferanten erfragen. Bei den zur Auswahl stehenden, anwendungstechnisch etwa gleichwertigen Produkten sollte das mit dem höchsten MAK-Wert bevorzugt werden (Tabelle 9).

Die Arbeitsräume der Zurichtabteilungen sind normalerweise ziemlich groß und der Luftdurchsatz ist infolge der Absaugvorrichtungen in den Trockenanlagen ausreichend hoch, so daß die Grenzwerte im allgemeinen nicht erreicht werden. Notfalls kann zusätzliche Ventilation des Zurichtraums dafür sorgen, daß belästigende Lösemitteldämpfe abgezogen werden. Bei Einrichtungen zum Absaugen von Lösemitteldämpfen ist zu berücksichtigen, daß alle spezifisch schwerer sind als Luft und daß sie sich daher bevorzugt in den unteren Regionen des Arbeitsraums absetzen. Hohe Arbeitsräume bieten nicht automatisch Schutz gegen stärkeres Anreichern von Lösemitteldämpfen in der Atemluft. Ventilatoren sind am wirksamsten, wenn sich ihre Ansaugstellen niedriger als in Kopfhöhe befinden.

Bei Spritz-, Gießmaschinen und Trockenanlagen muß die Saugwirkung der *Entlüftung* ausreichend groß sein, so daß keine nennenswerten Mengen von Lösemitteldämpfen in den Arbeitsraum gedrängt werden können. Das Ausstoßrohr des Entlüftungskanals soll möglichst hoch, auf jeden Fall über dem Dachfirst des Zurichtbetriebs enden, damit die Abluft durch Windbewegung möglichst weit weggetragen und weitgehend verdünnt wird, bevor Reste von Lösemitteldämpfen sich wieder auf die Erde senken. Das zuweilen anzutreffende Ausstoßen der Abluft aus der Gebäudewand, also unter Dachhöhe, ist unzweckmäßig. Es führt dazu, daß

Tabelle 9: MAK-Werte der wichtigsten organischen Lösemittel.

MAK in	ppm	mg/m^3
Aceton	1000	2000
Butanol	100	300
Cyclohexan	300	1050
Cyclohexanon	50	200
Diisobutylketon	50	290
Dimethylformamid	20	60
Äthylalkohol	1000	1900
Äthyläther	400	1200
Äthylenglykolmonoäthyläther (Handelsname: Äthylglykol)	200	740
Äthylenglykolmonobutyläther	50	240
Essigsäurebutylester (Butylacetat)	200	950
Essigsäureäthylester (Äthylacetat)	400	1400
Formaldehyd	1	1,2
2-Hexanon (Methylbutylketon)	5	21
Methylalkohol (Methanol)	200	260
Methylcyclohexanon (Methylanon)	500	2000
Isopropanol	400	980
Tetrachloräthan	1	7
Tetrachloräthylen	100	670
Tetrachlorkohlenstoff	10	65
Tetrahydrofuran	200	590
Toluol	200	750
Trichloräthylen	50	266
Xylol	200	870

Lösemitteldämpfe sich nicht selten in einer toten Ecke des Betriebshofs ansammeln und dann eine vermehrte Belästigung hervorrufen können.

Bei der Beseitigung von *Geruchsbelästigungen* durch Lösemitteldämpfe ist ein eigentümliches Verhalten von Geruchsstoffen zu beachten. Sie riechen in hoher Konzentration meistens nur verhältnismäßig schwach und entfalten ihre volle Geruchswirkung erst bei stärkerem Verdünnen mit Luft. Darauf beruht z. B. der Aromaeffekt der Duftstoffe in Parfums und anderer kosmetischer Artikel. Man kann die Geruchswirkung von Lösemitteldämpfen oft stark reduzieren, wenn die Abluft in einer Wasserschleuse gereinigt wird. Sie kann dabei entweder siphonartig durch Wasser hindurch gezogen oder auf einer Berieselungsanlage mit Wasser überspült werden. Eine Wasserreinigung ist allerdings nur dann wirksam, wenn die angewendeten Lösemittel mit Wasser mischbar sind und von diesem voll aufgenommen werden. Außerdem wird dabei das Problem von Verunreinigung der Abluft nur auf Verunreinigung des Abwassers verschoben. Völlig beheben läßt sich eine Umweltbelästigung durch Abluftdämpfe nur dann, wenn diese vernichtet werden. Hierfür kann man die Abluft aus der Trockenanlage in die Brennkammer des Betriebskessels einleiten, wo sie durch die Hitze der Heizgase oder Heizungsabgase verbrannt wird. Der Betriebsschornstein sollte aber hoch genug sein, so daß sich etwaige unvernichtete Reste nicht mehr auf dem Erdboden bemerkbar machen können.

In die Sicherheitsmaßnahmen ist schließlich das *Vorratslager* für die Zurichtmittel einzubeziehen. In den Arbeitstrakt der Zurichträume ist im allgemeinen die »Farbküche«, der Vorbereitungsraum zum Zubereiten der Zurichtflotten, eingegliedert. In diesem Raum sollen organische Lösemittel und brennbare Zurichtmittel nur in geringer Menge, möglichst nicht über einen Tagesbedarf hinaus, eingelagert werden. Ideal ist es, wenn bei hohem Lösemittelbedarf die Lösemittel in Tanks im Freien gelagert und durch Rohrleitungen mit Dosierpumpen an die Zubereitungsstätte für die Zurichtflotten herangeführt werden können. Die über den augenblicklichen Bedarf hinaus im Betrieb vorhandenen Vorräte an feuergefährlichen Zurichtmitteln werden zweckmäßigerweise in einem gesonderten Lagergebäude außerhalb des Zurichttrakts eingelagert. In der Farbküche befindliche Anbruchgebinde, Gefäße, aus denen nur ein Teil des Inhalts entnommen worden ist, sind sofort nach der Entnahme wieder dicht zu verschließen. Das ist sowohl aus Gründen der Betriebssicherheit als auch zur Sicherheit des Qualitätsausfalls der Zurichtung erforderlich. Wenn laufend Lösemittel verdunsten, können explosionsgefährliche Luftgemische entstehen, Atembelästigungen und Gesundheitsstörungen der Zurichtarbeiter verursacht werden, und die Konzentration und Viskosität der in den unverschlossenen Gebinden verbliebenen Zurichtmittel kann so ansteigen, daß sich entweder die Anwendungsbedingungen für den nächsten Ansatz der Zurichtflotte ändern oder die Zubereitungsrezeptur umgestellt werden muß.

Zu den Sicherheitsmaßnahmen gehört auch, daß Zugänge zu den Zurichtmaschinen und Wege innerhalb des Zurichtraums offengehalten und nicht durch abgestellte Lagerböcke zugebaut werden. Zur Sicherheit des Arbeitspersonals gehört schließlich, daß jeder Arbeiter seinen Arbeitsplatz sauber hält und vor Verlassen reinigt. Unfälle durch Ausrutschen an den Maschinen können oft böse Folgen haben. Sie sind stets auf Unsauberkeit der Arbeitsplätze zurückzuführen.

Der Zurichter sollte beherzigen und stets darauf achten, daß Sauberkeit am Arbeitsplatz automatisch zu exakt eingehaltener Arbeitsweise erzieht und damit ermöglicht, daß höchstmögliche Qualität des zugerichteten Leders gewährleistet werden kann.

IV. Prüfung der Eigenschaften von Lederzurichtungen

Viele verschiedene Faktoren beeinflussen die Eignung eines Leders für einen bestimmten Verwendungszweck. Zunächst bestimmt das Verhalten des Leders selbst, seine Faserstruktur und Faserdichte, Lederdicke, Festigkeit und Härte oder Weichheit die Auswahl des Leders für den jeweils daraus zu fertigenden Artikel. Das verarbeitete Hautmaterial, der Faseraufschluß, die Gerbweise und Fettung beeinflussen die Widerstandsfähigkeit des Leders bei Verarbeitung und Gebrauch gegen Ziehen und Spannen, Hitze, Nässe oder Schweiß. Viele Eigenschaften des Leders werden aber auch maßgeblich durch die Zurichtung, durch die auf das Leder aufgetragenen Deckfarben, Binde- und Zurichthilfsmittel beeinflußt. Es ist verständlich, daß man geeignete Prüfmöglichkeiten sucht, welche einen Überblick über die Beanspruchungsfähigkeit des zugerichteten Leders über den Einfluß der auf der Lederoberfläche ausgebildeten Zurichtschicht auf den Gebrauchswert des Leders gestatten[117].

Die Vielfalt der durch die moderne Zurichttechnik gebotenen Zurichtmöglichkeiten hilft dazu, daß ein bestimmtes Aussehen und ein gewünschter Zurichteffekt mit sehr verschiedenartigen Zurichtmitteln und mit unterschiedlichen Methoden erzielt werden können. Gleichartiges Aussehen bedeutet daher keinesfalls automatisch gleichartiges Verhalten des Leders, und Analogieschlüsse vom Verhalten des einen Fabrikats auf das eines gleich aussehenden anderen Fabrikats sind nicht ohne weiteres möglich. Es kommt hinzu, daß die Verarbeitungsweise des zugerichteten Leders und die dabei auftretende Beanspruchung in den verschiedenen Betrieben recht unterschiedlich sein können. Der Zurichter kann deshalb nicht unbedingt davon ausgehen, daß das in einem Betrieb bewährte Verhalten einer Zurichtweise auch die Eignung des gleichen Leders in einem anderen Verarbeitungsbetrieb gewährleistet. Er muß sich deshalb Sicherheit darüber verschaffen, daß die Qualität der Zurichtung zumindest den Richtwerten eines allgemeinen Qualitätsstandards entspricht.

Die Qualitätsbewertung kann nur dann aussagekräftig sein und für verschiedene Fabrikate angewendet werden, wenn sie auf objektiven Kennzahlen basiert und wenn diese Daten nach einheitlich festgelegten Methoden ermittelt werden. Es ist daher zu begrüßen, daß sich in immer mehr industrialisierten Ländern nationale Organisationen gebildet haben, die genormte Prüfverfahren für die Lederbeurteilung ausarbeiten, auf Reproduzierbarkeit der Ergebnisse prüfen und die Prüfmethode detailliert festlegen. Die Arbeitsausschüsse vieler Länder stehen miteinander in Verbindung mit dem Ziel, die einzelnen Untersuchungsverfahren international einheitlich abzustimmen. Das ist für den zunehmenden Welthandel und den damit zusammenhängenden internationalen Warenaustausch eine wertvolle Grundlage des gegenseitigen Verständnisses.

In Deutschland leisten die Kommissionen des Vereins für Gerberei-Chemie und -Technik (VGCT) durch Vergleichsuntersuchungen verschiedener Instituts- und Industrielaboratorien und durch darauf aufgebaute Beratungen die erforderliche Vorarbeit. Die Arbeitsergebnisse werden mit den Arbeitsgruppen anderer Länder in den Kommissionen der International

Union of Leather Technicians and Chemists Societies (IULTCS) abgestimmt und als internationale Methoden für die Lederprüfung aufgestellt, z. B. IUP für die physikalische Lederprüfung, IUC für die chemische Lederuntersuchung und IUF für die Prüfung der Farbechtheit. Die Prüfmethoden für Leder werden in den einzelnen Ländern den für die gesamte Industrie gültigen Normen eingegliedert. In Deutschland arbeiten hierfür die Normenausschüsse für die Materialprüfung (NMP) unter der Federführung des Deutschen Instituts für Normung (DIN). In Frankreich ist die Association Française de Normalisation (AFNOR), in England die British Standard Institution (BSI) tätig und im Rahmen der Europäischen Gemeinschaft wurde ein Komitee für die Koordinierung der Normen (CEN) gebildet. Als oberstes Gremium für die Erstellung international gültiger Normen fungiert die International Organisation for Standardisation (ISO).

Die große Zahl der in verschiedenen Ländern national arbeitenden Gruppen und deren internationale Zusammenarbeit läßt erkennen, welche hohe Bedeutung einer exakten Prüfung der Ledereigenschaften zugemessen wird. Sie unterstreicht auch die Wichtigkeit, daß für die Ermittlung vergleichbarer Qualitätswerte die festgelegten Prüfmethoden genau eingehalten werden.

1. Art und Umfang der Qualitätsprüfungen

Nach dem Grundsatz analytischer Untersuchungen ist jede einzelne Komponente für sich zu prüfen und ihr Einfluß auf das Gesamtverhalten zu ermitteln. Diese Methode kann für die Bewertung der Lederzurichtung nicht angewendet oder höchstens für einzelne Spezialfälle herangezogen werden. Die Gründe dafür liegen darin, daß nur in den seltensten Fällen ein Zurichtmittel allein angewendet wird, und daß in den möglichen Kombinationen mehrerer Komponenten die spezifischen Eigenschaften eines einzelnen Zurichtmittels unterschiedlich oder zumindest verschieden stark ausgeprägt zur Geltung kommen können. So können Beständigkeit gegen Reiben, Knicken, Nässe- oder Hitzeeinwirkung sowohl vom Verhalten der Zurichtmittel und deren Mengenanteil, wie auch von der Verankerung der Zurichtung auf dem Leder und von der Schichtdicke abhängen. Die Eigenschaften werden nicht nur durch die Auswahl der Einzelkomponenten, sondern auch durch Anwendungsweise und Anwendungskonzentration der Zurichtflotten, Auftragstechnik, Anzahl der Aufträge, Art der maschinellen Zurichtbehandlung und nicht zuletzt durch Oberflächenbeschafffenheit und Saugfähigkeit des Leders beeinflußt. Für die Qualitätsprüfung der Zurichtung und für die Beurteilung des Gebrauchswerts des Leders für die verschiedenen Verwendungszwecke müssen Leder und Deckschicht als eine Einheit angesehen werden. Die heute gültigen Untersuchungen der Zurichtungsqualität basieren deshalb ausschließlich auf der Prüfung des zugerichteten Leders. Nur auf diese Weise ist es möglich, daß trotz der Vielfalt von Zurichtmitteln und -rezepturen eine allgemein gültige, vergleichende Beurteilung vorgenommen werden kann.

Die Prüfung der Eigenschaften des zugerichteten Leders und die hierfür angewendeten Untersuchungsmethoden sind weitgehend auf die Verwendung des Leders bei der Schuhfertigung ausgerichtet. Der Grund hierfür ist, daß der überwiegende Teil des zugerichteten Leders in der Schuhindustrie verarbeitet wird. Es kommt hinzu, daß bei der Herstellung und im Gebrauch von Schuhen das Leder im allgemeinen stärker beansprucht wird als bei anderen Lederartikeln. Daher sind viele Anregungen für die Art der Lederprüfung und der dazu angewendeten Untersuchungsmethoden und Prüfapparaturen von der Schuhindustrie oder den hierfür zuständigen Prüfinstituten ausgegangen. Die Praxis der Qualitätsprüfung und die im Laufe der Zeit gesammelten Erfahrungen haben ergeben, daß die angewendeten Prüfmethoden nicht nur für die Beurteilung von Leder für Schuhwerk, sondern auch für andere Verwendungszwecke, z. B. Handtaschen, Koffer, Lederwaren, Möbelpolster, Lederbekleidung, geeignet sind. Es kommt lediglich darauf an, welcher Wert den einzelnen Prüfergebnissen für den jeweiligen Einsatz des Leders beizumessen ist und in welcher Höhe entsprechend die Standardwerte festgelegt werden.

Bei den durchgeführten Prüfungen wird zwischen wesentlichen Prüfungen, die in jedem Fall durchzuführen sind, und Prüfungen nach Bedarf unterschieden. Letztere werden nur gelegentlich herangezogen, wenn es für spezielle Zwecke erforderlich ist. Die Auswahl der Bedarfsprüfungen obliegt der sorgfältigen Abwägung durch den in Streitfällen beauftragten Gutachter.

Für den Einsatz von Oberleder und Futterleder bei der Schuhfertigung sind die *wesentlichen Prüfungen:*

Dauerfaltverhalten (Knickprüfung im Flexometer),
Haftfestigkeit (trocken und naß),
Reibechtheit (trocken, feucht und bei Einwirkung verschiedener Prüfflüssigkeiten),
Wassertropfenprobe,
Temperaturverhalten.

Als *Prüfungen nach Bedarf* gelten

Lichtechtheit,
Wärmeempfindlichkeit (Vergilben von weißem Leder, Sprünge in Lackleder),
Wasserdichtheit,
Verhalten gegenüber Wasserdampf,
Kältefestigkeit,
Benzinechtheit,
Widerstandsfähigkeit gegen Reiben mit Gummi,
Streifentest (Ausbluten von Farbstoffen),
Schweißechtheit,
Migrationsechtheit und Kontaktverhalten gegenüber Kunststoffschichten.

Zu diesen Prüfungen kommen für die gesamte Qualitätsbewertung des Leders noch Festigkeitsbestimmungen, Dehnungsverhalten, chemische Analysendaten usw. hinzu. Diese beziehen sich jedoch ausschließlich auf das Ledermaterial und geben keine Auskunft über das Verhalten der Zurichtung. Auf die Beschreibung dieser Prüfmethoden wird deshalb verzichtet. Die gesamten Untersuchungsmethoden für die Prüfung und Beurteilung von Leder sind in Band 10 dieser Fachbuchreihe »J. Lange: Qualitätsbeurteilung von Leder und Pelzen – Lederfehler, -lagerung und -pflege« zusammengefaßt.

Richtwerte für die Qualitätsbeurteilung sind unter Berücksichtigung des Verwendungszwecks des Leders unterschiedlich. Die ausgewählten Prüfmethoden und der Umfang der durchgeführten Untersuchungen werden dem Anwendungsgebiet des Leders angepaßt. Kennzahlen für die Qualitätsanforderungen sind aus den statistischen Unterlagen jahrelanger Untersuchungen der europäischen Prüfinstitute für die Leder- und Schuhindustrie und aus

Erfahrungen über aufgetretene Schäden und Reklamationen in wiederholten Beratungen abgestimmt worden.

2. Vorbereitung des Leders für die Prüfung

Viele Eigenschaften des physikalischen Verhaltens von Leder werden durch die Dichte der Faserstruktur, durch die Beweglichkeit der Fasern innerhalb des Gittergeflechts beeinflußt. Dehnbarkeit, Biegeelastizität und Knickbeständigkeit hängen davon ab, ob das Leder weich oder hart, zügig oder steif ist. Strukturdichte und freie Beweglichkeit der Fasern sind unterschiedlich, je nachdem ob das Prüfstück aus Kern, Hals, Bauch oder Flämen entnommen wird. Eine exakte Grundlage für die Qualitätsbeurteilung und vergleichende Qualitätsbewertung von Leder ist daher nur dann gegeben, wenn die Proben für die Untersuchung an korrespondierenden Stellen der Hautfläche entnommen werden.

Für offizielle Prüfungen, wie sie etwa für in einem Rechtsstreit zu erstellende Gutachten erforderlich sind, kommt der Probennahme und der Einhaltung festgelegter Entnahmestellen besondere Bedeutung zu. Die Probennahme aus ganzen Häuten, Hälften oder Kleintierfellen, aus Croupons, Hälsen oder Flanken (Bäuchen) ist im DIN-Blatt 53 302[113] festgelegt. Das Probenstück wird in quadratischer Form mit je einer Kante parallel und senkrecht zur Rückenlinie entnommen. Der Abstand soll bei Häuten, Hälften und Croupons mindestens 50, möglichst 100 mm von der Rückenlinie betragen. Die Mittellinie der Probe schneidet die Rückenlinie in einem Punkt, dessen Abstand von der Schwanzwurzel ein Drittel und von der Kopfkante zwei Drittel der Hautlänge beträgt. Bei Croupons liegt die Probe in der Mitte der Crouponlänge. Bei Hälsen sollen die Ränder der Probe 50 mm von der Rückenlinie und 20 mm von der Kante zum Croupon entfernt sein, bei Flanken soll die Probenmitte in der Höhe des Nabels und der Rand 20 mm von der Kante zum Croupon entfernt liegen (Abb. 29).

Die Entnahmestelle der Untersuchungsproben liegt im verkaufstechnisch wertvollsten Teil des Leders. Für betriebsinterne, orientierende Prüfungen wird sich der Zurichter bemühen, Ledermuster aus Randpartien zu entnehmen, so daß die Probennahme Zuschnittrendement und Verkaufserlös des Leders möglichst wenig schmälert. Gegen diese in der Betriebspraxis oft anzutreffende Probennahme ist nichts einzuwenden, wenn ausdrücklich berücksichtigt wird, daß es sich nur um einen Vergleichstest handelt, dessen Erfahrungswerte keine offizielle Gültigkeit besitzen.

Die Ergebnisse physikalischer Prüfungen hängen nicht nur von der Entnahmestelle des Prüfmusters ab, sondern auch von der Elastizität der einzelnen Lederfasern. Diese kann durch den Feuchtigkeitsgehalt wesentlich beeinflußt werden. Zu starkes Austrocknen kann Lederfasern und Zurichtschichten verspröden, ungenügendes Trocknen kann das Entquellen der Filmschichten verhindern und deren mechanische Widerstandsfähigkeit beeinträchtigen. Im allgemeinen ist der Feuchtigkeitsgehalt des im fertigen Zustand gelagerten Leders eher zu niedrig als zu hoch. Deshalb muß das Leder vor der Prüfung klimatisiert und konditioniert, d. h. in feuchter Atmosphäre gelagert werden, bis es die prüfgerechte Normalfeuchtigkeit angenommen hat. Die Bedingungen für das Klimatisieren sind im DIN-Blatt 53 303[113] festgelegt. Sie sehen vor der Prüfung eine Lagerung bei 65 % relativer Luftfeuchtigkeit und bei 20 °C über eine Dauer von 48 Stunden vor. Seit Anfang 1980 ist das Normalklima durch internationale Vereinbarungen innerhalb der ISO auf 50 % relativer Luftfeuchtigkeit und 23 °C abgeändert worden, auf Lagerbedingungen, die für Textilien schon seit jeher gültig

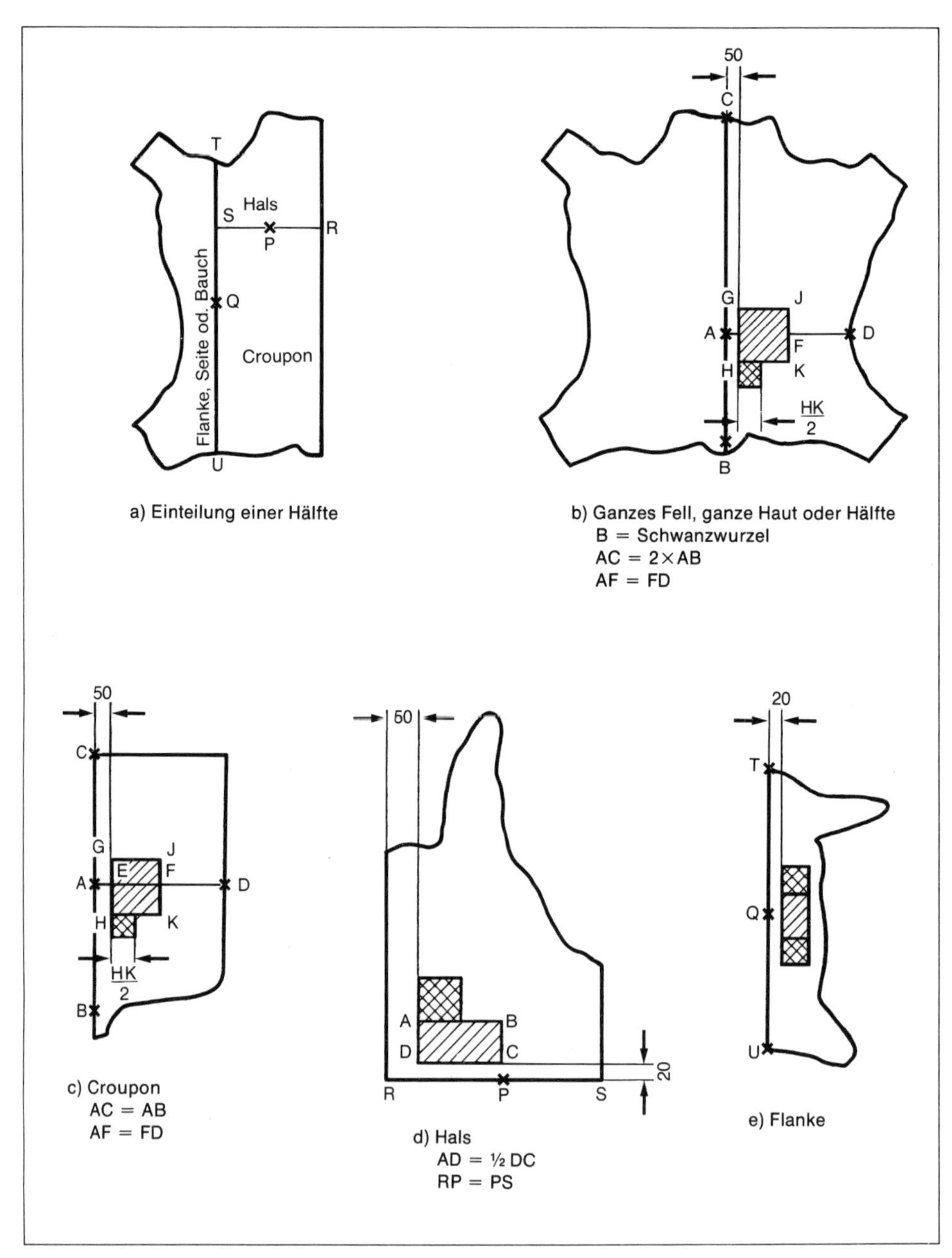

Abb. 29: Probennahme (DIN 53 302).

waren. Umfangreiche Untersuchungen der europäischen Prüfinstitute haben zu der Erkenntnis geführt, daß im Normalfall eine Klimatisierungsdauer von 16 Stunden für Leder ausreicht, manchmal genügt sogar eine Kurzklimatisierung von sechs Stunden[117].

3. Prüfmethoden und ihre Durchführung

Um einheitlich vergleichbare Prüfergebnisse zu erzielen, ist es neben gleichartiger Probennahme und Vorbereitung der Prüfmuster erforderlich, daß die einzelnen Prüfungen nach gleichen Untersuchungsmethoden und mit den gleichen Apparaturen durchgeführt werden. Nur so kann sichergestellt werden, daß die verschiedenen Prüfer die gleiche Sprache sprechen und die Aussagekraft der einzelnen Prüfergebnisse gleichwertig ist. So sind auch die einzelnen Prüfmethoden genormt und international verbindlich festgelegt worden.

3.1 Dauerfaltverhalten. Die Beobachtung der Lederoberfläche bei länger andauerndem, wiederholtem Falten des Leders ist die wichtigste Prüfung des Verhaltens der Zurichtung. Die Prüfung gibt erfahrungsgemäß sehr gute Hinweise auf das Gebrauchsverhalten der Lederartikel, insbesondere auf das Trageverhalten von Schuhen in den Gehfalten am Vorderblatt. Die Prüfung ist im DIN-Blatt 53 351[113] festgelegt.

Im Flexometer werden Lederstreifen in je eine starre und eine um eine Achse pendelnde Klemme so eingespannt, daß eine Falte auf dem Leder hin und her rollt. Die Drehbewegung der Achse ist derart eingestellt, daß die bewegliche Klemme mit einem Neigungswinkel von 22,5 Grad hin und her bewegt wird. Die Frequenz der Pendelbewegung, mit der die Falte über das Leder bewegt wird, beträgt etwa 100 Touren pro Minute (Abb. 30).

Die Prüfung wird sowohl im trockenen Zustand als auch naß, d. h. nach Nässebehandlung des Leders, durchgeführt. Zur Prüfung in der Nässe wird das Ledermuster in destilliertes Wasser von 23 °C gelegt und in einem Vakuumexsikkator 1 bis 2 min bei 40 mbar gelagert. Die Unterdruckbehandlung dient dazu, daß Luft aus den Faserzwischenräumen verdrängt und das Leder leicht und vollständig durchnäßt werden kann. Der Exsikkator wird wieder mit Luft gefüllt und der Unterdruck wird noch zweimal wiederholt. Abschließend bleibt das Leder noch weitere 20 min im Wasser liegen. Das nasse Leder wird zwischen Filtrierpapier gelegt, das überschüssige Wasser kurz abgedrückt und dann sofort im Flexometer geprüft.

Abb. 30: Dauerfaltverhalten.
a) Lederprobe, b) Einspannklemmen.

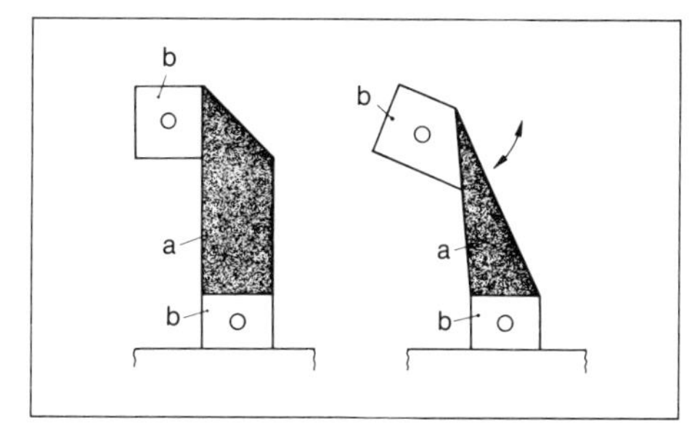

Die Prüfung des nassen Leders ist besonders wichtig für Strapazierschuhwerk, z. B. für Kinderschuhe, Wintersportartikel, Arbeits- oder Sportschuhe. Wenn das Oberleder beim Tragen in der Nässe entweder über das Sohlenmaterial, durch Nahtstellen oder durch die Zurichtung hindurch durchnäßt wird, kann die Grundierung der Zurichtung anquellen. Die Haftfestigkeit der Zurichtung kann dadurch stark verringert und das Dauerfaltverhalten verschlechtert werden. Bei dicker, kompakter Zurichtschicht kann der Nässeschaden soweit gehen, daß die Deckschicht aufreißt und sich regelrecht vom Leder abschält.

Das Dauerfaltverhalten des zugerichteten Leders hängt ab von der

Elastizität der Zurichtschicht,
Haftfestigkeit der Zurichtung auf dem Leder,
Dicke der Lederbeschichtung,
Weichheit des Leders.

Schäden der Zurichtschicht bei Dauerfaltprüfung werden bewertet nach Farbtonänderung, Grauaufbruch, feinen oder gröberen Rissen, völligem Durchbrechen, Abblättern oder Abpulvern.

Bei *Lackleder* muß für die Beurteilung des Dauerfaltverhaltens der gegenüber normalen Zurichtarten wesentlich höheren Schichtdicke Rechnung getragen werden. Entsprechend wird die Anzahl der Faltungen im trockenen Zustand reduziert und bei der Beurteilung werden feine Haarrisse in der obersten Lackschicht nicht bewertet. Dagegen muß das Faltverhalten in der Nässe sehr kritisch betrachtet werden, vor allem im Zusammenhang mit der Naßhaftfestigkeit der Zurichtung, da dieses Verhalten die Schwachstelle von Lackleder ist. In ungünstigen Fällen kann schon Fußfeuchtigkeit das Tragverhalten von Lackschuhen beeinträchtigen[117]. Außerdem muß beachtet werden, daß das Dauerfaltverhalten von Lackleder durch Kälte verschlechtert wird. Das ist eine materialbedingte Eigenschaft, welcher der Schuhhersteller durch Auswahl der Modelle Rechnung tragen muß.

Normal zugerichtetes *Schuhoberleder* für Straßenschuhe, Kinder- oder Sportschuhe, strapazierfähige Winterstiefel oder Arbeitsschuhe soll im trockenen Zustand 50 000, in der Nässe 10 000 Faltungen ohne erkennbare Beschädigung aushalten. Bei Oberleder für Luxusschuhe, z. B. Chevreau- oder leichtes Kalbleder, sind 50 000 Faltungen trocken und eventuell auch 5000 Faltungen naß zu fordern. Lackleder für Schuhvorderblätter soll trocken 20 000 und naß 10 000 Faltungen aushalten, anderenfalls ist es nur für Hinterquartiere, Besätze oder Applikationen verwendbar. Folienbeschichtetes Leder wird nur im trockenen Zustand geprüft, bei +23 °C bis 150 000, bei −10 °C bis 30 000 Faltungen, und Oberleder für Skilanglaufschuhe soll bei −20 °C 30 000 Faltungen aushalten[117]. Für Futterleder werden hinsichtlich des Dauerfaltverhaltens keine Anforderungen gestellt. Bei Polster- und Galanterieleder werden je 20 000 Faltungen trocken und naß gefordert[110].

Wenig flexibles, kräftigeres Oberleder, vornehmlich Rindleder für Sicherheits-Arbeitsschuhe oder Sportstiefel, kann nicht mit der scharfen Knickfalte in das Flexometer eingespannt werden. Hierfür wird eine abgewandelte Dauerbiegeprüfung nach DIN-Blatt 53 340[113] durchgeführt. Sie erfolgt im Dauerbiegegerät nach De Mattia, wie es für Schuhsohlenmaterial angewendet wird, mit 125 ± 25 Faltungen pro Minute. Geprüft wird bis 50 000 Faltungen bei einer Einstellung der Apparatur, welche die Einspannklemmen auf geringsten lichten Abstand von der vierfachen Lederdicke annähert (Abb. 31).

Im Bedarfsfall kann in der Mitte des Prüfstreifens, dort, wo beim Biegen die stärkste Dehnung bzw. Spannung auftritt, eingeschnitten oder eingestochen werden. Am Ende der Biegebehandlung wird kontrolliert, wie stark die Zurichtschicht des Leders weiter gerissen ist.

3.2 Haftfestigkeit der Zurichtung. Diese Methode ermittelt die Intensität, mit der die Zurichtschicht auf der Lederoberfläche verankert ist. Für die Durchführung der Bestimmung ist noch keine DIN-Vorschrift festgelegt worden. Die Prüfung erfolgt nach der internationalen Empfehlung IUF 470[118].

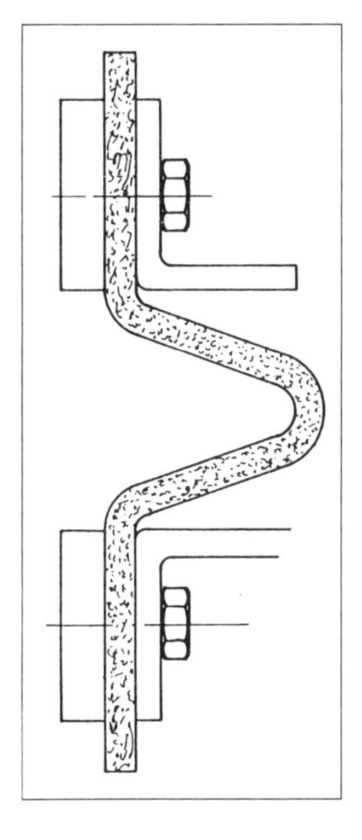

Abb. 31: Dauerbiegeprüfung von wenig flexiblem Leder.

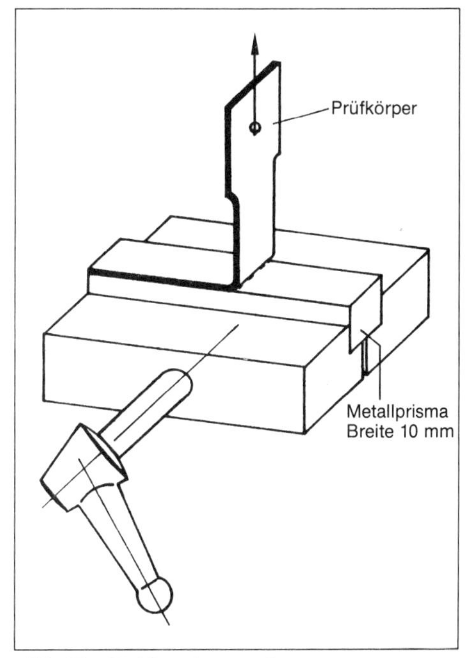

Abb. 32: Haftfestigkeitsprüfung.

Eine einfache, *orientierende Vorprüfung* kann durch Aufdrücken und Abziehen eines Klebebands vorgenommen werden. Als Teststreifen kann Tesafilmband 541 oder Klebeband Tesafix 959[116, 117, 119] verwendet werden. Die Lederoberfläche wird zunächst mit einem Läppchen oder Watteball mit Benzin leicht abgerieben, um Aufträge von Wachs oder Silikon oder Verschmutzungen mit Fett oder Öl, welche die Klebefähigkeit des Prüfbands beeinträchtigen könnten, zu entfernen. Das Klebeband wird nach Verdunsten des Waschbenzins auf das Leder aufgelegt und durch Überreiben mit dem Finger angedrückt. Man zieht es dann nach oben ab und kontrolliert, ob die Zurichtschicht unversehrt auf dem Leder haften geblieben ist oder ob sie mehr oder weniger vollständig von der Lederunterlage abgerissen wurde.

Das Prüfergebnis kann nur einen allgemeinen Anhaltspunkt liefern, ob die Haftfestigkeit der Zurichtung gut oder schlecht ist. Es ist in starkem Maße davon abhängig, wie rasch man den Teststreifen von dem Leder abzieht und ob man ihn senkrecht nach oben abreißt oder über sich selbst nach hinten abrollt. Die Methode ist vor allem deshalb beliebt, weil sie ohne nennenswerte Vorbereitung als einfacher Schnelltest durchgeführt werden kann. Sie besitzt jedoch keinen international anerkannten, gültigen Aussagewert.

Die exakte Bestimmung der Haftfestigkeit erfordert, daß der Prüfstreifen nach Reinigen der Lederoberfläche mit Benzin auf ein Eisenprisma mit 10 mm breiter Auflagefläche aufgeklebt wird. Der Klebstoff wird aus gleichen Teilen des Epoxidharzes Araldit AY 105 und des Härters HY 953 F[120] bereitet. Der Lederstreifen wird mit dem Klebstoff auf einen eisernen Trägerstab aufgedrückt und bleibt bis zum Aushärten des Klebers unter Druck liegen. Zur Messung der Haftfestigkeit wird der seitlich über das Eisenprisma herausragende Lederstreifen mit einer scharfen Klinge auf 10 mm Breite beschnitten. Dabei wird gleichzeitig der an dem Trägerstab seitlich herausgequetschte Klebstoff entfernt, so daß er das Meßergebnis nicht durch einen Kanteneffekt beeinflussen kann. Der Trägerstab wird mit einer geeigneten Einspannvorrichtung im Zugfestigkeitsprüfgerät befestigt und der aufgeklebte Lederstreifen mit einem Haken abgezogen. Damit der Abzugswinkel, unter dem das Leder von dem Eisenträger abgehoben wird, über die gesamte Prüflänge möglichst nahe bei 90 Grad bleibt, soll der Haken mindestens 400 mm lang sein (Abb. 32).

Die Abzugsgeschwindigkeit beträgt 50 mm/min. Die erforderliche Kraft zum Abziehen des Leders wird über die gesamte Prüflänge in einem Diagramm festgehalten, aus dem der Mittelwert bestimmt wird.

Die Haftfestigkeit wird trocken und naß ermittelt. Für die Naßprüfung wird der auf den Trägerstab aufgeklebte Lederstreifen in Wasser eingelegt und in gleicher Weise wie bei der Dauerfaltprüfung (vgl. Kapitel IV, S. 225) abwechselnd mit Vakuum oder ohne Unterdruck behandelt. Die geforderten Mindestwerte betragen für

	trocken	naß
Rindoberleder, vollnarbig:	3,0 N/10 mm	2,0 N/10 mm
Schleifboxleder:	5,0 N/10 mm	3,0 N/10 mm
Boxkalb, Chevreau:	2,0 N/10 mm	–
Lackleder:	4,0 N/10 mm	2,0 N/10 mm
Folienkaschiertes Leder	10,0 N/10 mm	10,0 N/10 mm
Polster- und Galanterieleder:	2,0 N/10 mm	2,0 N/10 mm

Das verhältnismäßig langsame Aushärten des Epoxidharzes verlangt eine ziemlich lange Vorbereitungszeit von nahezu 24 Stunden. Zu Beginn des Zusammendrückens von Lederstreifen und Eisenstab kann das noch flüssige Harz die Zurichtschicht teilweise durchdringen und dann das Prüfergebnis zu höheren Meßwerten verfälschen. Die Haftfestigkeitswerte steigen in solchen Fällen bei Messung nach 24, 48 und 72 Stunden Lagerdauer immer weiter an. Um derartige Einflüsse auszuschalten, wird ein nicht diffundierender, sehr rasch wirksamer Kontaktkleber Eastman 910[121] vorgeschlagen. Er ist aber bisher noch nicht offiziell eingeführt worden. Die mit den beiden unterschiedlichen Klebstoffen ermittelten Werte stimmen nicht überein.

Bei *Lackleder* haftet der Epoxidharz-Klebstoff nicht genügend auf dem Lack. Bei der üblichen Prüfung platzt der Lederstreifen von dem Eisenstab ab, ohne daß die Lackschicht auch nur teilweise vom Leder getrennt wird. Die Lackschicht ist im allgemeinen genügend dick und kräftig, so daß man sie ohne Mithilfe von Klebstoff direkt vom Leder abziehen kann. Man klebt das Leder für die Prüfung mit der unbeschichteten Seite auf das Eisenprisma, beschneidet den Meßstreifen auf 10 mm Breite, schneidet die Lackschicht ein und hebt sie auf etwa 10 bis 15 mm Länge vom Leder ab. An dem hochgebogenen Ende der Lackschicht wird der Haken des Zugfestigkeits-Prüfgeräts befestigt und man zieht unter gleichen Bedingungen wie zuvor beschrieben die Lackschicht vom Leder ab.

3.3 Reibechtheit. Ein Maß für den Schutz der Lederoberfläche gegen Scheuern und Bekratzen ist die Reibechtheit der Zurichtung. Die Prüfung gibt zugleich Aufschluß über die

Oberflächenhärte der Zurichtschicht und über den Wirkungsgrad der nässefesten Fixierung wasserlöslicher Zurichtmittel. Die Untersuchungsmethode ist im DIN-Blatt 53 339[113] festgelegt. Sie wird auf dem VESLIC-Reibechtheits-Testgerät[122] durchgeführt. Die Lederprobe wird auf einer ebenen Metallplatte befestigt und um 10 % ihrer ursprünglichen Länge gedehnt. Dieses Spannen erfolgt, weil die Reibbeanspruchung am Schuh auf eine durch Zwicken über den Leisten gestreckte Lederoberfläche einwirkt, außerdem wird durch die Vorspannung vermieden, daß der Narben beim Überreiben des Leders zu feinen Fältchen zusammengeschoben wird, an denen eine unnatürlich hohe Reibwirkung auftreten würde. In dem Prüfapparat befindet sich ein Prüfstempel mit quadratischer Bodenfläche von 10×10 mm, an der eine Filzscheibe oder ein Stoffstreifen aus Baumwollgewebe, das nach DIN 53 919[113] genormt ist, befestigt werden kann. Der Stempel drückt mit seinem Eigengewicht und mit einer zusätzlichen Belastung von 10 Newton auf das Leder. Die Bodenplatte wird mit dem darauf befestigten Lederstreifen unter dem feststehenden Dorn hin- und herbewegt, wobei eine Reibbahn von 50 mm Länge und 10 mm Breite mit 40 Bewegungen pro Minute gebildet wird. Die Prüfung erfolgt trocken, d.h. mit trockenem Filz oder Stoffstreifen auf trockenem Leder, und feucht mit nassem Filz oder Stoff auf trockenem Leder. Zuweilen wird auch das durchfeuchtete Leder mit trockenem Reibelement überrieben (Abb. 33).

Abb. 33: VESLIC-Reibechtheitstester.

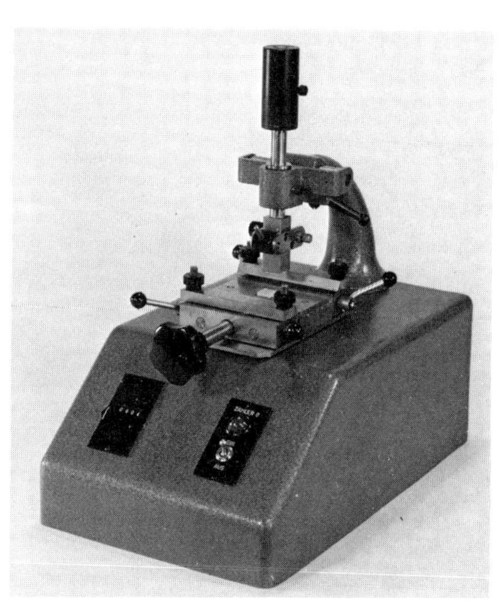

Zur Beurteilung wird geprüft, ob die Zurichtschicht beschädigt ist, ob sich der Farbton verändert hat oder ob das Reibelement angefärbt worden ist. Bei *weißem Leder* ist eine oberflächliche Beschädigung der Deckschicht oder ein Anfärben des fast weißen Reibelements schwierig zu erkennen. Deshalb wird hier als Reibelement ein blau gefärbtes Baumwollgewebe benutzt.

Im Bedarfsfall kann die Reibprüfung auf dem mit Schuhpflegemittel behandelten Leder durchgeführt werden. Hierzu werden drei Grundtypen von Pflegemitteln verwendet:

Ölcreme,
Emulsionspaste,
Feinlederpflegemittel.

Die Reibechtheit hängt nicht allein von der Oberflächenhärte der Appreturschicht ab. Sie wird auch durch eine sehr weiche Unterlage (Leder oder Grundierschicht) oder durch ungenügende Haftfestigkeit beeinträchtigt (Tabelle 10).

Tabelle 10: Die Qualitätsbeurteilung erfolgt bei Schuhoberleder je nach Verwendungszweck nach folgender Anzahl von Reibtouren[117].

	Kinderschuhe, Sportschuhe, strapazierfähige Winterstiefel	Straßenschuhe, Luxusschuhe	Arbeitsschuhe Waterproofschuhe
trocken	20	20	20
naß	50	20	50
trocken auf feuchtem Leder	50	20	50
mit Pflegemittel-behandlung	20	20	20

Die Reibechtheit ist zu beanstanden, wenn der Zurichtfilm verletzt ist. Selbst stärkeres Anfärben des Reibelements ist nicht als schädlich zu beurteilen, wenn die Lederoberfläche mit einem trockenen Lappen wieder rückpoliert werden kann.

Wenn Schuhoberleder für *futterlose Schuhe* verarbeitet werden soll, wird die unzugerichtete Rückseite gerieben. Dabei wird trocken, mit Wasser und mit einer alkalischen Schweißprüflösung von pH 9 gerieben. Geprüft wird in jedem Fall nach 50 Reibtouren. Bei diesen Prüfungen darf das Reibelement nicht vom Leder angefärbt werden.

Futterleder wird auf der zugerichteten Oberfläche gerieben. Bei trockenem Reiben, Reiben mit Wasser, mit alkalischer Schweißlösung oder trockenem Reiben des feuchten Leders darf das Reibelement nach 50 Reibtouren, bei Abreiben mit Benzin nach 20 Reibtouren nicht angefärbt sein.

3.4 Wassertropfenprobe. Die Prüfung gilt als orientierender Test für die Farbechtheit des Leders. Bei Narbenleder werden zwei bis drei Wassertropfen auf der Narbenseite, bei Velourleder auf der geschliffenen Velourseite aufgesetzt. Man läßt das Wasser 60 min bei Raumtemperatur einwirken. Wenn die Tropfen bis dahin nicht eingezogen sind, werden sie mit Filtrierpapier abgetupft. Nach Trocknen des Leders wird geprüft, ob die Wassertropfen auf dem Leder Flecken oder Farbränder verursacht haben.

Wassertropfen können zuweilen ein Anquellen des Narbens und warzenartige Erhöhungen verursachen. In diesem Fall ist nach 24 Stunden Lagerung des Leders bei Raumtemperatur zu kontrollieren, ob die Quellung noch sichtbar ist oder ob sie sich wieder zurückgebildet hat.

Am stärksten ist die Gefahr der Warzenbildung bei Leder mit glatt gebügelter Oberfläche, da die runzeligen Erhebungen in der glatten Umgebung deutlich sichtbar bleiben. Vegetabilisch gegerbtes Leder ist empfindlicher als chromgares, da die Faserstruktur durch den Bügeldruck kompakter zusammengepreßt wird und entsprechend bei nassem Quellen stärker aufgeht.

3.5 Temperaturverhalten. Bei der Verarbeitung wird das Leder höheren Temperaturen ausgesetzt. Zum Aufziehen des Schuhschafts auf den Leisten wird bei dem Einscherverfahren das Oberleder mit scherenartig sich öffnenden und schließenden, beheizten Metallplatten unter Druck straffgezogen. Dabei wird die Zurichtschicht einer starken Reib- und Hitzebeanspruchung unterworfen. Am fertigen Schuh werden die an den Rundungen der Vorder- und Hinterkappe mehr oder weniger ausgeprägten Falten durch Überstreichen mit einem heißen Bügeleisen oder durch Überblasen mit einem Heißluftfön geglättet. Galanterieleder wird zuweilen an den Kanten der Lederwaren oder vor dem Zusammensetzen der vorbereiteten Einzelteile überbügelt und Lederbekleidung wird beim Konfektionieren in gleicher Weise gebügelt wie Textilbekleidung. Es ist daher wichtig, daß ermittelt wird, bis zu welcher Temperatur das Leder hitzebeständig ist. Die Prüfung wird entsprechend der Beanspruchung des Leders durch Bügeln oder durch Fönen vorgenommen.

3.5.1 Bügeln. Die Lederprobe wird auf dem VESLIC-Reibechtheitstester mit einem heißen, durch Thermostat auf verschiedene Temperatur heizbaren und konstant temperierten Prüfstempel überrieben. Die Reibfläche des beheizten Stempels beträgt – wie bei der Reibechtheitsprüfung – 10 × 10 mm. Geprüft wird in Temperaturintervallen von 20 °C mit jeweils fünf Reibstrichen hin und zurück. Nach jeder Behandlung wird kontrolliert, ob der Farbton der Lederoberfläche sich verändert hat und ob die Zurichtschicht verletzt worden ist oder gar stark abgeschmiert hat. Bei festgestellter Beschädigung wird auf die nächst niedrigere Prüftemperatur zurückgegangen.

Eine gegenüber Temperaturen von 140 °C und höher – bis zu 200 °C Prüftemperatur – beständige Zurichtung ist einwandfrei und für jede Behandlung geeignet. Unter 80 °C abschmierende Zurichtungen sind in jedem Fall zu beanstanden. Bei Empfindlichkeit zwischen 80 und 120 °C ist die Zurichtung nur für Fönbehandlung geeignet. Außerdem sollte der Verarbeiter darauf hingewiesen werden, daß beim Einscheren Vorsicht geboten ist und daß möglichst nur kalt eingeschert wird.

Eine andere, einfach durchführbare, orientierende Bügelprüfung besteht darin, daß man mit einem thermostatregulierten Handbügeleisen über das Leder streicht. Das Leder wird dabei über eine leicht gerundete Kante gebogen und man fährt einmal mit dem Bügeleisen hin und zurück. Die Beurteilung erfolgt mit gleichen Temperaturintervallen wie bei der offiziellen Methode.

3.5.2 Fönen. Die Lederprobe wird mit einem Heißluftfön, dessen Lufttemperatur bei Verlassen der Düse 210 °C beträgt, so überblasen, daß diese Temperatur auch auf dem Leder erreicht, aber nicht überschritten wird (Thermometermessung). Die Dauer der Heißluftbehandlung beträgt 1 min. Es wird geprüft, ob weißes Leder vergilbt oder ob bei farbigem Leder der Farbton umschlägt. Das kann bei Anilinzurichtungen eintreten, die stark mit Schönungsfarbstoffen angereichert sind. Besonders die roten Farbtöne sind in dieser Hinsicht empfindlich.

Von einwandfrei zugerichtetem Schuhoberleder ist eine Fönbeständigkeit bei 210 °C zu fordern. Bei festgestellter Empfindlichkeit wird die Temperatur der Heißluft durch Überblasen mit größerem Abstand von der Föndüse reduziert und die Grenze der Temperaturbeständigkeit ermittelt.

3.5.3 Temperaturverhalten von Lackleder in verdehntem Zustand. Für die Prüfung der Dehnbarkeit des Ledernarbens – einer spezifischen Eigenschaft der Lederfaserstruktur – wird das Lastometer mit der Prüfmethode DIN 53 325[113] verwendet (Abb. 34).

In die Apparatur wird statt der für die Narbenprüfung offiziellen kleinen Prüfkugel von 6,35 mm Durchmesser bei der Lacklederprüfung eine große Prüfkugel von 21 mm Durchmesser eingesetzt. Über dieser Kugel wird eine Lacklederprobe eingespannt und die Lackschicht an verschiedenen Stellen durch Nadelstiche verletzt. Das Lackleder wird in der Apparatur mit 7,5 mm Wölbhöhe verdehnt und in diesem Zustand 3 min in einem Prüfschrank bei 100 °C gelagert. Nach dieser Behandlung darf die Lackschicht keine von den Einstichstellen ausgehenden Sprünge aufweisen.

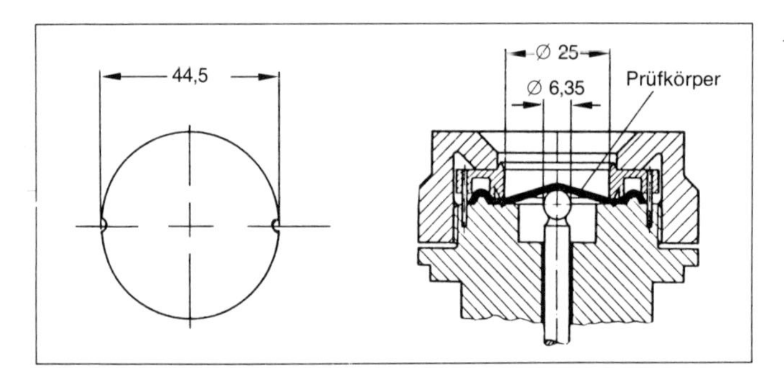

Abb. 34: Lastometer.

Die Beständigkeit des Lacks gegen Wärmeeinwirkung unter Spannung ist ein wichtiges Kriterium, da Lackschuhe bei der Montage des Schafts auf die Sohle heiße Trockengeräte zum Fixieren der Schuhform durchlaufen. Empfindliches Lackleder kann dabei an stärker gedehnten Stellen des Schuhs, an der Schuhspitze, der Hinterkappe oder an den Nähten des Spanns platzen.

3.6 Lichtechtheit. Für weißes und hellfarbiges Leder oder auch für Leder mit leuchtenden Bunttönen ist es wichtig, daß geprüft wird, ob, in welcher Zeit und wie stark sich der Farbton durch Lichteinfluß verändert. Licht ist Strahlungsenergie, die sich durch Wellenbewegung mit einer Geschwindigkeit von 300 000 km/s fortpflanzt. Die Wellenlänge des sichtbaren Lichts liegt zwischen 760 μm (1 μm = 1/1000 mm) bei Rot und 380 μm bei Violett. Die durch die Wellenlänge sich unterscheidenden Grundfarbtöne des sichtbaren Lichts: rot, orange, gelb, grün, blau, violett ergeben in ihrer Gesamtmischung weiß. Wenn ein durchsichtiger Körper das gesamte auftreffende Licht durchtreten läßt, erscheint er farblos. Wenn ein undurchsichtiger Körper das gesamte Licht reflektiert, erscheint er weiß. Wird ein Teil der Lichtstrahlen in bestimmter Wellenlänge absorbiert, erscheint der Körper buntfarbig in der Komplementärfarbe mit der verbleibenden Wellenlänge. Absorption von Lichtstrahlen bedeutet Umsetzung bzw. Bindung von Energie. So wird ein Körper durch Bestrahlen mit Sonnenlicht erwärmt. Lichtenergie kann aber auch chemische Reaktionen verursachen, die als fotochemische Vorgänge bezeichnet werden. Solche Reaktionen laufen ab, wenn der Farbton eines Körpers verändert wird und die Farbe umschlägt.

Die Prüfung der Lichtechtheit erfaßt die tatsächlichen Verhältnisse am genauesten, wenn man sie unter Bestrahlung mit Sonnenlicht durchführt. Das ist jedoch in vielen industrialisierten Ländern, die sich überwiegend in der gemäßigten Klimazone der nördlichen Erdhalbkugel befinden, nicht möglich. Die Sonnenscheindauer ist je nach Jahreszeit sehr unterschiedlich und hängt außerdem von der täglichen Wetterlage ab. Man kann deshalb Lichtechtheitsprüfungen im natürlichen Sonnenlicht nicht innerhalb einer prüftechnisch vertretbaren kurzen Zeit durchführen und muß auf eine künstliche Lichtquelle ausweichen, die kontinuierlich mit gleichbleibender Strahlungsintensität zur Verfügung steht. Als eine solche Lichtquelle wurde die Xenonlampe gefunden, eine mit Xenongas gefüllte Entladungsleuchtröhre, deren Lichtspektrum etwa dem Sonnenlicht entspricht, wie es in der geographischen Breite und der mittleren Meereshöhe der europäischen Länder vorherrscht.

Die Prüfung ist in der Methode DIN 53 341[113] festgehalten. Der zu prüfende Lederstreifen wird teilweise abgedeckt und zusammen mit der als Kontrollmaßstab dienenden Blauwollskala belichtet. Die Blauskala besteht aus acht genormten Wollstoffstreifen, die mit unterschiedlich lichtempfindlichen Blaufarbstoffen gefärbt sind und Lichtbeständigkeiten abgestuft von

1 = sehr gering	5 = gut
2 = gering	6 = sehr gut
3 = mäßig	7 = vorzüglich
4 = ziemlich gut	8 = hervorragend

aufweisen. Die Belichtung wird so lange vorgenommen, bis am Leder deutliche Farbtonänderungen erkennbar sind. Die Intensität des Farbumschlags wird nach der gleich stark veränderten Stufe der Blauskala bewertet. Der Belichtungstest wird abgebrochen, wenn das Leder bei einer Echtheitsstufe der Blauskala von 5 bis 6 noch unverändert ist.

Die Lichtechtheit wird bei allen hellfarbigen Ledern geprüft. Sie soll mindestens die Stufe 3 der Blauskala erreichen. Leder, das in modischen Pastelltönen zugerichtet ist, kann manchmal diese Anforderung nicht erfüllen. Der Lieferant soll in solchen Fällen den Verarbeiter auf die Lichtempfindlichkeit hinweisen.

Gegen Lichteinwirkung sind in erster Linie Zurichtungen mit Nitrocelluloseschichten empfindlich. Duch die Lichteinwirkung können nitrose Verbindungen freigesetzt werden, welche die Zurichtung vergilben.

3.7 Wärmeempfindlichkeit. Weißes oder hellfarbiges Leder kann durch Wärmeeinfluß verändert werden, so daß es dann gegen Belichten empfindlicher wird als es im ursprünglichen Zustand ist. Das kann durch Wärmewanderung von Fettstoffen oder Weichmacherölen oder auch durch andere Umsetzungen in der Zurichtschicht verursacht werden.

Zur Prüfung der Wärmeempfindlichkeit werden Lederproben wie bei der Prüfung der Lichtechtheit unter teilweisem Abdecken der zugerichteten Oberfläche belichtet. Sie werden dann drei Tage bei 50 °C im Trockenschrank gelagert. Anschließend wird beurteilt, ob eine

Farbtonänderung eingetreten ist und ob sie bei belichtetem und unbelichtetem Leder unterschiedlich ist. Weißes oder hellfarbiges Schuhoberleder soll nach der Wärmelagerung weder im belichteten noch im unbelichteten Zustand vergilben. Die Prüfung beruht darauf, daß die vorbereiteten Schuhschäfte oft längere Zeit lagern und dem Licht ausgesetzt sind, bevor sie in der Montage dem Wärmeeinfluß von Trockengeräten ausgesetzt werden.

3.8 Wasserdichtheit. Die Prüfung wird nach der Methode DIN 53 338[113] im Penetrometer durchgeführt. Sie ergibt ein Maß für das wasserabweisende Verhalten des Leders und für den Nässeschutz von Schuhwerk und Lederbekleidung. Die Prüfung erfolgt dynamisch unter Stauchen eines aus dem Leder gebildeten Trogs im Wasserbad. Sie ahmt die Gehfaltenbewegung des Schuhs oder die Faltenbildung an den Ärmeln von Lederjacken oder -mänteln nach.

Eine Lederprobe vom Ausmaß 75 × 60 mm wird an den Kanten abgedichtet. Die zugerichtete Oberfläche wird durch Anschleifen mit Schmirgelpapier angerauht, das Leder anschließend mit der angerauhten Seite nach außen um die beiden Zapfen des Penetrometers gelegt und derart befestigt, daß ein oben offener Trog gebildet wird. Die Lederprobe wird waagrecht liegend bis etwa zur Hälfte des entstandenen Trogs in Wasser getaucht und durch Bewegen eines Hebelarms kontinuierlich gestaucht. Durch die Stauchbewegung entstehen Falten, an denen Wasser aufgenommen wird und schließlich das Leder durchdringt (Abb. 35).

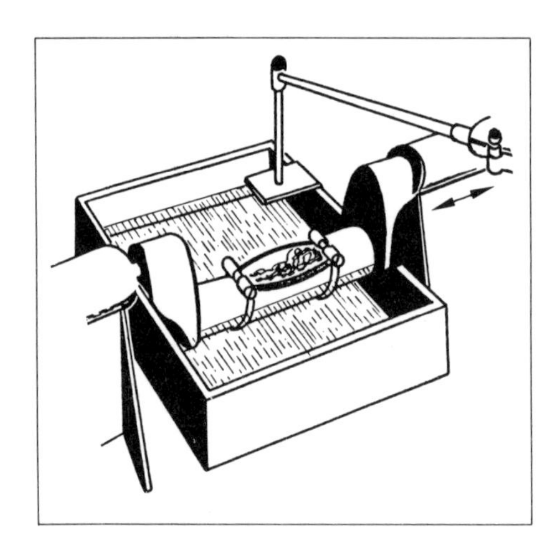

Abb. 35: Penetrometer.

Die offizielle Prüfmethode erfaßt das wasserdichte Verhalten des Lederfasergefüges. Die zugerichtete Oberfläche wird ausdrücklich angerauht, damit ermittelt werden kann, ob und in welchem Umfang das Leder auch dann noch gegen Nässe schützt, wenn die Zurichtschicht verletzt ist. Der durch die Zurichtung verursachte Nässeschutz kann dadurch erfaßt werden, daß man neben der Stauchprüfung mit angerauhter Oberfläche parallel eine Prüfung des zugerichteten Leders ohne Verletzung der Zurichtung durchführt. Die Differenz der Meßwerte:

1. Zeit bis zum ersten Wasserdurchtritt

2. Wasseraufnahme des Leders bis zum Wasserdurchtritt
3. bei weiterem Stauchen durchtretende Wassermenge

ergibt die Nässeschutzwirkung der Zurichtung. Im allgemeinen ist die Verbesserung der Wasserdichtheit durch Casein-Zurichtung geringer als durch Nitrocellulose- oder Polyurethan-Zurichtung. Kräftigere, kompakte Zurichtschichten machen stärker wasserdicht als dünne Appreturaufträge.

3.9 Verhalten gegenüber Wasserdampf. Das Verhalten des Leders gegenüber Wasserdampf beeinflußt den Tragekomfort wesentlich. Es bestimmt bei Schuhwerk den Abtransport von Fußfeuchtigkeit und ist daher maßgebend für angenehmes Trageverhalten bzw. Wohlbefinden des Fußes im Schuh. Es kann nach verschiedenen Methoden geprüft und gemessen werden:

1. Wasserdampfdurchlässigkeit
2. Wasserdampfaufnahme.

Beide Methoden können je nach den vorliegenden Gegebenheiten modifiziert werden. So wird die Wasserdampfdurchlässigkeit nach der derzeitig offiziellen Methode bei konstanter Temperatur ermittelt. Ein anderer Vorschlag geht jedoch dahin, daß zur besseren Berücksichtigung der tatsächlichen Verhältnisse bei einem Temperaturgefälle zwischen Innentemperatur des Schuhs und Außentemperatur des Normalklimas geprüft wird[117]. In ähnlicher Weise kann die Wasserdampfaufnahme in feuchtigkeitsgesättigter Atmosphäre oder der Wechsel zwischen Wasserdampfaufnahme und -abgabe im mehrmaligen Turnus von Feucht- und Trockenluft ermittelt werden[117, 123].

3.9.1 Wasserdampfdurchlässigkeit bei konstanter Temperatur. Die Bestimmung der Wasserdampfdurchlässigkeit erfolgt nach DIN 53 333 bzw. IUP 15[113, 118]. Eine Lederscheibe wird mit einem offenen Schraubdeckel auf einer Flasche befestigt. Die Flasche enthält gekörntes, leicht fließendes Silikagel als Trockenmittel, das die Luft im Inneren der Flasche trocken hält und die durch das Leder durchdringende Feuchtigkeit sofort absorbiert. Die Meßflasche mit der Probe rotiert in einer Apparatur, so daß das Trockenmittel stets umgewälzt wird und voll absorptionsaktiv bleibt. Die Apparatur befindet sich in einem Klimaraum mit 50 % relativer Feuchte und 23 °C. Die klimatisierte Luft wird durch einen Ventilator stetig über der Lederprobe bewegt, so daß ein konstantes Feuchtigkeitsgefälle zwischen Außenluft und Innenraum der Prüfflasche von 50 % zu 0 % relativer Feuchte vorliegt. Die Flasche mit dem Trockenmittel wird vor und nach der Prüfung gewogen. Dabei wird die Lederscheibe abgenommen und die Flasche dicht verschlossen, um die bei der Prüfung vom Leder aufgenommene, aber noch nicht an das Trockenmittel abgegebene Wasserdampfmenge auszuschalten. Die Menge des durch das Leder durchgedrungenen Wasserdampfs wird in $mg/cm^2 \cdot h$ angegeben (Abb. 36).

Um die Prüfung den Verhältnissen am Schuh anzupassen, wird bei Schuhoberleder die zugerichtete Lederoberfläche dem trockenen Flascheninneren, bei Futterleder dem klimatisierten Außenraum zugekehrt. Der Wasserdampf durchwandert bei Oberleder zunächst die

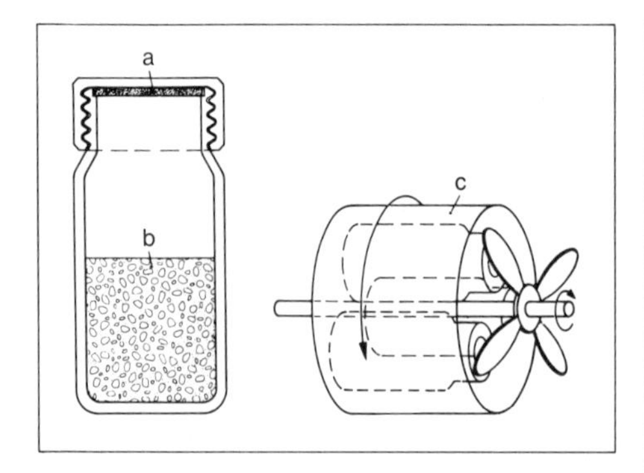

Abb. 36:
Prüfung der Wasserdampfdurchlässigkeit.
a) Lederprobe,
b) Trockenmittel,
c) Umwälzen in klimatisierter Luft

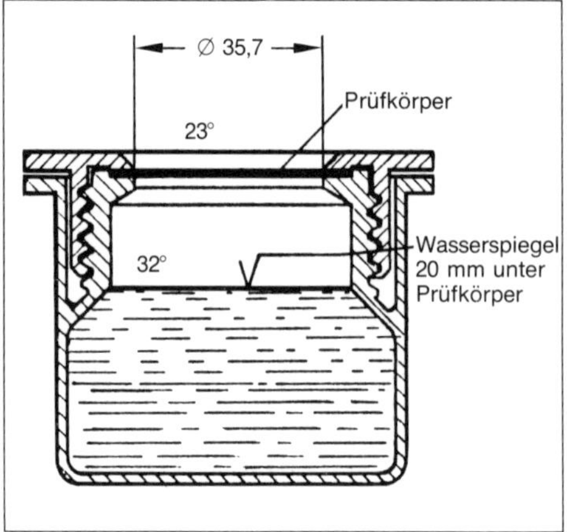

Abb. 37: Wasserdampfdurchlaß bei Temperaturgefälle.

Lederfaserstruktur und dann die Zurichtschicht, bei Futterleder umgekehrt zuerst die Zurichtschicht und danach das Fasergefüge.

3.9.2 Wasserdampfdurchlässigkeit bei Temperaturgefälle. In gleicher Weise wie bei der offiziellen Prüfmethode wird die Lederprobe mit einem offenen Schraubdeckel auf der Prüfflasche befestigt. Das Prüfgefäß ist mit Wasser von 32 °C gefüllt, dessen Temperatur durch ein Heizgerät konstant gehalten wird. Der Wasserspiegel im Prüfgefäß ist 20 mm unterhalb der Lederprobe eingestellt. Außerhalb des Prüfgefäßes befindet sich klimatisierte Luft von 50 % relativer Feuchte bei 23 °C. Ein Ventilator erneuert ständig die klimatisierte Luft und führt den durch das Leder hindurchgetretenen Wasserdampf ab. Das Feuchtigkeitsgefälle zwischen Prüfgefäß und Außenluft geht von 100 % relativer Feuchte bei 32 °C auf 50 % relativer Feuchte bei 23 °C. Die Wasserdampfdurchlässigkeit wird durch die durch das Leder nach außen abgegebene Feuchtigkeitsmenge gekennzeichnet. Die Wägung des Prüfgefäßes kann daher zusammen mit der Lederprobe vor und nach der Prüfung vorgenommen werden. Die Wasserdampfdurchlässigkeit wird ebenfalls in $mg/cm^2 \cdot h$ berechnet (Abb. 37).

Im Gegensatz zur DIN-Methode verläuft das Feuchtigkeitsgefälle vom Inneren des Prüfgefäßes nach außen. Deshalb wird Oberleder mit der zugerichteten Fläche nach außen, Futterleder nach innen eingespannt. Als Grenzwert für die Wasserdampfdurchlässigkeit kann gelten, daß 1,0 $mg/cm^2 \cdot h$ erreicht werden sollte, keinesfalls weniger als 0,75 mg. Die Wasserdampfdurchlässigkeit wird von Lederfaserstruktur, Gerbung und Fettung weniger intensiv beeinflußt als die Wasserdichtheit. Dicke, kompakte Zurichtschichten, wie sie z. B. bei Lackleder, Oberleder für Arbeitssicherheitsschuhe oder auch bei Spaltleder vorliegen, lassen im allgemeinen nur geringe Wasserdampfdurchlässigkeit erreichen.

3.9.3 Wasserdampfaufnahme. Die Aufnahme von Wasserdampf ist eine ausschließliche Eigenschaft des Lederfasergefüges. Sie wird durch die Zurichtung praktisch nicht beeinflußt. Sie ist aber wesentlich für den Tragekomfort und kann daher zur Beurteilung von Schuhoberleder herangezogen werden, das infolge stark abdeckender Zurichtung nicht oder nur wenig wasserdampfdurchlässig ist. Die Wasserdampfaufnahme ist bei Leder stets eindeutig höher als bei allen Ersatzmaterialien, gleichgültig, ob diese auf Vlies- oder auf Gewebebasis aufgebaut sind.

Zur Prüfung der Wasserdampfaufnahme kann das gleiche Gerät benützt werden wie für die Ermittlung der Wasserdampfdurchlässigkeit bei Temperaturgefälle. Das Prüfgefäß wird mit Wasser von 23 °C gefüllt, der Wasserspiegel wird 10 mm unter der Unterseite der Lederprobe eingestellt. Die auf dem Gefäß durch den Schraubdeckel befestigte Probe ist auf der dem Außenklima zugekehrten Seite durch eine die gesamte Fläche abdeckende Selbstklebefolie – z. B. Tesa-Pack 50 mm breit[119] – abgedeckt, so daß kein Wasserdampf nach außen abgegeben werden kann.

Die Bestimmung wird im Normalklima 23 °C bei 50 % relativer Feuchte durchgeführt. Die Prüfdauer beträgt acht Stunden. Die zuvor klimatisierte Lederprobe wird vor dem Einspannen und unmittelbar nach der Entnahme aus dem Prüfgerät gewogen. Die aus der Gewichtsdifferenz ermittelte Menge des aufgenommenen Wasserdampfs wird in $mg/cm^2 \cdot 8\,h$ angegeben.

Für die Messung der Wasserdampfaufnahme wird bei Schuhoberleder die zugerichtete Oberfläche mit Klebefolie abgedeckt und die unzugerichtete Unterseite dem Inneren des mit Wasser gefüllten Prüfgeräts zugekehrt. Futterleder wird mit der zugerichteten Oberfläche nach innen eingespannt und die Rückseite wird abgedeckt. Für Oberleder von Arbeitsschuhen wird eine Wasserdampfaufnahme von mindestens $8\ mg/cm^2 \cdot 8\,h$ angestrebt[117].

3.9.4 Alternierende Wasserdampfaufnahme und -abgabe. Die Methode trägt den besonders bei hochgeschlossenem Schuhwerk vorliegenden Verhältnissen Rechnung. Während einer etwa achtstündigen Tragedauer reichert sich das Leder mit Wasserdampf an. Über Nacht gibt es den aufgenommenen Wasserdampf weitgehend wieder an die Atmosphäre ab und regeneriert sich für die nächste Aufnahme bei erneutem Tragen.

Die Prüfung dieses Verhaltens wird in einem Exsikkator bei Normaltemperatur von 23 °C durchgeführt. In dem Gerät ist ein Ventilator installiert, der für dauerndes Umwälzen der Feuchtluft sorgt. Der Porzellaneinsatz des Exsikkators soll große Öffnungen von mindestens 20 mm Durchmesser aufweisen, um gute Luftzirkulation zu gewährleisten. Die klimatisierten und gewogenen Lederproben werden in offenen Petrischalen in den Exsikkator eingestellt. Sie werden zur Bestimmung der Wasserdampfaufnahme acht Stunden dem feuchten Klima des Exsikkators und anschließend 16 Stunden dem Normalklima 23 °C bei 50 % relativer Feuchte ausgesetzt, um die Wasserdampfabgabe zu ermitteln. Dieser Zyklus wird mit derselben Lederprobe zweckmäßigerweise zwei- bis dreimal wiederholt.

Das Feuchtklima des Exsikkators kann für die Wasserdampfaufnahme mit einer gesättigten Lösung von

di-Natriumhydrogenphosphat · 12 Hydrat	auf 95 % relative Feuchte,
di-Natriumtartrat	auf 91 % relative Feuchte,
Kaliumchlorid	auf 86 % relative Feuchte

eingestellt werden. Die Wasserdampfabgabe erfolgt bei Lagerung des Leders im Normalklima 23 °C bei 50 % relativer Feuchte.

Die aufgenommene und die abgegebene Wasserdampfmenge wird in Prozent des klimatisierten Trockengewichts und in mg/cm^2 angegeben. Zusätzlich ist die Prüfdauer in Stunden für die Messung der Aufnahme und Abgabe anzuführen. Außerdem sollte die Dicke der Lederprobe angegeben werden, da sie den auf die Prüffläche bezogenen Wert maßgeblich beeinflußt.

3.10 Kältefestigkeit. Wenn Leder in Ballen gerollt während der kalten Jahreszeit transportiert wird, können durch Rütteln und Stauchen im unterkühlten Zustand Sprünge oder längere Risse in der Zurichtschicht auftreten. Kälterisse bei Transport mit dem Lastwagen sind meistens durch charakteristischen parallelen Verlauf gekennzeichnet. Kältesprünge können auch bei Transport der paarweise in Kartons verpackten Schuhe auftreten. Für den Zurichter ist es wichtig, darauf zu achten, daß auch Schuhoberleder für Sommerschuhwerk kältefest zugerichtet sein soll, da Schuhe für die Sommersaison meistens im Winterhalbjahr hergestellt werden, so daß der Transport des Leders zur Schuhfabrik überwiegend in der kalten Jahreszeit erfolgt.

Zur Prüfung auf Kältefestigkeit wird ein Streifen von 20 × 100 mm mit der zugerichteten Seite nach außen zu einer Schlaufe gebogen. Die beiden zusammengelegten Enden werden zwischen zwei Rollen hindurchgesteckt und an einer beweglichen Schiene befestigt. Der lichte Abstand der beiden Rollen wird auf die dreifache Dicke des zu prüfenden Leders eingestellt. Die Apparatur wird in einen Kühlschrank eingesetzt, dessen Temperatur bei +5 °C beginnend für jeden weiteren Test um 5° bis auf −20 °C gesenkt wird. Die Lederprobe wird mit der Apparatur eine Stunde bei der jeweiligen Prüftemperatur gekühlt. Dann wird die Schlaufe ohne Öffnen des Kühlgeräts von außen durch die beiden Rollen durchgezogen. Sie wird dabei auf einen inneren Abstand, welcher der Lederdicke entspricht, zusammengedrückt. Es wird geprüft, ob die Zurichtschicht feine Risse oder tiefgehende Sprünge aufweist. Ist sie unbeschädigt, wird der Test bei der nächstniedrigen Temperatur wiederholt. Dabei muß ein frischer, noch nicht scharf zusammengebogener Lederstreifen benutzt werden, da durch Vorbiegen das Prüfergebnis verfälscht werden kann (Abb. 38).

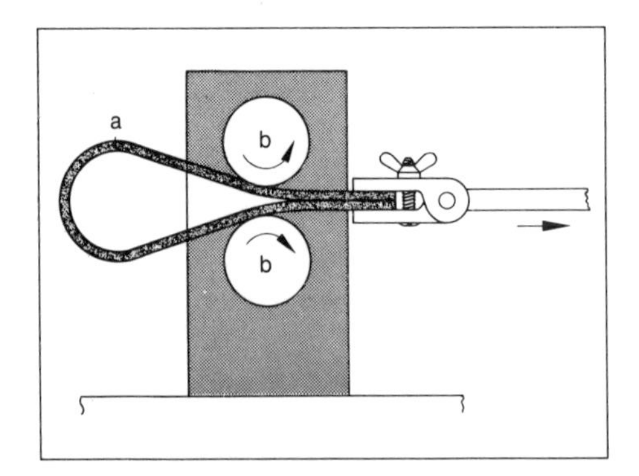

Abb. 38: Prüfung der Kältebeständigkeit. a) Lederprobe, b) Walzen

Das Prüfergebnis soll die kritische Prüftemperatur, bei der erste Schäden auftreten, und die Intensität der aufgetretenen Beschädigung der Deckschicht angeben. Eine sachgemäße Zurichtung soll bei −15 °C noch beständig sein. Die Kältefestigkeit ist vor allem bei thermoplastischen Zurichtmitteln und bei dickeren Zurichtschichten kritisch.

3.11 Benzinechtheit. In der Schuhfabrik wird der fertige Schuh gereinigt und seine Oberfläche mit einem als »Finish« bezeichneten Appreturmittel nachbehandelt. Zur Rationalisierung des Arbeitsaufwands wird meistens ein Sprayfinish angewendet, der überwiegend niedrigsiedende Lösemittel enthält, damit der Finish rasch trocknet und die Schuhe kurzfristig nach der Behandlung kartoniert werden können. Das oder die Lösemittel eines solchen Finishs können Wachsanteile aus der Zurichtschicht lösen und an die Oberfläche ziehen. Die Wachssubstanz kann wegen des rasch verdunstenden Lösemittels nicht wieder zurückwandern, sondern sie kristallisiert an der Oberfläche aus und hinterläßt auf dem Schuh grau-weiße Flecken. Dieser Ausschlag kann sofort herauskommen oder sich auch erst nach zwei bis vier Wochen Lagerung der Schuhe im Karton bemerkbar machen.

Zur Prüfung, ob eine solche Erscheinung auftreten kann, wird die Zurichtschicht mit einem mit Testbenzin (Siedegrenzen 80 bis 110 °C) getränkten Läppchen leicht überrieben. Nach Verdunsten des Benzins soll sich kein weißer Ausschlag zeigen. Wenn die Zurichtung nach Benzinabreiben weiß anläuft, muß der Verarbeiter des Leders einen Sprayfinish mit höhersiedenden Lösemittelanteilen verwenden. Butylacetat vermeidet das Auftreten weißer Flecken am Schuh und kann oft erfolgreich zur Beseitigung solcher Schäden angewendet werden. Es erfordert aber eine längere Trockenzeit des Finishs und entsprechend eine längere Lagerung der Schuhe vor dem Kartonieren.

3.12 Widerstandsfähigkeit gegen Reiben mit Gummi. Strapazierschuhe, z. B. Wanderschuhe, Bergstiefel, Sport- oder Kinderschuhe, werden meistens mit kräftigen Gummi- oder Kunststoffsohlen und -absätzen ausgerüstet. Das Sohlenmaterial kann durch Reiben am Schuhschaft beim Tragen die Zurichtung des Oberleders beschädigen oder gar innerhalb kurzer Zeit abschaben. Um die Widerstandsfähigkeit der Zurichtung gegen solche Beschädigungen zu ermitteln, wird das Leder im VESLIC-Reibechtheitsprüfer mit einem speziellen Zusatzgerät geprüft[117, 124].

Am Reibdorn des Geräts wird ein halbrund geformter Stempel angebracht. Daran wird ein 5 mm breites Gummistück vom Härtegrad 75 Shore A befestigt. Unter den für die Prüfung der Reibechtheit geltenden Bedingungen (vgl. Kapitel IV, S. 228) wird die zugerichtete Lederoberfläche mit dem Gummistempel bei zusätzlicher Belastung von 10 Newton mit 10, 20 und 30 Reibwegen (hin und zurück) überrieben. Die Prüfung erfolgt am trockenen und am nassen Leder.

Einwandfreie Zurichtungen sollen bei der Trockenprüfung 30, bei der Naßprüfung 20 Reibtouren aushalten, ohne daß die Deckschicht abgelöst wird oder die Farbe sich verändert. Bei der Naßprüfung erfolgt die Beurteilung erst, nachdem das Leder getrocknet ist, da es im nassen Zustand allgemein dunkler gefärbt erscheint. Das Verhalten gegenüber Abreiben mit Gummi kann vor allem bei weichen, thermoplastischen Zurichtschichten und bei stärker nässequellenden Zurichtmitteln kritisch sein. In das Leder tief einziehende Zurichtungen mit hoher Haftfestigkeit verhalten sich im allgemeinen vorteilhaft. Glatte Appreturen mit harter, gut gleitender Oberfläche begünstigen die Reibfestigkeit.

3.13 Streifentest. (Ausbluten von Farbstoff). Die Prüfung untersucht, ob die im Leder enthaltenen Farbstoffe nässebeständig fixiert sind oder ob sie unter Nässeeinwirkung wandern und ausbluten. Sie ist in erster Linie ein Test für die Echtheit der Lederfärbung, sie kann aber auch bei Anilinzurichtungen wichtige Aufschlüsse über die Farbechtheit geben.

Ein Lederstreifen von 20 × 40 mm wird auf der unzugerichteten Seite mit einem etwa 20 × 100 mm großen Streifen von Filterpapier bedeckt. Die untere Schmalkante des Papierstreifens schließt mit der Unterkante des Leders ab, der Papierstreifen ragt oben über das Leder hinaus. Leder und Filterpapier werden von außen mit je einem Glasplättchen (Mikroskop-Objektträger) abgedeckt. Das Ganze wird mit einer Klammer (z. B. Wäscheklammer) zusammengehalten. Die eingespannte Probe wird senkrecht in eine Schale gestellt, die soweit mit destilliertem Wasser gefüllt wird, daß das Leder etwa 5 mm tief im Wasser steht. Nach zwei und acht Stunden Wassereinwirkung werden Leder und Filterpapier voneinander gelöst und es wird geprüft, ob und wie stark das Papier angefärbt ist (Abb. 39).

Ein neuerer Vorschlag sieht vor, daß bei der Prüfung das Filtrierpapier nicht mit der Unterkante des Lederstreifens abschneidet, sondern daß es etwa 10 mm darüber endet. Es soll nicht mit in das Wasser eintauchen, damit die Wanderung wasserlöslicher Farb- oder anderer Stoffe nur von dem Saugvermögen des Leders abhängt und nicht durch die Saugfähigkeit der Filtrierpapierauflage beeinflußt wird.

Zur Prüfung der Farbechtheit von Anilinleder-Zurichtungen genügt es, wenn der Lederstreifen ohne Abdeckung in Wasser eingetaucht und danach an der Luft hängend über Nacht getrocknet wird. Am trockenen Leder wird dann geprüft, ob Farbstoff unter dem Nässeeinfluß gewandert ist und einen Farbkranz bzw. Farbrand gebildet hat. Die Prüfung ist für die Beurteilung der Nässebeständigkeit von Anilinleder aufschlußreicher als die Prüfung der Naßreibechtheit. Wasserfeste Appreturen können bei nassem Abreiben widerstandsfähig sein und eine nässebeständige Anilin-Zurichtung vortäuschen, während der Anilinfarbstoff bei Wassereinwirkung von der Fleischseite her ausbluten und Flecke bilden kann.

3.14 Schweißechtheit. Nach der gleichen Methode, wie der Streifentest die Farbechtheit von Lederfärbungen und Anilin-Zurichtungen mit destilliertem Wasser ermittelt, kann die Schweißechtheit geprüft werden. Als Testflotte wird hierbei eine Schweißprüfflüssigkeit nach DIN 53 957[113] benutzt, die in 1 l Wasser

5,0 g Natriumchlorid
5,0 g Milchsäure 80%ig
0,5 g Harnstoff
0,5 g L-Histidin-Monochlorhydrat-Monohydrat

enthält und mit Ammoniak auf pH 7,9 bis 8,0 eingestellt ist.

Die speziell auf die Echtheitsprüfung von Lederfärbungen ausgerichtete Prüfmethode IUF 426[118] sieht vor, daß ungefärbtes Textilgewebe aus Baumwollflanell und aus Woll-Streichgarn mit der Schweißlösung getränkt und auf das zu prüfende Leder aufgelegt wird. Leder und Stoffstreifen werden in ein trogförmiges Prüfgerät (Hydrotest bzw. Perspirometer) eingelegt, mit einem Druck von 125 Newton/cm^2 belastet und eine Stunde im Wärmeschrank bei 37 °C gelagert. Anschließend werden Gewebe und Leder frei hängend im Normalklima getrocknet und dann auf Anfärben des Gewebes oder Fleckenbildung am Leder beurteilt (Abb. 40).

Bei Futterleder werden nach DIN 53 337[113] zwei Lederstreifen der Größe 20 × 40 mm mit der zugerichteten Oberfläche nach außen zusammengelegt. Auf eine Oberfläche wird das Testgewebe aus Baumwolle, auf die andere Oberfläche das aus Wolle aufgelegt. Die so

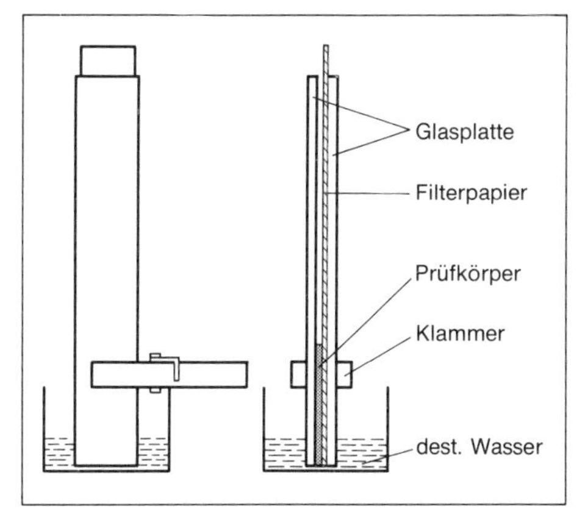

Abb. 40: Perspirometer.

Abb. 39: Streifentest.

vorbereiteten Proben werden zusammengerollt und zusammengebunden. Das Testbündel wird 30 min in saure Schweißprüflösung von 35 °C eingelegt und zum Vollsaugen in der Lösung zeitweilig geknetet. Aus der Probe wird danach die Flüssigkeit ausgedrückt und die Prüfung durch 30 min Einlegen in alkalische Schweißlösung von 35 °C unter zeitweiligem Kneten fortgesetzt. Abschließend wird das Bündel wieder geöffnet und die einzelnen Streifen werden durch Aufhängen in der Luft des Normalklimas getrocknet.

Bei einwandfrei zugerichtetem – und eventuell gefärbtem – Futterleder dürfen die Textilstreifen durch die Prüfung nicht angefärbt werden.

Die Zusammensetzung der sauren und der alkalischen Schweißlösung ist wie folgt:

Sauer: 7,5 ml Eisessig in 1 l Wasser, pH 4,5
Alkalisch: 10,0 g Natriumchlorid
6,0 g Ammoniumcarbonat
2,0 g sek. Kaliumphosphat (K_2HPO_4/Molgew. 174)
oder 4,1 g sek. Natriumphosphat ($Na_2HPO_4 \cdot 12\ H_2O$/MG 358)
in 1 l Wasser auf pH 9 eingestellt.

3.15 Migrationsechtheit und Kontaktverhalten gegenüber Kunststoffschichten. Farbstoffe und auch gewisse feinteilige organische Pigmente können unter dem Einfluß von Weichmachern wandern. So zeigen sich in jüngster Zeit immer wieder gefärbte Streifen am oberen Sohlenrand von weißen Kunststoffsohlen, die gegenwärtig aus modischen Gründen bevorzugt werden. Der hochgezogene Sohlenrand liegt meistens dicht am Oberleder an bzw. ist mit diesem verschweißt, so daß der dauernde enge Kontakt eine Migration von Farbpartikeln aus dem Leder oder aus den Zurichtschichten in das Sohlenmaterial begünstigt. Die Folge ist ein streifenförmiges Anfärben des Sohlenrands, das sich bei weißen Sohlen besonders ausgeprägt bemerkbar macht.

In gleicher Weise ist weißes Lackleder kritisch, das bei Sommerschuhwerk oft zusammen mit buntfarbig zugerichtetem Oberleder verarbeitet wird. Entlang den Verbindungsnähten können dann bunt gefärbte Randzonen auf dem weißen Material auftreten. Die Gefahr der Migration ist bei weißem Leder mit Polyurethanlack meistens geringer als bei PVC-beschichtetem Textilmaterial, das als billiger Ersatz für Oberleder verwendet wird. Die Beschichtung aus Weich-PVC enthält im allgemeinen hohe Weichmacheranteile, welche die Farbstoffmigration hervorrufen.

Zur Prüfung der Migrationsechtheit wird das Oberleder mit der zugerichteten Oberfläche auf ein Stück weiße Weich-PVC-Folie aufgelegt. Damit während der Prüfung stets direkter Kontakt gewährleistet ist, werden die beiden Prüfmuster zwischen zwei Glasplatten gelegt und unter leichtem Druck 16 Stunden bei 50 °C im Trockenschrank gelagert. Die PVC-Folie soll bei einwandfreiem Oberleder nicht angefärbt werden. Migrationsempfindlich sind neben einfachen Schönungsfarbstoffen von Anilin-Zurichtungen in erster Linie Rot- oder auch Blaupigmente. Eine Appretur auf der Basis von Polyamidlack kann die Migrationsechtheit eindeutig verbessern[105].

Bei Futterleder kann neben der Verfärbung der Kontakt mit weichmacherreichem PUR- oder PVC-Material zu Klebrigkeit der Oberfläche führen. Das kann sich dahin auswirken, daß die vor der Montage im Zwischenlager gestapelten, etwa dutzendweise ineinandergesteckten Schäfte so fest zusammenkleben, daß sie nur unter Beschädigung der Futter- oder auch der Obermaterialzurichtung auseinandergerissen werden können.

Zur Prüfung dieses Verhaltens wird Futterleder mit der zugerichteten Oberfläche auf synthetisches Obermaterial mit PUR- und auf Material mit PVC-Beschichtung aufgelegt und zwischen Glasplatten unter Belastung von 10 Newton bei Raumtemperatur 48 Stunden gelagert. Danach wird durch Trennen der aufeinandergelegten Proben etwa aufgetretene Klebrigkeit geprüft. Klebrigkeit kann vor allem dann auftreten, wenn das Futterleder eine kräftige Deckschicht oder Appretur von Nitrocelluloselack erhalten hat. Eiweißappreturen sind klebunempfindlich, doch muß in diesen Fällen die Quellbeständigkeit gegenüber Nässe- oder Schweißeinwirkung sorgfältig beachtet werden.

3.16 Auswertung der Prüfergebnisse. Die vielfältigen Möglichkeiten der Qualitätsprüfung von Lederzurichtungen geben einen Überblick über das Verhalten des zugerichteten Leders gegenüber den verschiedenen Einflüssen bei Verarbeitung und Gebrauch der daraus gefertigten Lederartikel. Die Prüfmethoden sind in langjähriger Zusammenarbeit zwischen Leder-, Schuh-, Hilfsmittelindustrie und den zuständigen Prüfinstituten unter Auswertung charakteristischer Reklamationsfälle erarbeitet und auf Reproduzierbarkeit der Ergebnisse getestet worden. Selbstverständlich müssen nicht alle Untersuchungen bei jedem Leder durchgeführt werden. Es ist praktisch kaum möglich, daß sämtliche geforderten Eigenschaften von einem Leder erfüllt werden, und es wäre sicherlich falsch, eine Lederzurichtung nur auf Erreichen aller Qualitätsdaten auszurichten. Dadurch würden die dem Leder eigene Eleganz und den ästhetischen Wert ausmachende modische Aspekte leiden zugunsten von Eigenschaften, welche im Einzelfall gar nicht erforderlich sind.

Wichtig ist, daß für die verschiedenartigen Beanspruchungen des Leders Untersuchungsverfahren aufgestellt worden sind, nach denen sich alle Prüfer richten, damit die Ergebnisse gewährleisten, daß von jedem beteiligten Interessenten die gleiche Sprache gesprochen wird.

Wenn in der Lederfabrik ein neuer Ledertyp hergestellt oder eine neue Zurichtweise aufgenommen wird, ist es zweckmäßig, daß möglichst vielseitige Prüfungen vorgenommen werden. Sie können wertvolle Anhaltspunkte für das Gesamtverhalten des Leders und der Zurichtung erbringen und können die Richtung aufzeigen, in der das Leder bevorzugt verarbeitet werden kann, oder umgekehrt zu erkennen geben, welche Eigenschaften schwach und noch verbesserungsbedürftig sind. Im Einzelfall muß aber auch berücksichtigt werden, daß jeder Verarbeitungsbetrieb – vor allem gilt das für die Schuhfabrikation – anders gelagerte kritische Schwerpunkte aufweist und daß die Anforderungen an die Qualitätseigenschaften des Leders je nach Schuhtyp und Fertigungsart sehr unterschiedlich sein können. Der Zurichter sollte deshalb bestrebt sein, den Fabrikationsbetrieb zumindest der wichtigsten Kunden kennenzulernen und sich von dem Schuhtechniker das kritische Verhalten bei den einzelnen Arbeitsgängen demonstrieren zu lassen. Er hat dabei sicher auch die Möglichkeit, dem Verarbeiter Hinweise zu geben, wie sich manchmal schon durch einfache Abänderung der Verarbeitungsweise Schädigungen vermeiden oder wenigstens auf ein Mindestmaß reduzieren lassen. Als Basis für einen solchen technischen Erfahrungsaustausch können die von der Flächenlederkommission des Vereins für Gerberei-Chemie und -Technik (VGCT) ausgearbeiteten Richtlinien für die Behandlung von Ober- und Futterleder in der Schuhindustrie[125] dienen. Wenn auch ein Teil der darin gegebenen Hinweise inzwischen durch die technische Entwicklung überholt sein mag, ist doch die Grundkonzeption allgemeingültig.

Wenn der Zurichter weiß, welchen Beanspruchungen das Leder im jeweiligen Einzelfall ausgesetzt ist, kann er die Zurichtweise darauf abstimmen, um entsprechende Echtheitseigenschaften zu erzielen. Die Frage, was er im einzelnen unternehmen soll, um diese oder jene Eigenschaften zu verbessern, ist selten eindeutig zu beantworten. Man muß zunächst die Ursache für das Fehlverhalten ergründen, um nachhaltige Abhilfe zu schaffen. Haftfestigkeit und Knickbeständigkeit bzw. Dauerfaltverhalten sind diejenigen Eigenschaften, welche die gesamte Echtheit der Zurichtung maßgeblich bestimmen. Sie können durch die Fettung des Leders und durch die Saugfähigkeit der Lederoberfläche ebenso beeinflußt werden wie durch die Auswahl der Zurichtmittel und die Anwendung der Zurichttechnik im Gieß-, Streich- oder Spritzverfahren. Jede Änderung der Arbeitsweise bei der Lederherstellung, ob sie die Wasserwerkstatt, Gerbung, Nachgerbung, Färbung, Fettung oder die Trocknungsmethode betrifft, kann das Saugvermögen und damit das Gesamtverhalten der Zurichtung beeinflussen. Jede Änderung sollte deshalb dem Zurichter vorsorglich mitgeteilt werden.

Bei kontinuierlich laufender Fabrikation eines Ledertyps kann der Zurichter sich auf die Prüfung derjenigen Ledereigenschaften beschränken, die erfahrungsgemäß bei der Verarbeitung vorsichtige Behandlung des Leders erfordern. Wenn er weiß, für welchen Verbraucher das Leder bestimmt ist, kann er sich auf dessen Betriebsgegebenheiten einstellen. Allerdings sollte auch der Abnehmer zur besseren Abstimmung beitragen, indem er nicht vage den Verbrauchszweck mit Oberleder oder Futterleder angibt, sondern indem er das Verwendungsgebiet Damen-, Herren- oder Kinderschuhe, für elegantes Straßenschuhwerk oder sportliche Wanderschuhe, mit angeklebter Leder- oder angeschweißter bzw. angespritzter Kunststoffsohle usw. enger umreißt. Ob die mehrfach erörterte Frage einer Kennzeichnung der Zurichtart bzw. einer Angabe der Art der Appreturschicht – Casein, Nitrocellulose, Polyurethan – nennenswert weiterhelfen kann, Schwierigkeiten bei der Schuhfertigung zu vermeiden, erscheint fraglich. Viele Lederfabriken haben sich nach anfänglichen Bedenken bereiterklärt, diese Angaben auf Anforderung bekanntzugeben. Die Schuhfabriken haben aber bisher keine solchen Mitteilungen angefordert.

Leder ist kein totes Material. Es ist dem modischen und technischen Wandel ständig unterworfen und kann vielen Anforderungen angepaßt werden. Die Prüfung der Echtheitseigenschaften ist auf vielseitige Beanspruchung des Leders zugeschnitten. Die Auswahl der Prüfmethoden soll auf die jeweiligen Ansprüche abgestimmt werden. Es ist auf jeden Fall wichtiger, daß die Beanspruchungsfähigkeit aufgrund eines technischen Erfahrungsaustauschs vor der Verarbeitung des Leders getestet wird, als daß bei einer auftretenden Reklamation nachträglich der Schuldige ermittelt werden soll. Wie überall, gilt auch bei der Prüfung und Beurteilung von Lederzurichtungen, daß Vorbeugen besser ist als nachträgliches Heilen.

Literatur

Kapitel I

1 M. Bergmann, W. Grassmann: Handbuch der Gerbereichemie und Lederfabrikation. Bd. III, Springer Wien 1961.
2 F. Stather: Gerbereichemie und Gerbereitechnologie. Akademie Verlag Berlin 1967.
3 H. Herfeld: Grundlagen der Lederherstellung. Th. Steinkopff Dresden/Leipzig 1950.
4 BASF – Lederzurichtfibel. Eigenverlag Ludwigshafen 1967.
5 F. Schade, H. Träubel: Ullmanns Enzyklopädie der technischen Chemie. Bd. 16 (Lederzurichtung); Verlag Chemie Weinheim 1978.
6 R. Schubert: (H. Kittel) Lehrbuch der Lacke und Beschichtungen. Bd. V (Zurichtung des Leders); W. A. Colomb Verlag Berlin/Oberschwandorf 1977.
7 R. Schubert: Oberlederfibel. Dr. Hüthig Heidelberg 1962.
8 H. Herfeld: Lederfärberei, Lederdeckfarbenzurichtung und Lacklederherstellung. O. Elsner Berlin 1936.
9 H. Träubel: Das Leder. 1975, S. 1.
10 H. Herfeld, G. Königfeld: Das Leder. 1965, S. 229.
11 W. Diebschlag: Dissertation Marburg 1972.
12 H. Herfeld: Gerbereiwiss-Praxis. 1973, S. 190.
13 W. Diebschlag: Leder-Häutemarkt. 1973, S. 682.
14 W. Diebschlag, W. Müller-Limroth: Schuhtechnik. 1974, S. 315.
15 K. W. Pepper: Chemistry and Industry. 1966, S. 2079.
16 F. W. Brooks, R. G. Mitton: JSLTC. 1968, S. 42.
17 P. J. van Vlimmeren: Gerbereiwiss-Praxis; 1974, S. 86.
18 R. Schubert: Das Leder. 1975, S. 1.
19 W. Diebschlag: Das Leder. 1975, S. 7.
20 G. Reich: Das Leder. 1966, S. 261.
21 H. Herfeld: ABC der Schuhfabrikation. 1970, S. 1.
22 G. Eckert: Vortrag auf VGCT-Jahrestagung. Köln 1979.
23 T. J. Braithwaite: JSLTC. 1978, S. 82.
24 J. W. Vanderhoff, E. B. Bradford; W. K. Carrington: Journal Polymer Sciences. 1973, S. 155.
25 F. F. Miller: Leather Sci. 1973, S. 411.
26 F. Langmaier: Kozarstvi. 1967, S. 273.
27 H. Herfeld, K. Schmidt: Das Leder. 1972, S. 61, S. 97.
28 K. Eitel: Das Leder. 1973, S. 249.
29 K. Gulbins: Das Leder. 1974, S. 121.
30 A. Kraus: Handbuch der Nitrocelluloselacke. Tl. 2 Nitrocelluloselacke. W. Pansegrau Berlin 1963.
31 W. Walther: Das Leder. 1979, S. 161.
32 O. Bayer: Angewandte Chemie. 1947, S. 257.
33 W. Schröer: Das Leder. 1974, S. 185.
34 H. Träubel: Das Leder. 1979, S. 169.
35 D. Dieterich, H. Reiff: Angewandte makromolekulare Chemie. 1972, S. 85.
36 W. Schröer, W. Speicher, H. Träubel, W. Zorn, K. Faber: Lebendiges Leder. Hausmitteilung der Fa. Bayer AG., Sonderheft 14; Leverkusen 1974, S. 25.
37 W. Speicher: JSLTC. 1961, S. 104.
38 L. Würtele: Gerbereiwiss-Praxis. 1972, S. 100.
39 W. Schröer: Das Leder. 1969, S. 102.
40 J. Plapper: Rev. Techn. Ind. Cuir. 1972, S. 238.

41 W. Walther: Hausmitteilung der Fa. K. J. Quinn. Leinfelden 1980.
42 H. Träubel: Das Leder. 1974, S. 162.
43 B. Zorn: Das Leder. 1971, S. 147.
44 H. Herfeld, I. Steinlein: Das Leder. 1973, S. 98, S. 118.
45 N. Münch: Das Leder. 1971, S. 269.
46 D. Dieterich, W. Keberle, H. Witt: Angewandte Chemie. 1970, S. 53.
47 H. Heidemann: Vortrag auf Tagung VGCT, VESLIC, VOELT. Interlaken 1980.
48 L. Tork, H. Träubel: Das Leder. 1976, S. 142.
49 K. Eitel: Ullmanns Enzyklopädie der technischen Chemie. Bd. 16 (Lederfärbung); Verlag Chemie Weinheim 1978.
50 E. W. Thompson: JSLTC. 1976, S. 90.
51 P. Schäfer: Das Leder. 1972, S. 229.
52 H. Herfeld, I. Steinlein: Das Leder. 1973, S. 98, S. 118.
53 A. W. Landmann: JSLTC. 1967, S. 326.
54 G. Donath: Rev. Techn. Ind. Cuir. 1967, S. 59.
55 R. Schubert: Gerbereiwiss-Praxis. 1968, S. 210.
56 C. Schiffkorn: Coll. 1931, S. 287.
57 J. Scheiber: Farbe und Lack. 1935, S. 411, S. 422.
58 F. Stather: Gerbereichemie und Gerbereitechnologie. Akademie Verlag Berlin 1967.
59 A. Kraus: Ledertechnische Rundschau. 1938, S. 81, S. 88.
60 K. H. Neunerdt: Leather Manuf. 1980, S. 22.

Kapitel II

61 H. Herfeld: Grundlagen der Lederherstellung. Th. Steinkopff Dresden/Leipzig 1950, S. 445.
62 A. Hevesi: Coll. 1935, S. 1.
63 R. Schubert: Gerbereiwiss-Praxis. 1962, S. 104.
64 W. Scheer: Zur Nomenklatur der Textilhilfsmittel, Leder- und Pelzhilfsmittel, Papierhilfsmittel, Gerbstoffe und Waschrohstoffe. Eigenverlag Verband TEGEWA Frankfurt 1970.
65 A. Kraus: Farbe und Lack. 1973, S. 508.
66 L. Tork: Leder-Häutemarkt. 1978, S. 508.
67 H. Rüffer: Das Leder. 1980, S. 129.
68 R. Schubert: Gerbereiwiss-Praxis. 1975, S. 277 / Tanner. 1975, S. 492.
69 BASF – Lederzurichtfibel. Eigenverlag Ludwigshafen 1967.
70 K. Eitel: Das Leder. 1973, S. 249.
71 R. Heiden: Das Leder. 1977, S. 25.
72 J. A. Lowell, P. R. Büchler: JALCA. 1965, S. 519.
73 J. F. Levy, G. H. Redlich, S. I. Graham: JALCA. 1972, S. 520.
74 R. Schubert: Das Leder. 1952, S. 221.
75 K. Eitel: Das Leder. 1961, S. 25.
76 G. Otto: Das Leder. 1965, S. 252.
77 A. Küntzel: Gerbereichemisches Taschenbuch. Th. Steinkopff Dresden/Leipzig 1943, S. 133.
78 BASF-Taschenbuch für den Lederfachmann. Eigenverlag Ludwigshafen 1980.
79 M. Sütterlin: Das Leder. 1973, S. 45.
80 A. Sofia, J. A. Vergasa, J. H. van Dyck, V. D. Vera: Das Leder. 1968, S. 61.
81 K. Eitel: Das Leder. 1956, S. 126.
82 G. Toth, C. Posa: Das Leder. 1974, S. 41.
83 W. O. Nutt: Leather Trades Review. 1951, S. 416.
84 W. Fischer, P. Koller: Das Leder. 1973, S. 233.
85 L. Würtele: Gerbereiwiss-Praxis. 1973, S. 224.
86 H. F. Levy, G. H. Redlich, S. I. Graham: JALCA. 1972, S. 67.
87 M. Roque: Das Leder. 1974, S. 79.
88 L. Würtele: Das Leder. 1976, S. 27.
89 M. A. Knight, A. G. Marriott: Das Leder. 1978, S. 86.
90 R. Plaschke: Das Leder. 1973, S. 91.

91 R. Schubert: Gerbereiwiss-Praxis. 1957, S. 9.
92 St. Piniak: Das Leder. 1974, S. 19.
93 M. Greif: Das Leder. 1976, S. 27.
94 A. Kraus: Handbuch der Nitrocelluloselacke. Tl. 2; W. Pansegrau Berlin 1952.
95 W. Speicher: Bayer Farben Revue. Eigenverlag Leverkusen 1969.
96 K. Eitel: Das Leder. 1953, S. 234.
97 J. H. S. Chang: Das Leder. 1978, S. 61.
98 J. Plapper: Rev. Techn. Ind. Cuir. 1972, S. 238.
99 Rohm & Haas Comp.: Rev. Techn. Ind. Cuir. 1972, S. 277.
100 P. Schlack: Chemisches Zentralblatt. 1942, S. 10 345.
101 K. J. Quinn: Hausmitteilung Leinfelden 1980.
102 L. Würtele: Das Leder. 1974, S. 18.
103 J. Creasy: JSLTC. 1950, S. 113.
104 L. Blazek, O. Hvezda: JALCA. 1962, S. 284.
105 F. Leppmeier, K. Fischer: Leder-Häutemarkt. 1977, S. 413.
106 R. Schubert: Gerbereiwiss-Praxis. 1956, S. 9.

Kapitel III

107 R. Desgrippes, J. Roque: Leder-Häutemarkt. 1965, S. 838.
108 J. A. Sharphouse, K. G. Nemezes: Vortrag 15. Kongreß der Internationalen Union der Leder-Techniker und -Chemiker-Verbände Hamburg 1977. Ref. Das Leder. 1978, S. 87.
109 L. Tork, H. Träubel: Das Leder. 1976, S. 142.
110 K. Boroyan, R. Carpentier: Gerbereiwiss-Praxis. 1968, S. 208.
111 K. Eitel, L. Tork, H. Weitzel: Gerbereiwiss-Praxis. 1962, S. 76.
112 L. Würtele: Das Leder. 1962, S. 137.
113 DIN-Blätter: Beuth-Vertrieb GmbH., Uhlandstr. 175, 1000 Berlin 30 oder Friesenplatz 16, 5000 Köln 1.
114 W. Fischer: Das Leder. 1978, S. 99.
115 R. Desgrippes, J. Roque: Leder-Häutemarkt. 1965, S. 838.
116 BASF-Taschenbuch für den Lederfachmann. 2. Aufl., Eigenverlag Ludwigshafen 1980.

Kapitel IV

117 W. Fischer, W. Schmidt: Werkstoffprüfung, Schuhwerkstoffe. Prüf- und Forschungsinstitut für die Schuhherstellung. Eigenverlag Pirmasens 1980.
118 IUC-, IUP-, IUF-Methoden: Deutsche Textveröffentlichungen. Eduard Roether Verlag, Berliner Allee, 5600 Darmstadt.
119 Hersteller der Klebebänder: Fa. Baiersdorf & Co., Hamburg.
120 Hersteller: Fa. Ciba-Geigy, Basel/Schweiz.
121 Hersteller: Fa. Armstrong Company, Lancaster/USA; Bezugsquelle für Europa: Merz & Benteli AG., Bern 18/Schweiz.
122 W. Weber: Das Leder. 1975, S. 90.
123 R. Schubert: Das Leder. 1975, S. 1.
124 W. Fischer, W. Schmidt: Das Leder. 1977, S. 175.
125 K. Eitel: Das Leder. 1958, S. 257.

Sachregister